21世纪全国本科院校电气信息类创新型应用人才培养规划教材

现代光学

宋贵才　等编著

内 容 简 介

本书从光的产生机理、激光产生过程等现代光学的研究基础出发，系统、深入地讨论了现代光学的基本理论。全书内容共分6章，主要包括现代光学基础、光的部分相干理论、光的标量衍射理论、光学全息理论、光的偏振与晶体光学理论和非线性光学理论基础等内容。

为了使读者能够全面、系统地掌握现代光学的核心内容，本书十分注重基本概念和基本理论的讲解，力求概念阐述清晰准确，理论推演完整详实。

本书可作为物理电子学、光学工程、光电子技术、光电信息科学与工程、应用光学、信息光学等专业本科生或研究生的专业基础教材，也可供从事与光学学科相关专业学习和研究的师生及科技人员参考。

图书在版编目(CIP)数据

现代光学/宋贵才等编著. —北京：北京大学出版社，2014.3

(21世纪全国本科院校电气信息类创新型应用人才培养规划教材)

ISBN 978-7-301-23639-0

Ⅰ.①现… Ⅱ.①宋… Ⅲ.①光学—高等学校—教材 Ⅳ.①O43

中国版本图书馆CIP数据核字（2013）第315259号

书　　名：现代光学

著作责任者：宋贵才　等编著

策 划 编 辑：程志强

责 任 编 辑：程志强

标 准 书 号：ISBN 978-7-301-23639-0/TN・0106

出 版 发 行：北京大学出版社

地　　址：北京市海淀区成府路205号　100871

网　　址：http://www.pup.cn　新浪官方微博:@北京大学出版社

电 子 信 箱：pup_6@163.com

电　　话：邮购部62752015　发行部62750672　编辑部62750667　出版部62754962

印 刷 者：北京富生印刷厂

经 销 者：新华书店

787毫米×1092毫米　16开本　15.25印张　351千字

2014年3月第1版　2014年3月第1次印刷

定　　价：36.00元

前　言

本书是一本较全面讲述现代光学基本理论的著作。全书共分6章：第1章，从光的产生机理出发，着重讨论激光的产生过程以及激光器的结构和种类；第2章，在介绍光干涉的基本理论的基础上，重点讨论光的部分相干理论，讲解光的时间相干性、空间相干性以及利用傅里叶积分或变换，结合范西特-泽尼克定理对光干涉条纹相干度求解的方法；第3章，在惠更斯-菲涅耳衍射理论的基础上，详细讨论基尔霍夫标量衍射理论；在介绍常用的照明函数和孔径函数之后，举例说明了用傅里叶变换的方法来处理夫琅和费衍射的基本步骤，本章还重点讨论透射光栅、闪耀光栅、阶梯光栅和正弦光栅衍射的光强分布，并介绍三维体光栅衍射的处理方法；第4章，在介绍光全息技术产生和发展过程之后，主要讲解光的全息理论、光全息的特点以及光全息的应用；第5章，在讲述光在晶体中传播的基本规律以及光在晶体表面上的反射和折射规律之后，着重研究偏振光的产生、偏振光和偏振器件的琼斯矩阵表示、偏振光的干涉以及偏振光的应用；第6章，在评述非线性光学的产生与发展之后，重点讨论非线性电极化率的基本理论，着重介绍几个重要的非线性光学效应的产生及应用。

本书前后连贯，逻辑性强，便于学习和记忆。书中图表丰富，推演过程详细，便于理解和掌握。书中各章都有要点总结，便于对重点知识的把握。

本书可作为物理电子学、光学工程、光电子技术、光电信息科学与工程、应用光学、信息光学等专业的基础教材，也可供从事与光学学科相关专业学习和研究的师生和科技人员参考。

本书由宋贵才编著第2、3章，全薇编著第4、5章，张凤东编著第6章，朱万彬编著第1章。宋贵才负责统稿工作，研究生李欣、张海峰和徐雪鹏对本书的课件进行了制作。

本书在编写过程中得到了金光勇院长和马文联副院长的大力支持，也得到了高飞和王新老师的热情帮助。本书的写作参阅了一些著作，在此一并向他们表示诚挚的感谢！

由于作者水平有限，书中难免存在一些不足，殷切期望广大读者批评指正。

编著者

2013年11月

目　录

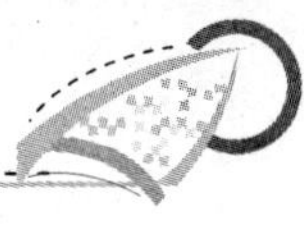

第1章

现代光学基础

1960年5月，美国休斯公司的梅曼成功地研制出了第一台红宝石激光器，从那时起人们才真正地找到了一个高亮度、方向性好和单色性好的光源。随着激光理论、激光技术、激光应用等各个方面的进展，带动着一些新兴的学科，如全息光学、非线性光学、傅里叶光学、激光光谱学、光化学、光通信、光存储和光信息处理等的发展。

1961年9月，激光器也在我国问世。1964年12月，钱学森建议“激光”在第三届光受激辐射学术会议上通过。目前，激光及其相关的技术和应用已经成为现代光学的基础。

本章将从原子发光的机理出发，简要讲述激光的特性及其产生过程，以及激光器的类型。

本章教学要求

- ➢ 掌握原子发光机理
- ➢ 掌握光与原子相互作用
- ➢ 掌握粒子数反转与能级体系
- ➢ 了解激光振荡的形成
- ➢ 掌握激光的单色性和相干性
- ➢ 了解典型激光器的基本原理和结构

导读

我们都知道，没有光人和动植物将不能生存。那么，光是什么？这个问题一直是科学家们研究和探讨的。至今为止，人们对光的本质的认识仍然在继续着。

经过漫长的发展过程，在17世纪下半叶，人们对光的认识有了两种针锋相对的观点：一种是以牛顿为代表的微粒说；另一种是以惠更斯为代表的波动说。由于当时牛顿威望很高，多数人都接受了牛顿的观点，因而18世纪微粒说占主导地位。

对于光波动的完整理论描述是在19世纪中叶。1865年，麦克斯韦在总结前人研究工作的基础上，建立了电磁理论，预言了电磁波的存在，指出光也是一种电磁波。

19世纪末到20世纪初，光学的研究深入到了光的发生、光与物质相互作用的微观结构中。1900年，普朗克提出了辐射的量子理论，认为各种频率的电磁波只能以一定的能量子方式从振子发射，能量子是不连续的，其大小只能是电磁波的频率ν与普朗克常数h的乘积的整数倍。1905年，爱因斯坦发展了普朗克的能量子理论，把量子论贯穿到整个辐射和吸收过程中，提出了光量子(光子)理论，并指出光同时具有微粒和波动两种特性，即波粒二象性。

20世纪60年代激光问世以后，光学又开始了一个新的发展时期，出现了许多新兴光学学科，例如，傅里叶光学、晶体光学、集成光学、非线性光学、偏振光学和全息光学等。下图为激光器的基本结构。应当指出的是，人们对光的本性的认识还远远没有完结，随着科学技术的不断发展，人们对光的本性的认识会更加深入、更加完善。

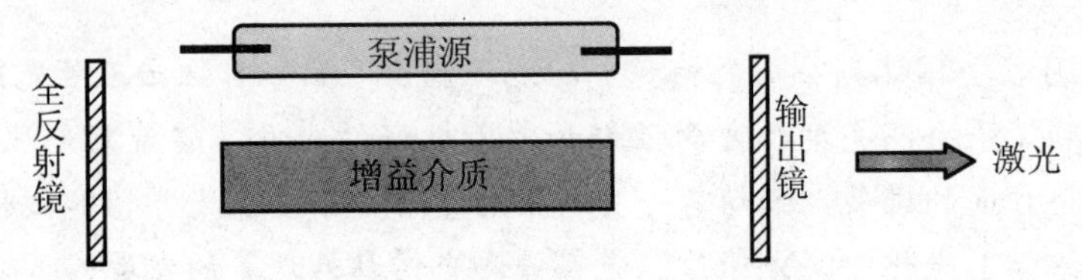

本章将从光的产生机理出发来讨论激光的产生、激光的特点和典型的激光器原理和结构。

1.1 原子发光机理

我们知道，当固体和气体被加热到很高温度时就会发光，如白炽灯、日光灯等，它们是主要的人造光源。太阳和遥远的星球处在高温等离子状态，是宇宙中最卓越的光源。从宏观上来看，物体发光是由于温度升高引起的；而从微观上看，则是由于物质内部分子、原子的热运动引起的。本节将在玻尔的氢原子理论基础上讨论原子发光机理。

1.1.1 玻尔的氢原子理论

波尔的理论有3条基本假设：一是原子只能处于一系列不连续的能量的状态中，在这些状态中原子是稳定的，这些状态叫定态；二是原子系统从一个定态过渡到另一个定态，伴随着光辐射量子的发射和吸收，辐射或吸收的光子的能量由这两种定态的能量差来决定；三是电子绕核运动，其轨道半径不是任意的，只有电子在轨道上的角动量满足一定的条件轨道才是可能的。

1. 电子运动轨道

按照玻尔理论，原子是由质量为m带有负电荷e的电子和质量为M带有电荷Ze的原子核组成的，Z是原子序数，对氢原子来说$Z=1$。电子围绕着原子核做圆周运动，如图1-1所示。

电子与原子核之间的静电吸力等于电子围绕原子核转动的向心力，因此

$$m\frac{v^2}{r}=k\frac{Ze^2}{r^2}=\frac{Ze^2}{4\pi\varepsilon_0 r^2} \tag{1.1-1}$$

式中，r 为电子与原子核间的距离，v 为电子绕核转动的速度，$k=1.38\times10^{-23}$J/K 为波尔兹曼常数，$\varepsilon_0=8.8542\times10^{-12}C^2/(J\cdot m)$为真空介电常数。玻尔引用量子论，提出电子的角动量 mvr 只能等于$h/2\pi$ 的整数倍，也就是

$$mvr=n\frac{h}{2\pi}\qquad n=1,\ 2,\ 3,\ \cdots \tag{1.1-2}$$

式中，n 为轨道量子数，$h=6.626\times10^{-34}$J·s 为普朗克常量。由式(1.1-1)和式(1.1-2)得出玻尔模型中的氢和类氢原子中电子的轨道半径为

$$r=n^2\frac{h^2}{4\pi^2me^2Zk} \tag{1.1-3}$$

由式(1.1-1)和式(1.1-2)还可得出电子的轨道速度为

$$v=\frac{2\pi e^2Zk}{nh} \tag{1.1-4}$$

电子运动的轨道半径和轨道速度如图1-2所示。

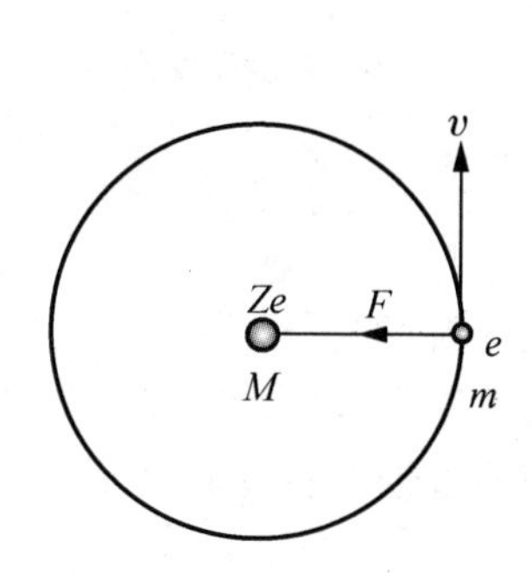

图1-1　氢原子结构模型

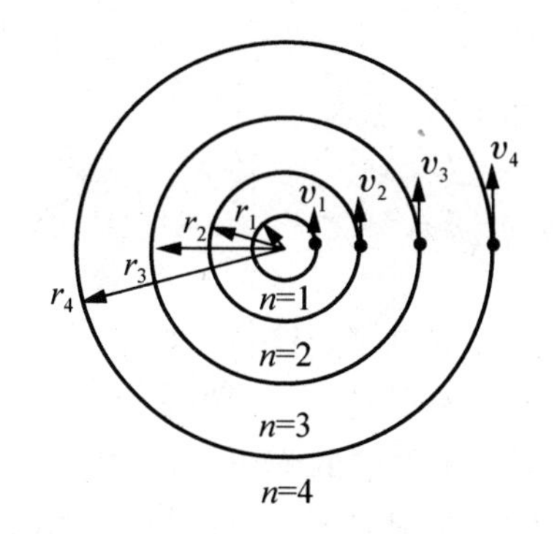

图1-2　电子运动轨道的半径和速度

2. 能级图

根据玻尔的假设可以算出电子在每一个玻尔轨道上的总能量，从电磁场的经典观点来讲，这个总能量是电子势能与动能之和。

电子势能为

$$E_p=-k\frac{Ze^2}{r} \tag{1.1-5}$$

由式(1.1-1)可得出电子动能为

$$E_k=\frac{1}{2}mv^2=k\frac{Ze^2}{2r} \tag{1.1-6}$$

所以电子总能量为

$$E_n=E_p+E_k=-k\frac{Ze^2}{r}+\frac{1}{2}mv^2=-\frac{2\pi^2me^4Z^2k^2}{n^2h^2}=-13.6\frac{Z^2}{n^2}[\text{eV}] \tag{1.1-7}$$

根据式(1.1-7)可以计算出，某一种原子的电子在轨道上运动的总能量。也可以画出如图1-3所示的能级图，图1-4是氢原子的能级图，可见，电离一个基态氢原子需要13.6eV能量；电离一个第一激发态氢原子需要3.4eV能量。

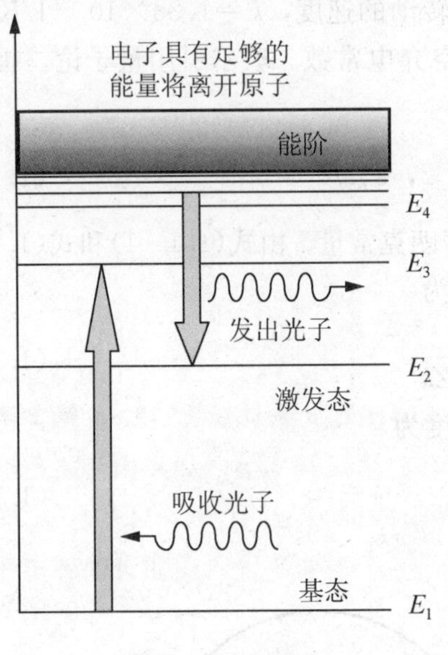

图 1-3 能级图

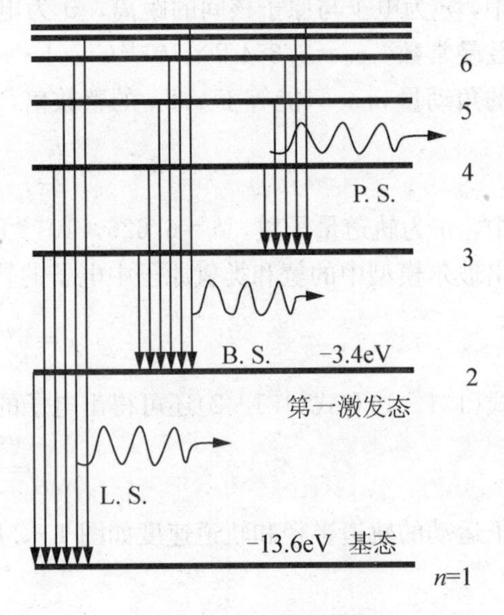

图 1-4 氢原子能级图

1.1.2 原子发光机理

为了说明发光的机制，玻尔又作了另一个假设。他认为当电子在某一个固定的允许轨道上运动时，并不发射光子。当电子从一个能量较小的轨道(内轨道)跃迁到能量较大的轨道(外轨道)时，它需要吸收光子；反之，当电子从一个能量较大的轨道跃迁到一个能量较小的轨道时，它会辐射光子。电子轨道间跃迁如图 1-5 所示。

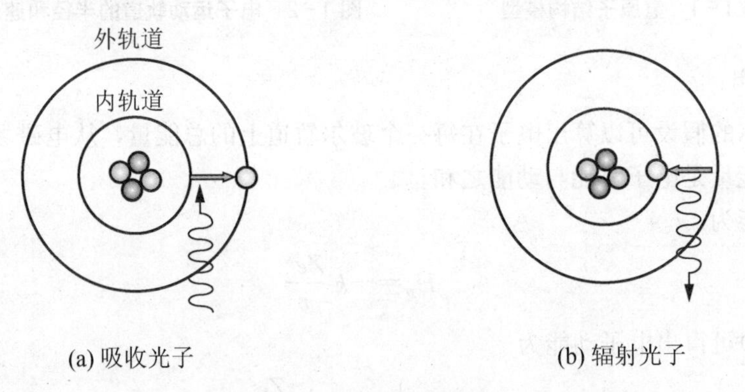

图 1-5 电子轨道间跃迁

从图 1-3 所示的能级图来看，用 E_1、E_2、E_3、E_4 分别代表 $n=1$、2、3、4 时的能量。当电子从 E_1 跃迁到 E_2 时，它的能量增加了 E_2-E_1。因此它必须吸收能量，若该能量是光子提供的，则相应的光子的能量为 $h\nu_{21}=E_2-E_1$。又如，电子从 E_4 跳回到 E_1，它的能量减少了 E_4-E_1。因此，它辐射出能量为 $h\nu_{41}$ 的光子，且 $h\nu_{41}=E_4-E_1$。

用量子力学处理的结果说明，一个原子、分子或离子可能具有的状态是很多的，每一个状态都具有特定的能量，在许多可能状态中，总有一个状态的能量最低，这个状态叫做

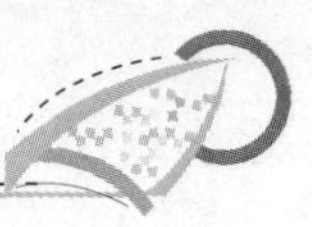

基态，其他的状态，都具有比基态高的能量，叫做激发态。在图 1－3 中，可以看到 E_1为基态，E_2、E_3、E_4为激发态。

1.2　光与原子相互作用

人们对于光的种种性质的了解，都是通过观察光与物质相互作用而获得的。光与物质的相互作用，可以归结为光与原子的相互作用，这种相互作用有 3 种主要过程：受激吸收，自发辐射和受激辐射。

1.2.1　受激吸收

如果有一个电子，开始时处于基态 E_1，如果没有外来光子接近它，则它将保持不变。如果有一个能量为 $h\nu_{21}$的光子接近这个电子，则它就有可能吸收这个光子，从而提高它的能量状态。在吸收过程中，不是任何能量的光子都能被一个电子所吸收，只有当光子的能量正好等于原子的能级间隔 E_2-E_1 时，这样的光子才能被吸收，这种吸收称为受激吸收。受激吸收过程如图 1－6 所示。

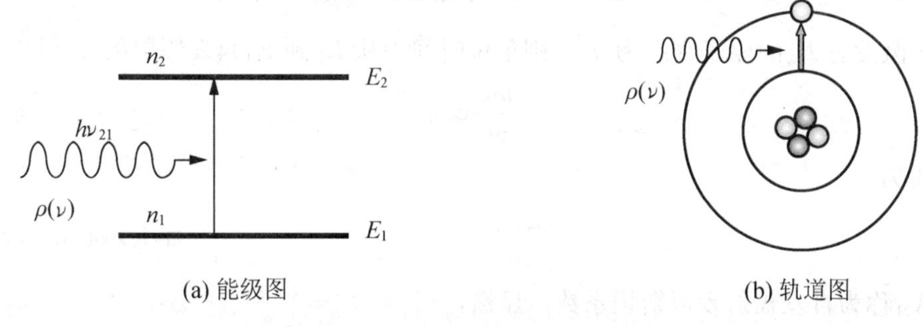

图 1－6　受激吸收过程示意图

设处于基态 E_1 的电子密度为 n_1，频率为 $\nu=(E_2-E_1)/h$，单位频率间隔的外来光的能量密度 $\rho(\nu)$，则单位体积单位时间内外来光子被吸收而跃迁到激发态 E_2 去的原子数 n_{12}应该与 n_1 和 $\rho(\nu)$成正比，即

$$\frac{\mathrm{d}n_{12}}{\mathrm{d}t}\propto n_1\rho(\nu) \tag{1.2-1}$$

写成等式为

$$\frac{\mathrm{d}n_{12}}{\mathrm{d}t}=B_{12}n_1\rho(\nu) \tag{1.2-2}$$

式中，B_{12}为比例系数，称为受激吸收爱因斯坦系数。显然，

$$w_{12}=\frac{\mathrm{d}n_{12}}{n_1\mathrm{d}t}=B_{12}\rho(\nu) \tag{1.2-3}$$

式中，w_{12}为单位时间内原子受激吸收光的概率，称为受激吸收速率。

1.2.2 自发辐射

从经典力学的观点来讲，一个物体如果势能很高，它将是不稳定的。与此相类似，处于激发态的原子也是不稳定的，它们在激发态停留的时间一般都非常短，大约为 10^{-8}s 的数量级，也就是说激发态的寿命约为 10ns。在不受外界的影响时，它们会自发地返回到基态去，从而放出光子。这种自发地从激发态返回较低能态而放出光子的过程，叫做自发辐射，如图 1－7 所示。

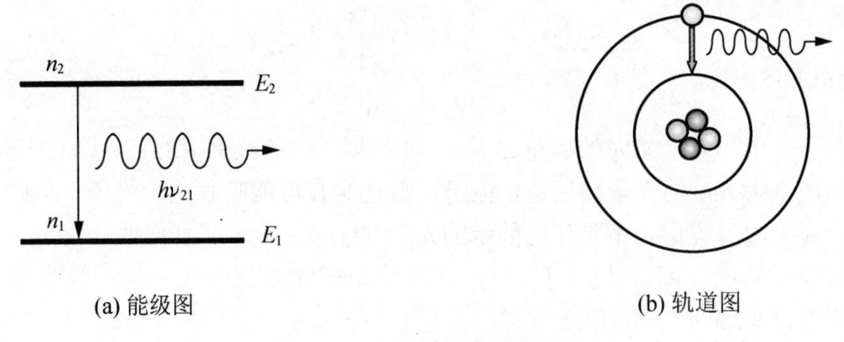

(a) 能级图　　(b) 轨道图

图 1－7　自发辐射过程示意图

如果处于激发态 E_2 的原子密度为 n_2，则单位时间内从 E_2 到 E_1 自发辐射的原子数

$$\frac{\mathrm{d}n_{21}}{\mathrm{d}t} \propto n_2 \tag{1.2-4}$$

写成等式为

$$\frac{\mathrm{d}n_{21}}{\mathrm{d}t} = A_{21} n_2 \tag{1.2-5}$$

式中，A_{21} 称为自发辐射爱因斯坦系数。显然，

$$A_{12} = \frac{\mathrm{d}n_{21}}{n_2 \mathrm{d}t} = \frac{1}{\tau} \tag{1.2-6}$$

因此，A_{21} 为单位时间内原子自发辐射的概率，又称为自发辐射速率。τ 称为自发辐射寿命。

自发辐射的特点是辐射的光与外界作用无关。各个原子的辐射都是自发地、独立地进行的，因而各个原子发出来的光子在发射方向、偏振方向、频率和初位相上都是不相同的，故自发辐射发出来的光不是相干光。

1.2.3 受激辐射

1917 年，爱因斯坦从纯粹的热力学出发，用具有分立能级的原子模型来推导普朗克辐射公式，在这一工作中，爱因斯坦预言了受激辐射的存在。40 年以后，第一台激光器开始运转，爱因斯坦的这一预言得到了证实。

处于激发态的电子，如果在外来光子的影响下，引起从高能态向低能态的跃迁，并把两个状态之间的能量差以辐射光子的形式发射出去，这种过程叫做受激辐射，如图 1－8 所示。

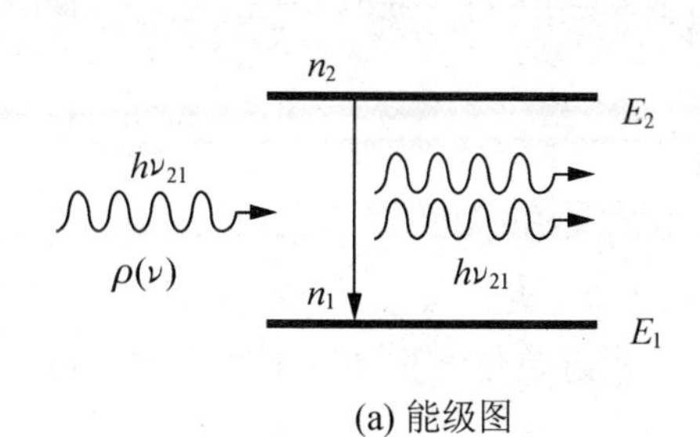

(a) 能级图

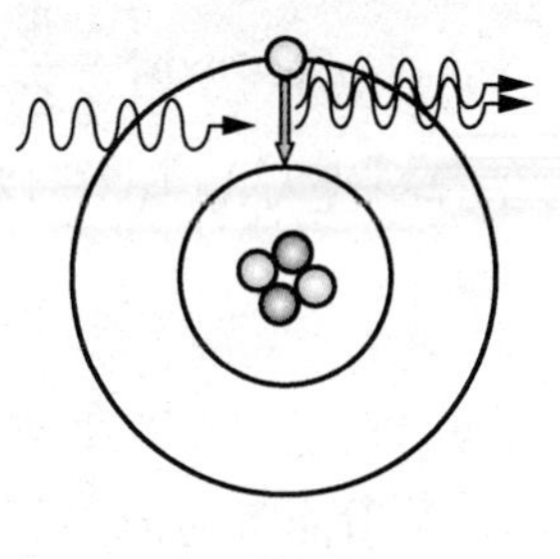

(b) 轨道图

图 1-8　受激辐射过程示意图

单位时间内，从 E_2 到 E_1 受激辐射的原子数

$$\frac{\mathrm{d}n'_{21}}{\mathrm{d}t} \propto n_2\rho(\nu) \tag{1.2-7}$$

写成等式为

$$\frac{\mathrm{d}n'_{21}}{\mathrm{d}t} = B_{21}n_2\rho(\nu) \tag{1.2-8}$$

式中，B_{21} 称为受激辐射爱因斯坦系数。显然

$$w_{21} = \frac{\mathrm{d}n'_{21}}{n_2\mathrm{d}t} = B_{21}\rho(\nu) \tag{1.2-9}$$

式中，w_{21} 为单位时间内原子受激辐射光的概率，称为受激辐射速率。

受激辐射的特点是只有当外来光子的能量 $h\nu_{21} = E_2 - E_1$ 时，才能引起受激辐射。而且受激辐射发出来的光子与外来光子具有相同的频率、相同的辐射方向、相同的偏振态和相同的位相，因此受激辐射发出来的光是相干光。

1.2.4　受激吸收、自发辐射和受激辐射的关系

前面讨论了受激吸收、自发辐射和受激辐射 3 个过程，并分别引出了表征这 3 种过程中跃迁本领强弱的 3 个系数，B_{12}、A_{21} 和 B_{21}。尽管这 3 个系数有着不同的含义，但既然都是表征原子的同一种特性，它们之间就必然存在着内在联系。现在就来讨论这种联系。

当光子和原子相互作用时，同时存在着受激吸收、自发辐射和受激辐射 3 种过程，达到平衡状态时，单位体积、单位时间内从基态跃迁到激发态去的原子数，等于从激发态通过自发辐射和受激辐射跃迁回基态的原子数，因此有

$$\frac{\mathrm{d}n_{12}}{\mathrm{d}t} = \frac{\mathrm{d}n_{21}}{\mathrm{d}t} + \frac{\mathrm{d}n'_{21}}{\mathrm{d}t} \tag{1.2-10}$$

将式(1.2-2)、式(1.2-5)和式(1.2-8)代入上式，得到

$$n_1B_{12}\rho(\nu) = n_2A_{21} + n_2B_{21}\rho(\nu) \tag{1.2-11}$$

因此

$$\rho(\nu) = \frac{A_{21}}{(n_1/n_2)B_{12} - B_{21}} \tag{1.2-12}$$

因为由大量原子组成的系统，在温度不太低的平衡状态下，原子数目按能级的分布服从玻耳兹曼统计分布，即

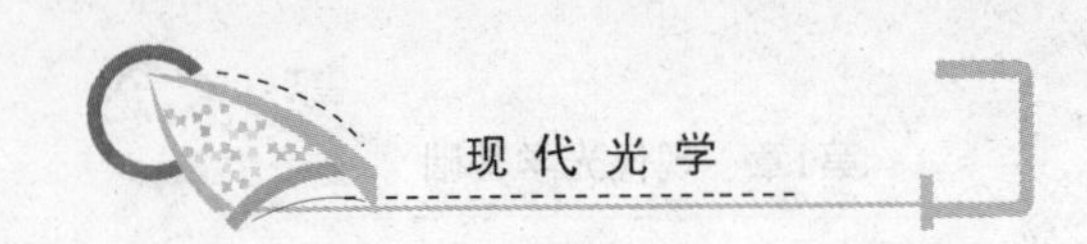

$$n_N \propto \exp\left[-\frac{E_N}{kT}\right] \Rightarrow \frac{n_2}{n_1}=\exp\left[-\frac{E_2-E_1}{kT}\right]=\exp\left[-\frac{h\nu}{kT}\right] \tag{1.2-13}$$

将式(1.2-13)代入式(1.2-12)，得

$$\rho(\nu)=\frac{A_{21}}{B_{12}\exp(h\nu/kT)-B_{21}} \tag{1.2-14}$$

对于黑体辐射来说，在热平衡状态下，腔内的辐射场应是不随时间变化的稳定分布。这时，腔内的辐射能密度 $\rho(\nu)$ 可以认为就是腔内中心附近单位体积从周围腔壁所获得的辐射能量，根据热平衡辐射的普朗克公式

$$\rho(\nu)=\frac{8\pi h\nu^3}{c^3}\cdot\frac{1}{\exp(h\nu/kT)-1} \tag{1.2-15}$$

比较式(1.2-14)和式(1.2-15)，可以得到受激吸收、自发辐射和受激辐射 3 个系数之间的关系为

$$B_{12}=B_{21}=B \tag{1.2-16}$$

$$A_{21}/B_{12}=8\pi h\nu^3/c^3 \tag{1.2-17}$$

自发辐射使上能级的粒子数减少，因此式(1.2-5)应当改写为

$$\frac{\mathrm{d}n_{21}}{\mathrm{d}t}=-A_{21}n_2 \Rightarrow n_{21}=n_2\exp(-A_{21}t) \tag{1.2-18}$$

因此

$$\tau=1/A_{21} \tag{1.2-19}$$

式中，τ 称为自发辐射寿命。因此得到受激吸收和受激辐射爱因斯坦系数

$$B=c^3/8\pi h\nu^3\tau=\lambda^3/8\pi h\tau \tag{1.2-20}$$

可见，受激吸收和受激辐射爱因斯坦系数与入射光的波长的三次方成正比，与自发辐射寿命成反比。

1.3 粒子数反转与能级体系

在通常情况下，处在低能级(内轨道)的原子数总是多于处在高能级(外轨道)的原子数。然而，原子要发光必须是大量高能级的原子向低能级跃迁才可以实现，单纯的自发辐射通常很弱，它所产生的光的能量、方向性和和单色性也很差，很难被利用。因此要产生较强的辐射必须有受激辐射过程。

1.3.1 粒子数反转

应当注意的是，能量密度为 $\rho(\nu)$ 的外来光照射发光(激活)介质时，可能引起受激辐射过程，也可能引起受激吸收过程。如果要产生光，就必须使受激辐射多于受激吸收，也就是单位时间内受激辐射的粒子数多于受激吸收的粒子数，即

$$\frac{\mathrm{d}n'_{21}}{\mathrm{d}t}>\frac{\mathrm{d}n_{12}}{\mathrm{d}t} \tag{1.3-1}$$

将式(1.2-2)和式(1.2-8)代入上式，并利用式(1.2-16)，得到

$$n_2>n_1 \tag{1.3-2}$$

也就是要产生光必须实现粒子数反转。

1.3.2　光通过介质时的光强

当能量密度为$\rho(\nu)$的光照射介质时，单位时间、单位体积内原子体系吸收的光能量为$n_1\rho(\nu)Bh\nu$，受激辐射产生的光能量为$n_2\rho(\nu)Bh\nu$，所以单位时间单位体积产生的净光能量为$(n_2-n_1)\rho(\nu)Bh\nu$，设此原子体系的体积元为dν，截面积为S，辐射作用时间为t，光能量的变化dW，则单位时间单位体积产生的净光能量可表示为

$$\frac{\mathrm{d}W}{t\mathrm{d}\nu}=\frac{\mathrm{d}W}{tS\mathrm{d}z}=(n_2-n_1)\rho(\nu)Bh\nu \tag{1.3-3}$$

如果引入光强，则有

$$I(\nu)=\frac{W}{St}=c\rho(\nu) \tag{1.3-4}$$

式中，c表示光速。上式可以改写为

$$\frac{\mathrm{d}I(\nu)}{\mathrm{d}z}=(n_2-n_1)\frac{I(\nu)}{c}Bh\nu \tag{1.3-5}$$

利用式(1.2-17)，得到

$$\frac{\mathrm{d}I(\nu)}{\mathrm{d}z}=(n_2-n_1)I(\nu)\frac{c^2A_{21}}{8\pi\nu^2} \tag{1.3-6}$$

令

$$\alpha(\nu)=(n_2-n_1)\frac{c^2A_{21}}{8\pi\nu^2} \tag{1.3-7}$$

则有

$$\frac{\mathrm{d}I(\nu)}{\mathrm{d}z}=\alpha(\nu)I(\nu) \tag{1.3-8}$$

因此

$$I(\nu,\ z)=I_0(\nu)\exp\left[\alpha(\nu)z\right] \tag{1.3-9}$$

当$n_2>n_1$时，$\alpha(\nu)>0$，此时光强将按上式所示指数规律增强；当$n_2<n_1$时，$\alpha(\nu)<0$，此时光强将按上式所示指数规律衰减。

在通常情况下，$n_2<n_1$，亦即$\alpha(\nu)<0$，因此，介质吸收的能量总是大于受激辐射的能量，介质不会有光辐射产生。如果通过某种方法破坏粒子数的玻尔兹曼的平衡态分布定律，使得$n_2>n_1$，则有$\alpha(\nu)>0$，受激辐射过程将大于受激吸收过程。这时的粒子数分布已经不是平衡态分布了，而形成粒子数反转分布。

应当注意的是，并不是所有介质都能实现粒子数反转分布，在能实现粒子数反转分布的物质中，也不是在物质的任意两个能级间都能实现粒子数反转，必须具备两个条件：一是能级体系中要有亚稳态能级，使被激发到该能级的粒子不会立即返回基态；二是要具备必要的能量输入系统，可将粒子源源不断地激发到高能级，这个能量输入过程通常称为“激励”、“激发”、“抽运”或“泵浦”。

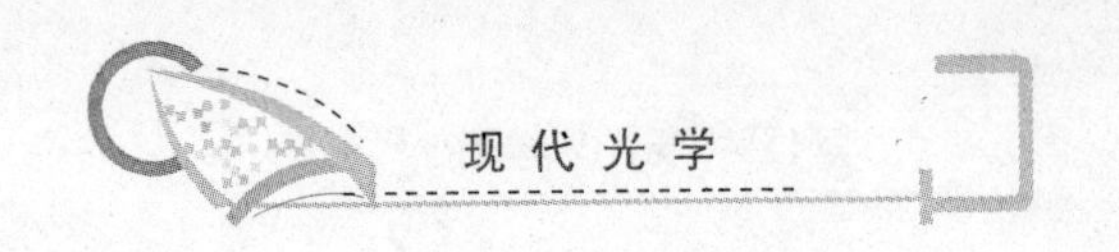

1.3.3 能级体系

1. 二能级系统

图1-9为二能级体系的示意图。如果某种物质只具有两个能级，用有效的抽运手段不断地向这个二能级体系提供能量，使处于基态 E_1 的电子尽可能多、尽可能快地激发到激发态 E_2 上去，那么是否能形成 $n_2>n_1$ 的粒子数反转分布？根据式(1.2-16)，$B_{12}=B_{21}=B$，所以原子的受激吸收速率和受激辐射速率也应相等，即 $w_{12}=w_{21}=w$。

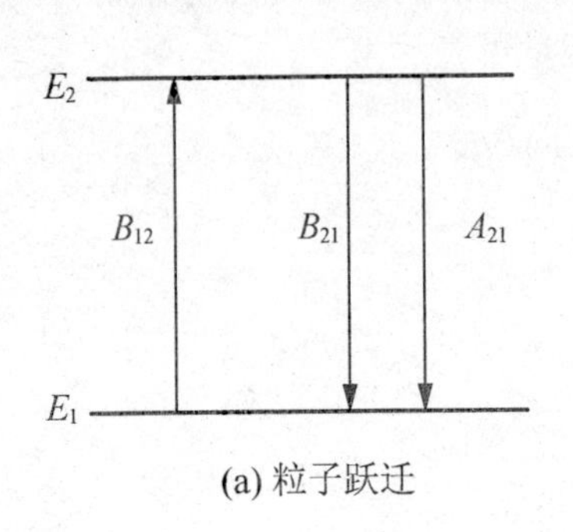

(a) 粒子跃迁

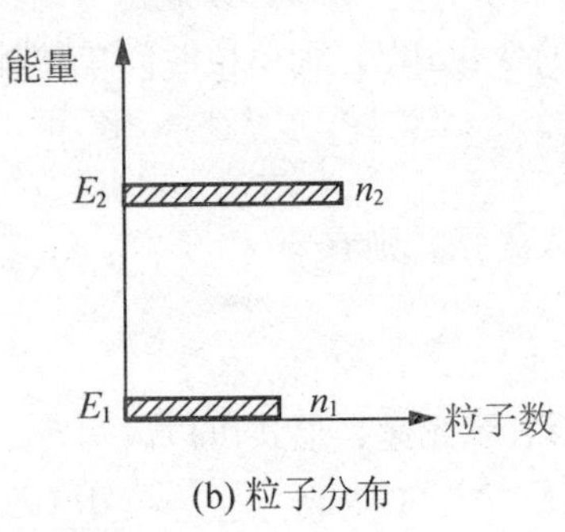

(b) 粒子分布

图1-9 二能级体系示意图

令 E_1 和 E_2 能级上单位体积内的原子数分别为 n_1 和 n_2，则 n_2 的变化率为

$$\frac{\mathrm{d}n_2}{\mathrm{d}t}=w(n_1-n_2)-n_2A_{21} \tag{1.3-10}$$

式中，A_{21} 为 E_2 向 E_1 进行自发辐射的系数，也就是自发辐射的速率。在达到稳定时，粒子数 n_2 不再变化，即

$$\frac{\mathrm{d}n_2}{\mathrm{d}t}=0 \tag{1.3-11}$$

因此得到

$$\frac{n_2}{n_1}=\frac{w}{A_{21}+w} \tag{1.3-12}$$

从式(1.3-12)可以看出，尽管使用的激励手段多好，$A_{21}+w$ 总是大于 w 的，即 n_2 总是小于 n_1，只有当 w 十分大时，n_2/n_1 才接近于1，从数学上看

$$\lim_{w\to\infty}\frac{w}{A_{21}+w}=\lim_{w\to\infty}\frac{1}{(A_{21}/w)+1}=1 \tag{1.3-13}$$

所以，对二能级物质来讲，不能实现粒子数反转。

2. 三能级系统

图1-10为三能级体系的示意图。如果抽运过程使三能级系统的电子从基态 E_1 迅速地以很大的速率 w_{13} 抽运到 E_3，处于 E_3 的原子可以通过自发辐射回到 E_2 或 E_1。假定 A_{32} 很大，满足 $A_{32}\gg A_{31},A_{21}$，当 $w_{13}\gg w_{23},w_{12}$ 时，E_2 和 E_1 之间就有可能形成粒子数反转。

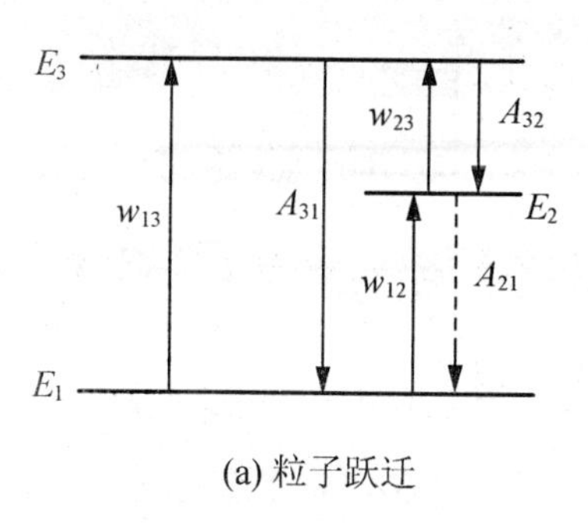

(a) 粒子跃迁

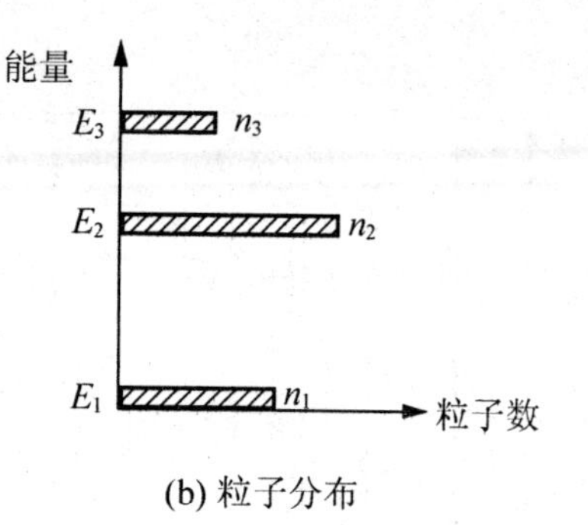

(b) 粒子分布

图 1-10　三能级体系示意图

用数学公式来表示时，可先写出能级 E_3和 E_2上的粒子数变化率的方程：

$$\frac{dn_3}{dt}=w_{13}n_1+w_{23}n_2-A_{31}n_3-A_{32}n_3 \tag{1.3-14}$$

$$\frac{dn_2}{dt}=w_{12}n_1+A_{32}n_3-A_{21}n_2-w_{23}n_2 \tag{1.3-15}$$

在达到稳定时

$$\frac{dn_3}{dt}=\frac{dn_2}{dt}=0 \tag{1.3-16}$$

则由式(1.3-14)和式(1.3-15)，可得

$$\frac{n_2}{n_1}=\frac{w_{12}+\dfrac{w_{13}A_{32}}{A_{31}+A_{32}}}{-\dfrac{w_{23}A_{32}}{A_{31}+A_{32}}+A_{21}+w_{23}} \tag{1.3-17}$$

假定 $A_{32}\gg A_{31}$，$w_{13}\gg w_{12}$，则上式的分子、分母可化为

$$w_{12}+\frac{w_{13}A_{32}}{A_{31}+A_{32}}=w_{12}+\frac{w_{13}}{(A_{31}/A_{32})+1}=w_{12}+w_{13}\approx w_{13} \tag{1.3-18}$$

$$-\frac{w_{23}A_{32}}{A_{31}+A_{32}}+A_{21}+w_{23}=\frac{-w_{23}}{(A_{31}/A_{32})+1}+A_{21}+w_{23}\approx A_{21} \tag{1.3-19}$$

因此

$$\frac{n_2}{n_1}=\frac{w_{13}}{A_{21}} \tag{1.3-20}$$

可见，使外界抽运速率足够大时，就有可能使 $w_{13}>A_{21}$，从而使 $n_2>n_1$，这样就有可能使 E_2 和 E_1 两能级间的粒子数反转。对于红宝石激光器，E_3 寿命为 50ns，E_2 寿命较长，为 3ms，称为亚稳态。由于基态能级上总是集聚着大量的粒子，因此，要实现 $n_2>n_1$，外界抽运就需要相当强，这是三能级系统的一个显著缺点。

3. 四能级系统

为了克服三能级系统的缺点，人们找到了四能级系统的工作物质。常用的 YAG 激光器、氦氖激光器和二氧化碳激光器都是四能级系统激光器。图 1-11 为四能级体系的示意图。

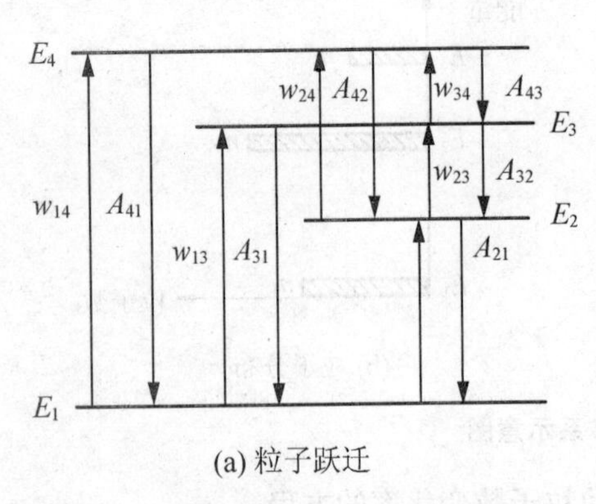

(a) 粒子跃迁

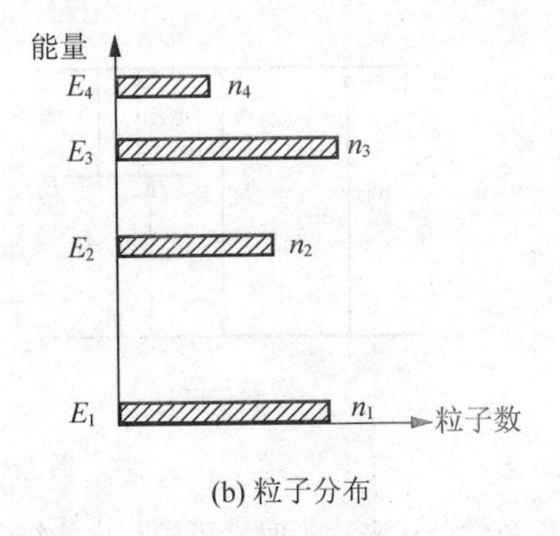

(b) 粒子分布

图 1-11　四能级体系示意图

用数学公式表示时，可先写出能级 E_3 和 E_2 上的粒子数变化率的方程，即

$$\frac{dn_3}{dt}=w_{13}n_1+w_{23}n_2+A_{43}n_4-w_{34}n_3-A_{31}n_3-A_{32}n_3 \tag{1.3-21}$$

$$\frac{dn_2}{dt}=w_{12}n_1+A_{32}n_3+A_{42}n_4-w_{24}n_2-A_{21}n_2-w_{23}n_2 \tag{1.3-22}$$

在达到稳定时

$$\frac{dn_3}{dt}=\frac{dn_2}{dt}=0 \tag{1.3-23}$$

如果忽略四能级上的粒子数，则由式(1.3-21)和式(1.3-22)可得

$$\frac{n_3}{n_2}=\frac{w_{23}w_{12}+w_{24}w_{13}+A_{21}w_{13}+w_{23}w_{13}}{w_{34}w_{12}+A_{31}w_{12}+A_{32}w_{12}+A_{32}w_{13}} \tag{1.3-24}$$

假定 $A_{21}\gg A_{31}\gg A_{32}$，$w_{13}\gg w_{14}\gg w_{12}\gg w_{24}\gg w_{23}\gg w_{34}$，则上式可化为

$$\frac{n_3}{n_2}=\frac{A_{21}w_{13}}{A_{32}w_{13}}=\frac{A_{21}}{A_{32}} \tag{1.3-25}$$

可见，对于四能级系统，只要 $A_{21}>A_{32}$，就可以使 $n_3>n_2$，这样就能使 E_3 和 E_2 两能级间的粒子数反转。也就是说在四能级系统中，E_3 为亚稳态能级，其上粒子的寿命较长。而 E_2 能级寿命很短，到了 E_2 能级上的粒子很快便回到基态。所以在四能级系统中，粒子数反转是在 E_3 和 E_2 之间实现的。也就是说，能实现粒子数反转的下能级是 E_2，不是像三能级系统那样为基态 E_1。因为 E_2 不是基态，所以在室温下，E_2 能级上的粒子数非常少，因而相对于三能级系统，四能级系统更容易产生激光。

对于激光三能级系统，如果要在上能级 E_3 和下能级 E_2 实现粒子数反转分布，则 E_3 和 E_2 能级的粒子数，在外界激发下达到相等后，还要继续泵浦，才能使上能级的粒子数 N_3 大于下能级的粒子数 N_2。所以，在粒子数反转时对于三能级系统，有

$$N_3=\frac{N_0}{2}+\frac{N_t}{2} \tag{1.3-26}$$

$$N_2=\frac{N_0}{2}-\frac{N_t}{2} \tag{1.3-27}$$

式中，N_0 是工作物质的总粒子数，N_t 是比 $N_0/2$ 多出的那部分反转粒子数。$N_0 \gg N_t$，这样，反转粒子数为

$$\Delta N = N_3 - N_2 = N_t \tag{1.3-28}$$

对于激光四能级系统，下能级 E_2 基本上是空的，因此，其上的粒子数 $N_2=0$，所以反转粒子数为

$$\Delta N = N_3 - N_2 = N_3 = N_t \tag{1.3-29}$$

由式(1.3-26)和式(1.3-29)，在粒子数反转时

$$\frac{N_{3\text{三能级}}}{N_{3\text{四能级}}} = \frac{\frac{N_0}{2} + \frac{N_t}{2}}{N_t} = \frac{N_0}{2N_t} \tag{1.3-30}$$

以红宝石激光器为例，$N_0/2N_t \approx 100$，所以，在刚好形成粒子数反转的情况下，要求三能级系统激光上能级的粒子数要比四能级系统激光上能级的粒子数高 2～3 个数量级。也就是说，要求功率更高、速率更快的泵浦源来激发三能级系统，才能产生粒子数反转，所以，选择激光工作物质时都尽量采用四能级系统。

以上讨论的二能级系统、三能级系统和四能级系统都是指激光器运转过程中直接有关的能级，不是说某种物质只具有两个能级、3 个能级或 4 个能级。

1.4　激光振荡的形成

要形成激光振荡，除了有起放大作用的工作介质以外，还必须有正反馈系统、谐振系统和输出系统。在激光器中，光学谐振腔就起着正反馈、谐振和输出的作用。本节将在介绍受激辐射和自发辐射的基础上，讲述光学谐振腔和激光振荡的形成。

1.4.1　受激辐射与自发辐射

要产生激光，除了受激辐射远大于受激吸收之外，还要求受激辐射远大于自发辐射。受激辐射与自发辐射都可以使处于激发态能级的电子回到基态，在这两种过程中，通常自发辐射往往是主要的。受激辐射和自发辐射的光子数之比为

$$\gamma = \frac{\rho(\nu)B}{A_{21}} \tag{1.4-1}$$

要使 $\gamma \gg 1$，则能量密度 $\rho(\nu)$ 必须很大，而在普通光源中，通常是很小的。例如，在热平衡条件下，对于发射 $\lambda = 1\mu\text{m}$ 的热光源来说，当 $T=300\text{K}$ 时，$\gamma = 10^{-12}$，要使 $\gamma = 1$，则要求 $T=5000\text{K}$。但是可以通过设计一种装置，使在某一方向上的受激辐射不断得到放大和加强。也就是说，使受激辐射在某一个方向上产生振荡，以致在这一特定方向上超过自发辐射，这样，能在这一方向上实现受激辐射占主导地位的情况，这种装置叫做光学谐振腔。

1.4.2　光学谐振腔

图 1-12 是光学谐振腔的示意图。在工作物质的两端，分别放置一块全反射镜和一块

部分反射镜，它们垂直于工作物质的轴线，这样，沿着轴向传播的光子，在谐振腔内受到两端两块反射镜的反射而不致逸出腔外。这些光子就成为引起受激辐射的外界感应因素，以致产生了轴向的受激辐射，受激辐射发射出来的光子和引起受激辐射的光子有相同的频率、发射方向、偏振状态和位相，它们沿轴线方向不断地往返通过已实现了粒子数反转的工作物质，因而不断地引起受激辐射，使轴向行进的光子数不断得到放大和振荡。这一种雪崩式的放大过程，使谐振腔内沿轴向的光骤然增加，而在部分反射镜中输出从而形成激光。

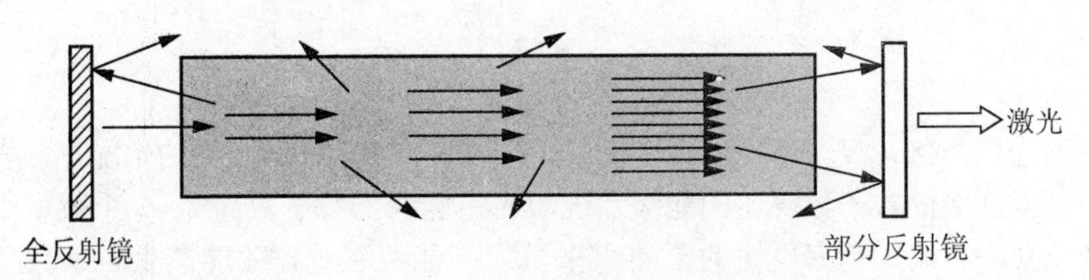

图 1－12 光学谐振腔示意图

光学谐振腔由两块反射镜组成，这两块反射镜的曲率半径、焦距以及反射镜之间的距离都有一定的限制。如图 1－13 所示，在由两块凸球面镜组成的谐振腔中，一条平行于光轴的光线，经凸球面镜反射后，就会不再与谐振腔轴平行，这样的谐振腔叫做不稳定谐振腔。因为一条光线经过几次反射后，就会逸出腔外。

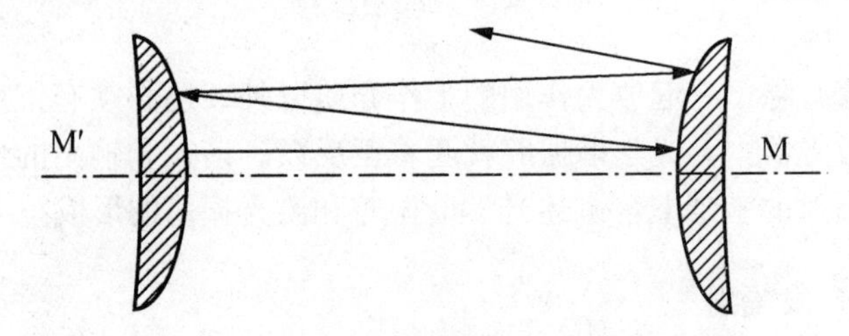

图 1－13 两块凸透镜组成的不稳定谐振腔

稳定谐振腔的结构与不稳定谐振腔不同，它主要有以下 4 种形式。

（1）法布里-珀罗谐振腔(平面平行腔)。如图 1－14 所示，它由两个彼此平行的平面反射镜组成。根据几何光学中的反射定律，一条平行于谐振腔轴线的光线，经平行平面反射镜来回反射后，它的传播方向仍平行于轴线，始终不会逸出腔外，但是，当这两块平行平面反射镜不能做到绝对平行并完全垂直于轴线时，就会使光线在腔内来回反射多次后逐出腔外。显然对这种谐振腔的结构有很高的工艺要求。

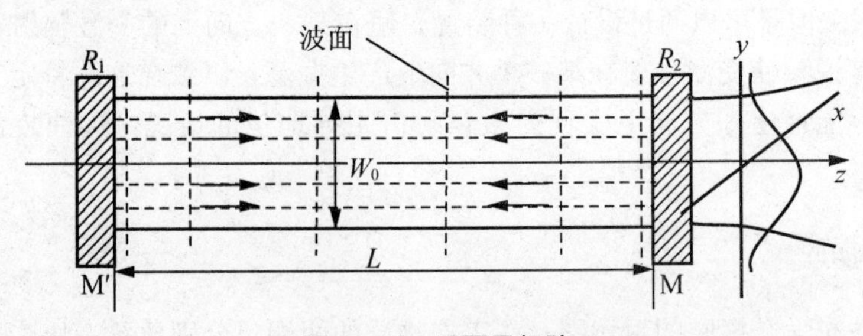

图 1－14 平面平行腔

（2）共心谐振腔。如图 1－15 所示，它由两个相同的凹球面镜组成。反射镜的曲率中心相重合。通过球心的光线经反射后，仍从球心返回。这样来回反射的光线始终不会逸出腔外。

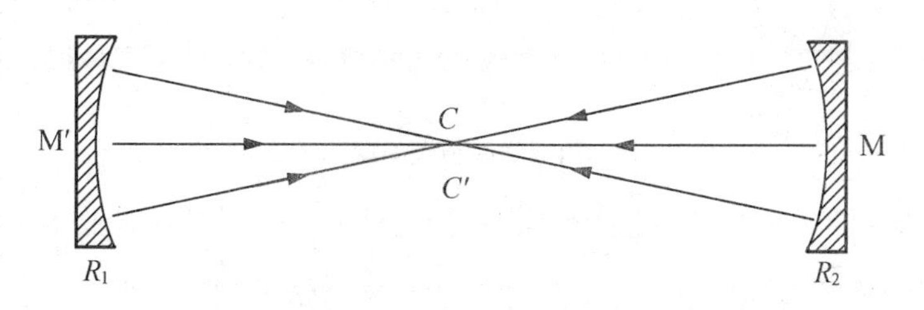

图 1－15　共心谐振腔

（3）共焦谐振腔。如图 1－16 所示，它由两个相同的凹面镜组成，其焦点相重合。平行于谐振腔轴线的光线自 A 发出后，循着 $A-B-C-D-A$ 的路线，经 4 次反射后，又与起始光线重合。这样，平行于轴向的光线将始终不会逸出腔外。

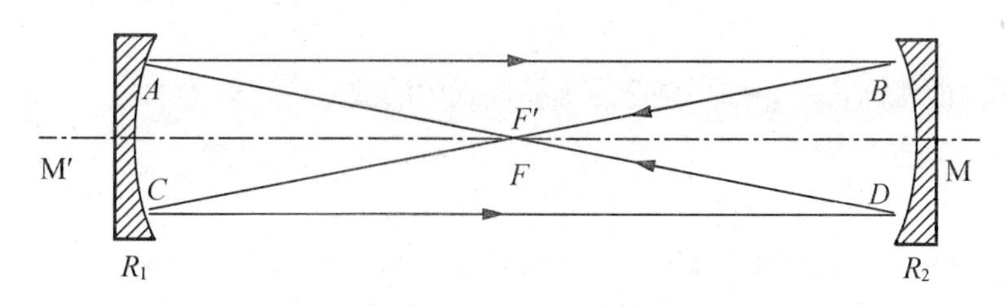

图 1－16　共焦谐振腔

（4）广义共焦式谐振腔。如图 1－17 和图 1－18 所示，在两个反射镜中，当某一反射镜与其曲率中心间的距离能包含第二个反射镜的曲率中心或包含第二个反射镜本身时，就可能构成稳定的广义共焦式谐振腔。

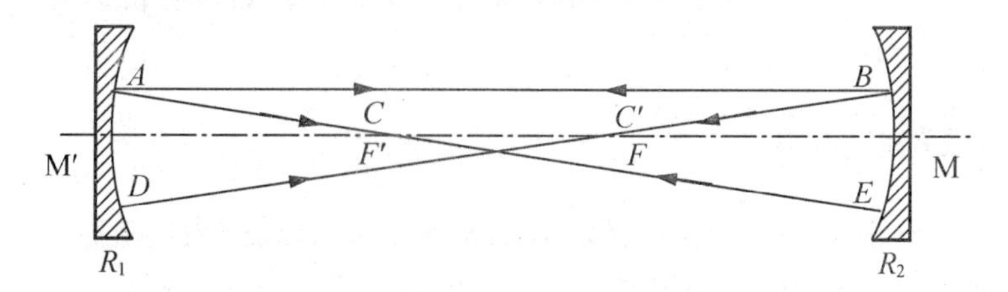

图 1－17　两球面镜曲率中心之间的距离等于各镜的焦距

在图 1－17 中，两球面镜曲率中心之间的距离等于各镜的焦距(假定两球面镜焦距相同)，即一个球面镜中心落在另一个球面镜的焦点处。当平行于轴线的光线经 $A-B-D-B-A-E-A$ 循环后，又与原来光线方向重合。

在图 1－18 中，两球面镜顶点间距离等于焦距。平行于轴向的光线经 $A-B-C-D-E-G-A$ 循环后，又与原来光线方向重合。当然，在这样的结构中，平行于轴向的光线始终不会逸出腔外。

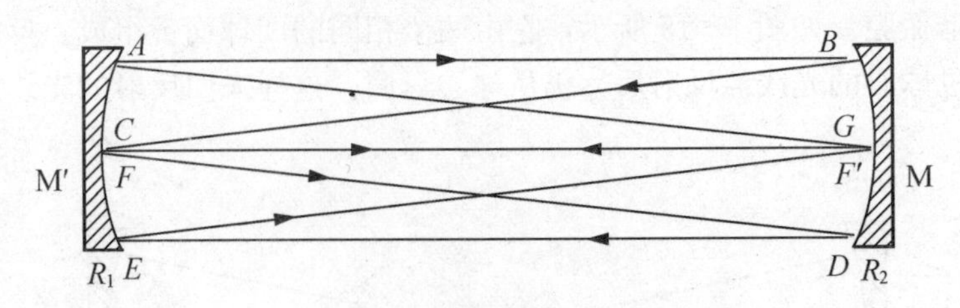

图 1-18　两球面镜顶点间距离等于焦距

根据上面的分析可以发现，由两个球面反射镜(平面镜可看作是曲率半径趋于无穷大的球面镜)构成谐振腔是很好的方法。从几何光学的观点来看，如果光线在谐振腔内来回反射时能维持在腔轴附近而不逸出腔外，就能得到稳定谐振腔结构。理论分析表明，稳定谐振腔的条件可写成

$$0\leqslant\left(1-\frac{L}{R_1}\right)\left(1-\frac{L}{R_2}\right)\leqslant1 \tag{1.4-2}$$

式中，R_1和R_2分别为两反射镜的曲率半径，L 是腔长。引入两个表示谐振腔的因子

$$g_1=1-L/R_1;\ g_2=1-L/R_2 \tag{1.4-3}$$

上式是针对凹球面镜而言的，如果是凸球面镜，式中的减号应当取为加号。利用式(1.4-3)，可以将式(1.4-2)简化为

$$0<g_1g_2<1 \tag{1.4-4}$$

也就是说，当谐振腔的参数满足式(1.4-4)，谐振腔内近轴光线可以在腔内往返无限多次而不会横向逸出腔外，称谐振腔处于稳定工作状态，此时光的横向逸出损耗可以忽略；反之，若式(1.4-4)得不到满足，则腔内任何近轴光线在往返有限多次后会横向偏折出腔外，称谐振腔处于非稳定工作状态，此时光能量横向逸出损耗不能忽略。基于上述原因，通常称式(1.4-4)为谐振腔的稳定性判据。由式(1.4-4)可知，对于稳定的谐振腔有 $0<g_1g_2$，也就是 g_1、g_2 应当同时为正数或负数；如果它们为异号，谐振腔就是不稳定的。

1.4.3　光学谐振腔的稳区图

由式(1.4-4)，根据 $g_1g_2<1$ 条件，当 $g_1g_2=1$ 时，以 g_1 为横坐标，g_2 为纵坐标作图，可以得到如图 1-19 所示的曲线图。

图上的曲线为谐振腔稳定与否的分界线，图中阴影区域为稳定区域，落在阴影区内的谐振腔都是稳定的。图中第二和第四象限的 g_1、g_2 符号相反，因此第二和第四象限为非稳定区域；图中第一和第三象限非阴影区域的 $g_1g_2>1$，因此第一和第三象限的非阴影区域也是非稳定区域；$g_1g_2=0$ 和 $g_1g_2=1$ 是临界的，这种腔为临界腔。共心腔的坐标为(−1,−1)，共焦腔的坐标为(0,0)，平面平行腔的坐标为(1,1)，应当注意的是，所有对称结构的谐振腔都在这三点连成的直线上。

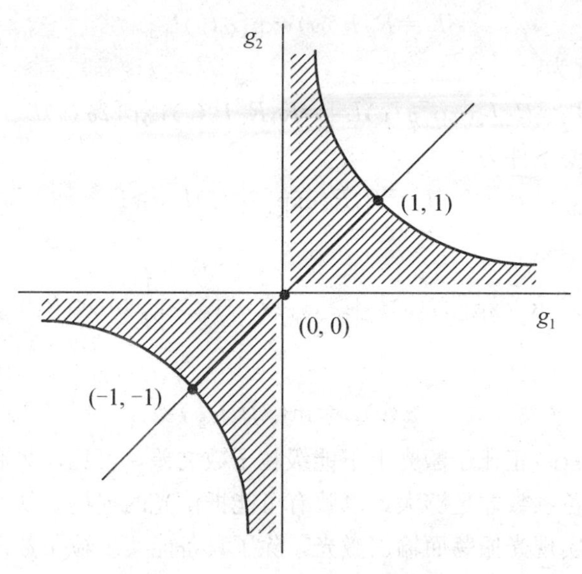

图 1-19　光学谐振腔的稳区图

1.4.4　光振荡的阈值条件

有了稳定的光学谐振腔和能实现粒子数反转的工作物质，还不一定能引起受激辐射的光振荡而产生激光。因为工作物质在光谐振腔内虽然能够引起光放大，但是在光谐振腔内还存在着如部分反射镜的透射、工作物质对光的吸收和介质不均匀所造成的散射等许多损耗因素。要产生激光振荡，必须使光在激活介质当中的增益至少能够补偿各种损耗，这个条件叫做激光器的阈值条件，或称为临界振荡条件。

图 1-20 表示光在谐振腔内来回反射时光强的变化。用 M_1、M_2表示两块反射镜，其间距为 L，反射率分别为 R_1和 R_2。

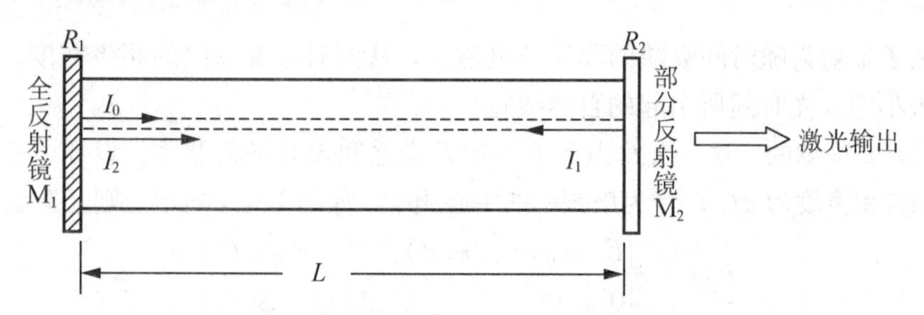

图 1-20　光在谐振腔内来回反射时光强的变化

由式(1.3-9)知道，当 $z=0$ 时，光强为 $I_0(\nu)$，当 $I_0(\nu)$经过整个长度为 L 的工作物质到达第二块反射镜 M_2时，光强为

$$I(\nu, L)=I_0(\nu)\exp[\alpha(\nu)L] \tag{1.4-5}$$

式中 $\alpha(\nu)=\dfrac{1}{L}\ln\left[\dfrac{I(\nu, L)}{I_0(\nu)}\right]$，称为工作物质的增益系数。当被第二块反射镜反射后，光强为

$$I_1=R_2I_0(\nu)\exp[\alpha(\nu)L] \tag{1.4-6}$$

再经过 M_1 反射时光强为

$$I_2=R_1I_1\exp[\alpha(\nu)L]=R_1R_2I_0(\nu)\exp[2\alpha(\nu)L] \tag{1.4-7}$$

要实现激光振荡，必要条件为

$$I_2/I_0=R_1R_2\exp[2\alpha(\nu)L]\geqslant 1 \tag{1.4-8}$$

即阈值条件为

$$R_1R_2\exp[2\alpha(\nu)L]>1，或\ \alpha(\nu)>\frac{1}{2L}\ln(R_1R_2) \tag{1.4-9}$$

上式可以改写为

$$\alpha(\nu)L=\ln(\sqrt{R_1R_2}) \tag{1.4-10}$$

由式(1.3-7)可知，$\alpha(\nu)$正比于激光上下能级粒子数之差，可见，只有当粒子反转数达到一定数值时，光的增益系数才足够大，以致有可能抵偿光的损耗，从而使光振荡的产生成为可能。因此，为了实现光振荡而输出激光，除了具备能实现粒子数反转的工作物质和一个稳定的光学谐振腔外，还必须减少损耗、加快抽运速率，从而使粒子反转数达到产生激光的阈值条件。

1.5 干涉对单色性的影响

从物理光学的角度来看，光波在腔内多次来回反射所形成的各级反射波必然会产生干涉，而干涉的结果，会提高最后发射的激光的单色性。

1.5.1 光谱线宽度

1. 自然宽度

电偶极子辐射为随时间衰减的非正弦电磁波，从而对应着一定的频带宽度，即发光原子由一定大小的发光时间所引起的自然线宽。

原子发光是间歇的，这一次发光和下一次发光之间没有任何联系。设原子发光时间为 Δt，发光的频率宽度为 $\Delta\nu_n$，ν_0 为该频率的中心频率，如图 1-21 所示，则光振动可以写成

$$E(t)=\begin{cases}E_0\exp(-\mathrm{i}2\pi\nu_0 t) & (|t|\leqslant\Delta t/2)\\ 0 & (|t|>\Delta t/2)\end{cases} \tag{1.5-1}$$

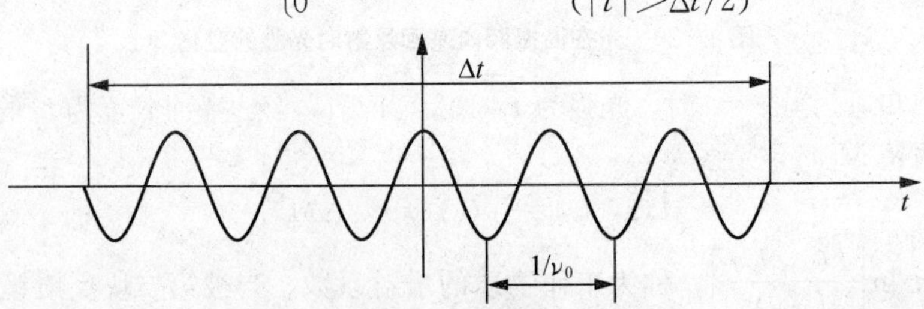

图 1-21　有限波列

因为任何一个非周期函数 $F(t)$ 可以用傅里叶积分表示，即

$$F(t)=\int_{-\infty}^{+\infty}f(\nu)\exp(-\mathrm{i}2\pi\nu t)\,\mathrm{d}\nu \tag{1.5-2}$$

其中

$$f(\nu)=\int_{-\infty}^{+\infty}F(t)\exp(\mathrm{i}2\pi\nu t)\,\mathrm{d}t \tag{1.5-3}$$

所以有

$$\begin{aligned}E(\nu)&=\int_{-\infty}^{+\infty}E(t)\exp(-\mathrm{i}2\pi\nu t)\,\mathrm{d}t=\int_{-\Delta t/2}^{\Delta t/2}E_0\exp[\mathrm{i}2\pi(\nu-\nu_0)t]\,\mathrm{d}t\\&=E_0\Delta t\frac{\sin[\pi(\nu-\nu_0)\Delta t]}{\pi(\nu-\nu_0)\Delta t}=E_0\Delta t\,\mathrm{sinc}[\pi(\nu-\nu_0)\Delta t]\end{aligned} \tag{1.5-4}$$

根据式(1.5－4)可以得到光强度与频率的关系曲线示意图，如图 1－22 所示。

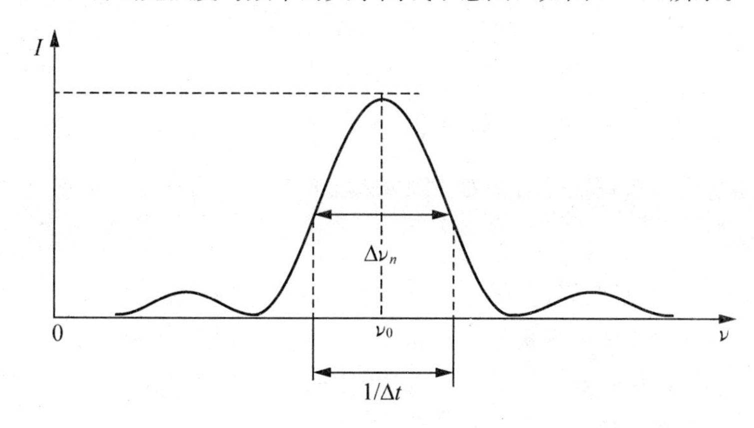

图 1－22　光强度与频率的关系曲线示意图

对于 $\mathrm{sinc}(X)$ 来说，第一个零点位于 $X=\pm\pi$ 处。在 $X>\pi$ 或 $X<-\pi$，$\mathrm{sinc}(X)$ 的值很小，可以略去。故可认为频谱限于 $\pi(\nu-\nu_0)\Delta t=\pm\pi$ 内，即频谱宽度为

$$\Delta\nu_n=1/\Delta t \tag{1.5-5}$$

可见，只有发光时间 $\Delta t\to\infty$ 的光波，它的 $\Delta\nu\to 0$ 才是真正单色而无频宽的光。由于 Δt 不为无穷大，因此频谱宽度为零的光也是不存在的。任何光源，它的发光时间 Δt 总有一定大小，它的频率也就有一定大小的频宽 $\Delta\nu_n$。根据关系式 $c=\lambda\nu$，也就有一定大小的谱线宽度 $\Delta\lambda$。这样形成的谱线宽度叫做自然线宽。对应于频谱宽度的谱线，其宽度为

$$\Delta\lambda_n=c\Delta\nu_n/\nu^2=\lambda^2\Delta\nu_n/c \tag{1.5-6}$$

对应于谱线宽度的频谱，其宽度为

$$\Delta\nu_n=c\Delta\lambda_n/\lambda^2 \tag{1.5-7}$$

下面从粒子在激发态能级上的寿命来进一步认识自然宽度。前面已经讨论过，粒子处于激发态能级上时会有一定的寿命。一般而言，平均寿命为 $10^{-7}\sim10^{-8}$ s。这样，由测不准关系可知，粒子的激发态能量也不能简单地用一个数值来表示，应当具有一定的宽度 ΔE，它的大小由该能级上粒子的平均寿命 τ 决定，即

$$\Delta E\tau=h/2\pi \tag{1.5-8}$$

由于粒子的能级具有自然宽度，所以如果粒子的高能级 E_2 的自然宽度为 ΔE_2，该能级上粒子的平均寿命 τ_2，低能级 E_1 的自然宽度为 ΔE_1，该能级上粒子的平均寿命 τ_1，如图 1-23 所示。

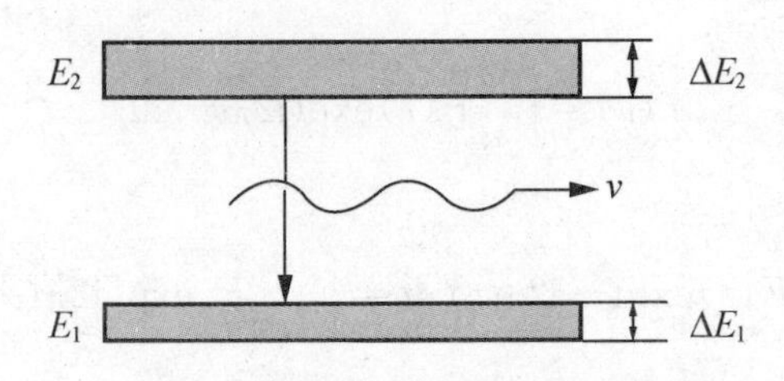

图 1-23　能级及其自然宽度示意图

则粒子从高能级向低能级跃迁时就会有一个频率的变化范围

$$\Delta\nu_n=(\Delta E_2+\Delta E_1)/h \tag{1.5-9}$$

上式还可以表示为

$$\Delta\nu_n=\left(\frac{1}{\tau_1}+\frac{1}{\tau_2}\right)\Big/2\pi \tag{1.5-10}$$

上式表明，光谱线的自然宽度是由于处在激发态上的粒子具有一定的平均寿命而引起的。

2. 多普勒宽度

谱线或频率宽度的成因是很多的，除了上面说的发光原子由一定的发光时间所引起的自然线宽外，另外一个主要原因是分子、原子的热运动，即原子边运动边辐射，产生多普勒效应，使谱线加宽。如果发光原子面向光接收器运动，则接收到的波长变短；反之，如果发光原子离开光接收器运动，则接收到的波长变长。

在图 1-24 中，光源以速度 v 接近光接收器运动。设静止光源所发出的光波在一周期时间 t_0 内，向前传播一个波长 λ_0 的距离。当光源以速度 v 接近接收器时。在 t_0 时间内，光源在光波传播方向上走了一段距离 vt_0，光波向前传播的实际距离仅为 λ_0-vt_0。

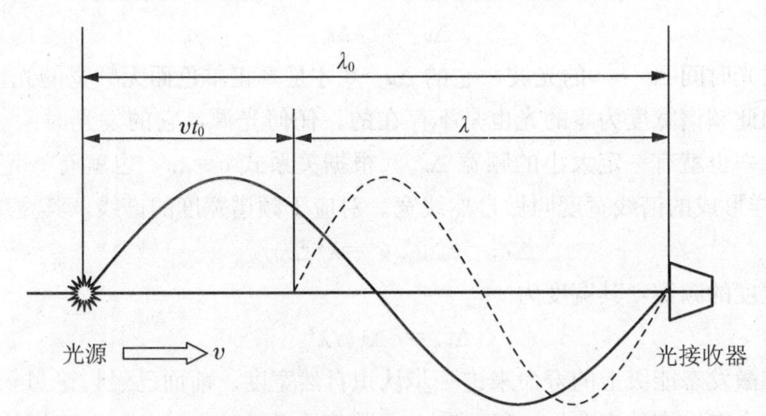

图 1-24　光源运动引起的波长变化

这就是说，光接收器所接收到的光波波长变为 λ

$$\lambda=\lambda_0-vt_0=ct_0-vt_0=(c-v)t_0 \tag{1.5-11}$$

这时光波的频率为

$$\nu=\frac{c}{\lambda}=\frac{c}{(c-v)t_0}=\frac{c}{c-v}\nu_0=\nu_0\frac{1}{1-v/c} \tag{1.5-12}$$

因为 $v\ll c$，利用级数展开，上式可写成

$$\nu=\nu_0\left[1+\frac{v}{c}+\left(\frac{v}{c}\right)^2+\cdots\right]\approx\nu_0\left[1+\frac{v}{c}\right] \tag{1.5-13}$$

当 $v>0$，即光源向接收器方向运动时，有 $\nu>\nu_0$。当 $v<0$，即光源远离接收器方向运动时，有 $\nu<\nu_0$。在气体放电中，发光原子总是在做无规则的热运动。原子运动速度的大小，可以在零到某个数值之间变化，运动方向相对光接收器来说也是有正有负。于是就会在发光中心频率 ν_0 值附近，引起一个变化值，也就是说引起了谱线在一定范围内的增宽，这个宽度叫做多普勒宽度。

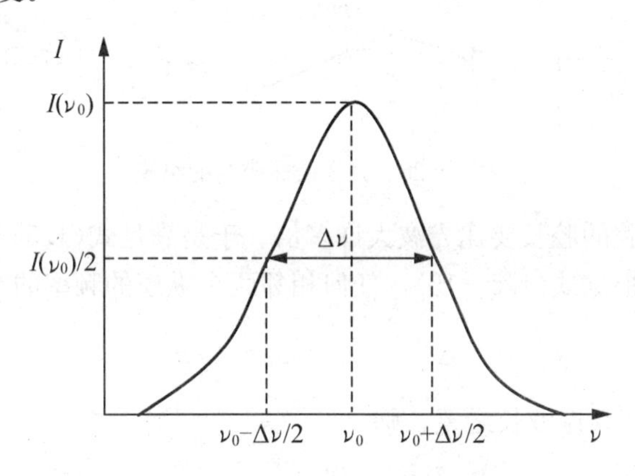

图 1-25　氦氖激光谱宽的示意图

当粒子激光上能级向下能级跃迁时，发出的光辐射为 $h\nu=E_{上}-E_{下}$，看起来似乎是单一频率的光辐射，实际上由于上述原因，光谱线总有一定的宽度 $\Delta\nu_n$，而 ν 是指中心频率，通常用 ν_0 表示。对于输出波长为 0.632 8μm 的氦氖激光来说，实际的中心频率是 4.74×10^{14} Hz，其频率宽度 $\Delta\nu_n$ 约为 1.4×10^9 Hz，图 1-25 是氦氖激光谱宽的示意图，在 $\Delta\nu_n$ 范围内都是氦氖激光所发射的光谱线的频率。因此，一般光源发出的光绝不是单色的，而是包含无数个连续分布的频率。谱线宽度 $\Delta\nu_n$ 定义为光谱线最大强度的一半所对应的两个频率之差。

1.5.2　谐振腔的共振频率

1. 一般谐振腔

设谐振腔长度为 L，其中的工作物质的折射率为 n，光波波长为 λ。如果有一个单一频率的平面波沿谐振腔的轴线来回反射，经过镜面多次反射后的光波之间就会产生多光束干涉。某一点上干涉的结果是相长还是相消，要由干涉条件来决定。若每束光在腔内沿轴线来回反射一次的相位差为 2π 的整数倍，则根据干涉条件可知强度为极大值。此时，光在腔内来回一次的光程 $2nL$ 应是波长 λ 的整数倍，即

$$2nL=m\lambda \tag{1.5-14}$$

若用 ν 代替 λ，式(1.5-14)可写为

$$\nu=m\frac{c}{2nL} \tag{1.5-15}$$

可以看出，当谐振腔的长度与光波频率满足式(1.5-15)时，多光束干涉的结果得到极大值，称这种情况为共振，符合共振条件的光波频率称为共振频率。通常把腔内沿轴方向形成的每一种稳定驻波形式的光都叫做光的纵模。每一种纵模的频率由式(1.5-15)决定。在谐振腔内，只有符合共振条件的那些光波才能存在。其他波长的光波，因不符合共振条件而干涉相消，不能在谐振腔内存在。当然，对同一谐振腔来说，可同时存在的共振频率不止一个。图 1-26 表示 3 种频率的光波在谐振腔内同时产生共振的情况。

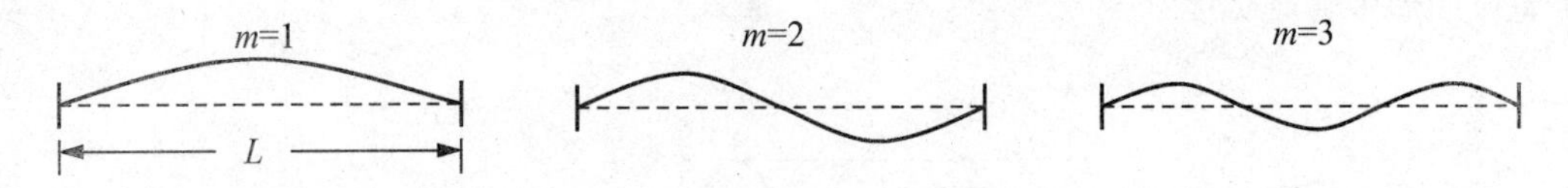

图 1-26　光学谐振腔内的纵模

一般来说，谐振腔的腔长要比光波大许多倍。于是满足式(1.5-14)或式(1.5-15)的光波频率会有许多。根据式(1.5-15)，任何相邻两个纵模的频率的差值为

$$\Delta\nu'=\nu_{m+1}-\nu_m=\frac{c}{2nL} \tag{1.5-16}$$

如用 $\Delta\lambda'$ 表示两个相邻共振波长之差，则

$$\Delta\lambda'=\frac{\Delta\nu'}{\nu}\lambda=\frac{\lambda^2}{2nL} \tag{1.5-17}$$

从式(1.5-16)或式(1.5-17)可以看到，谐振腔越长，相邻两个共振频率的间隔 $\Delta\nu'$ 或 $\Delta\lambda'$ 就越小，腔内能够满足共振条件的频率数目就越多，从谐振腔发射出去的光波中所包含的频率数目也就越多。

2. 迈克尔逊复合腔

迈克尔逊复合腔如图 1-27 所示。图中，M_1 为全反射镜，M_2 和 M_3 为输出镜。

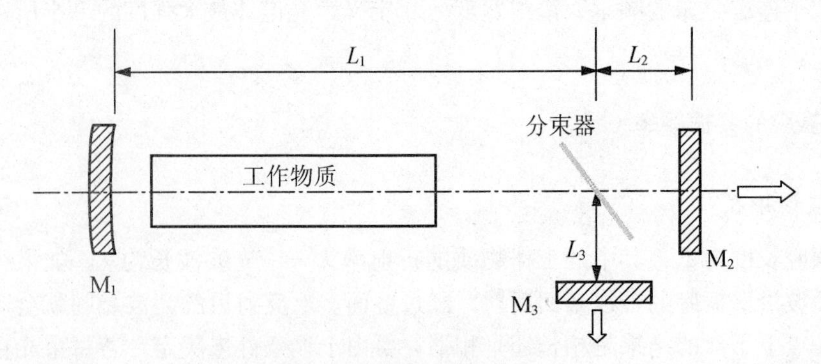

图 1-27　迈克尔逊复合腔

迈克尔逊复合腔可以同时有两束激光输出，它们输出的纵模频率分别为

$$\nu=m\frac{c}{2n(L_1+L_2)} \tag{1.5-18}$$

和

$$\nu=m\frac{c}{2n(L_1+L_3)} \tag{1.5-19}$$

对应的两个纵模的频率的差值分别为

$$\Delta\nu'=\frac{c}{2n(L_1+L_2)} \tag{1.5-20}$$

和

$$\Delta\nu'=\frac{c}{2n(L_1+L_3)} \tag{1.5-21}$$

可见，利用迈克尔逊复合腔改变激光器输出纵模的频率间隔。

1.5.3　激光的单色性

如上所述，气体激光器发射的光波，由于多种原因而存在一个谱线宽度。就是说，发射的光波不是单色的，而是有一定的频率范围。在这频率宽度范围内的所有频率，都可以在激光器所发射的光波中找到。由于谐振腔的干涉作用，在发射出来的光波中，频率数目就不是原来那样多了。只有那些满足谐振腔共振条件而又落在工作物质的谱线宽度内的频率才能形成激光输出。不满足共振条件的频率，都在谐振腔内干涉相消了。

在激光器的输出光束中，如果只存在一个共振频率，则称为一个纵向模式，简称单纵模。如同时存在几个共振频率，则称为多纵模。通过式(1.5-16)可以看出，当谐振腔的长度足够短时，$\Delta\nu'$接近$\Delta\nu$，此时可能只有一个纵模频率落在荧光谱线范围内，只要它的增益大于阈值，它将在谐振腔内不断增长，直到建立起稳定的振荡，得到单纵模的输出。

下面以氦氖激光器为例来分析腔长对纵模的限制。氦氖激光器所发射的光波有如图1-25所示的形状，它的中心频率为4.74×10^{14}Hz，频率宽度$\Delta\nu_n=1.4\times10^{9}$Hz。腔长$L$如果取1m，则由式(1.5-16)得到该谐振腔相邻两共振频率之差$\Delta\nu'=1.5\times10^{8}$Hz，因此，对氦氖激光器来说，从谐振腔发射出来的光波频率数目可由$\Delta\nu_n$和$\Delta\nu'$的比值来决定

$$\frac{\Delta\nu_n}{\Delta\nu'}=\frac{1.4\times10^{9}\,\text{Hz}}{1.5\times10^{8}\,\text{Hz}}\approx9 \tag{1.5-22}$$

所以，对于这个长为100cm的氦氖激光器，通过谐振腔后射出的光波，只存在9个不同的频率。但是当谐振腔的长度缩短到10cm左右时，则有可能使腔内所有的共振频率都落在频谱宽度$\Delta\nu_n$之外，结果是一个纵模激光也建立不起来。这时必须微调腔长，才能使一个纵模落在频谱宽度以内。

对于固体激光器，因为工作的谱线宽度一般都比较宽，例如，输出波长为0.694 3μm的红宝石激光器，其谱线宽度为0.4μm，即频谱宽度为6×10^{10}Hz。因此，一般3～4cm的腔长在频谱宽度内仍含有几个共振频率，为了得到单纵模，谐振腔的长度还可以缩短一些。半导体激光器的谐振腔长度实际上很短，一般只有1～2mm，但是它的工作谱线宽度

却很宽，例如，GaAs 半导体激光器，其谱线宽度达为 12.5μm，即频谱宽度为 5.3×10^{13} Hz。因此，腔长只需大于 0.03mm，就有一个纵模可能形成振荡。

在图 1-28 中，纵坐标表示光强，横坐标表示频率。虚曲线代表氦氖激光器所发光波的频率宽度，这也就是图 1-25 所示的曲线。虚直线的横坐标代表谐振腔的共振频率，也就是从谐振腔中射出的光波频率。因为谐振腔内产生多光束干涉时，在干涉相长时光强为极大，相消时光强为极小。从光强极大到极小，总有一个逐渐变化过程。这个变化过程就是图 1-28 中实曲线所示，称它们为共振频率宽度。

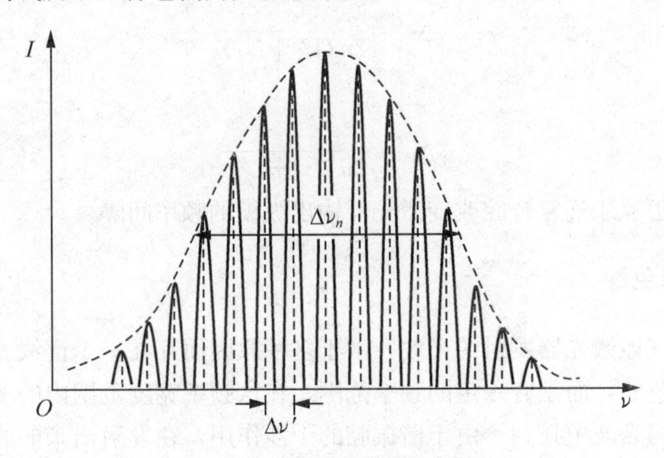

图 1-28　激光器输出的纵模

可见，一般气体放电管发出来的光波的频率宽度比较大，经过谐振腔选择后，发射出来的光波的频率宽度就比较窄了，而且谐振腔内总存在工作物质，它对出射光波的频率宽度也起着限制的作用，所以，激光的单色性比较好。激光的单色性定义为 $\Delta\nu_n/\nu_0$ 或 $\Delta\lambda_n/\lambda_0$，其中，$\nu_0$、$\lambda_0$ 为激光谱线的中心频率和中心波长。

1.5.4　激光选模

1. 利用法布里-珀罗(F-P)标准具选模

如果希望从激光器出来的激光只有一个频率，则可以缩短谐振腔的长度，使得共振频率的间隔变宽，以致在原来的谱线宽度范围内，只可能存在一个共振频率。缩短腔长，显然会降低激光输出的功率，并会使激光输出频率不稳定。因此，要得到稳定的单模输出，可以采用其他方法来选取单模。图 1-29 表示采用法布里-珀罗标准具选取单模的方法。

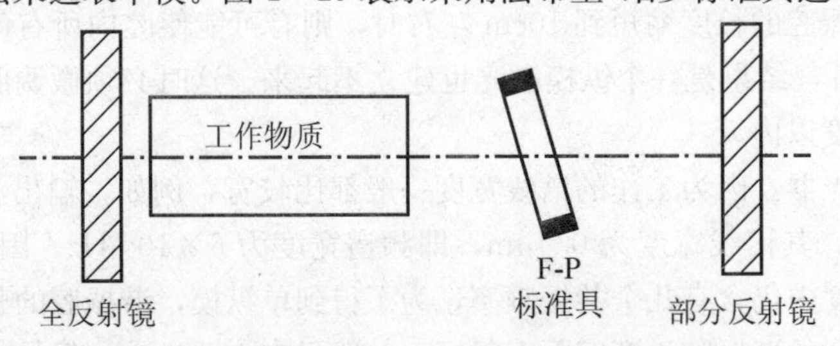

图 1-29　采用法布里-珀罗标准具选模示意图

在激光器的谐振腔内插入一块法布里-珀罗标准具。虽然它的两面镀有高反射膜，但由于多光束干涉，它对满足下述频率条件的光有极高的透射率(接近100%)。这个条件是

$$\nu_m = m\frac{c}{2nd\cos\theta_2} \tag{1.5-23}$$

式中，c 是真空中的光速，n 是标准具内所填充介质的折射率，d 是标准具厚度，θ_2 是光在标准具中的折射角，m 是正整数。因此得到频率间隔为

$$\Delta\nu = \frac{c}{2nd\cos\theta_2} \tag{1.5-24}$$

如果取 $d \ll L$(L 为谐振腔长度)，且适当调整入射角 θ_1，则可以得到图 1-30 所示结果。图 1-30(a)表示激光器没有进行选模时有 5 个纵模；图 1-30(b)表示法布里-珀罗标准具的透射曲线，在 ν_{m-1}、ν_m、ν_{m+1}处有高透射率。由于 ν_{m-1}、ν、ν_{m+1} 相邻频率的间距远大于激光器所输出纵模的间隔，所以激光器输出的 5 个纵模中只有一个纵模能通过法布里-珀罗标准具，并可以形成振荡而输出激光。由于标准具对 ν_{-2}、ν_{-1}、ν_1、ν_2 的透过率很低，相当于损耗很大，不能形成振荡，也就没有这些频率的输出。因此，最后从激光器输出的频率只有一种如图 1-30(c)所示的纵模。

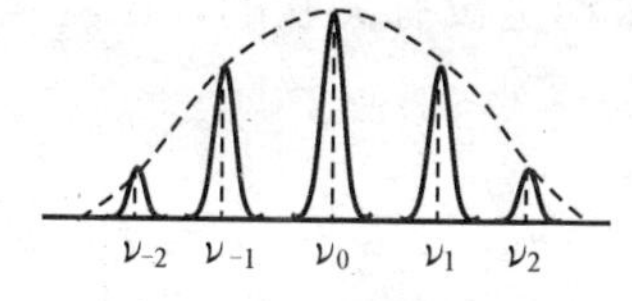

(a) 未加入F-P前激光输出频率

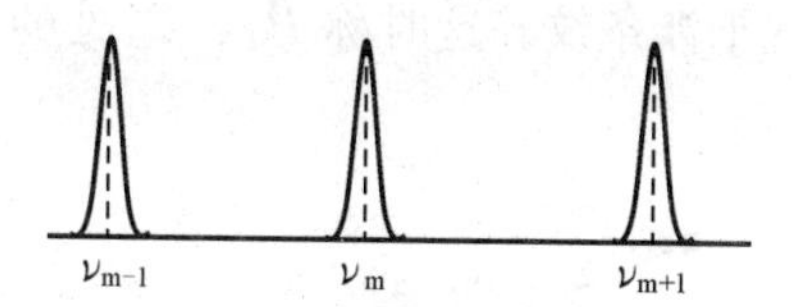

(b) F-P限制频率

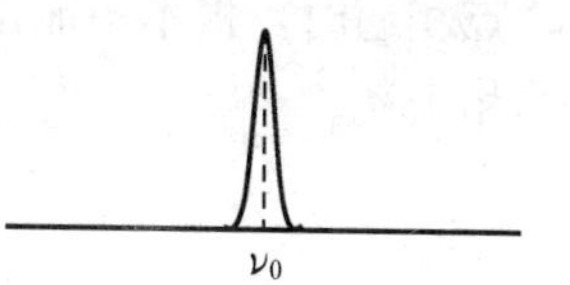

(c) 加入F-P后激光输出频率

图 1-30　纵模选择过程示意图

2. 利用半波片选模

如图 1-31 所示，在激光器的谐振腔内插入一块半波片。

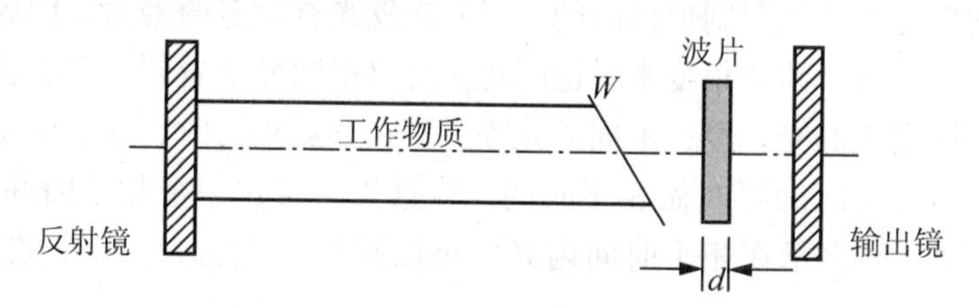

图 1-31　利用波片选模示意图

则有

$$(n_o - n_e)d = (2m+1)\frac{\lambda}{2} \tag{1.5-25}$$

式中，n_o、n_e分别是 o 光和 e 光的折射率，d 是波片的厚度，m 是正整数。因此得到频率间隔为

$$\Delta\nu = \frac{c}{2(n_o - n_e)d} \tag{1.5-26}$$

应当注意的是，上述两种方法都需要在腔内插入元件，从而增加了腔内的损耗，所以对增益小的激光器不宜采用。

1.6 相干性介绍

所谓相干性，也就是指空间任意两点光振动之间相互关联的程度。本节将在介绍时间相干性和空间相干性的概念后，讨论激光的横向模式分布和衍射损耗，在此基础上讲述激光的相干性。

1.6.1 时间相干性与空间相干性

在图 1-32 中，如果 P_1 和 P_2 两点处的光振动之间的相位差是恒定的，那么当 P_1 和 P_2 处的光振动向前传播并在 Q 点相遇时，这两个振动之间的相位差当然也是恒定的。于是在 Q 点将得到稳定的干涉条纹。这时，就称 P_1 和 P_2 处的光振动为关联的，也就是相干光。如果 P_1、P_2 处的光振动之间的相位差是任意的，并随时间做无规则的变化，那么在 Q 点相遇时，根本不能出现干涉条纹。这时称 P_1、P_2 处的光振动是没有关联的，也就是非相干光。

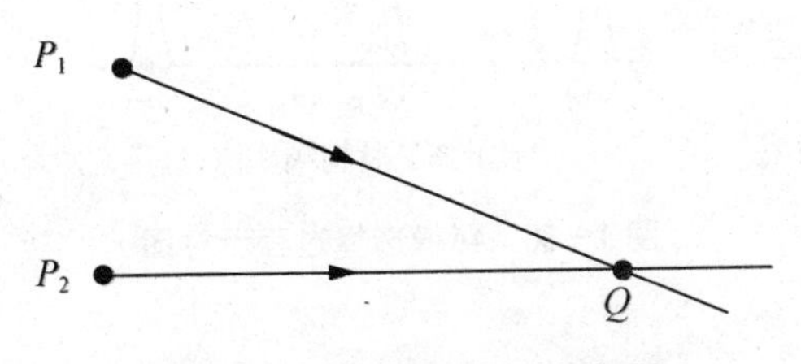

图 1-32　两个光波在空间相遇

由于原子的发光不是无限制地持续的，每一次发光有一定的寿命，因此它总是有一个平均发光时间间隔。从干涉的角度来讨论问题，可以很明显地看到，只有在同一光源同一个发光时间间隔内发出的光，经过不同的光程后再在某点相遇时，才能给出干涉图样。所以将原子的平均发光时间间隔叫做相干时间。在这里，将这一个相干时间记为 Δt。如果光的速度为 c，则 $c\Delta t$ 表示在相干时间内光经过的路程，称它为相干长度，记为 Δl，于是有

$$\Delta l = c\Delta t \tag{1.6-1}$$

在迈克尔逊干涉仪中，如图 1-33 所示，引起干涉的两束光为Ⅰ和Ⅱ，这两束光的光程差即为平面反射镜 M_1 和 M_2' 之间的空气薄层的厚度。现在令这个厚度为 d。只有当 $d<\Delta l$ 时，才能清楚地看到干涉条纹。这时Ⅰ和Ⅱ这两束光才是相干光。当 $d>\Delta l$ 时，Ⅰ和Ⅱ这两束光已经不是发光原子同一次发光中发出的了。它们之间已无恒定的相位差，因而干涉条纹非常模糊。d 比 Δl 大得越多，干涉条纹越模糊，甚至完全看不到，这时Ⅰ和Ⅱ是不相干光。在这个例子中可以看到，虽然在处理问题时，还是考虑两束光之间的光程差，但这个光程差是和相干时间联系着的。因此在迈克尔逊干涉仪中讨论光的相干性问

题，实质上讨论的是光的时间相干性。

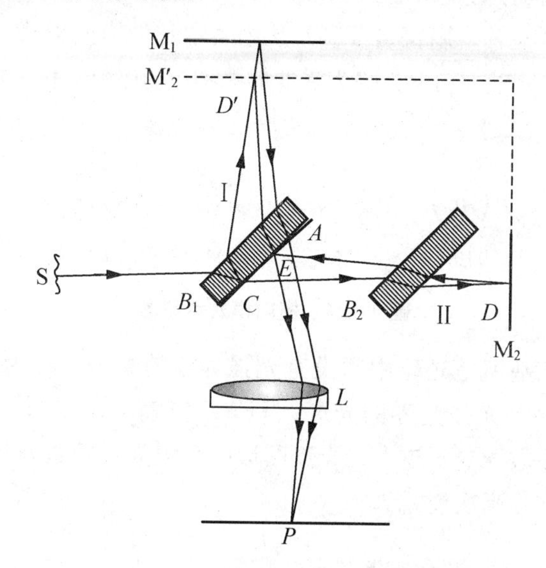

图 1-33　迈克尔逊干涉仪示意图

在杨氏实验的装置中可以看到，普通光源前放置一块开有小缝 S 的光阑。在光阑的前面，再另外放置一块开有两个小缝 S_1 和 S_2 的光阑。只有这样的装置，才能使通过 S_1 和 S_2 两个小缝的光成为相干光。如果普通光源发出来的光直接照射到 S_1 和 S_2，则通过 S_1 和 S_2 之后再出射的光不可能是相干光。这是因为普通光源本身发光表面上任意两点之间是没有空间相干性的。因此可以用杨氏实验来研究光源的空间相干性。

1.6.2　普通光源的相干性

在普通光源中，受激辐射过程总是小于自发辐射过程，由于后者总是占主导地位，因而普通光源所发射的光相干性是很差的，但这并不是说绝对不能从普通光源中得到时间和空间相干性都很好的光。只要通过一定的方法，还是可以从普通光源中得到时间和空间相干性较好的光。例如，用单色仪分光后，通过狭缝所得到的光的单色性就很好。因而它的时间相干性也很好。用杨氏实验装置来遮蔽大部分普通光源的发光表面，只留下一个极小的缝让光通过，这样得到的光的空间相干性也可以是很好的。但是，用这样的办法以取得相干性很好的光时，光强几乎已减弱到实际上不能利用的程度。

1.6.3　横向模式分布和衍射损耗

1. 横向模式分布

如果让可见波段的激光入射到光屏上，仔细观察激光光斑的光强分布，就会发现它是不均匀的。不同激光器射出来的光斑中的光强分布也是各不相同的，这就是说，激光在谐振腔内振荡的过程中，在光束横截面上形成具有各种不同形式的稳定分布，在光束横截面上的这种稳定分布称为激光束的横向模式，简称横模。

现在取激光器的轴向作为直角坐标系的 z 轴，以谐振腔的中心点为原点，并在与主轴 z 垂直的平面上取 x 轴和 y 轴，用符号 TEMmn 来表示各种横向模式。这里 m、n 均为正整数，分别表示在 x 轴和 y 轴方向上光强为零的那些零点的序数，称为模式序数。图 1-34 表示了横模的光斑图。

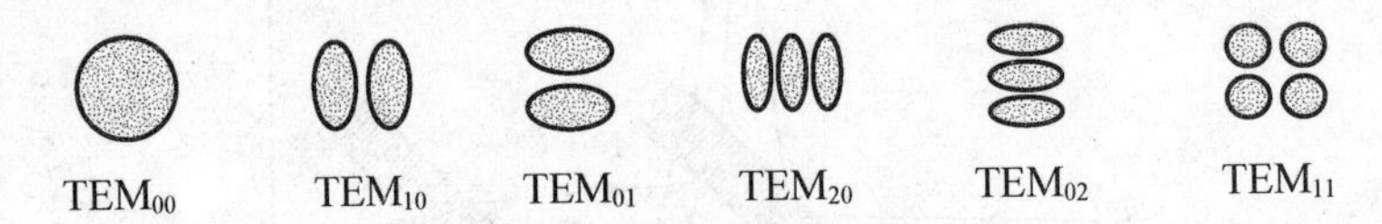

图 1-34　横向模式示意图

从图中可以看到，基模是光斑中间没有光强为零的光斑，称为 TEM_{00} 模；而 TEM_{10} 模则表示在 x 方向有一个光强为零的光斑；TEM_{01} 模表示在 y 方向有一个光强为零的光斑；以此类推，模式序数 m、n 越大，光斑图形中光强为零的数就越多。TEM_{00} 称为低次模式，其他的模式皆称为高次模式。

2. 衍射损耗

激光束在横截面上呈现各种光强的不同图样的稳定分布而不呈现均匀光强的稳定分布，主要原因就是激光器中有衍射现象。因为谐振腔两端有两块反射镜，它们的大小是有限的，镜面除了对光波起反射作用外，镜面的边缘还起着光阑的作用。任何光束通过光阑时，都会产生衍射现象。因此，激光束在谐振腔内每一次往返行进，都要在反射镜的边缘产生衍射，由此而引起的光能量的损耗称为谐振腔的衍射损耗。在分析谐振腔的衍射现象时，通常把谐振腔看作直径等于腔镜大小，而彼此距离等于谐振腔长度的一连串的孔，如图 1-35 所示。

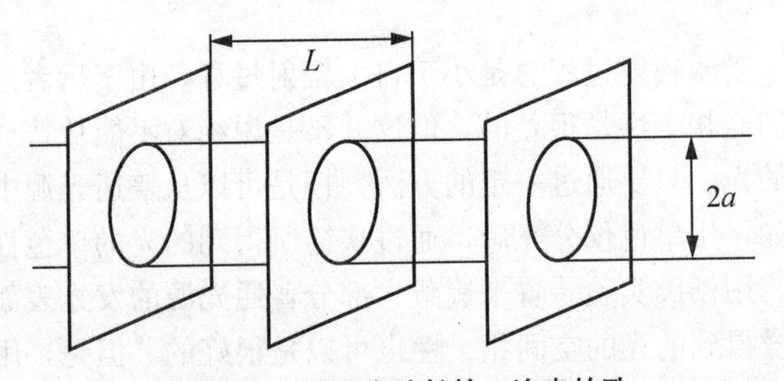

图 1-35　间距为腔长的一连串的孔

在腔镜上的光损耗可以归结到每一个孔的吸收上，这样光在谐振腔内往返进行传播的过程和伴随而发生的衍射效应就等效于光在图 1-36 所示的一连串孔中的传播和衍射。假如有一个平面波在腔内沿轴向传播，在到达第一个光阑时光强分布为圆形，通过第一个光阑后光被衍射，这时光强分布就不再保持圆形，边缘部分的光强减弱了，这样依次经过一系列的光阑，由于衍射效应而使光强分布不断改变。可以看到，当光束通过一系列光阑后，其振幅和相位的空间分布不可避免地逐次发生畸变，并于最后趋向一定的稳定分布状态，只有振幅和相位的空间分布达到稳定状态的光波才是最后输出的激光。

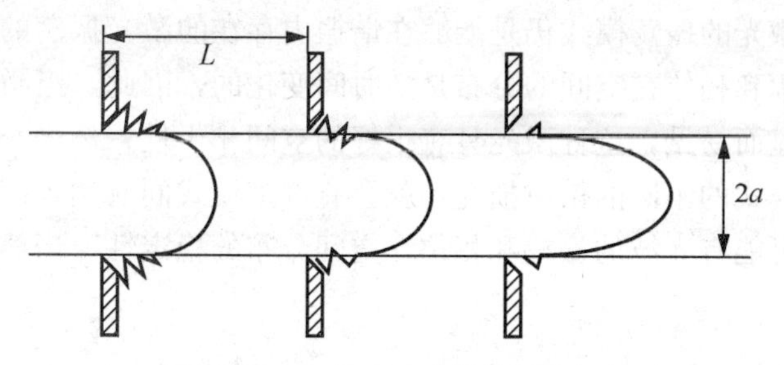

图 1-36　一连串孔中的传播和衍射

现在来计算一下由于衍射而损耗的能量。在图 1-36 中，激光从直径为 $2a$ 的小孔射入，如果没有衍射，经过 L 后，能量会集中在面积为 πa^2的小孔上。因为有衍射，通过小孔边缘的光必然向外扩展。对于圆孔衍射，第一极小值在衍射角 $\theta=0.61\lambda/a$ 处。于是，因为衍射的缘故，能量分布的面积的增量为 $2\pi a\theta L$。衍射能量损耗占整个光束的比例为

$$\frac{2\pi a\theta L}{\pi a^2}=\frac{2\theta L}{a}=1.22\frac{\lambda L}{a^2}=1.22\frac{1}{N} \tag{1.6-2}$$

式中，N 为菲涅耳数。

$$N=\frac{a^2}{\lambda L} \tag{1.6-3}$$

由此，可以菲涅耳数的大小来标志衍射现象的严重程度。从物理光学来看，菲涅耳数是从腔镜 2 中心看腔镜 1 上的菲涅耳波带的数目。对于一个模式来说，N 越大，衍射损耗越小，所以菲涅耳数 N 是描述衍射损耗特性的一个参数。

1.6.4　激光的相干性

根据式(1.5-5)，原子发光时间 Δt 和所发光的频率宽度 Δv 是成反比的，对激光器来说，它所发射的激光的单色性是很好的，即激光的 Δv 非常小。这样就可以很自然地得到结论，激光的相干时间 Δt 很大，即激光的时间相干性是很好的。

上面已经讲了激光器的衍射现象，正是出于这个衍射作用，使激光的空间相干性提高了。衍射使激光的能量受到损失，但却为激光的空间相干性创造了条件，如开始时光波是空间不相干的，那么出于衍射的结果、在多次来回反射后的衍射孔边缘处，由于光的衍射扩散，不仅向外并且也向内发射光束，也就是说，衍射孔使从光束截面上各点射出的光线互相混合。所以在许多次衍射后，光束横向上一个点的光，不再仅与原光束的一点有联系，而是和整个截面有联系。因此截面上各点是相关联的，在这种情况下，就建立了光束的空间相干性，光波就成为空间相干的了。

应当注意的是，衍射损耗除了与菲涅耳数 N 有关外，还与谐振腔的振荡模式有关，不同模式的衍射损耗是不同的。理论计算结果表明，高次模式比低次模式的衍射损耗大。这样，对一定的谐振腔来说，有些模式还没有达到阈值条件时，另一些模式已达到阈值条件。也就是说，由于衍射损耗的缘故，谐振腔选择了某一种模式，并使它最后稳定下来作为输出激光的模式。而许多其他模式则始终不能达到阈值条件，当然也就不能形成雪崩式

的激光输出。输出激光的振荡模式仍是能够在谐振内存在的激光振荡的稳定模式。所谓稳定，是指光波的振幅和相位在空间的分布是随时间变化的，因此，当激光器以一定的振荡模式输出激光时，显而易见，这种激光具有很好的空间相干性；反之，如果没有衍射，当然也就没有对不同模式的不同的衍射损耗，就会有许多模式同时达到阈值条件，同时形成激光输出。那就不可能有光波的振幅和相位在空间分布的稳定性，当然就不具备好的空间相干性。

1.7 典型激光器

目前激光器的种类很多，如按激光器工作物质性质分类，可分为气体激光器、固体激光器、液体激光器和半导体激光器等，如按激光器工作方式来分类，可分为连续的、脉冲的、调Q的、超短脉冲的等。不管怎样分类，每一类都包括许多激光器，如气体激光器可以是原子气体激光器，也可以是分子气体或离子气体激光器，其他如固体激光器和液体激光器的情况也类似。这里只选择几个有代表性的激光器作一些介绍。

1.7.1 气体激光器

气体激光器是以气体或蒸气为工作物质的激光器，目前，气体激光器是种类最多、应用最广的一类激光器。根据工作物质的性质和状态，它可以分为原子、分子和离子气体激光器。

气体激光器有3个突出的优点：一是波长分布范围宽。已经观察到的气体激光器发射的谱线有上万条之多，其波长范围覆盖了从紫外到红外整个光谱区，并扩展到x波段和毫米波波段。二是单色性好，发散角小。通常气体激光器谱线宽度为$10^{-6}\mu$m量级，发散角小于1mrad，是非常好的相干光源。三是可大功率连续输出。例如，CO_2激光器连续输出功率可达到几十万瓦。

下面以氦氖激光器为代表来介绍气体激光器的一般情况。氦氖激光器于1960年研制成功，是最早问世的连续运转气体激光器，在其几个跃迁区域当中分布有100多条谱线，主要波段在可见光区和近红外区。

氦氖激光器的工作物质为氖，辅助物质为氦。输出波长主要有632.8nm、1.15μm和3.39μm 3个波长。它在激光导向、准直、测距、测长和全息照相等许多方面都有应用。它的组成包括放电管、储气套、电极、反射镜和工作物质等。图1-37为氦氖激光器的一般结构简图。

实验室使用的氦氖激光器，其谐振腔长度约为250mm至1m，放电管直径为1mm左右，储气套直径约为45mm，正电极用钨棒，负电极用铝皮圆筒。谐振腔反射镜镀有多层介质膜，其中，凹面镜为全反射镜，其反射率为99.9%，平面镜为输出镜，其反射率为98%。工作物质总气压为266Pa。氦氖气体比为5∶1～7∶1。氦氖激光器是用气体放电的方式来激励氖原子的。当放电管加上几千伏高压后，从阴极上发射出大量的自由电子，它们在轴向电场的作用下，向阳极做加速运动。这些电子所具有的能量不一，在加速运动过

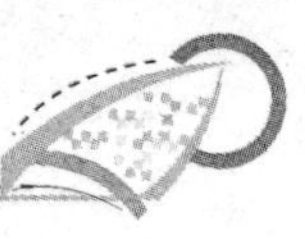

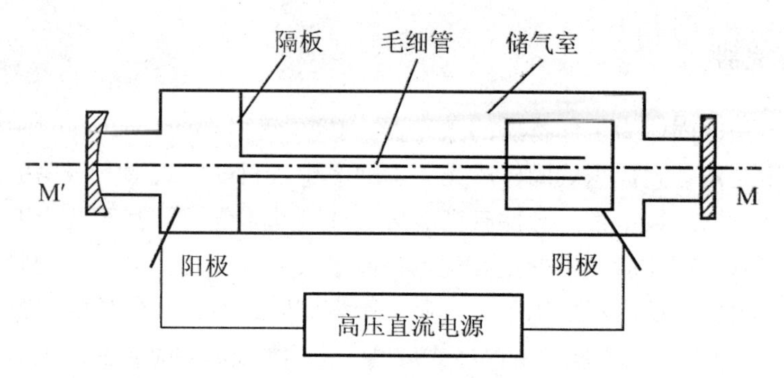

图 1-37 氦氖激光器的结构简图

程中，与氦氖原子相碰撞，从而把能量传递给它们，使它们从基态激发到不同的激发态。但是高能量自由电子与基态氦原子碰撞的概率大，与基态氖原子碰撞的概率小。因此，可以认为自由电子只能向基态氦原子传递能量。由于氦的 2^1S 和氖的 3S 能级很接近，氦的 2^3S 与氖的 2S 也很接近。处于 2^1S、2^3S 能级的氦原子与基态氖原子碰撞后，便把能量传递给了氖，使它们从基态跃迁到 3S 和 2S。这样，对氖来讲，在 3S 对 3P、3S 对 2P、2S 对 2P 这 3 对能级之间形成了粒子数反转。从这 3 对能级中，分别发射出 3.39μm、632.8nm 和 1.15μm 这 3 种波长的激光，如图 1-38 所示。从理论上讲，这 3 种波长的激光都是可能发射的，但可采取一系列措施去抑制其中的两种，使所需要的一种波长得到输出。

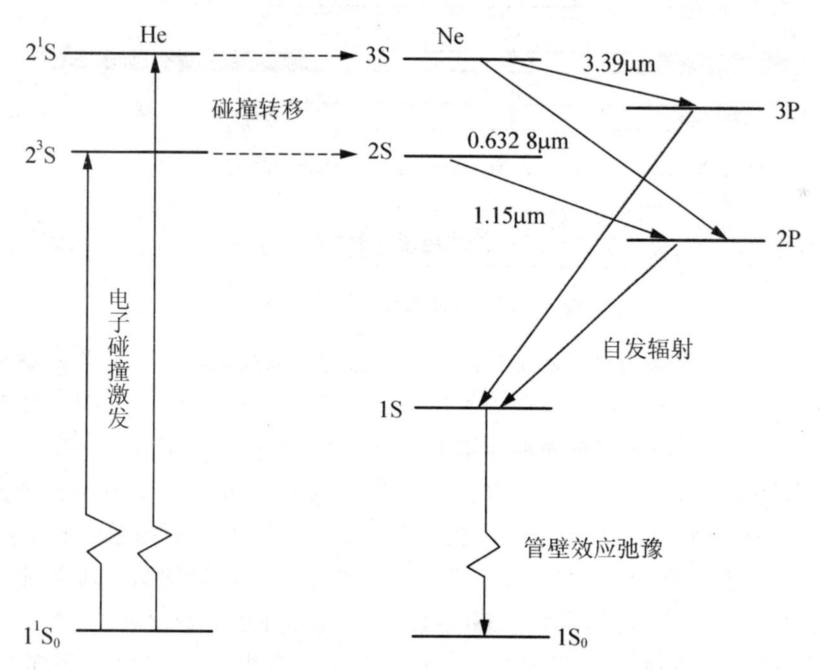

图 1-38 氦氖激光器 3 对能级发射 3 种波长的激光

氦氖激光器虽有许多优点，但是也有缺点，那就是这种激光器效率较低。这里说的效率是指输出的激光功率和输入的电功率的比值。氦氖激光器的效率约为 0.1%，所以它是效率较低的一类激光器。管长 250 mm 左右的氦氖激光器输出激光功率约为 2～3mW。

1.7.2 固体激光器

固体激光器是以固体为工作物质的激光器。1960 年由梅曼(Maiman)制成世界上第一台红宝石脉冲激光器，它标志着固体激光技术的诞生。目前实现激光振荡的固体工作物质已达百余种，激光谱线数千条。脉冲激光能量发展到几千焦[耳]甚至几十万焦[耳]，最高峰值功率达 10^{14} W。固体激光器的主要优点是能量大、峰值功率高、结构紧凑、坚固可靠和使用方便等，由此，被广泛应用于工农业、军事国防、医疗和科学研究等领域。

固体激光器的工作物质是掺杂的晶体或玻璃，常用的工作物质有红宝石(Cr^{3+} ：Al_2O_3)、掺钕钇铝石榴石(Nd^{3+} ：YAG)和掺钛蓝宝石(Cr^{3+} ：Al_2O_3)激光器等。这些材料的特点是介质内掺杂离子的浓度比较大，一般为 10^{10}～10^{20}/cm^3，比气体工作物质的浓度高 4～5 个数量级，另外，由掺杂离子决定的激光上能级的寿命也比较长，一般为 0.1～1ms，这也是固体激光器可以获得较大功率输出的原因。固体激光器的缺点是所发射激光的相干性和频率稳定性都不如气体激光器。

光泵浦固体激光器通常由 3 个基本部分组成：工作物质、泵浦光源和光学谐振腔。另外还有光源和聚光腔，固体激光器的结构如图 1－39 所示。

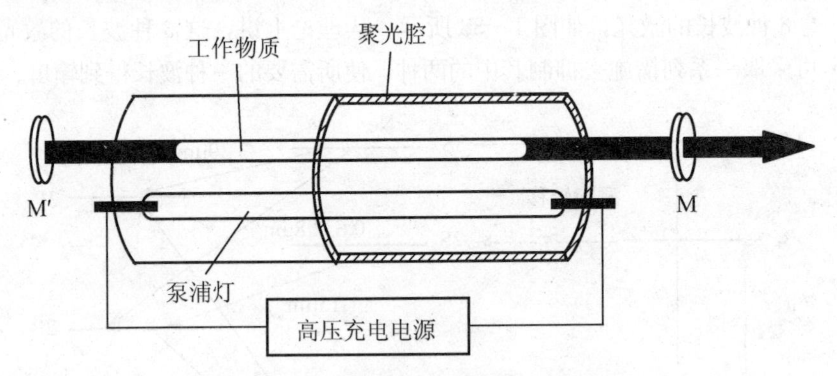

图 1－39 固体激光器结构示意图

下面以红宝石激光器为例，来了解固体激光器的一般性能。红宝石激光器其工作物的基质是三氧化二铝($A1_2O_3$)，激活剂为氧化铬(Cr_2O_3)。图 1－40 是与激光过程有关的红宝石中铬离子的能级结构。在光泵浦作用下，Cr_2O_3 中的 Cr^{3+} 吸收了辐射能量，跃迁到激发态的高能级$^4F_1$和$^4F_2$。从基态到$^4F_1$的跃迁，形成以 410 nm 为中心的紫蓝色吸收带，又称为 U 带。从基态到$^4F_2$的跃迁，则形成以 550 mm 为中心的黄绿色吸收带，又称为 Y 带，它们的带宽约为 100 nm。处于激发态$^4F_1$、$^4F_2$的粒子无辐射地跃迁到^2E 能级，这是一个亚稳态，寿命较长，因此在^2E 和基态能级之间便形成了粒子数反转。^2E 由 2A 和 $\bar{E}$ 能级组成。从 E 到基态称 R_1跃迁，发射波长为 694.3nm 的激光。从 2A 到基态称 R_2跃迁，发射波长为 693.4nm 的激光。但 R_1线的阈值比 R_2线的小，故 R_1首先产生激光。而 $2\bar{A}$ 上的粒子因热运动不断补充到 $\bar{E}$ 上去，使 R_2线始终达不到阈值。所以红宝石激光器通常只发射波长为 694.3nm 的红色激光。

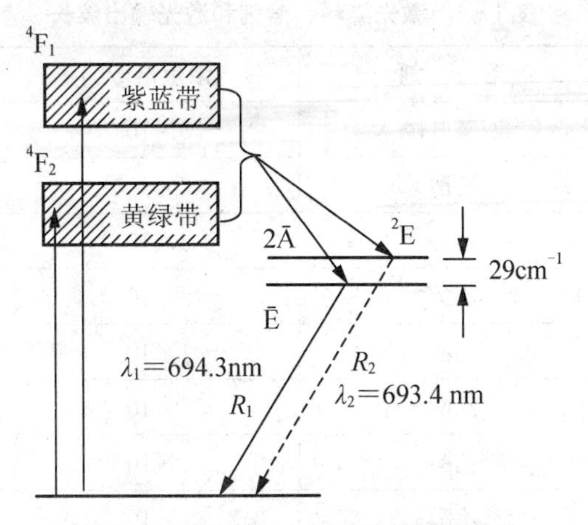

图 1－40　红宝石中铬离子的能级结构

红宝石激光器一般用脉冲氙灯作光泵激励，脉冲持续时间是几毫秒，单脉冲输出能量为几千焦耳，激光效率为 0.2%左右，所以激光输出能量为几焦耳，而功率可达 10^3W 的数量级。如果采用调 Q 装置。把激光脉冲时间压缩到毫微秒级，则可得数量级达 10^9W 的输出峰值功率。

由于红宝石激光器的激光效率低，使光泵光源提供的能量中绝大部分要转化为热能，如果不及时使这些热量散发掉，必然影响激光器的正常运转，甚至会造成光源爆裂、光谱特性破坏或晶体爆裂等严重后果，因此，一般采用流水方式进行冷却。

1.7.3　液体激光器

液体激光器有两类，即有机化合物(染料)液体激光器和无机化合物液体激光器。这两类激光器的工作物质虽然都是液体，但它们的工作机理、工作特性和应用场合有很大差别，下面重点介绍输出波长调谐范围宽、输出光束质量好、在实际当中应用广的染料激光器。

自从 1966 年用红宝石激光器泵浦花青类染料首次获得激光辐射之后，染料激光器得到迅速发展。染料激光器主要的优点在于，它输出的激光波长在紫外(300nm)到近红外的(1.2μm)范围内可以连续调谐；输出的频宽通常在 10～50MHz 之间，如果采用特殊的稳频技术，频宽还可以压缩到几兆赫。目前染料激光器产生的光脉冲宽度已压缩到几纳秒，如果利用锁模技术还可以获得从皮秒到飞秒量级的激光脉冲；染料激光器每一个脉冲的激光能量可以达到数十焦[耳]，峰值功率达几百兆瓦，激光的转换效率达 50%。上述优点使染料激光器被广泛应用于光化学、光生物学、光谱学和同位素分离等领域。

染料激光器的工作物质是有机溶液，激活粒子是染料分子，基质是溶剂。研究表明，液体激光器所用到的染料都含有一条交替的单键和双键的碳原子链。迄今为止，已发现有实用价值的激光染料上百种，主要有吐吨类、香豆素类和花青类等。溶剂决定着激活粒子的环境，对染料分子的吸收和发射光谱、荧光寿命、量子效率和浓度淬灭都有影响。可见，对一定的染料必须选择合适的溶剂。表 1－1 给出了激光染料、溶剂和激光输出波长。

表 1-1　激光染料、溶剂和激光输出波长

染料名称	溶　剂	浓度/(g/L)	可调谐范围/nm
POPOP	四氢呋喃	5×10^{-4}	411 ～ 449
甲酚紫	乙醇	2×10^{-2}	613 ～ 672
若丹明 B	乙醇	2×10^{-3}	591 ～ 642
若丹明 6G	乙醇	8×10^{-4}	570 ～ 616
二氯荧光素	乙醇	1×10^{-2}	539 ～ 574
荧光素钠	乙醇	5×10^{-2}	516 ～ 543
香豆素	乙醇	1×10^{-2}	440 ～ 540
四甲基伞形酮	乙醇	1×10^{-2}	411 ～ 449
隐花青	甘油		745

图 1-41 是染料分子的部分能级图，在能级图上表现为在每一个电子态能级上叠置着许多振动能级，在每一个振动能级上又叠置着许多转动能级。这样就使染料分子的振转能级接近于连续分布，称为能带。

从图 1-41 中可以看到，当染料分子吸收来自光泵光源的激励能量后，处于基态 S_0 的振转能级上的分子吸收光子能量并跃迁到激发态 S_1 中的较高振转能级($\nu_1=1，2，3，\cdots$)上去，由于周围溶剂分子和染料分子的相互碰撞作用，染料分子在这些较高振转能级上的寿命大约为 10^{-12} s，极快地把部分能量传递给周围的溶剂分子，无辐射地弛豫到 S_1 的最低振转能级($\nu_1=0$)上，$S_1(\nu_1=0)$的荧光寿命约为几纳秒，当 $S_1(\nu_1=0)$向 S_0 的较高振转能级跃迁时，即发射荧光，并从 $S_0(\nu_0=1)$迅速无辐射跃迁回最低能级上。

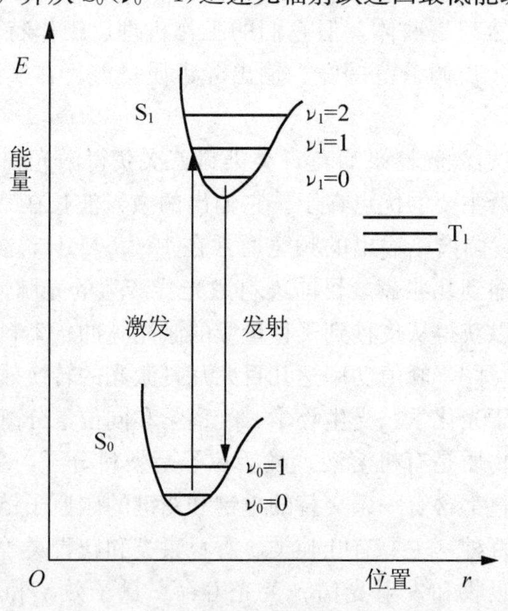

图 1-41　染料分子的吸收与发射

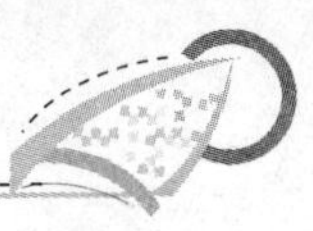

可见，染料分子属于四能级系统，它的能量转换效率较高，由于染料的吸收谱带很宽，从 S_1 到 S_0 发射的光谱谱带也很宽，当改变染料的浓度、溶液温度或 pH 时，发射光谱的峰值发生移动，因而所产生激光的波长也发生变化，所以可以通过选择不同的染料、溶剂、谐振腔的 Q 值、浓度、温度等来粗略地选择染料激光的波长。当需要窄线宽激光时，可以用波长选择装置来精细地调谐谐振腔，可调谐是染料激光器的最大优点，而常用的波长选择装置有光栅、棱镜、标准具、双折射滤光片和电控调谐器件等等。

上面所谈的染料分子的能级结构，是染料激光器成为可调谐激光器的一个有利条件，但它的能级结构中也存在一个不利的因素，那就是它还有三重态存在。也就是说，电子态的能级可以分为两类：一类是单态能级，另一类是三重态能级。与单态能级对应的电子运动只有一种方式，与三重态能级对应的电子运动可以有 3 种不同的方式，即总自旋与磁场平行、反平行和垂直三重状态。对于染料分子来说，基态都是单态能级，而激发态除了激发单态外，都存在着另一个三重态，其能量较单态低，如图 1－41 中的 T_1 所示。从激发单态 S_1 可以通过不同态之间的交叉跃迁到三重态 T_1 上去，这是一种无辐射跃迁过程。由于三重态 T_1 的寿命很长，约为 10^{-3} 数量级，因而在抽运过程中，染料分子将聚集在三重态上，减少了粒子反转数。而且处于三重态上的分子又能够吸收从 S_1 态上发射的激光，因此它形成了染料激光器中的重大损耗。改进的办法是把某种淬灭分子加进染料溶液。例如充以氧气，因为氧气的加入，可以增加从 T_1 到 S_0 跃迁的概率，把三重态上的能量移走，起到了淬灭三重态的作用。

1.7.4　半导体激光器

半导体激光器是指以半导体材料为工作物质的一类激光器。半导体激光器具有体积小、重量轻、效率高、波长范围宽和寿命长的优点。

1962 年 7 月，在固体器件研究国际会议上，美国麻省理工学院林肯实验室的学者克耶斯(Keyes)和奎斯特(Quist)报告了砷化镓材料的光发射现象，这是半导体激光器的雏形。半导体激光器以材料的 p-n 结特性为基础，因此，半导体激光器常被称为二极管激光器或激光二极管。

早期的激光二极管有很多实际限制，例如，只能在 77K 低温下以微秒脉冲工作，过了 8 年多时间才由贝尔实验室和列宁格勒约飞(Ioffe)物理研究所制造出能在室温下工作的连续器件。而足够可靠的半导体激光器则直到 20 世纪 70 年代中期才出现。

20 世纪 60 年代初期的半导体激光器是同质结型激光器，如图 1－42 所示。它是在一种材料上制作的 p-n 结二极管在正向大电流注入下，电子不断地向 p 区注入，空穴不断地向 n 区注入。于是，在原来的 p-n 结耗尽区内实现了载流子分布的反转，由于电子的迁移速度比空穴的迁移速度快，在有源区发生辐射、复合，发射出荧光，在一定的条件下发出激光，这是一种只能以脉冲形式工作的半导体激光器。

半导体激光器发展的第二阶段是异质结构半导体激光器，它是由两种不同带隙的半导体材料薄层，如 GaAs、GaAlAs 所组成，如图 1－43 所示。1969 年，最先出现的是单异质结构激光器(Single-Heterojunction Laser，SHL)，如图 1－43(a)所示。它是利用异质结

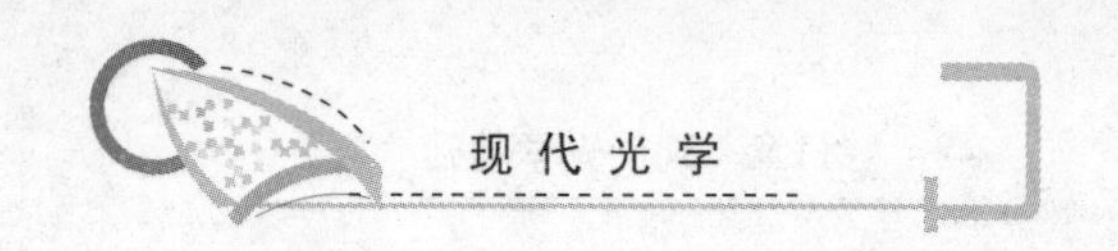

提供的势垒把注入电子限制在 GaAs p-n 结的 p 区之内，以此来降低阈值电流密度，其数值比同质结激光器降低了一个数量级，但单异质结激光器仍不能在室温下连续工作。

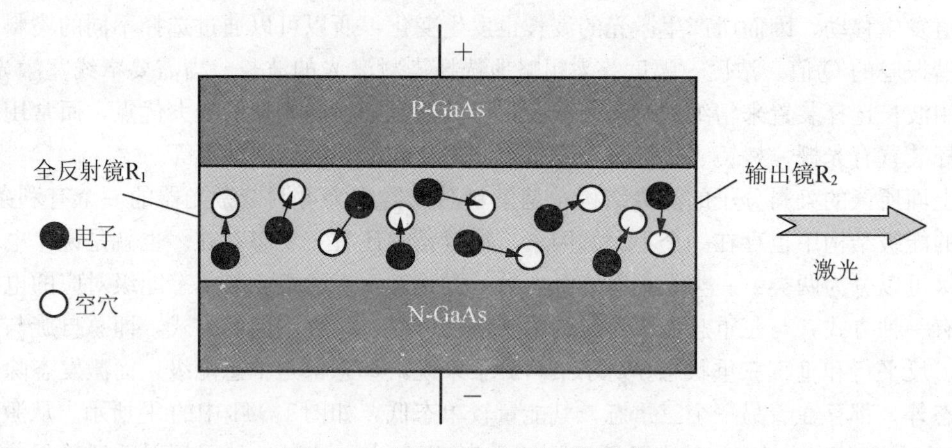

图 1-42　同质结半导体激光器示意图

1970 年，实现了激光波长为 900nm 室温连续工作的双异质结 GaAs-GaAlAs 激光器，如图 1-43(b)所示。双异质结激光器(Double Heterojunction Laser，DHL)的诞生使可用波段不断拓宽，线宽和调谐性能逐步提高，其结构的特点是在 p 型和 n 型材料之间生长了仅有 0.2μm 厚的、不掺杂的、具有较窄能隙材料的一个薄层，因此，注入的载流子被限制在该区域内(有源区)，这样注入较少的电流就可以实现载流子数的反转。在半导体激光器件中，目前比较成熟、性能较好、应用较广的是具有双异质结构的电注入式 GaAs 二极管激光器。

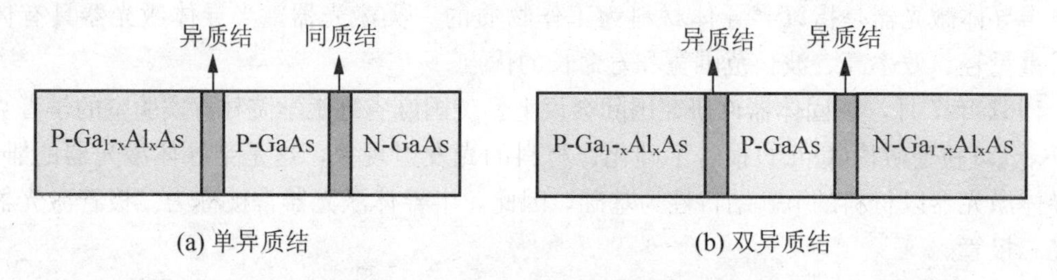

图 1-43　异质结构半导体激光器示意图

随着异质结激光器的研究发展，人们想到将超薄膜(< 20nm)的半导体层作为激光器的激活层，以致能够产生量子效应。由于分子束外延(Molecular Beam Epitaxy，MBE)，金属有机化合物化学气相淀积(Metal-Organic Chemical Vapor Deposition，MOCVD)技术的成熟，在 1978 年出现了世界上第一只半导体量子阱激光器(Quantum Well Laser，QWL)。量子阱半导体激光器与双异质结(DH)激光器相比，具有阈值电流低、输出功率高、频率响应好、光谱线窄、温度稳定性好和光电转换效率较高等许多优点。

QWL 在结构上的特点是它的有源区是由多个或单个阱宽约为 10nm 的势阱所组成，由于势阱宽度小于材料中电子的德布罗意波的波长，产生了量子效应，连续的能带分裂为子能级。因此，特别有利于载流子的有效填充，所需要的激射阈值电流特别低。半导体激

光器的结构中应用的主要是单、多量子阱。单量子阱(Single Quantum Well，SQW)激光器的结构基本上就是把普通双异质结激光器的有源层厚度做成数十纳米以下的一种激光器。通常把势垒较厚以致相邻势阱中电子波函数不发生交叠的周期结构称为多量子阱(Multiple Quantum Well，MQW)。量子阱激光器单个输出功率现已大于1W，承受的功率密度已达$10MW/cm^3$。而为了得到更大的输出功率，通常可以把许多单个半导体激光器组合在一起形成半导体激光器列阵。因此，当量子阱激光器采用阵列式集成结构时，输出功率则可达到100W以上。近年来，高功率半导体激光器(特别是阵列器件)飞速发展，已经推出的产品有连续输出功率5W、10W、20W和30W的激光器阵列。脉冲工作的半导体激光器峰值输出功率50W、120W和1500W的阵列也已经商品化。一个4.5cm×9cm的二维阵列，其峰值输出功率已经超过45kW。峰值输出功率为350kW的二维阵列也已问世。

从20世纪70年代末开始，半导体激光器明显向着两个方向发展：一类是以传递信息为目的的信息型激光器；另一类是以提高光功率为目的的功率型激光器。如果从激光波段被扩展的角度来看，先是红外半导体激光器，接着是670nm红光半导体激光器大量进入应用，随后，波长为650nm、635nm的蓝绿光、蓝光半导体激光器也相继研制成功，10MW量级的紫光乃至紫外光半导体激光器也在加紧研制中。为适应各种应用而发展起来的半导体激光器还有可调谐半导体激光器、电子束激励半导体激光器以及作为“集成光路”的最好光源的分布反馈激光器(Distributed Feedback Laser Device，DFB-LD)，分布布喇格反射式激光器(Distributed Bragg Reflection Laser Device，DBR-LD)和集成双波导激光器。另外，还有高功率无铝激光器、中红外半导体激光器和量子级联激光器等。其中，可调谐半导体激光器是通过外加的电场、磁场、温度、压力、掺杂等改变激光的波长，可以很方便地对输出光束进行调制。分布反馈式半导体激光器是伴随光纤通信和集成光学的发展而出现的，它于1991年研制成功，分布反馈式半导体激光器完全实现了单纵模运作，在相干技术领域中又开辟了巨大的应用前景。它是一种无腔行波激光器，激光振荡是由周期结构(或衍射光栅)形成光耦合提供的，不再由解理面构成的谐振腔来提供反馈，优点是易于获得单模单频输出，容易与光纤、调制器等耦合，特别适宜做集成光路的光源。

20世纪90年代出现并特别值得一提的是面发射激光器(Surface-Emitting Lasers，SEL)，早在1977年，人们就提出了所谓的面发射激光器，并于1979年做出了第一个器件，1987年做出了用光泵浦的780nm的面发射激光器。1998年GaInAlP/GaAs面发射激光器在室温下达到8MW的输出功率和11%的转换效率。前面谈到的半导体激光器，从腔体结构上来说，不论是(Fabry-Perot，F-P)腔或是DBR腔，激光输出都是在水平方向，统称为水平腔结构。它们都是沿着衬底片的平行方向出光的。而面发射激光器却是在芯片上下表面镀上反射膜构成了垂直方向的F-P腔，光输出沿着垂直于衬底片的方向发出，垂直腔面发射激光器(Vertical-Cavity Surface-Emitting Lasers，VCSELS)是一种新型的量子阱激光器，它的激射阈值电流低，输出光的方向性好，耦合效率高，通过阵列化分布能得到相当强的光功率输出，垂直腔面发射激光器已实现了工作温度最高达71℃。另外，垂直腔面发射激光器还具有两个不稳定的互相垂直的偏振横模输出，即 x 模和 y 模，目前对偏振开关和偏振双稳特性的研究也进入到了一个新阶段，人们可以通过改变光反馈、光电反馈、光注入、注入电流等因素实现对偏振态的控制，在光开关和光逻辑器件领域获得了新的进展。20 世纪 90 年代末，面发射激光器和垂直腔面发射激光器得到了迅速的发展，且已考虑了在光电子学中的多种应用。980mn、850nm 和 780nm 的器件在光学系统中已经实用化。目前，垂直腔面发射激光器已用于千兆位以太网的高速网络。为了满足 21 世纪信息传输宽带化、信息处理高速化、信息存储大容量以及军用装备小型、高精度化等需要，半导体激光器的发展趋势主要在高速宽带 LD、大功率 LD、短波长 LD，量子线和量子点激光器、中红外 LD 等方面。

半导体激光器是成熟较早、进展较快的一类激光器，由于它的波长范围宽、制作简单、成本低、易于大量生产，并且体积小、重量轻、寿命长，因此，应用范围广。半导体激光器的应用范围覆盖了整个光电子学领域，已成为当今光电子科学的核心器件，半导体激光器在激光测距、激光雷达、激光通信、激光模拟武器、激光警戒、激光制导跟踪、引燃引爆、自动控制、检测仪器等方面获得了广泛的应用，形成了广阔的市场。1978 年，半导体激光器开始应用于光纤通信系统，半导体激光器可以作为光纤通信的光源和指示器。由于半导体激光器有着超小型、高效率和高速工作的优异特点，所以这类器件的发展，一开始就和光通信技术紧密结合在一起，它在光通信、光变换、光互连、并行光波系统、光信息处理和光存储、光计算机外部设备的光耦合等方面有重要用途。

1.7.5 自由电子激光器

自由电子激光器的概念是 20 世纪 50 年代初提出的，直到 1974 年才首次实现受激辐射，从此以后，有关理论和实验的研究得到不断发展。自由电子激光器的工作物质是自由电子束，它和普通激光器的本质区别在于：其辐射不是基于原子、分子或离子的束缚电子能级之间的跃迁，而是把相对论电子束的动能转变成相干辐射能。

自由电子激光器由 3 个主要部分组成：工作物质-相对论电子束；泵浦源-空间周期磁场；谐振腔。图 1-44 是自由电子激光器示意图。

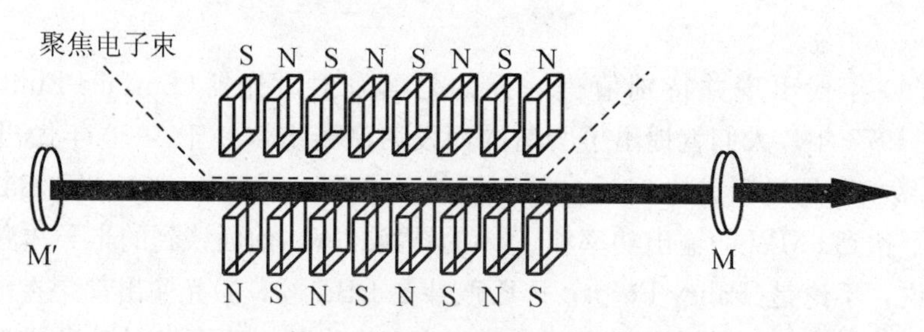

图 1-44 自由电子激光器结构示意图

从加速器输出的相对论性电子束模穿过周期性变化的波振器静磁场，由于磁场方向与电子束垂直，因此穿过的电子束被迫进行横向振荡，并向前方发射磁韧致辐射，在高能电子和光子的散射过程中，电子运动方向上的散射光子的频率可由能量和动能守恒定律决

定，波振器使聚焦的电子束在与光子束相互作用的整个过程中，始终保持在直线方向上，当电子束和光子束密度都足够大时，便形成受激辐射，产生自由电子激光，它的波长可表示为

$$\lambda_f = 0.13\frac{\lambda_W}{E_e^2} \tag{1.7-1}$$

式中λ_w为波振器的空间周期，E_e为电子能量(以 MeV 为单位)。一般的波振器的λ_w为3cm，当E_e为400MeV和1 GeV时，对应的λ_f分别为30nm和3nm。所以自由电子激光器的输出激光波长与电子能量有关，改变电子束的加速电压就可以改变激光波长，这称为电压调谐，其调谐的范围很宽，原则上可以获得任意波长的激光，激光输出功率与电子束能量、电流密度以及磁感应强度有关。

自由电子激光器具有显著的特点：一是输出的激光波长可以在相当宽的范围内连续调谐，原则上可以从厘米波调谐到紫外，甚至到x波段，目前实现的调谐范围是100nm～1mm；二是由于工作物质为电子束，因此不会出现自聚焦、自击穿等非线性光学损伤现象，只要电子能量足够大，就可以获得极高的功率输出；三是具有极高的能量转换效率，理论上可达50%。自由电子激光器不存在使用寿命问题，也可避免一般激光器的某些工艺上的麻烦，如激光工作物质稀缺或有毒，当然，整套激光设备庞大昂贵，还无法广泛应用。

可以预料，由于自由电子激光器所具有的重要特性，它将在同位素分离、激光核聚变、微波雷达和激光光谱等方面具有重大的应用前景。

应用实例

应用实例1-1：某能级体系的温度为$T=10^3$K；两个能级之间的能级差$E_2-E_1=$ 1eV，计算E_2和E_1两个能级的粒子数比是多少，以及两个能级之间粒子跃迁产生的辐射光波长。

解：因为

$$k=1.38\times10^{-23}\text{J/K};\qquad 1\text{eV}=1.6\times10^{-19}\text{J}$$

所以

$$kT=1.38\times10^{-23}\times10^3=1.38\times10^{-20}\text{ J}=0.086\text{eV}$$

因此得到

$$\frac{n_2}{n_1}=\exp\left(-\frac{E_2-E_1}{kT}\right)=\exp\left(-\frac{1}{0.086}\right)\approx10^{-5}\ll1$$

因为

$$h=6.626\ 069\ 3(11)\times10^{-34}\text{ J}\cdot\text{s}=4.135\ 667\ 43(35)\times10^{-15}\text{ eV}\cdot\text{s}$$

所以

$$\lambda=c/v=hc\ /\ (E_2-E_1)=1.34\text{mm}$$

应用实例1-2：设氦氖激光器 Ne 原子的 632.8 nm 受激辐射光的频率宽度为$\Delta\nu\approx$

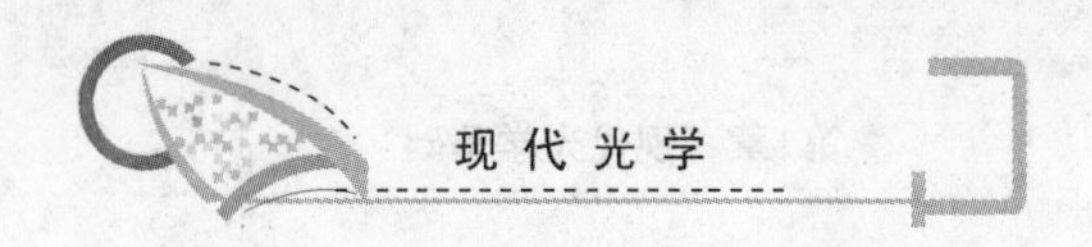

1.3×10^9 Hz，该氦氖激光器的谱线宽度是多少？

解：由于

$$\nu=\frac{c}{\lambda}$$

因此，取绝对值得到

$$\Delta\nu=\frac{c}{\lambda^2}\Delta\lambda$$

则有

$$\Delta\lambda=\frac{\lambda^2\Delta\nu}{c}=\frac{(632.8)^2\times1.3\times10^9}{3\times10^8\times10^9}=1.7\times10^{-3}\text{nm}$$

应用实例 1-3：设氦氖激光器谐振腔的长度为 $L=1\text{m}$；介质的折射率 $n=1.0$；计算该激光器谐振腔内纵模的频率间隔是多少？如果氦氖激光器 0.6328 μm 谱线的频率宽度为 $\Delta\nu=1.3\times10^9$ Hz，则在 $\Delta\nu$ 区间中，可以存在的纵模个数为多少？如果只有一个纵模存在，谐振腔的长度应当为多少？

解：因为

$$\Delta\nu'=\frac{c}{2nL}=\frac{3\times10^8}{2\times1\times1}=1.5\times10^8\text{Hz}$$

因此，在 $\Delta\nu$ 区间中，可以存在的纵模个数为

$$N=\frac{\Delta\nu}{\Delta\nu'}=\frac{1.3\times10^9}{1.5\times10^8}\approx8$$

当 $N=1$ 时，要求

$$\Delta\nu'=\frac{c}{2nL}=1.3\times10^9\text{Hz}$$

因此得到

$$L=11.5\text{cm}$$

应用实例 1-4：按照波尔理论，电子绕原子核转动的向心力等于电子与原子核之间的静电吸引力 $m\frac{v^2}{r}=k\frac{Ze^2}{r^2}$，电子势能 $E_p=-k\frac{Ze^2}{r}$，电子在轨道上的总能量是多少？

解：由静电吸引力得到电子动能

$$E_k=\frac{1}{2}mv^2=k\frac{Ze^2}{2r}$$

因此，电子在轨道上的总能量为

$$E_n=E_k+E_p=-\frac{2\pi^2me^4Z^2k^2}{n^2h^2}=-13.6\frac{Z^2}{n^2}[\text{eV}]$$

应用实例 1-5：某激光器谐振腔的长度为 10cm，腔面所镀膜层的反射率为 0.95，输出激光的中心波长为 532nm，谱线宽度为 1nm，问：(1)该激光器输出光谱中有多少个纵模？(2)单模线宽是多少？

解：纵模间隔

$$\Delta\nu' = \frac{c}{2nL} = \frac{3\times10^8}{2\times1\times10\times10^{-2}} = 1.5\times10^3\,\text{MHz}$$

因为 $\lambda\nu = c$，因此，谱线宽度

$$\Delta\nu = \frac{\Delta\lambda}{\lambda}\nu = \frac{\Delta\lambda c}{\lambda^2} = \frac{1\times3\times10^{17}}{532^2} \approx 1.1\times10^6\,\text{MHz}$$

纵模数量为

$$N = \frac{\Delta\nu}{\Delta\nu'} = \frac{1.1\times10^6}{1.5\times10^3} \approx 7\times10^2$$

单纵模线宽

$$\Delta\nu'' = \frac{c}{2\pi nL}\frac{1-R}{\sqrt{R}} = \frac{3\times10^8}{2\pi\times10\times10^{-2}}\frac{1-0.95}{\sqrt{0.95}} \approx 0.245\,\text{MHz}$$

小　　结

本章是现代光学的基础，在这一章里主要讲述了原子发光机理、光与原子相互作用、粒子数反转与能级体系、激光振荡的形成、激光的单色性、激光的相干性和典型激光器。在原子发光机理方面，重点要学习和掌握玻尔的氢原子理论、电子能级和轨道的概念以及轨道半径和能量的求解方法。在光与原子相互作用方面，重点要学习和掌握受激吸收、自发辐射和受激辐射的概念和基本过程以及它们之间的关系。在粒子数反转与能级体系方面，重点要学习和掌握粒子数反转的条件、光通过介质时的光强变化规律以及物质的能级体系。在激光振荡的形成方面，重点要学习和掌握光学谐振腔的作用、结构和种类以及光振荡的阈值条件。在激光的单色性方面，重点要学习和掌握影响光谱线宽度的因素以及激光选模的基本方法。在激光的相干性方面，重点要学习和掌握激光时间相干性与空间相干性的概念以及激光相干性好的原因。在典型激光器方面，重点要学习和掌握气体、固体、液体、半导体以及自由电子激光器的结构和特点。

习题与思考题

1.1　在热平衡状态下，$T=300\text{K}$，某一对能级的粒子数比值 $n_2/n_1=1/\text{e}$，试计算该跃迁所对应的频率，并指出该频率在电磁波频率的哪一个波段。

1.2　要使氦氖激光器的相干长度达到 1 000m，该氦氖激光器的单色性 $\Delta\nu/\nu$ 应当是多少？如果相干长度达到 10 000m，氦氖激光器的单色性又应当是多少？

1.3　温度为 250℃时，钠 D 线为 590nm，试求该谱线受激辐射和自发辐射的概率之比。

1.4　红宝石(折射率为 1.76)激光器的输出波长为 694.3nm，自发辐射寿命为 $4\times10^{-3}\text{s}$，若谐振器的长度为 20cm，均匀加宽为 $2\times10^5\,\text{MHz}$，光学谐振腔的单程损耗为 0.01，求：(1)阈值反转粒子数；(2)可以有多少纵模振荡？

1.5　利用谐振器的稳定条件说明下列谐振器 R_1R_2 如何选取时为稳定腔。(1)双凹腔；(2)凹凸腔；(3)平凹腔。

1.6　试判断下列谐振器中哪些是稳定腔，哪些是非稳定腔和临界腔。(1)平凹腔，$0<R<L$；(2)$R_1=R_2$，且 $R_1+R_2=L$；(3)$R_2<0$，$0<R<L$；(4)平凹腔，$R=2L$。

1.7　腔长为 1m 的共焦腔 CO_2 激光器输出波长为 $10.6\mu m$，为了产生基模振荡，谐振器允许的偏角为多少?

1.8　氦氖激光器谐振器的反射率分别为 $R_1=0.9$，$R_2=0.5$，谐振腔的长度为 30cm，计算该激光器的阈值。如果谐振腔的长度为 50cm，激光器的阈值为多少?

第2章

光的部分相干理论

两列或多列光波在空间某一区域相遇时，将发生光的叠加问题。一般地，当叠加光波的强度较弱，且叠加区域为线性介质时，这种叠加服从线性叠加原理。也就是说，光波场之间的相互作用只发生在其重叠区域内，在重叠区域外光波场各自的传播特性不受影响。本章将在介绍干涉的理论基础之后，讨论光的时间相干性、空间相干性以及求解相干度的方法。

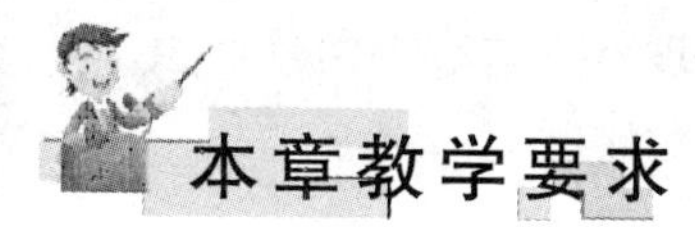

本章教学要求

- 掌握光学相干的基础理论
- 掌握非单色扩展光源产生的干涉
- 掌握光波的时间相干性
- 掌握光波的空间相干性
- 掌握范西特-泽尼克定理
- 了解光学相干理论的应用领域

导读

当两束或多束光波在空间相遇时，在重叠区域内形成强度的强弱稳定分布的现象，这就是光的干涉。在物理光学当中，用条纹的对比度来表示条纹的清晰程度，如果对比度为1则表示完全相干，对比度为0则表示非干涉情况，对比度介于0和1之间则表示部分相干。

要使光波发生干涉必须利用一定的装置使光波满足干涉条件，能够使光波满足干涉条件的装置称为干涉仪。目前，干涉仪主要有两类：一类是分波前装置；另一类是分振幅装置。前者只允许使用尺寸小的光源，如点光源或线光源，因此干涉场的强度较弱；而后者可以使用扩展光源，如面光源，因而可以获得强度大的干涉场强度，这一类干涉仪在实际应用中最为重要，几乎所有实用的干涉仪都属于这一类装置。下图为法布里-珀罗干涉仪结构示意图。

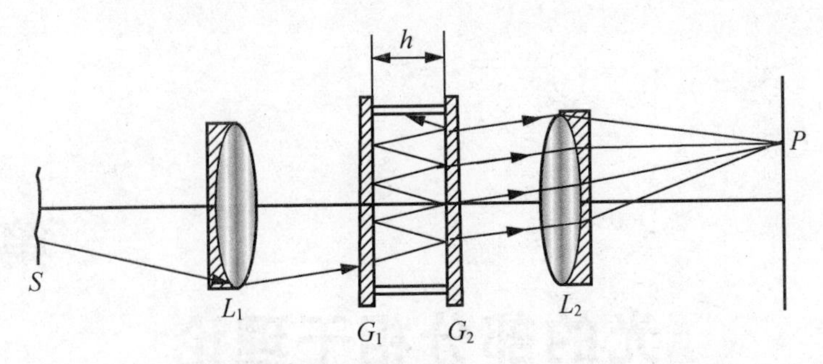

光的干涉和干涉仪在许多科研机构应用非常广泛，例如，用干涉方法测量小角度、微小位移；研究光谱线的超精细结构；检验光学零件的平面度、平行度等。本章主要讨论光学相干的部分相干理论，并在此基础上讲述光的时间相干性、空间相干性和它们的计算方法。

2.1 干涉理论基础

在物理光学中，已讲过频率相同的两光波叠加将产生干涉现象，本节将回顾产生干涉的条件、实现干涉的基本方法、干涉场强度分布以及干涉条纹对比度。

2.1.1 干涉的基本条件

假设由光源 S_1 和 S_2 发出的两列单色的线偏振平面波在空间点 P 相遇，如图 2－1 所示。

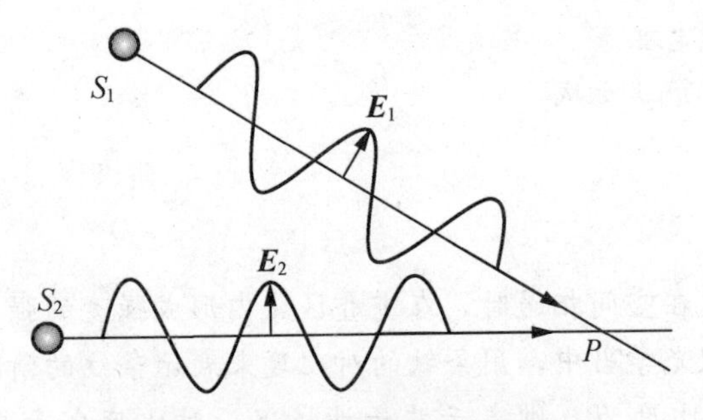

图 2－1 两个光波在空间相遇

根据单色平面的表达式，这两列光波可以写为

$$\boldsymbol{E}_1=\boldsymbol{E}_{10}\exp[\mathrm{i}(\boldsymbol{k}_1\cdot\boldsymbol{r}_1-\omega_1 t+\delta_1)] \tag{2.1-1}$$

$$\boldsymbol{E}_2=\boldsymbol{E}_{20}\exp[\mathrm{i}(\boldsymbol{k}_2\cdot\boldsymbol{r}_2-\omega_2 t+\delta_2)] \tag{2.1-2}$$

若令 $\alpha_1=\boldsymbol{k}_1\cdot\boldsymbol{r}_1+\delta_1$，$\alpha_2=\boldsymbol{k}_2\cdot\boldsymbol{r}_2+\delta_2$，则有

$$\boldsymbol{E}_1=\boldsymbol{E}_{10}\exp[\mathrm{i}(\alpha_1-\omega_1 t)] \tag{2.1-3}$$

$$\boldsymbol{E}_2=\boldsymbol{E}_{20}\exp[\mathrm{i}(\alpha_2-\omega_2 t)] \tag{2.1-4}$$

由于在观察时间内，应当有许多对波列达到 P 点，并且每一对波列都产生一个强度，因

此，在观察屏上产生的强度的强弱分布是时间的平均值。这样，合成光波 $\boldsymbol{E}=\boldsymbol{E}_1+\boldsymbol{E}_2$，在观察屏上产生的相对光强为

$$I=\langle(\boldsymbol{E}_1+\boldsymbol{E}_2)\cdot(\boldsymbol{E}_1+\boldsymbol{E}_2)^*\rangle=I_1+I_2+2\sqrt{I_1 I_2}\cos\theta\frac{1}{\tau}\int_0^\tau\cos\varphi\mathrm{d}t \quad (2.1-5)$$

式中，θ 为两个光波振动方向之间的夹角，ϕ 为两个光波之间的总位相差。由此可见，两个光波叠加后的光强等于这两个光波的强度之和再加上一个交叉项，通常称为干涉项。由式(2.1－5)可以看出，如果要获得稳定的光强分布，必须满足 3 个条件：一是两个光波振动应部分或全部平行；二是两个光波的频率必须相等；三是两个光波之间的总位相差 ϕ 恒定。这 3 个条件就是两个光波产生干涉的必要条件，通常称为相干条件。

2.1.2　实现干涉的基本方法

为了实现光束干涉，就要求两个光波满足相干条件，满足相干条件的光波称为相干光波，相应地，产生相干光波的光源称为相干光源。由于两个独立的光源发出的光波不能满足相干条件，因此，为了获得两个相干光波，只能利用一个光源，并通过具体的干涉装置使其分成两个光波，将一个光波分离成两个相干光波，一般有两种方法：分波前法和分振幅法。分波前法是让一个光波通过两个小孔、两个平行狭缝或利用反射和折射把光波的波前分割出两个部分，这两个部分的光波必然是相干的。分振幅法通常是利用透明平板或楔板的两个表面将入射光的振幅进行分割，从而产生两个或多个反射光波和折射光波，再利用反射光波或折射光波产生干涉。

2.1.3　干涉场强度分布

由于相干光波是同一个光源通过分波前法和分振幅法产生的，因此，相干光波具有相同的频率和振动方向。这样，式(2.1－5)可以改写为

$$I=I_1+I_2+2\sqrt{I_1 I_2}\cos\delta \quad (2.1-6)$$

式中，$\delta=\alpha_2-\alpha_1$，它是两个光波的位相差。式(2.1－6)表明，两个相干光波叠加后的光强取决于两个光波之间的位相差 δ，干涉场强度可以大于、小于或等于两个相干光波的强度之和。由于 δ 与 r_1 和 r_2 有关，因此对于叠加区域内的不同点，将有不同的光强度。

$$\delta=\alpha_2-\alpha_1=\frac{2\pi}{\lambda_0}n(r_2-r_1)+\delta_2-\delta_1 \quad (2.1-7)$$

式中，λ_0 为真空中的波长，n 为介质的折射率。令 $\Delta=n(r_2-r_1)$，并称其为光程差，则有

$$\delta=k_0\Delta+\phi_2-\phi_1 \quad (2.1-8)$$

式中，k_0 为真空中的波数。为书写方便，通常把真空中的波长和波数写为 λ 和 k。当两个光波的初始位相差 $\delta_2=\delta_1$ 时，有

$$\delta=k_0\Delta \quad (2.1-9)$$

如果两个光波在 P 点处的振幅相等，即 $E_{10}=E_{20}=E_{00}$，则 P 点处的光强为

$$I=E_{00}^2+E_{00}^2+2E_{00}E_{00}\cos(\alpha_2-\alpha_1)=4E_{00}^2\cos^2\left(\frac{\delta}{2}\right) \tag{2.1-10}$$

或表示为

$$I=4I_0\cos^2\left(\frac{\delta}{2}\right) \tag{2.1-11}$$

式中，$I_0=E_{00}^2$，它是单个光波的强度。上式表示在 P 点叠加后的光强度取决于位相差 δ。利用式(2.1-9)，式(2.1-11)可以改写为

$$I=4I_0\cos^2\left(\frac{k_0\Delta}{2}\right) \tag{2.1-12}$$

上式表示在 P 点叠加后的光强度取决于光程差 Δ。

2.1.4　干涉条纹对比度

干涉场中某一点 P 附近的条纹的清晰程度用条纹的对比度(又称可见度) V 来衡量，它定义为

$$V=\frac{I_M-I_m}{I_M+I_m} \tag{2.1-13}$$

式中，I_M 和 I_m 分别是 P 点附近条纹的强度最大值和最小值。上式表明，条纹对比度与条纹的亮暗差别有关，也与条纹背景光强有关。下面来分析影响条纹对比度的主要因素。

1. 光源大小的影响

在实际情况中，光源总有一定的宽度，包含着许多线光源。每一个线光源通过双缝都会产生各自的一组干涉条纹，由于不同线光源有不同的位置，所以各组干涉条纹之间将发生位移，可见暗条纹的强度不再为零，因此干涉条纹的对比度下降。当光源大到一定程度时，对比度可以下降到零，完全看不见干涉条纹。

假设杨氏双缝干涉实验中光源是以 S 为中心的扩展光源 $S'S''$，如图 2-2 所示。它由许多线光源组成，那么，整个扩展光源产生的强度便是这些线光源产生的强度的积分。

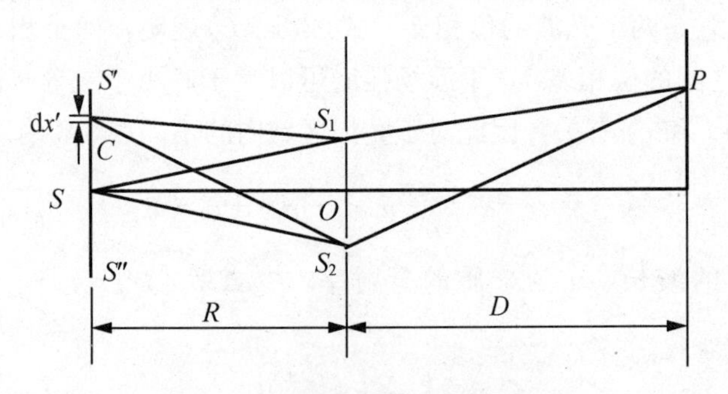

图 2-2　扩展光源的杨氏双缝干涉

设每一个线光源的宽度为 dx'，它们发出的光波通过 S_1 或 S_2 到达干涉场的光强都是 I_0dx'。考察干涉场中某一点 P，根据式(2.1-6)，位于光源中心 S 的线光源在 P 点产生的光强度为

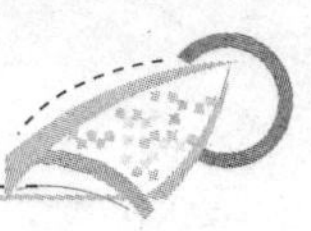

$$\mathrm{d}I_s = 2I_0 \mathrm{d}x'(1+\cos k\Delta) \tag{2.1-14}$$

式中，Δ 是位于光源中心 S 的线光源发出的光波通过 S_1 和 S_2 到达 P 点产生的光程差，I_0 是线光源单位宽度的光强。距离 S 为 x' 的 C 点处的线光源在 P 点产生的光强度为

$$\mathrm{d}I = 2I_0 \mathrm{d}x'(1+\cos k\Delta') \tag{2.1-15}$$

式中，Δ' 是 C 点处的线光源发出的光波通过 S_1 和 S_2 到达 P 点产生的光程差：

$$\Delta' = CS_2 - CS_1 + \Delta \tag{2.1-16}$$

对照式(2.1-7)，可得

$$CS_2 - CS_1 = \frac{x'd}{R} = x'\beta \tag{2.1-17}$$

式中，$\beta = d/R$ 是 S_1 和 S_2 对 S 的张角，称为干涉孔径角。则 $\Delta' = x'\beta + \Delta$，因此，式(2.1-15)可以写为

$$\mathrm{d}I = 2I_0 \mathrm{d}x'[1+\cos k(\Delta + x'\beta)] \tag{2.1-18}$$

这样，宽度为 b 的扩展光源在 P 点产生的光强度为

$$I = \int_{-b/2}^{b/2} 2I_0[1+\cos k(\Delta + x'\beta)]\mathrm{d}x' = 2I_0 b + 2I_0 \frac{\lambda}{\pi\beta}\sin\left(\frac{\pi\beta b}{\lambda}\right)\cos(k\Delta) \tag{2.1-19}$$

式中第一项与 P 点的位置无关，表示干涉场的平均强度；第二项表示干涉场的光强度周期性地随 Δ 而变化。由于第一项平均强度随着光源宽度的增大而增强，而第二项不会超过 $2I_0\dfrac{\lambda}{\pi\beta}$，因此，随着光源宽度的增大，条纹对比度将下降。因此，条纹对比度

$$V = \left|\frac{\sin\frac{\pi\beta b}{\lambda}}{\frac{\pi\beta b}{\lambda}}\right| = \left|\mathrm{sinc}\left(\frac{\beta b}{\lambda}\right)\right| \tag{2.1-20}$$

图2-3给出了 V 随光源宽度 b 变化的曲线。

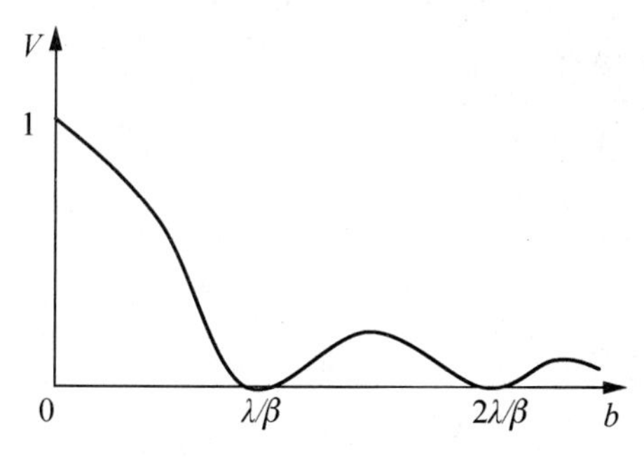

图2-3　V 随光源宽度 b 变化的曲线

可见，当 $\dfrac{\beta b}{\lambda}=0$ 时，$V=1$，此时，$b=0$，即光源线度为零；当 $\dfrac{\beta b}{\lambda}=m\,(m=1,\ 2,\ \cdots)$ 时，$V=0$，此时，$b=\dfrac{m\lambda}{\beta}$。定义

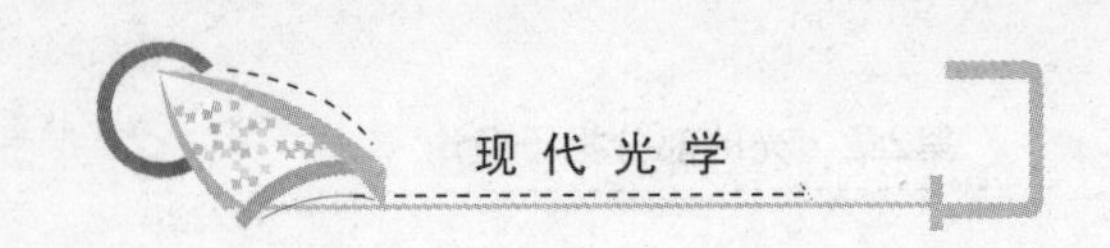

$$b_c=\frac{\lambda}{\beta}=\frac{\lambda R}{d} \tag{2.1-21}$$

b_c 称临界宽度。当光源宽度不超过临界宽度的 1/4 时，利用式(2.1-20)可以算出这时的 $V\geqslant0.9$，此时光源宽度称为允许宽度：

$$b_p=\frac{\lambda}{4\beta} \tag{2.1-22}$$

这个式子可以用在干涉仪中计算光源宽度的允许值。

2. 光源非单色性的影响

在干涉实验当中所使用的所谓单色光源，实际上并不绝对是单色的，它包含一定的光谱宽度 $\Delta\lambda$。由于 $\Delta\lambda$ 范围内的每一种波长的光都产生各自的一组干涉条纹，且各组条纹除了零级外，相互间都有位移，因此与光源宽度的影响类似，各组条纹重叠的结果使条纹对比度下降。

假设光源在 $\Delta\lambda$ 范围内产生的各个波长的强度相等，或以波数 k 表示，在 Δk 宽度内不同波数的光谱分量强度相等，则元波数宽度 $\mathrm{d}k$ 在干涉场产生的强度为

$$\mathrm{d}I=2I_0\mathrm{d}k(1+\cos k\Delta) \tag{2.1-23}$$

式中，I_0 表示光强度的光谱分布(谱密度，即单位波数宽度的光强)，按假设条件，它是一个常数；$I_0\mathrm{d}k$ 是在 $\mathrm{d}k$ 元宽度的光强度。在 Δk 宽度内各光谱分量产生的总光强度为

$$I=\int_{k_0-\Delta k/2}^{k_0+\Delta k/2}2I_0[1+\cos(k\Delta)]\mathrm{d}k=2I_0\Delta k\left[1+\frac{\sin\left(\Delta k\dfrac{\Delta}{2}\right)}{\Delta k\dfrac{\Delta}{2}}\cos k_0\Delta\right] \tag{2.1-24}$$

式中第一项是常数，表示干涉场的平均强度；第二项随光程差 Δ 而变化，但变化的幅度越来越小。由上式可以得到条纹的对比度为

$$V=\left|\operatorname{sinc}\left(\frac{\Delta\lambda}{\lambda^2}\Delta\right)\right| \tag{2.1-25}$$

V 随光程差 Δ 的变化曲线如图 2-4 所示。

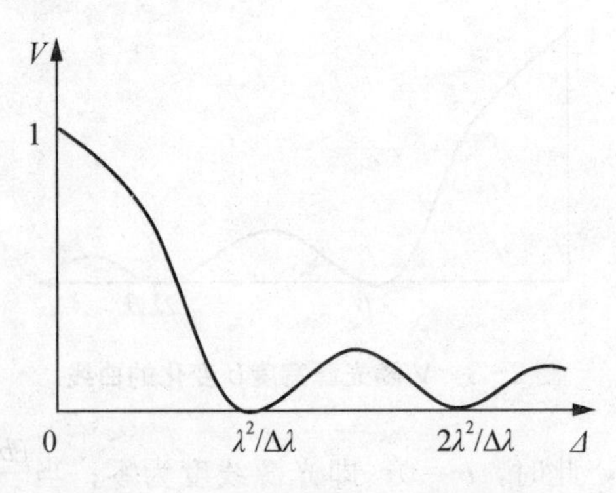

图 2-4　V 随光程差 Δ 的变化曲线

可见，当 $\frac{\Delta\lambda}{\lambda^2}\Delta=0$ 时，$V=1$，此时，$\Delta\lambda=0$，即光源为单色光源；当 $\frac{\Delta\lambda}{\lambda^2}\Delta=m(m=1, 2, \cdots)$

时，$V=0$，此时，$\Delta=\frac{m\lambda^2}{\Delta\lambda}$。定义

$$\Delta_c=\frac{\lambda^2}{\Delta\lambda} \tag{2.1-26}$$

为相干长度。显然，光谱宽度越窄，相干长度越大。应当注意的是，对于单色光源，$\Delta\lambda=0$，此时，无论 Δ 为多大，干涉条纹的对比度恒等于1。对于复色光源，$\Delta\lambda\neq 0$，此时，只有 $\Delta=0$ 才能保证 $V=1$，一旦 $\Delta\neq 0$，干涉条纹的对比度就会下降。

3. 两相干光波振幅比的影响

根据式(2.1-6)，干涉条纹强度最大值和最小值分别为

$$\begin{aligned} I_M&=I_1+I_2+2\sqrt{I_1I_2} \\ I_m&=I_1+I_2-2\sqrt{I_1I_2} \end{aligned} \tag{2.1-27}$$

代入式(2.1-13)，可得到

$$V=\frac{2\sqrt{I_1I_2}}{I_1+I_2}=\frac{2\sqrt{B}}{1+B} \tag{2.1-28}$$

式中，B 为两相干光波的强度比。如果两相干光波的振幅比为 C，则干涉条纹的对比度为

$$V=\frac{2E_{10}E_{20}}{E_{10}^2+E_{20}^2}=\frac{2C}{1+C^2} \tag{2.1-29}$$

可见，当 $C=1$，即 $E_{10}=E_{20}$ 时，干涉条纹的对比度等于1；E_{10} 和 E_{20} 相差越大，干涉条纹的对比度越小。

2.2　非单色扩展光源产生的干涉

在对上述干涉理论讨论过程中，对总是提出一些光源尺寸、光谱宽度等方面的要求和限制，推导出的一些干涉公式也是在一定条件下获得的，是有局限性的。下面来讨论一下任意光源的叠加情况。

2.2.1　互相干函数与自相干函数

1. 互相干函数

设任何非单色扩展光源 S 向空间发出的光波，照射在光屏 Σ_1 上，从光屏上任取两点 S_1 和 S_2，在 S_1 和 S_2 处开小孔使光透出，研究该两点透射光在观察屏 Σ_2 上的干涉场分布，如图2-5所示。

假设光源 S_1 和 S_2 发出的两个光波在 t 时刻的光场为 $\boldsymbol{E}_1(t)$ 和 $\boldsymbol{E}_2(t)$，则在 P 点同一时刻与其对应的光场为 $\boldsymbol{E}_1(t-t_1)$ 和 $\boldsymbol{E}_2(t-t_2)$。其中 t_1 和 t_2 分别是光波从 S_1 和 S_2 传播到 P 点所需时间，且 $t_1=r_1/v$，$t_2=r_2/v$。

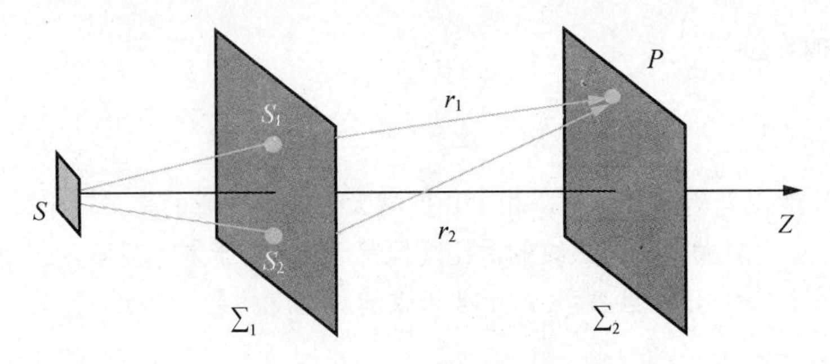

图 2-5 多色扩展光源的干涉

根据线性叠加原理，t 时刻两光波在 P 点叠加的总光场为

$$\boldsymbol{E}_P(t)=K_1\boldsymbol{E}_1(t-t_1)+K_2E_2(t-t_2) \tag{2.2-1}$$

式中，时间取 $t-t_1$ 和 $t-t_2$，是考虑 P 点在 t 时刻的光振动是 S_1 和 S_2 点分别于 $t-t_1$ 和 $t-t_2$ 时刻发出的。比例系数 K_1 和 K_2 的引入是考虑光波在传播过程中可能发生某些变化，如光波通过小孔时发生衍射，入射波与衍射波之间产生 $\pi/2$ 位相差，由于 $\exp(i\pi/2)=i$，则此时 K_1 和 K_2 应该是纯虚数。

S_1 和 S_2 点的光振动必定是空间和时间的函数，而任意点 P 的光强是该点光振动的振幅平方取时间平均值，在观察屏上光强可写成

$$\begin{aligned}I_P=&<\boldsymbol{E}_P(t)\boldsymbol{E}_P^*(t)>=<K_1\boldsymbol{E}_1(t-t_1)K_1^*\boldsymbol{E}_1^*(t-t_1)+K_2E_2(t-t_2)K_2^*E_2^*(t-t_2)\\&+K_1\boldsymbol{E}_1(t-t_1)K_2^*E_2^*(t-t_2)+K_1^*\boldsymbol{E}_1^*(t-t_1)K_2E_2(t-t_2)>\end{aligned} \tag{2.2-2}$$

符号“< >”表示取时间平均值，平方项用共轭乘积表示是考虑光波可能是复数。如果令

$$<K_1\boldsymbol{E}_1(t-t_1)K_1^*\boldsymbol{E}_1^*(t-t_1)>=K_1^2I_1 \tag{2.2-3}$$

$$<K_2E_2(t-t_2)K_2^*E_2^*(t-t_2)>=K_2^2I_2 \tag{2.2-4}$$

$$<K_1\boldsymbol{E}_1(t-t_1)K_2^*E_2^*(t-t_2)>=K_1K_2^*I_{12} \tag{2.2-5}$$

$$<K_1^*\boldsymbol{E}_1^*(t-t_1)K_2E_2(t-t_2)>=K_1^*K_2I_{21} \tag{2.2-6}$$

分别为两叠加光波各自在 P 点的平均光强，则有

$$I_P=<I_P(t)>=K_1^2I_1+K_2^2I_2+2|K_1K_2|\mathrm{Re}I_{12} \tag{2.2-7}$$

R 表示取实部。I_1 和 I_2 分别表示 S_1 点和 S_2 点各自在 P 点的平均光强，当光源是稳定的，则 I_1、I_2 不随时间变化。I_{12} 和 I_{21} 则反映了两叠加光波在 P 点的相干性，称为相干因子。当 $I_{12}\neq0$ 时，表明两光波是相干的；当 $I_{12}=0$ 时，表明两光波不相干。

$$\begin{aligned}\mathrm{Re}I_{12}&=\mathrm{Re}<\boldsymbol{E}_1(t-t_1)\cdot\boldsymbol{E}_2^*(t-t_2)>\\&=\mathrm{Re}<\boldsymbol{E}_1^*(t-t_1)\cdot\boldsymbol{E}_2(t-t_2)>=\mathrm{Re}I_{21}\end{aligned} \tag{2.2-8}$$

为了简化讨论，作两点假设：①两个叠加光波的偏振态相同，即矢量场可以进行标量叠加；②光场是稳定的，即各点光强度的时间平均值与时间原点的选取无关。可以将式(2.2-3)和式(2.2-4)简化为

$$<K_1\boldsymbol{E}_1(t-t_1)K_1^*\boldsymbol{E}_1^*(t-t_1)>=<K_1\boldsymbol{E}_1(t)K_1^*\boldsymbol{E}_1^*(t)>=K_1^2I_1 \tag{2.2-9}$$

$$<K_2E_2(t-t_2)K_2^*E_2^*(t-t_2)>=<K_2E_2(t)K_2^*E_2^*(t)>=K_2^2I_2 \tag{2.2-10}$$

对于式(2.2-5)和式(2.2-6)，可以取 $t_2=0$，$t_2-t_1=\tau$，因此可以得到

$$<K_1\boldsymbol{E}_1(t-t_1)K_2^*E_2^*(t-t_2)>=<K_1\boldsymbol{E}_1(t+\tau)K_2^*E_2^*(t)>=K_1K_2^*I_{12} \tag{2.2-11}$$

$$<K_1^*\boldsymbol{E}_1^*(t-t_1)K_2E_2(t-t_2)>=<K_1^*\boldsymbol{E}_1^*(t+\tau)K_2E_2(t)>=K_1^*K_2I_{21} \tag{2.2-12}$$

式(2.2-7)可以改写为

$$\begin{aligned}I_P&=K_1^2I_1+K_2^2I_2+2|K_1K_2|\mathrm{Re}I_{12}\\&=K_1^2I_1+K_2^2I_2+2|K_1K_2|\mathrm{Re}<E_1(t+\tau)E_2^*(t)>\end{aligned} \tag{2.2-13}$$

τ 反映了两光波在 P 点的振动状态的相对滞后时间。可见，相干因子 I_{12}是时间差 τ 的函数，它决定着两个叠加光波之间的相干性。又把它称为互相干函数，它表示 S_2点的光振动与 S_1点延迟时间 τ 的光振动之间的互相干性，从物理意义上讲，S_1和 S_2的光振动不是独立的，而是互相影响的。互相干函数写为

$$\Gamma_{12}(\tau)=I_{12}(\tau)=<E_1(t+\tau)E_2^*(t)> \tag{2.2-14}$$

它表示了两束光互相干程度。利用式(2.2-14)，可以将式(2.2-13)改写为

$$I_P=K_1^2I_1+K_2^2I_2+2|K_1K_2|\mathrm{Re}\Gamma_{12}(\tau) \tag{2.2-15}$$

2. 自相干函数

互相干函数决定着叠加光强度的大小和分布特性。当 S_1和 S_2重合(对称)时，互相干函数变为自相干函数。即

$$\Gamma_{11}(\tau)=I_{11}(\tau)=<E_1(t+\tau)E_1^*(t)> \tag{2.2-16}$$

$$\Gamma_{22}(\tau)=I_{22}(\tau)=<E_2(t+\tau)E_2^*(t)> \tag{2.2-17}$$

式(2.2-16)和式(2.2-17)称为自相干函数，表示空间同一点不同时间光振动的相干程度。当 $\tau=0$ 时，自相干函数表示为

$$\Gamma_{11}(0)=<E_1(t)E_1^*(t)>=I_1 \tag{2.2-18}$$

$$\Gamma_{22}(0)=<E_2(t)E_2^*(t)>=I_2 \tag{2.2-19}$$

可见，延迟时间 $\tau=0$ 时的自相干函数就是两个光波各自在 P 点的光强。

2.2.2　复相干度

当引入互相干函数和自相干函数以后，干涉公式(2.2-15)可写成

$$I_P=K_1^2I_1+K_2^2I_2+2|K_1K_2|\sqrt{I_1I_2}\,\mathrm{Re}\left[\frac{\Gamma_{12}(\tau)}{\Gamma_{11}(0)\Gamma_{22}(0)}\right] \tag{2.2-20}$$

当只有 S_1小孔时，$K_2=0$，此时在 P 点观察到的光强为 $I_P=K_1^2I_1$；同样，当只有 S_2小孔时，$K_1=0$，则有在 P 点观察到的光强为 $I_P=K_2^2I_2$。令

$$\gamma_{12}(\tau)=\frac{\Gamma_{12}(\tau)}{\sqrt{\Gamma_{11}(0)\Gamma_{22}(0)}} \tag{2.2-21}$$

上式表示归一化的互相干函数，称为复相干度。它反映了分别从 S_1和 S_2出发经历不同

时间后到达 P 点的两个光波之间的相干性。再令 $I_P=K_1^2I_1$，$I_P=K_2^2I_2$，则可以将式写为

$$I_P=I_{1P}+I_{2P}+2\sqrt{I_{1P}I_{2P}}\,\mathrm{Re}[\gamma_{12}(\tau)] \tag{2.2-22}$$

上式是稳定光波场的普遍干涉定律。因为 $\gamma_{12}(\tau)$ 是复数，总可以写成下面的形式：

$$\gamma_{12}(\tau)=|\gamma_{12}(\tau)|\exp[\mathrm{i}\delta_{12}(\tau)] \tag{2.2-23}$$

模 $|\gamma_{12}(\tau)|$ 称为相干度。位相 $\delta_{12}(\tau)$ 由延迟时间 τ 和 S_1、S_2 两点空间位相差决定，设初始位相为零，则

$$\delta_{12}(\tau)=\alpha_{12}(\tau)-\delta_{12}(\Delta) \tag{2.2-24}$$

式中，$\alpha_{12}(\tau)$ 表示时间延迟引起的相位差。$\delta_{12}(\Delta)$ 表示空间位置不同引起的位相差。空间位相差

$$\delta_{12}(\Delta)=k\Delta=\frac{2\pi c}{\lambda}(r_2-r_1)/c=2\pi\bar{\nu}\tau \tag{2.2-25}$$

于是，式(2.2-24)可以改写为

$$\delta_{12}(\tau)=\alpha_{12}(\tau)-2\pi\bar{\nu}\tau \tag{2.2-26}$$

因此

$$\mathrm{Re}[\gamma_{12}(\tau)]=|\gamma_{12}(\tau)|\cos[\alpha_{12}(\tau)-2\pi\bar{\nu}\tau] \tag{2.2-27}$$

最后，可以将式(2.2-22)写成

$$I_P=I_{1P}+I_{2P}+2\sqrt{I_{1P}I_{2P}}\,|\gamma_{12}(\tau)|\cos[\alpha_{12}(\tau)-2\pi\bar{\nu}\tau] \tag{2.2-28}$$

随着延迟时间 τ 的不同，因子 $\cos[\alpha_{12}(\tau)-2\pi\bar{\nu}\tau]$ 在 ±1 之间变化，I_P 将出现周期极大值和极小值：

$$I_{PM}=I_{1P}+I_{2P}+2\sqrt{I_{1P}I_{2P}}\,|\gamma_{12}(\tau)| \tag{2.2-29}$$

$$I_{Pm}=I_{1P}+I_{2P}-2\sqrt{I_{1P}I_{2P}}\,|\gamma_{12}(\tau)| \tag{2.2-30}$$

根据式(2.1-13)，得到干涉条纹对比度

$$V=\frac{2\sqrt{I_{1P}I_{2P}}}{I_{1P}+I_{2P}}|\gamma_{12}(\tau)| \tag{2.2-31}$$

可见，干涉条纹对比度与相干度 $|\gamma_{12}(\tau)|$ 有直接关系。当 $I_{1P}=I_{2P}=I_0$ 时

$$V=|\gamma_{12}(\tau)| \tag{2.2-32}$$

当 $|\gamma_{12}(\tau)|=1$ 时，称为完全相干。此时

$$I_{PM}=4I_0,\quad I_{Pm}=0$$

当 $|\gamma_{12}(\tau)|=0$ 时，称为不相干。此时

$$I_{PM}=2I_0,\quad I_{Pm}=2I_0$$

当 $0<|\gamma_{12}(\tau)|<1$ 时，称为部分相干。此时

$$I_{PM}=2[1+|\gamma_{12}(\tau)|]I_0,\quad I_{Pm}=2[1-|\gamma_{12}(\tau)|]I_0$$

对于以上3种情况，具有相同强度的两个光波的叠加如图2-6所示。

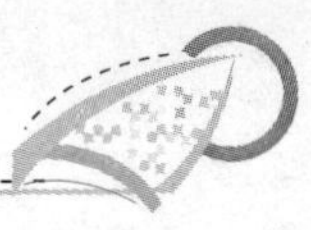

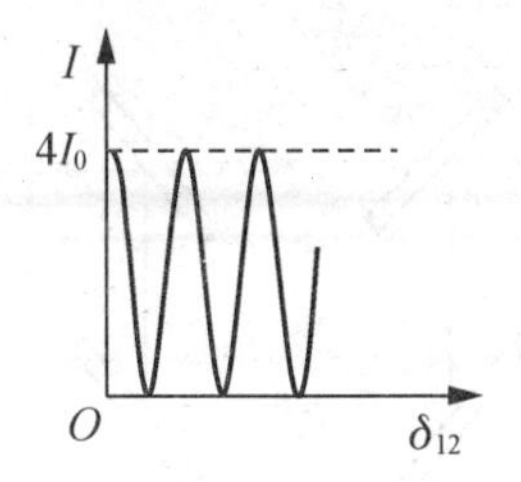

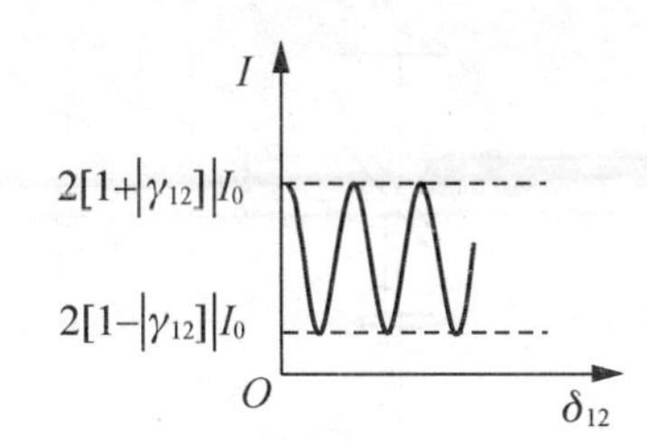

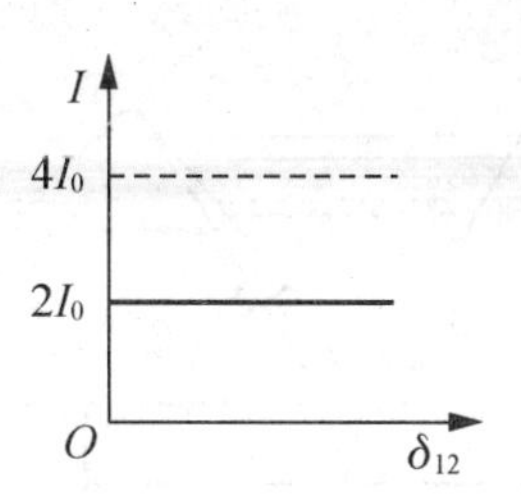

图 2-6 具有相同强度的两个光波的叠加

应当注意的是，完全相干对应着单色光源发出的光波场，而实际光源总有一定的几何线度和光谱宽度，由此引起的叠加光场的干涉条纹的对比度总是小于1，因而是部分相干的。严格来说，几乎所有的相干现象都属于部分相干，因此，部分相干理论是干涉的普通理论，处理相干问题归结于计算相干度。

2.3 光波的时间相干性

通常把来自光源同一点，在不同时刻发出的光波间的相干性称为光波的时间相干性，也称为纵向相干性。本节将介绍时间相干的装置、时间相干度的具体形式以及利用傅里叶积分求解准单色光场时间相干度的方法。

2.3.1 时间相干装置

将图 2-5 中的光源 S 改为一准单色点光源，且 S 相对于小孔 S_1 和 S_2 对称放置。取照明光源为点光源意味着假定其空间相干性很好，这样就把讨论互相干函数和复相干度问题的重点集中在光波场的光谱宽度上，此时到达 S_1 和 S_2 处的光波场完全相同，均为 $E(t)$，并且两者到达 P 点时的光振动振幅也相同。于是两光波在 P 点的互相干函数变为自相干函数，相应的归一化自相干函数(复相干度)可表示为

$$\gamma_{12}(\tau)=\gamma(\tau)=\frac{\langle E(t+\tau)E^*(t)\rangle}{I} \tag{2.3-1}$$

式中，I 表示单个光波在 P 点的平均光强度。由式(2.2-21)定义的复相干度 $\gamma_{12}(\tau)$ 反映了分别从 S_1 和 S_2 出发经历不同时间后到达 P 点的两个光波之间的相干性，而这里的式(2.3-1)中所得出的复相干度 $\gamma(\tau)$ 则反映了来自同一光源不同时刻发出的两个光波之间的相干性。两者的主要区别在于：前者包含了光源的几何线度和光谱宽度的综合影响，后者只包含了其光谱宽度的影响，可视为前者的一部分。通常定义由式(2.3-1)确定的归一化自相干函数 $\gamma(\tau)$ 为光波场的时间相干度，时间相干度实际上反映了光场的时间相干性。以上的讨论表明，时间相干只与两光束的时间差有关，如等倾干涉仪、迈克尔逊干涉仪和马赫-泽德干涉仪，都两光束是从分光镜同一点出射的，其相干性就属于时间相干。时间相干的装置如图 2-7 所示。

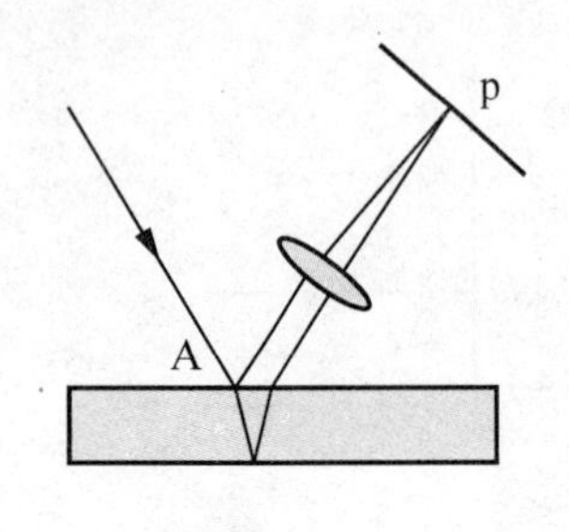

(a) 等倾干涉仪

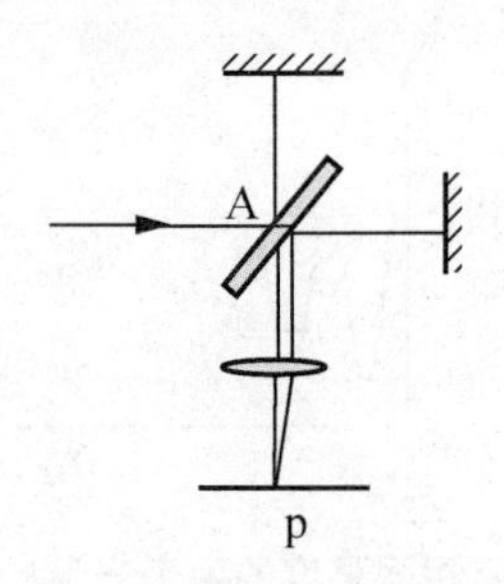

(b) 迈克尔逊干涉仪

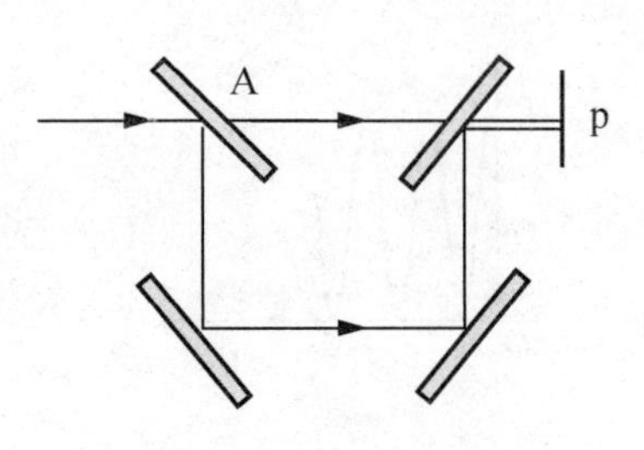

(c) 马赫-泽德干涉仪

图 2-7　时间相干的装置

2.3.2　准单色光场时间相干度的具体形式

对于准单色光波，可以把它看作为由一段段波列组成的，每一段波列的持续时间为 Δt（相干时间），在这段时间内场作简谐变化，但是，前后波列之间没有固定的位相关系，它们的位相在 0 到 2π 之间随机变化。因此，准单色光波的时间依赖关系可以表示为

$$E(t)=E_0\exp(-\mathrm{i}\omega t)\exp[\mathrm{i}\varphi(t)] \tag{2.3-2}$$

式中，ω 为光波的角频率，$\varphi(t)$为光波初相位函数，且有

$$\varphi(t)=C_m,\ m\Delta t<t<(m+1)\Delta t,\ m=1,2,3,\cdots \tag{2.3-3}$$

式中，C_m 为取值在 0 到 2π 之间的任意常数。上式说明相位函数是一个无规则常数数列，在某一波列的持续时间内，其值恒定，不同波列的相位函数取值不同，但总是位于 0 到 2π 之间，如图 2-8 所示。

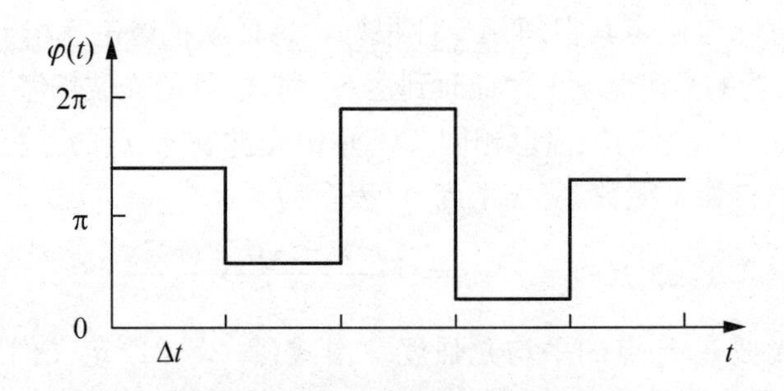

图 2-8　波列之间的位相关系

由此可求得光场的时间相干度为

$$\begin{aligned}\gamma(\tau)&=\frac{\langle E(t+\tau)E^*(t)\rangle}{I}=\left\langle \exp(-\mathrm{i}\omega\tau)\exp\left\{\mathrm{i}[\varphi(t+\tau)-\varphi(t)]\right\}\right\rangle\\&=\exp(-\mathrm{i}\omega\tau)\frac{1}{T}\int_0^T\exp\left\{\mathrm{i}[\varphi(t+\tau)-\varphi(t)]\right\}\mathrm{d}t\end{aligned} \tag{2.3-4}$$

式中，T 是比相干时间 Δt 大得多的观察时间，τ 是光波从 S_2 传播到 P 点与从 S_1 传播到 P 点的时间差。两个光波的重叠时间如图 2-9 所示。

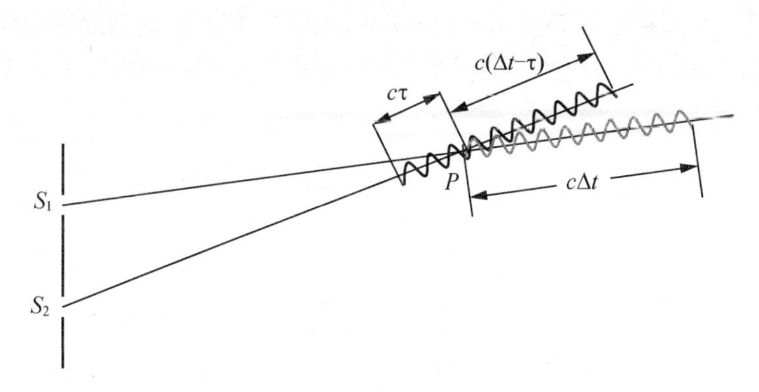

图 2-9 两个光波的重叠时间为$(\Delta t-\tau)$

下面分两种情况讨论式(2.3-4)中的积分值。

(1) 两光波相隔时间τ小于波列的持续时间Δt，即$\tau<\Delta t$。显然，当$0<t<\Delta t-\tau$时，P点处的两光波属于同一波列，其初相位差$\varphi(t+\tau)-\varphi(t)=0$；当$\Delta t-\tau<t<\Delta t$时，$P$点处的两光波属于不同波列，其初相位差$\varphi(t+\tau)-\varphi(t)=\delta_{12}(\tau)$。$\delta_{12}(\tau)$是第一个和第二个相干时间间隔的波列的位相差。对第一个相干时间间隔求平均值，得到

$$\begin{aligned}&\frac{1}{\Delta t}\int_0^{\Delta t}\exp\left\{\mathrm{i}\left[\varphi(t+\tau)-\varphi(t)\right]\right\}\mathrm{d}t\\&=\frac{1}{\Delta t}\int_0^{\Delta t-\tau}\mathrm{d}t+\frac{1}{\Delta t}\int_{\Delta t-\tau}^{\Delta t}\exp\left[\mathrm{i}\delta_{12}(\tau)\right]\mathrm{d}t\\&=\frac{\Delta t-\tau}{\Delta t}+\frac{\tau}{\Delta t}\exp\left[\mathrm{i}\delta_{12}(\tau)\right]\end{aligned}\tag{2.3-5}$$

同样的积分结果对于以后的各个Δt时间间隔也是适用的。对于第一项，因为对所有的时间间隔都相等，所以，0到T的平均值也等于这一项。对于第二项，由于相邻波列的位相差应取0到2π之间的不同数值。因此，对0到T取平均值，则包含$\exp[\mathrm{i}\delta_{12}(\tau)]$项的平均值为零。将式(2.3-5)代入到式(2.3-4)得到$\tau<\Delta t$时总的积分结果

$$\gamma(\tau)=\left(1-\frac{\tau}{\Delta t}\right)\exp(-\mathrm{i}\omega\tau)\tag{2.3-6}$$

(2) 两光波相隔时间τ大于波列的持续时间Δt，即$\tau\geqslant\tau_0$。在此情况下，两光波始终属于不同波列，相位差$\varphi(t+\tau_0)-\varphi(t)$总是取0到$2\pi$之间的不同数值，所以相位因子的时间积分恒等于0，导致$\gamma(\tau)=0$。因此，得到时间相干度的模值为

$$|\gamma(\tau)|=\begin{cases}1-\dfrac{\tau}{\tau_0} & \tau<\Delta t\\ 0 & \tau\geqslant\Delta t\end{cases}\tag{2.3-7}$$

准单色光时间相干度的模值$|\gamma(\tau)|$随两叠加光波振动状态的相隔时间τ变化，如图2-10所示。

可见，两者呈线性关系，直线的斜率为$-1/\Delta t$。时间相干度的幅角为$-\omega\tau$，正好等于相隔时间为τ的两光波的相位差δ。在波列的持续时间Δt以内，两光波相隔时间τ越小，或波列持续时间Δt越长，则时间相干度越大，相干性也就越好。当τ的大小超出波列的

持续时间 Δt 时，时间相干度等于0，两光波将不相干，因此，波列的平均持续时间 Δt 给出了准单色光波场时间相干性的一个限度，此即称其相干时间的原因。

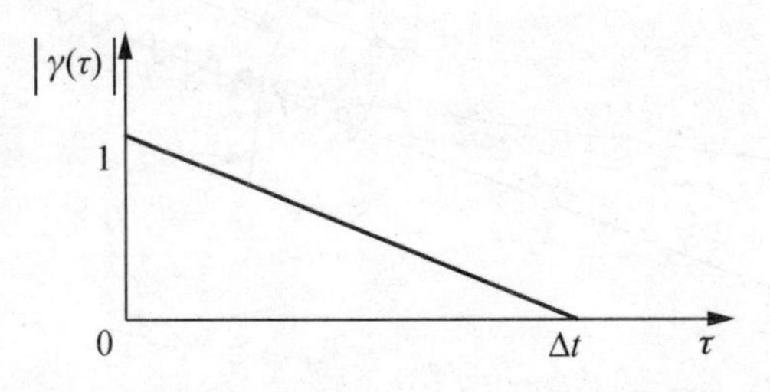

图 2-10　准单色光的 $|\gamma(\tau)|$ 随 τ 的变化

相干时间 Δt 乘以真空中的光速 c，正好反映了与此时间间隔对应的两光波间的光程差。它意味着当两光波间的光程差超过此长度时，将不再相干，故称之为相干长度，用 ΔL 表示，即 $\Delta L = c\Delta t$。相干长度从光程差的角度表征了准单色光波场的时间相干性。

对于理想单色光波，波列的持续时间 $\Delta t \gg \tau$，$|\gamma(\tau)| = 1$，因而时间相干度为

$$\gamma(\tau) = \exp(-\mathrm{i}\omega\tau) = \exp(-\mathrm{i}\delta) \tag{2.3-8}$$

取其实部代入式(2.2-22)，得点叠加光强度

$$I_P = I_{1P} + I_{2P} + 2\sqrt{I_{1P}I_{2P}}\cos\delta \tag{2.3-9}$$

当 $I_{1P} = I_{2P} = I_0$ 时

$$I_P = 4I_0\cos^2\left(\frac{\delta}{2}\right) \tag{2.3-10}$$

这与式(2.1-11)给出的两个等强度单色点光源产生的干涉条纹图样的强度分布式完全相同。

2.3.3　利用傅里叶变换方法求解时间相干度

由傅里叶积分给出的函数变换

$$F(k) = \int_{-\infty}^{\infty} f(x)\exp(-\mathrm{i}kx)\,\mathrm{d}x \tag{2.3-11}$$

称为 $f(x)$ 的傅里叶变换，而

$$f(x) = \frac{1}{2\pi}\int_{-\infty}^{\infty} F(k)\exp(\mathrm{i}kx)\,\mathrm{d}k \tag{2.3-12}$$

称为 $F(k)$ 的傅里叶逆变换。

把空间角频率 k 写为 $2\pi u$，u 为空间频率，傅里叶变换关系又可以写为

$$F(u) = \int_{-\infty}^{\infty} f(x)\exp(-\mathrm{i}2\pi ux)\,\mathrm{d}x$$

和

$$f(x) = \int_{-\infty}^{\infty} F(u)\exp(\mathrm{i}2\pi ux)\,\mathrm{d}u \tag{2.3-13}$$

二维傅里叶变换关系是一维傅里叶关系的推广，公式为

$$f(x,y) = \int_{-\infty}^{\infty} F(u,v)\exp[\mathrm{i}2\pi(ux+vy)]\,\mathrm{d}u\mathrm{d}v \tag{2.3-14}$$

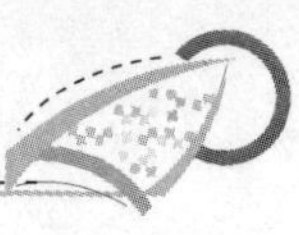

和

$$f(u,v)=\int_{-\infty}^{\infty}F(x,y)\exp[\mathrm{i}2\pi(ux+vy)]\,\mathrm{d}x\mathrm{d}y \tag{2.3-15}$$

式中，u 和 v 是二维空间函数 $f(x,y)$ 沿 x 方向和 y 方向的空间频率，$F(u,v)$ 是频谱函数。与一维的情形类似，称 $F(u,v)$ 为 $f(x,y)$ 的傅里叶变换，$f(x,y)$ 是 $F(u,v)$ 的傅里叶逆变换。

由傅里叶变换知识可知，当 $E(t)$ 和 $E(\nu)$ 互为傅里叶变换时，有

$$E(t)=\int_{-\infty}^{\infty}E(\nu)\exp(-\mathrm{i}2\pi\nu t)\,\mathrm{d}\nu \tag{2.3-16}$$

和

$$E(\nu)=\int_{-\infty}^{\infty}E(t)\exp(\mathrm{i}2\pi\nu t)\,\mathrm{d}t \tag{2.3-17}$$

因此

$$E(t+\tau)=\int_{-\infty}^{\infty}E(\nu)\exp[-\mathrm{i}2\pi(t+\tau)\nu]\,\mathrm{d}\nu \tag{2.3-18}$$

因为光波场自相干函数的时间平均值可表示为

$$\langle E(t+\tau)E^*(t)\rangle=\lim_{T\to\infty}\frac{1}{2T}\int_{-T}^{T}E(t+\tau)E^*(t)\mathrm{d}t \tag{2.3-19}$$

当 $T\to\infty$ 时，上式中的积分式为

$$\begin{aligned}\int_{-T}^{T}E(t+\tau)E^*(t)\mathrm{d}t&=\int_{-\infty}^{\infty}E^*(t)\mathrm{d}t\int_{-\infty}^{\infty}E(\nu)\exp[-\mathrm{i}2\pi\nu(t+\tau)]\,\mathrm{d}\nu\\&=\int_{-\infty}^{\infty}\left[\int_{-\infty}^{\infty}E^*(t)\exp(-\mathrm{i}2\pi\nu t)\,\mathrm{d}t\right]E(\nu)\exp(-\mathrm{i}2\pi\nu\tau)\,\mathrm{d}\nu\\&=\int_{-\infty}^{\infty}E(\nu)E^*(\nu)\exp(-\mathrm{i}2\pi\nu\tau)\,\mathrm{d}\nu\end{aligned} \tag{2.3-20}$$

由此得

$$\langle E(t+\tau)E^*(t)\rangle=\lim_{T\to\infty}\frac{1}{2T}\int_{-\infty}^{\infty}E(\nu)E^*(\nu)\exp(-\mathrm{i}2\pi\nu\tau)\,\mathrm{d}\nu \tag{2.3-21}$$

同理，可得

$$\langle E(t)E^*(t)\rangle=I=\lim_{T\to\infty}\frac{1}{2T}\int_{-\infty}^{\infty}E(\nu)E^*(\nu)\,\mathrm{d}\nu \tag{2.3-22}$$

将以上两式代入式(2.3-1)，便得到时间相干度

$$\begin{aligned}\gamma(\tau)&=\frac{\int_{-\infty}^{\infty}E(\nu)E^*(\nu)\exp(-\mathrm{i}2\pi\nu\tau)\,\mathrm{d}\nu}{\int_{-\infty}^{\infty}E(\nu)E^*(\nu)\,\mathrm{d}\nu}=\frac{\int_{-\infty}^{\infty}G(\nu)(-\mathrm{i}2\pi\nu\tau)\,\mathrm{d}\nu}{\int_{-\infty}^{\infty}G(\nu)\,\mathrm{d}\nu}\\&=\int_{-\infty}^{\infty}g(\nu)(-\mathrm{i}2\pi\nu\tau)\,\mathrm{d}\nu\end{aligned} \tag{2.3-23}$$

式中

$$G(\nu)=E(\nu)E^*(\nu) \tag{2.3-24}$$

称 $G(\nu)$ 为准单色光源的功率谱。

$$g(\nu)=\frac{G(\nu)}{\int_{-\infty}^{\infty}G(\nu)\,\mathrm{d}\nu} \tag{2.3-25}$$

称 $g(\nu)$ 为准单色光源的归一化功率谱密度或归一化光谱强度分布函数。可见，准单色光源的时间相干度就等于光源归一化功率谱密度的傅里叶变换。准单色光源的功率谱密度函数通常有高斯型、洛仑兹型和 δ 函数型。

对于功率谱密度函数为高斯型的准单色光源，有

$$G(\nu)=\frac{2\sqrt{\ln 2}}{\sqrt{\pi}\,\Delta\nu}\exp\left[-\left(2\sqrt{\ln 2}\frac{\nu-\nu_0}{\Delta\nu}\right)\right] \tag{2.3-26}$$

将式(2.3-26)代入式(2.3-23)分子当中，得

$$\begin{aligned}&\int_{-\infty}^{\infty}G(\nu)\exp(-\mathrm{i}2\pi\nu)\,\mathrm{d}\nu\\&=\int_{-\infty}^{\infty}\frac{2\sqrt{\ln 2}}{\sqrt{\pi}\,\Delta\nu}\exp\left[-\left(2\sqrt{\ln 2}\,\frac{\nu-\nu_0}{\Delta\nu}\right)^2\right]\exp(-\mathrm{i}2\pi\nu\tau)\,\mathrm{d}\nu\end{aligned} \tag{2.3-27}$$

令

$$A=\frac{2\sqrt{\ln 2}}{\sqrt{\pi}\,\Delta\nu};\ x=\frac{\nu-\nu_0}{\Delta\nu} \tag{2.3-28}$$

则有

$$\nu=x\Delta\nu+\nu_0;\ \mathrm{d}\nu=\Delta\nu\mathrm{d}x \tag{2.3-29}$$

利用式(2.3-28)和式(2.3-29)，可以将式(2.3-27)改写为

$$\begin{aligned}&\int_{-\infty}^{\infty}G(\nu)\exp(-\mathrm{i}2\pi\nu)\,\mathrm{d}\nu\\&=\int_{-\infty}^{\infty}A\exp(-\mathrm{i}2\pi\nu_0\tau)\exp[-(2\sqrt{\ln 2}\,x)^2]\exp(-\mathrm{i}2\pi\Delta\nu\tau x)\,d\mathrm{x}\end{aligned} \tag{2.3-30}$$

利用积分公式

$$\int_{-\infty}^{\infty}\exp[-(ax)^2]\cos(bx)\,\mathrm{d}x=\frac{\sqrt{\pi}\exp(-b^2/4a^2)}{2a} \tag{2.3-31}$$

得到

$$\int_{-\infty}^{\infty}G(\nu)\exp(-\mathrm{i}2\pi\nu)\,\mathrm{d}\nu=\int_{-\infty}^{\infty}\frac{A\sqrt{\pi}}{4\sqrt{\ln 2}}\exp\left[-\left(\frac{\pi\Delta\nu\tau}{2\sqrt{\ln 2}}\right)^2\right]\exp(-\mathrm{i}2\pi\nu_0\tau) \tag{2.3-32}$$

将式(2.3-26)代入式(2.3-23)分母当中，得

$$\int_{-\infty}^{\infty}G(\nu)\,\mathrm{d}\nu=\int_{-\infty}^{\infty}\frac{2\sqrt{\ln 2}}{\sqrt{\pi}\,\Delta\nu}\exp\left[-\left(2\sqrt{\ln 2}\,\frac{\nu-\nu_0}{\Delta\nu}\right)^2\right]\mathrm{d}\nu \tag{2.3-33}$$

利用式(2.3-28)和式(2.3-29)，上式可改写为

$$\int_{-\infty}^{\infty}G(\nu)\,\mathrm{d}\nu=\int_{-\infty}^{\infty}A\exp[-(2\sqrt{\ln 2}\,x)^2]\,\mathrm{d}x \tag{2.3-34}$$

再利用式(2.3-31)，得到

$$\int_{-\infty}^{\infty}G(\nu)\,\mathrm{d}\nu=\frac{A\sqrt{\pi}}{4\sqrt{\ln 2}} \tag{2.3-35}$$

式(2.3-32)与式(2.3-35)相除，得到

$$\gamma(\tau)=\exp\left[-\left(\frac{\pi\Delta\nu\tau}{2\sqrt{\ln 2}}\right)^2\right]\exp(-i2\pi\nu_0\tau) \tag{2.3-36}$$

如果光谱线的增宽是由于产生辐射的原子或分子的碰撞所致，即碰撞增宽，则其功率谱密度函数为洛仑兹型。此时有

$$G(\nu)=\frac{2(\pi\Delta\nu)^{-1}}{1+[2(\nu-\nu_0)/\Delta\nu]^2} \tag{2.3-37}$$

将式(2.3-37)代入式(2.3-23)分子当中，得

$$\int_{-\infty}^{\infty}G(\nu)\exp(-i2\pi\nu)\,d\nu=\int_{-\infty}^{\infty}\frac{2(\pi\Delta\nu)^{-1}}{1+[2(\nu-\nu_0)/\Delta\nu]^2}\exp(-i2\pi\nu\tau)\,d\nu \tag{2.3-38}$$

令

$$\pi^{-1}=B;\ 2(\nu-\nu_0)/\Delta\nu=y \tag{2.3-39}$$

则有

$$2\nu=y\Delta\nu+2\nu_0,\ d\nu=\frac{\Delta\nu}{2}dy \tag{2.3-40}$$

因此，式(2.3-38)可以改写为

$$\int_{-\infty}^{\infty}G(\nu)\exp(-i2\pi\nu)\,d\nu=\int_{-\infty}^{\infty}B\left(\frac{1}{1+y^2}\right)\exp(-i2\pi\nu_0\tau)\exp(-i\pi\Delta\nu\tau y)\,dy \tag{2.3-41}$$

利用积分公式

$$\int_{-\infty}^{\infty}B\left(\frac{1}{1+y^2}\right)\cos(ay)\,dy=\begin{cases}\dfrac{\pi\exp(-a)}{2}, & a\geqslant 0\\ \dfrac{\pi\exp(a)}{2}, & a\leqslant 0\end{cases} \tag{2.3-42}$$

得到

$$\int_{-\infty}^{\infty}G(\nu)\exp(-i2\pi\nu)\,d\nu=\exp(-\pi\Delta\nu\tau)\exp(-i2\pi\nu_0\tau) \tag{2.3-43}$$

将式(2.3-37)代入式(2.3-23)分母当中，得

$$\int_{-\infty}^{\infty}G(\nu)\,d\nu=\int_{-\infty}^{\infty}\frac{2(\pi\Delta\nu)^{-1}}{1+[2(\nu-\nu_0)/\Delta\nu]^2}d\nu \tag{2.3-44}$$

利用式(2.3-39)和式(2.3-40)，上式可改写为

$$\int_{-\infty}^{\infty}G(\nu)\,d\nu=\int_{-\infty}^{\infty}B\left(\frac{1}{1+y^2}\right)dy \tag{2.3-45}$$

再利用式(2.3-42)，得到

$$\int_{-\infty}^{\infty}G(\nu)\,d\nu=1 \tag{2.3-46}$$

式(2.3-43)与式(2.3-46)相除，得到相应的时间相干度

$$\gamma(\tau)=\exp(-\pi\Delta\nu\tau)\exp(-i2\pi\nu_0\tau) \tag{2.3-47}$$

如果光谱线功率谱密度函数为 δ 函数型，此时有

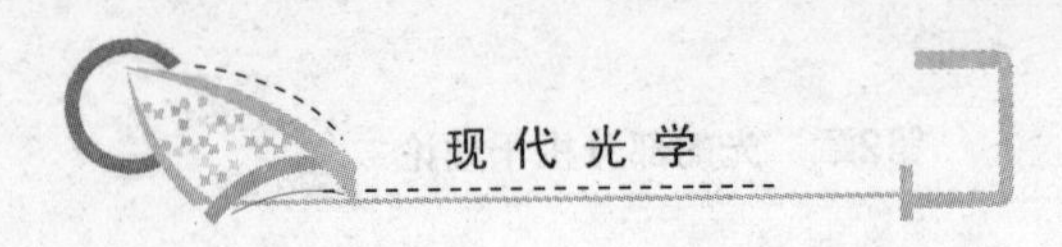

$$G(\nu)=A_1\delta(\nu-\nu_1)+A_2\delta(\nu-\nu_2) \tag{2.3-48}$$

将式(2.3-48)代入式(2.3-23)分子当中，得

$$\begin{aligned}\int_{-\infty}^{\infty} G(\nu)\exp(-\mathrm{i}2\pi\nu)\,\mathrm{d}\nu &= \int_{-\infty}^{\infty}[A_1\delta(\nu-\nu_1)+A_2\delta(\nu-\nu_2)]\exp(-\mathrm{i}2\pi\nu)\,\mathrm{d}\nu\\ &= A_1\exp(-\mathrm{i}2\pi\nu_1\tau)+A_2\exp(-\mathrm{i}2\pi\nu_2\tau)\\ &= A_1\exp(-\mathrm{i}2\pi\nu_1\tau)[1+\alpha\exp(-\mathrm{i}2\pi\Delta\nu\tau)]\\ &= A_1\exp(-\mathrm{i}2\pi\nu_1\tau)[1+\alpha\cos(2\pi\Delta\nu\tau)-\mathrm{i}\alpha\sin(2\pi\Delta\nu\tau)]\end{aligned} \tag{2.3-49}$$

式中，$\alpha=A_2/A_1$，$\Delta\nu=\nu_2-\nu_1$。将式(2.3-48)代入式(2.3-23)分母当中，得

$$\begin{aligned}\int_{-\infty}^{\infty} G(\nu)\,\mathrm{d}\nu &= \int_{-\infty}^{\infty}[A_1\delta(\nu-\nu_1)+A_2\delta(\nu-\nu_2)]\,\mathrm{d}\nu\\ &= A_1+A_2=A_1(1+\alpha)\end{aligned} \tag{2.3-50}$$

式(2.3-49)与式(2.3-50)相除，得

$$\gamma(\tau)=\frac{\exp(-\mathrm{i}2\pi\nu_1\tau)[1+\alpha\cos(2\pi\Delta\nu\tau)-\mathrm{i}\alpha\sin(2\pi\Delta\nu\tau)]}{1+\alpha} \tag{2.3-51}$$

其模值为

$$|\gamma(\tau)|=\frac{\sqrt{1+\alpha^2+2\alpha\cos(2\pi\Delta\nu\tau)}}{1+\alpha} \tag{2.3-52}$$

当 $A_1=A_2$ 时，式(2.3-52)可以改写为

$$|\gamma(\tau)|=\frac{\sqrt{2[1+\cos(2\pi\Delta\nu\tau)]}}{2}=\frac{\sqrt{4\cos^2(\pi\Delta\nu\tau)}}{2}=|\cos(\pi\Delta\nu\tau)| \tag{2.3-53}$$

可见，时间相干度随着 τ 做周期性的变化。当 $\tau=0$ 或者 $\Delta\nu=0$ 时，有 $|\gamma(\tau)|=1$；当 $\tau=1/2\Delta\nu$ 时，有 $|\gamma(\tau)|=0$；当 $\tau=1/4\Delta\nu$ 时，有 $|\gamma(\tau)|=1/\sqrt{2}$，此时的相干长度为 $\Delta L=c/4\Delta\nu$，可见，如果 $\Delta\nu=0$，则相干长度 $\Delta L=\infty$。

2.4 光波的空间相干性

来自一个光源不同点，在同一时刻发出的光波间的相干性称为光波的空间相干性，又称为横向相干性。本节将在介绍光波场的互强度和空间相干度的概念之后，给出光波场的总复相干度以及近轴条件下的互强度和空间相干度。

2.4.1 光波场的互强度和空间相干度

如果图 2-5 中的光源 S 是单色扩展光源，则光波场的时间相干性很好，但由于采用了扩展光源照明，其空间相干性就成为影响互相干函数和复相干度的主要因素。如果观察点 P 与小孔 S_1 和 S_2 距离相等，即 $r_1=r_2$，则到达 P 点的两光波时间间隔 $\tau=0$。式(2.2-14)表示的两叠加光波在 P 点的互相干函数可改写为

$$\Gamma_{12}(0)=I_{12}(0)=\langle E_1(t)E_2^*(t)\rangle \tag{2.4-1}$$

式(2.2-21)表示的复相干度可改写为

$$\gamma_{12}(0)=\frac{\Gamma_{12}(0)}{\sqrt{\Gamma_{11}(0)\Gamma_{22}(0)}}=\frac{\Gamma_{12}(0)}{\sqrt{I_1 I_2}} \tag{2.4-2}$$

显然，这里的 $\Gamma_{12}(0)$ 和 $\gamma_{12}(0)$ 仅仅包含了光源的几何线度的影响，反映了由于扩展光源照明所引起的两光波之间的相干性。为了与总的互相干函数和复相干度相区别，把由式(2.4-1)所确定的互相干函数 $\Gamma_{12}(0)$ 定义为光波场的互强度，并改写为

$$J_{12}=\Gamma_{12}(0)=\langle E_1(t)E_2^*(t)\rangle \tag{2.4-3}$$

把由式(2.4-2)所确定的复相干度 $\gamma_{12}(0)$ 定义为光波场的空间相干度，改写为

$$j_{12}=\gamma_{12}(0)=\frac{\Gamma_{12}(0)}{\sqrt{I_1 I_2}}=\frac{J_{12}}{\sqrt{J_{11}J_{22}}} \tag{2.4-4}$$

与时间相干度对应，空间相干度也属于复相干度的一部分，反映了光场的空间相干性。一般情况下，j_{12} 也是一个复数，可表示为

$$j_{12}=\gamma_{12}(0)=|\gamma_{12}(0)|\exp[\mathrm{i}\delta_{12}(0)] \tag{2.4-5}$$

式中模值 $|\gamma_{12}(0)|$ 对应单色扩展光源照明下的干涉条纹对比度，幅角 $\delta_{12}(0)$ 对应着相应情况下两叠加光波的相位差。利用式(2.2-26)，可以将上式改写为

$$j_{12}=|j_{12}|\exp\left\{\mathrm{i}[\alpha_{12}(0)-2\pi\bar{\nu}\tau]\right\}=|j_{12}|\exp[\mathrm{i}\beta_{12}] \tag{2.4-6}$$

式中，β_{12} 是光波场空间相干位相差。

2.4.2　光波场的总复相干度

对于任意非单色扩展光源，其光波场的总复相干度 $\gamma_{12}(\tau)$ 应等于其时间相干度 $\gamma(\tau)$ 和空间相干度 j_{12} 的乘积，即

$$\gamma_{12}(\tau)=\gamma(\tau)j_{12} \tag{2.4-7}$$

对于准单色扩展光源，将式(2.4-6)和式(2.3-6)、式(2.3-36)、式(2.3-47)、式(2.3-51)代入上式，可得到简化模型、高斯型、洛仑兹型和 δ 函数型光源光波场的总复相干度为

$$\gamma_{12}(\tau)=|j_{12}|\left(1-\frac{\tau}{\Delta t}\right)\exp[\mathrm{i}(\beta_{12}-2\pi\nu_0\tau)] \tag{2.4-8}$$

$$\gamma_{12}(\tau)=|j_{12}|\exp\left[-\left(\frac{\pi\Delta\nu\tau}{2\sqrt{\ln 2}}\right)^2\right]\exp[\mathrm{i}(\beta_{12}-2\pi\nu_0\tau)] \tag{2.4-9}$$

$$\gamma_{12}(\tau)=|j_{12}|\exp(-\pi\Delta\nu\tau)\exp[\mathrm{i}(\beta_{12}-2\pi\nu_0\tau)] \tag{2.4-10}$$

$$\gamma_{12}(\tau)=|j_{12}|\frac{[1+\alpha\cos(2\pi\Delta\nu\tau)-\mathrm{i}\alpha\sin(2\pi\Delta\nu\tau)]}{1+\alpha}\exp[\mathrm{i}(\beta_{12}-2\pi\nu_1\tau)] \tag{2.4-11}$$

当谱线宽度 $\Delta\nu$ 远小于中心频率 ν_0 时，则可以认为其时间相干性很好($\Delta t\gg\tau$)，上列式中的因子 $\tau/\Delta t\,(\tau/\Delta t)=\tau\Delta\nu$ 可以忽略，于是得

$$\gamma_{12}(\tau)=|j_{12}|\exp[\mathrm{i}(\beta_{12}-2\pi\nu_0\tau)] \tag{2.4-12}$$

将式(2.4-12)取实部并代入到式(2.2-22)，得叠加光强度分布为

$$I_P=I_{1P}+I_{2P}+2\sqrt{I_{1P}I_{2P}}\,|j_{12}|\cos(\beta_{12}-2\pi\nu_0\tau) \tag{2.4-13}$$

由上式可得

$$\begin{aligned} I_{PM} &= I_{1P} + I_{2P} + 2\sqrt{I_{1P}I_{2P}}\,|j_{12}| \\ I_{Pm} &= I_{1P} + I_{2P} - 2\sqrt{I_{1P}I_{2P}}\,|j_{12}| \end{aligned} \tag{2.4-14}$$

因此得到干涉场的对比度为

$$V = \frac{2\sqrt{I_{1P}I_{2P}}}{I_{1P}+I_{2P}}|j_{12}| \tag{2.4-15}$$

当 $I_{1P}=I_{2P}$ 时有

$$V = |j_{12}| \tag{2.4-16}$$

即空间相干度的模等于条纹的对比度。

2.4.3 近轴条件下的互强度和空间相干度

图 2-11 中，S 是一个准单色面光源，其光谱中心频率和波长分别为 ν_0 和 λ_0。与光源平面相距 R 处平行放置一个光屏，离光屏中心 O_1 不远处有两个点 S_1 和 S_2。光源 S 面积较小，其横向线度 a、b 远小于光源到光屏之间是距离 R。

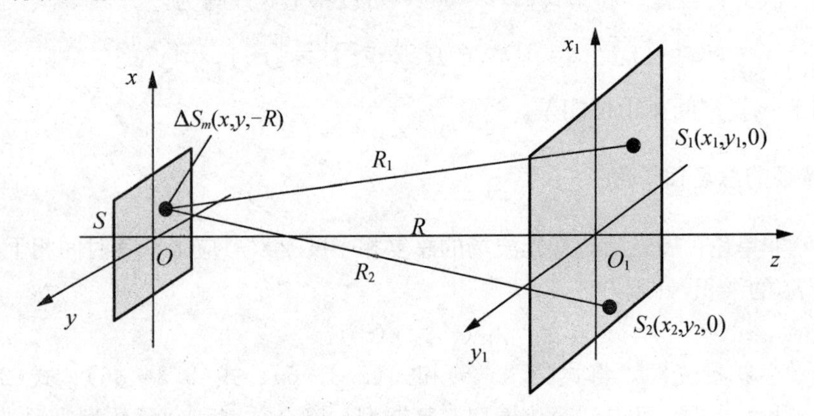

图 2-11 准单色扩展光源照明

1. 近轴条件下的互强度

将光源 S 分割成许多相同的小面元 ΔS_1、ΔS_2、……，假设第 m 个小面元 ΔS_m 到 S_1 和 S_2 的距离分别为 R_{m1} 和 R_{m2}，则第 m 个小面元 ΔS_m 在 S_1 和 S_2 引起的光振动分别为

$$E_{m1} = \frac{1}{R_{m1}} E_m(t-t_1)\exp\left\{-\mathrm{i}\left[2\pi\nu_0(t-t_1)\right]\right\} \tag{2.4-17}$$

$$E_{m2} = \frac{1}{R_{m2}} E_m(t-t_2)\exp\left\{-\mathrm{i}\left[2\pi\nu_0(t-t_2)\right]\right\} \tag{2.4-18}$$

式中，$t_1=R_{m1}/v$，$t_2=R_{m2}/v$。所有面元分别在 S_1 和 S_2 引起的光振动为

$$E_1(t) = \sum_m E_{m1}(t) \tag{2.4-19}$$

$$E_2(t) = \sum_m E_{m2}(t) \tag{2.4-20}$$

由此得相应的互强度为

$$J_{12}=\langle E_1(t)E_2^*(t)\rangle=\sum_m\langle E_{m1}(t)E_{m2}^*(t)\rangle+\sum_{m\neq n}\langle E_{m1}(t)E_{n2}^*(t)\rangle \tag{2.4-21}$$

由于不同面元引起的光振动不相干，因此，上式第二项的时间平均值为零，即

$$\langle E_{m1}(t)E_{n2}^*(t)\rangle=0 \tag{2.4-22}$$

因此

$$J_{12}=\sum_m\langle E_{m1}(t)E_{m2}^*(t)\rangle=\sum_m\langle E_m(t-t_1)E_m^*(t-t_2)\rangle \frac{1}{R_{m1}R_{m2}}\exp[ik(R_{m1}-R_{m2})] \tag{2.4—23}$$

令 $t'=t-t_1$，则有 $t'-\tau=t-t_2$，注意 $\tau=t_2-t_1$，则上式改写为

$$J_{12}=\sum_m\langle E_m(t'_1)E_m^*(t'-\tau)\rangle\frac{1}{R_{m1}R_{m2}}\exp[ik(R_{m1}-R_{m2})] \tag{2.4-24}$$

当延迟时间远小于相干时间时

$$J_{12}=\sum_m\langle E_m(t)E_m^*(t)\rangle\frac{1}{R_{m1}R_{m2}}\exp[ik(R_{m1}-R_{m2})] \tag{2.4-25}$$

式中，$\langle E_m(t)E_m^*(t)\rangle$就是第 m 个面元的辐射强度，若取 $I(x,y)$表示光源单位面积上的辐射强度，则有

$$\langle E_m(t)E_m^*(t)\rangle=I(x,y)\Delta S_m \tag{2.4-26}$$

由此得到互强度

$$J_{12}=\sum_m\frac{I(x,y)}{R_{m1}R_{m2}}\exp[ik(R_{m1}-R_{m2})]\Delta S_m \tag{2.4-27}$$

上式写成积分形式为

$$J_{12}=\iint_s\frac{I(x,y)}{R_1R_2}\exp[ik(R_1-R_2)]\mathrm{d}x\mathrm{d}y \tag{2.4-28}$$

2. 近轴条件下空间相干度

对互强度进行归一化，得到空间相干度

$$j_{12}=\frac{1}{\sqrt{I_1I_2}}\iint_s\frac{I(x,y)}{R_1R_2}\exp[ik(R_1-R_2)]\mathrm{d}x\mathrm{d}y \tag{2.4-29}$$

式中，

$$I_1=J_{11}=\iint_s\frac{I(x,y)}{R_1^2}\mathrm{d}x\mathrm{d}y,\quad I_2=J_{22}=\iint_s\frac{I(x,y)}{R_2^2}\mathrm{d}x\mathrm{d}y \tag{2.4-30}$$

利用上式可以将式(2.4-29)改写为

$$j_{12}=\frac{\iint_{-\infty}^{\infty}I(x,y)\exp[ik(R_1-R_2)]\mathrm{d}x\mathrm{d}y}{\iint_{-\infty}^{\infty}I(x,y)\mathrm{d}x\mathrm{d}y} \tag{2.4-31}$$

可见，如果知道光源单位面积上的辐射强度为 $I(x,y)$，并知道某面积元到两孔间的距离，利用上式就可以计算空间相干度，进一步可以计算干涉条纹的对比度。

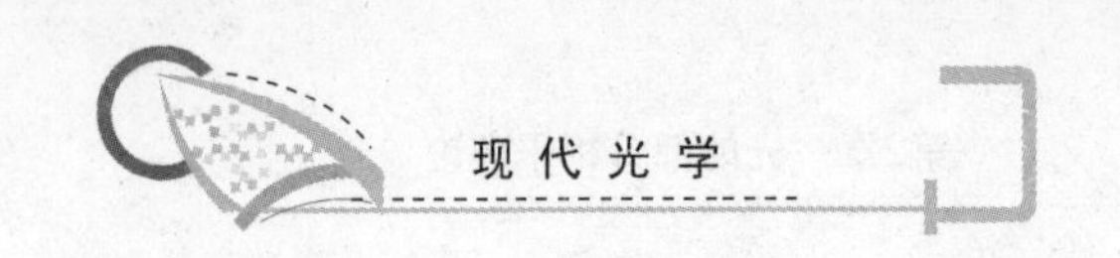

2.5 范西特-泽尼克定理及其应用

处理空间相干问题，归结于求空间相干度，上面的讨论可知，要计算准单色扩展光源光场的互强度和空间相干度并不容易，为了从数值上能具体计算出 j_{12}，需推导出计算公式，范西特-泽尼克定理就是计算空间相干度的一个基本公式。本节要介绍范西特-泽尼克定理，并运用该定理求解。

2.5.1 范西特-泽尼克定理

范西特-泽尼克定理是相干性理论中的一个公式，它研究的是单色扩展光源光场的空间相干性。该定理在 1934 年由范西特(P. H. van Cittert)得出，1938 年泽尼克(Frits Zernike)做出了简略证明。

将式(2.4-28)和式(2.4-31)改写为

$$J_{12}=\iint_s\left[\frac{I(x,y)}{R_2}\exp(-\mathrm{i}kR_2)\right]\frac{\exp(\mathrm{i}kR_1)}{R_1}\mathrm{d}x\mathrm{d}y \tag{2.5-1}$$

$$j_{12}=\frac{1}{\sqrt{I_1I_2}}\iint_s\left[\frac{I(x,y)}{R_2}\exp(-\mathrm{i}kR_2)\right]\frac{\exp(\mathrm{i}kR_1)}{R_1}\mathrm{d}x\mathrm{d}y \tag{2.5-2}$$

以上两积分式的被积分函数的中括号内，相当于一个以 S_2 点为中心且在光源平面处的强度为 $I(x,y)$ 的汇聚球面波，因此，该积分式相当于是光波场在 S_1 点的衍射积分。上两式表明，近轴条件下，准单色扩展光源照明下的光场中两点 S_1 和 S_2 的互强度(空间相干度)等效于以 S_2 点为中心且振幅正比于光源单位面积辐射强度的汇聚球面波，经位于光源平面处并且与光源形状相同的孔径，在 S_1 点产生的归一化衍射光场复振幅分布。

将式(2.4-31)中的 R_1、R_2 写为

$$\begin{aligned}R_1&\approx R+\frac{(x-x_1)^2+(y-y_1)^2}{2R}\\R_2&\approx R+\frac{(x-x_2)^2+(y-y_2)^2}{2R}\end{aligned} \tag{2.5-3}$$

由此得到空间位相差

$$k(R_1-R_2)\approx k\,\frac{(x_1^2-x_2^2)+(y_1^2-y_2^2)}{2R}-\frac{2\pi}{\lambda}\frac{(x_1-x_2)x+(y_1-y_2)y}{2R} \tag{2.5-4}$$

如果令

$$\begin{aligned}\delta_{12}&=k\,\frac{(x_1^2-x_2^2)+(y_1^2-y_2^2)}{2R}\\u&=\frac{x_1-x_2}{\lambda R}\\\upsilon&=\frac{y_1-y_2}{\lambda R}\end{aligned} \tag{2.5-5}$$

则式(2.4-31)就可以改写为

$$j_{12}=\frac{\iint_{-\infty}^{\infty} I(x,y)\exp[-\mathrm{i}2\pi(ux+vy)]\,\mathrm{d}x\mathrm{d}y}{\iint_{-\infty}^{\infty} I(x,y)\,\mathrm{d}x\mathrm{d}y}\exp(\mathrm{i}\delta_{12}) \tag{2.5-6}$$

式(2.5-6)被称为范西特-泽尼克定理。可见，近轴条件下，准单色扩展光源照明下的光场中两点 S_1 和 S_2 的空间相干度，等效于光源平面处光强函数的归一化傅里叶变换。

2.5.2 典型准单色扩展光源的空间相干度

1. 线扩展光源空间相干度

对于光源宽度为 a，单位宽度的辐射强度为 I_0，并沿着 x 轴扩展的准单色线光源，式(2.5-6)的分子可以写为

$$\iint_{-\infty}^{\infty} I(x,y)\exp[-\mathrm{i}2\pi(ux+vy)]\,\mathrm{d}x\mathrm{d}y=I_0\int_{-a/2}^{a/2}\exp(-\mathrm{i}2\pi ux)\,\mathrm{d}x=I_0 a\,\mathrm{sinc}(au) \tag{2.5-7}$$

式(2.5-6)的分母可以写为

$$\iint_{-\infty}^{\infty} I(x,y)\,\mathrm{d}x\mathrm{d}y=\int_{-a/2}^{a/2} I_0\mathrm{d}x=I_0 a \tag{2.5-8}$$

上两式相除并取模值，得到

$$|j_{12}|=\mathrm{sinc}(au) \tag{2.5-9}$$

式中，$au=\Delta xa/\lambda R$，根据上式可以得到宽度为 a 的准单色线扩展光源的空间相干度曲线如图 2-12 所示。

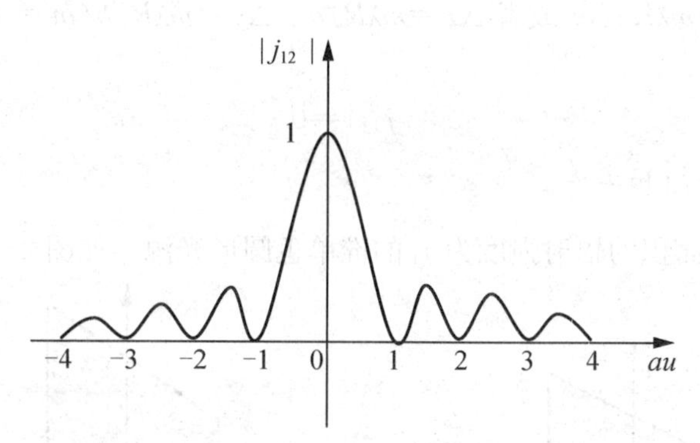

图 2-12 准单色线扩展光源的空间相干度

当 $a=0$，或者 $\Delta x=0$ 有

$$|j_{12}|=1 \tag{2.5-10}$$

式(2.5-10)表明，要使空间相干度为 1，则光源的宽度必须为零，或者 S_1 和 S_2 点距离为无限小。当 $au=m$，($m=\pm1, \pm2, \pm3, \cdots$)，即 $a=m\lambda R/\Delta x$ 或者 $\Delta x=m\lambda R/a$，有

$$|j_{12}|=0 \tag{2.5-11}$$

式(2.5-11)表明，当 $u=m/a$ 时，为不相干。若取 $m=1$，则有 $a_c=\lambda R/\Delta x$，把 a_c 称为

光源的临界宽度。取 $a_p=\lambda R/4\Delta x$，把 a_p 称为光源的允许宽度。$m=1$ 时还可以得到 $\Delta x_c=d_c=\lambda R/a_c$，$\Delta x_c$ 称为相干宽度。表示 S_1 和 S_2 的距离 Δx 不能大于 $\lambda R/a$，否则将完全不相干，光源宽度 a 越小，S_1 和 S_2 点的距离可能大些。$\Delta x/R$ 表示 S_1 和 S_2 两点对光源的张角，λ/a 表示光源的衍射角。由 $\Delta x/R\leqslant\lambda/a$ 可知，为了相干，空间两点对光源的张角必须小于衍射角。

2. 面扩展光源空间相干度

对于光源宽度为 a、b，单位面积的辐射强度为 I_0，并沿着 x 轴和 y 轴扩展的准单色面光源，式(2.5-6)的分子可以写为

$$\begin{aligned}&\iint_{-\infty}^{\infty} I(x,y)\exp[-\mathrm{i}2\pi(ux+vy)]\,\mathrm{d}x\,\mathrm{d}y\\&=I_0\int_{-a/2}^{a/2}\exp(-\mathrm{i}2\pi ux)\,\mathrm{d}x\int_{-b/2}^{b/2}\exp(-\mathrm{i}2\pi vy)\,\mathrm{d}y\\&=I_0ab\,\mathrm{sinc}(au)\,\mathrm{sinc}(bv)\end{aligned}\tag{2.5-12}$$

式(2.5-6)的分母可以写为

$$\iint_{-\infty}^{\infty} I(x,y)\,\mathrm{d}x\,\mathrm{d}y=\int_{-a/2}^{a/2}\int_{-b/2}^{b/2}I_0\,\mathrm{d}x\,\mathrm{d}y=I_0ab\tag{2.5-13}$$

上两式相除并取模值，得到

$$|j_{12}|=\mathrm{sinc}(au)\,\mathrm{sinc}(bv)\tag{2.5-14}$$

式中，$au=\Delta xa/\lambda R$，$bv=\Delta ya/\lambda R$。当 $a=0$，$b=0$ 或者 $\Delta x=0$，$\Delta y=0$，有

$$|j_{12}|=1\tag{2.5-15}$$

当 $a=m\lambda R/\Delta x$、$b=m\lambda R/\Delta y$ 或者 $\Delta x=m\lambda R/a$、$\Delta y=m\lambda R/b$（$m=\pm1$，±2，±3，…）时，有

$$|j_{12}|=0\tag{2.5-16}$$

3. 圆扩展光源空间相干度

半径为 a，单位面积的辐射强度为 I_0 的准单色圆形光源，如图 2-13 所示。

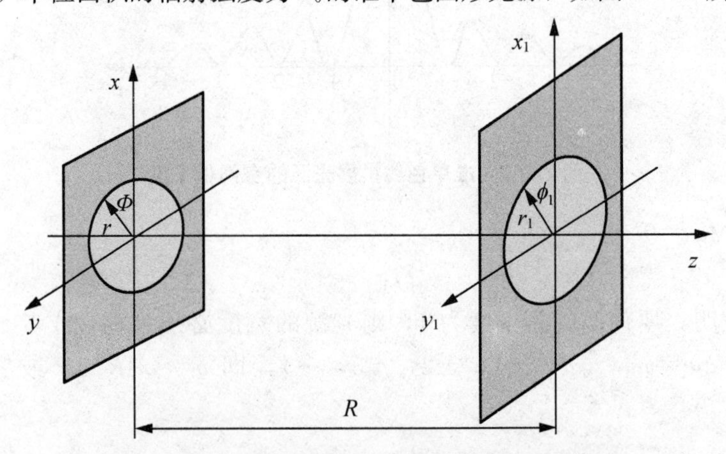

图 2-13　准单色圆形扩展光源的空间相干示意图

为了讨论方便，根据图 2 - 13 所示进行变量代换。在光源平面上有

$$\begin{aligned} x &= r\cos\phi \\ y &= r\sin\phi \end{aligned} \tag{2.5-17}$$

在观察屏平面上有

$$\begin{aligned} x_1 &= r_1\cos\phi_1 \\ y_1 &= r_1\sin\phi_1 \end{aligned} \tag{2.5-18}$$

光源平面上的面积元为

$$\mathrm{d}S = \mathrm{d}x\,\mathrm{d}y = r\,\mathrm{d}r\,\mathrm{d}\phi \tag{2.5-19}$$

如果令

$$\begin{aligned} u &= \frac{x_1}{\lambda R} = \frac{r_1\cos\phi_1}{\lambda R} = \frac{\theta\cos\phi_1}{\lambda} \\ v &= \frac{y_1}{\lambda R} = \frac{r_1\sin\phi_1}{\lambda R} = \frac{\theta\sin\phi_1}{\lambda} \end{aligned} \tag{2.5-20}$$

式(2.5 - 6)的分子可以写为

$$\begin{aligned} &\iint_{-\infty}^{\infty} I(x,y)\exp[-\mathrm{i}2\pi(ux+vy)]\,\mathrm{d}x\,\mathrm{d}y \\ &= I_0\iint_{-\infty}^{\infty}\exp[-\mathrm{i}kr\theta(\cos\phi\cos\phi_1+\sin\phi\sin\phi_1)]\,r\,\mathrm{d}r\,\mathrm{d}\phi \\ &= I_0\int_0^a r\,\mathrm{d}r\int_0^{2\pi}\exp[-\mathrm{i}kr\theta\cos(\phi-\phi_1)]\,\mathrm{d}\phi \end{aligned} \tag{2.5-21}$$

利用贝塞尔函数

$$J_0(z) = \frac{1}{2\pi}\int_0^{2\pi}\exp(-\mathrm{i}z\cos\phi)\,\mathrm{d}\phi \tag{2.5-22}$$

式(2.5 - 21)可以写为

$$\begin{aligned} &\iint_{-\infty}^{\infty} I(x,y)\exp[-\mathrm{i}2\pi(ux+vy)]\,\mathrm{d}x\,\mathrm{d}y \\ &= 2\pi I_0\int_0^a J_0(-kr\theta)\,r\,\mathrm{d}r = 2\pi I_0\int_0^a J_0(kr\theta)\,r\,\mathrm{d}r \\ &= \frac{2\pi I_0}{(k\theta)^2}\int_0^{ka\theta}(kr\theta)J_0(kr\theta)\,\mathrm{d}(kr\theta) \end{aligned} \tag{2.5-23}$$

根据贝塞尔函数的递推关系

$$zJ_0(z) = \frac{\mathrm{d}[zJ_1(z)]}{\mathrm{d}z} \tag{2.5-24}$$

式(2.5 - 23)可以改写为

$$\begin{aligned} &\iint_{-\infty}^{\infty} I(x,y)\exp[-\mathrm{i}2\pi(ux+vy)]\,\mathrm{d}x\,\mathrm{d}y \\ &= \frac{2\pi I_0}{(k\theta)^2}[(kr\theta)J_1(kr\theta)]\Big|_{r=0}^{r=a} \\ &= \frac{\pi a^2 2J_1(ka\theta)I_0}{(ka\theta)} = \pi a^2 I_0\frac{2J_1(z)}{z} \end{aligned} \tag{2.5-25}$$

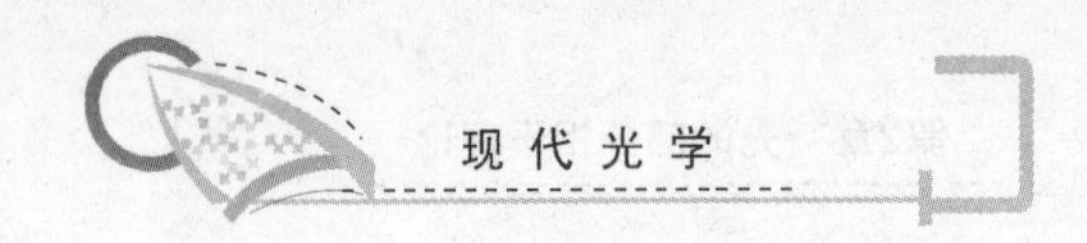

式(2.5-6)的分母可以写为

$$\iint_{-\infty}^{\infty} I(x,y)\,\mathrm{d}x\mathrm{d}y = I_0 \iint_{-\infty}^{\infty} r\mathrm{d}r\mathrm{d}\phi = I_0 \int_0^a r\mathrm{d}r \int_0^{2\pi} \mathrm{d}\phi = \pi a^2 I_0 \tag{2.5-26}$$

式(2.5-25)除以式(2.5-26)并取模值，得

$$|j_{12}| = \frac{2J_1(z)}{z} \tag{2.5-27}$$

一阶贝塞耳函数是一个随 z 变化的函数

$$J_1(z) = \sum_{m=0}^{\infty} (-1)^m \frac{1}{m!\ (m+1)!} \left(\frac{z}{2}\right)^{2m+1} = \frac{z}{2} - \frac{1}{2}\left(\frac{z}{2}\right)^3 + \frac{1}{2!\ 3!}\left(\frac{z}{2}\right)^5 - \cdots \tag{2.5-28}$$

由此

$$\frac{2J_1(z)}{z} = 1 - \frac{1}{2}\left(\frac{z}{2}\right)^2 + \frac{1}{2!\ 3!}\left(\frac{z}{2}\right)^4 - \cdots \tag{2.5-29}$$

可见，当 $z=0$ 时

$$|j_{12}| = \frac{2J_1(z)}{z} = 1 \tag{2.5-30}$$

当 $J_1(z)=0$ 时

$$|j_{12}| = 0 \tag{2.5-31}$$

应当注意的是，第一个 $J_1(z)=0$ 时，对应的 z 由下式决定

$$z = ka\theta = ka\frac{r_1}{R} = 3.833 \tag{2.5-32}$$

因此得到

$$r_1 = 0.61\frac{\lambda}{\beta} \tag{2.5-33}$$

式中，$\beta = a/R$。通过以上讨论可得到准单色圆扩展光源的空间相干度如图 2-14 所示。

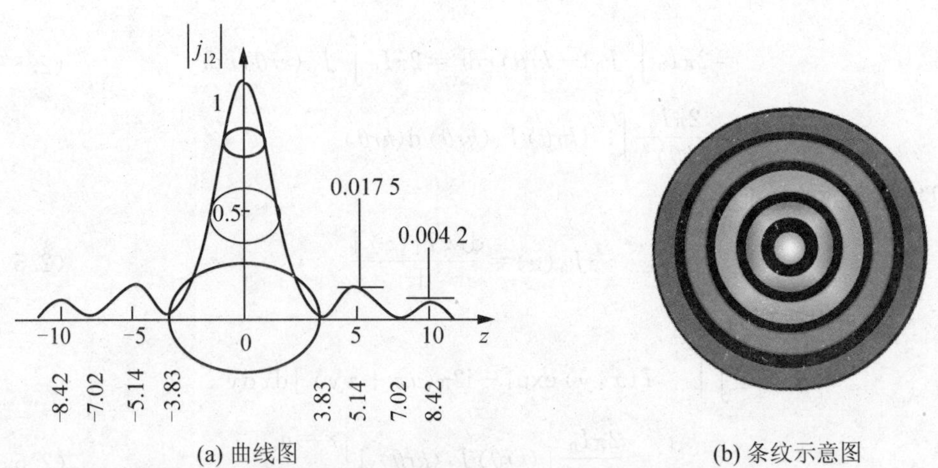

(a) 曲线图　　(b) 条纹示意图

图 2-14　准单色圆扩展光源的空间相干度

2.5.3　干涉条纹的对比度与空间相干度

图 2-15 是准单色线扩展光源照明下的杨氏干涉示意图。

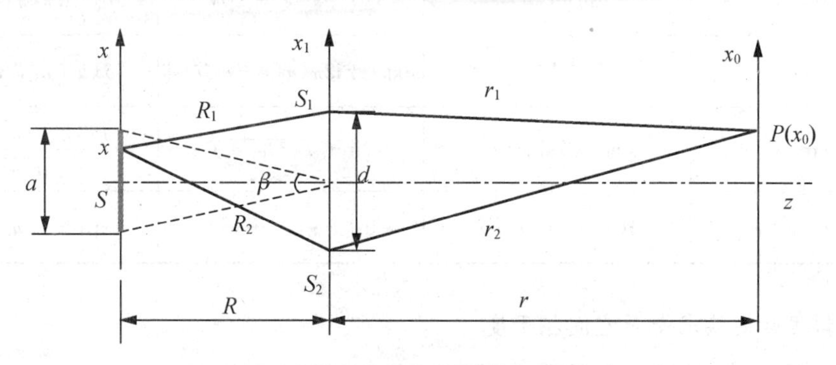

图 2-15　准单色线扩展光源照明下的杨氏干涉

图中，宽度为 a 的线光源可以分解成许多宽度无限小的线元，位于 x 处 $\mathrm{d}x$ 宽度的线元通过 S_1 和 S_2 在 P 点的叠加光强度为

$$\mathrm{d}I_P = 2I_0(1+\cos\delta)\,\mathrm{d}x \tag{2.5-34}$$

近轴条件下，根据图中的几何关系，得到位相差为

$$\delta = \frac{2\pi}{\lambda}[(R_2-R_1)+(r_2-r_1)] \approx \frac{2\pi}{\lambda}\left(\frac{d}{R}x+\frac{d}{r}x_0\right) \tag{2.5-35}$$

式(2.5-34)可以改写为

$$\mathrm{d}I_P = 2I_0\left[1+\cos\left(\frac{2\pi d}{\lambda R}x+\frac{2\pi d}{\lambda r}x_0\right)\right]\mathrm{d}x \tag{2.5-36}$$

线光源在 P 点的总叠加光强度为

$$\begin{aligned} I_P &= \int_{-a/2}^{a/2}\mathrm{d}I_P = 2aI_0\left[1+\frac{\lambda R}{\pi d a}\mathrm{sinc}\left(\frac{\pi d a}{\lambda R}\right)\cos\left(\frac{2\pi d}{\lambda r}x_0\right)\right] \\ &= 2aI_0\left[1+\mathrm{sinc}\left(\frac{da}{\lambda R}\right)\cos\left(\frac{2\pi d}{\lambda r}x_0\right)\right] \end{aligned} \tag{2.5-37}$$

于是，得到干涉条纹的对比度为

$$V = \mathrm{sinc}\left(\frac{da}{\lambda R}\right) \tag{2.5-38}$$

上式与式(2.5-9)比较可知，准单色线扩展光源照明时，干涉条纹的对比度等于空间相干度的模值。

2.5.4　利用傅里叶变换求空间相干度

1. 常用函数的傅里叶变换对

用傅里叶积分来计算空间相干度往往是比较复杂的，用傅里叶变换则比较简单。表 2-1 给出了常用函数的傅里叶变换对。表的左边是空间坐标函数，又称为原函数；右边是对应的傅里叶变换式，又称为谱函数。

表 2-1 常用函数的傅里叶变换对

原函数	谱函数	原函数	谱函数
A	$A\delta(u,v)$	$\delta(x\pm x_0,\ y\pm y_0)$	$\exp[\pm i2\pi(ux_0+vy_0)]$
$A\delta(x,y)$	A	$\exp[\pm i2\pi(u_0x+v_0y)]$	$\delta(u\mp u_0,\ v\mp v_0)$
$\mathrm{rect}(x)\,\mathrm{rect}(y)$	$\mathrm{sinc}(u)\,\mathrm{sinc}(v)$	$\mathrm{circ}(\sqrt{x^2+y^2})$	$\dfrac{J_1(2\pi\sqrt{u^2+v^2})}{\sqrt{u^2+v^2}}$
$\mathrm{sinc}(x)\,\mathrm{sinc}(y)$	$\mathrm{rect}(u)\,\mathrm{rect}(v)$	$\exp[-\pi(x^2+y^2)]$	$\exp[-\pi(u^2+v^2)]$

2. 用傅里叶变换求光源空间相干度

对于宽度为 a 的单色线扩展光源，其强度分布可以表示为

$$I(x)=I_0\,\mathrm{rect}\left(\frac{x}{a}\right)=\begin{cases}I_0 & |x|\leqslant a/2\\ 0 & |x|>a/2\end{cases}\tag{2.5-39}$$

式(2.5-39)代入式(2.5-6)的分子中，得

$$\begin{aligned}&\iint_{-\infty}^{\infty}I(x,y)\exp[-i2\pi(ux+vy)]\,dx\,dy\\&=\int_{-a/2}^{a/2}I_0\,\mathrm{rect}\left(\frac{x}{a}\right)\exp(-i2\pi ux)\,dx=\mathscr{F}\left[I_0\,\mathrm{rect}\left(\frac{x}{a}\right)\right]\\&=I_0a\,\mathrm{sinc}(au)\end{aligned}\tag{2.5-40}$$

式(2.5-39)代入式(2.5-6)的分母中，得

$$\iint_{-\infty}^{\infty}I(x,y)\,dx\,dy=\int_{-a/2}^{a/2}I_0\,dx=I_0a\tag{2.5-41}$$

式(2.5-40)除以式(2.5-41)并取模值，得到

$$|j_{12}|=\mathrm{sinc}(au)\tag{2.5-42}$$

式(2.5-42)与式(2.5-9)相同，可见利用傅里叶积分和傅里叶变换所得的结果是一样的。

对于宽度为 a、b 的单色面扩展光源，其强度分布可以表示为

$$I(x,y)=I_0\,\mathrm{rect}\left(\frac{x}{a}\right)\mathrm{rect}\left(\frac{y}{b}\right)=\begin{cases}I_0 & |x|\leqslant a/2,\ |y|\leqslant b/2\\ 0 & |x|>a/2,\ |y|>b/2\end{cases}\tag{2.5-43}$$

式(2.5-43)代入式(2.5-6)的分子中，得

$$\begin{aligned}&\iint_{-\infty}^{\infty}I(x,y)\exp[-i2\pi(ux+vy)]\,dx\,dy\\&=\int_{-a/2}^{a/2}\int_{-b/2}^{b/2}I_0\,\mathrm{rect}\left(\frac{x}{a}\right)\mathrm{rect}\left(\frac{y}{b}\right)\exp[-i2\pi(ux+vy)]\,dx\,dy\\&=\mathscr{F}\left[I_0\,\mathrm{rect}\left(\frac{x}{a}\right)\mathrm{rect}\left(\frac{y}{b}\right)\right]=I_0ab\,\mathrm{sinc}(au)\,\mathrm{sinc}(bv)\end{aligned}\tag{2.5-44}$$

式(2.5-43)代入式(2.5-6)的分母中得

$$\iint_{-\infty}^{\infty}I(x,y)\,dx\,dy=\int_{-a/2}^{a/2}\int_{-b/2}^{b/2}I_0\,\mathrm{rect}\left(\frac{x}{a}\right)\mathrm{rect}\left(\frac{y}{b}\right)dx\,dy=I_0ab\tag{2.5-45}$$

式(2.5-44)除以式(2.5-45)并取模值，得到

$$|j_{12}|=\operatorname{sinc}(au)\operatorname{sinc}(bv) \tag{2.5-46}$$

可见，式(2.5-46)与式(2.5-14)相同。

对于半径为 a 的单色圆扩展光源，其强度分布可以表示为

$$I(x,y)=I_0\operatorname{circ}\left(\frac{\sqrt{x^2+y^2}}{a}\right)=\begin{cases}I_0 & \sqrt{x^2+y^2}\leqslant a\\ 0 & \sqrt{x^2+y^2}>a\end{cases} \tag{2.5-47}$$

式(2.5-47)代入式(2.5-6)的分子中，得

$$\begin{aligned}&\iint_{-\infty}^{\infty} I(x,y)\exp[-\mathrm{i}2\pi(ux+vy)]\,\mathrm{d}x\,\mathrm{d}y\\ &=\iint_{-\infty}^{\infty} I_0\operatorname{circ}\left(\frac{\sqrt{x^2+y^2}}{a}\right)\exp[-\mathrm{i}2\pi(ux+vy)]\,\mathrm{d}x\,\mathrm{d}y\\ &=\mathscr{F}\left[I_0\operatorname{circ}\left(\frac{\sqrt{x^2+y^2}}{a}\right)\right]=aJ_1(2\pi aw)/w\end{aligned} \tag{2.5-48}$$

式中，$w=\sqrt{u^2+v^2}$，上式可以进一步写为

$$\begin{aligned}&\iint_{-\infty}^{\infty} I(x,y)\exp[-\mathrm{i}2\pi(ux+vy)]\,\mathrm{d}x\,\mathrm{d}y\\ &=2\pi aI_0aJ_1(2\pi aw)/2\pi aw=I_0\pi a^2 2J_1(z)/z\end{aligned} \tag{2.5-49}$$

式(2.5-47)代入式(2.5-6)的分母中，得

$$\iint_{-\infty}^{\infty} I(x,y)\,\mathrm{d}x\,\mathrm{d}y=\int_{-a/2}^{a/2}\int_{-a/2}^{a/2} I_0\operatorname{circ}\left(\frac{\sqrt{x^2+y^2}}{a}\right)\mathrm{d}x\,\mathrm{d}y=I_0\pi a^2 \tag{2.5-50}$$

式(2.5-49)除以式(2.5-50)并取模值，得到

$$|j_{12}|=2J_1(z)/z \tag{2.5-51}$$

可见，式(2.5-51)与式(2.5-27)相同。

应用实例

应用实例2-1： 有一个均匀狭长的光源，其宽度为 a，并且单位长度上的光强为 I_0，(1)利用范西德-泽尼克定理求此狭长光源的空间相干度；(2)为了使空间相干度接近于1，应当在哪些方面采取措施？

解：(1)设光源宽度沿着 x 轴方向，光源长度沿着 y 轴方向，根据题意有

$$I(x)=I_0\operatorname{rect}(x/a)$$

由范西德-泽尼克定理得到空间相干度

$$\mu_{12}=\frac{\int_x I(x)\exp(-\mathrm{i}2\pi ux)\,\mathrm{d}x}{\int_x I(x)\,\mathrm{d}x}$$

$$\text{分母}=\int_x I(x)\,\mathrm{d}x=\int_{-a/2}^{a/2} I_0\operatorname{rect}(x/a)\,\mathrm{d}x=I_0a$$

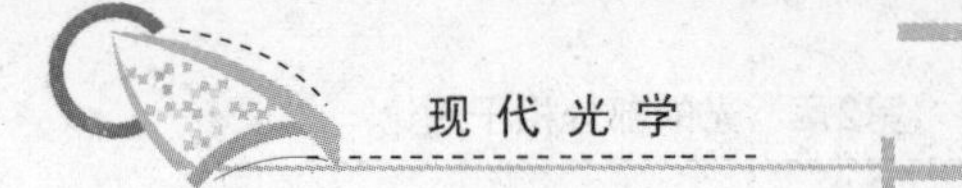

$$分子=\int_x I(x)\exp(-\mathrm{i}2\pi ux)\,\mathrm{d}x=\int_{-a/2}^{a/2} I_0\,\mathrm{rect}(x/a)\exp(-\mathrm{i}2\pi ux)\,\mathrm{d}x=I_0 a\,\mathrm{sinc}(au)$$

因此得到相干度

$$|\mu_{12}|=\mathrm{sinc}(au)$$

(2) 为了使空间相干度接近于1，应当使 a 或 u 等于零。

应用实例 2-2：已知激光器的功率谱为 $\delta(\nu-\nu_0)$，求其时间相干度。

解：时间相干度可以表示为

$$\gamma_{12}(\tau)=\frac{\int_{-\infty}^{\infty} j(\nu)\exp(-\mathrm{i}2\pi\nu\tau)\,\mathrm{d}\nu}{\int_{-\infty}^{\infty} j(\nu)\,\mathrm{d}\nu}$$

而根据题意知

$$j(\nu)=\delta(\nu-\nu_0)$$

因此得到

$$\int_{-\infty}^{\infty} j(\nu)\exp(-\mathrm{i}2\pi\nu\tau)\,\mathrm{d}\nu=\int_{-\infty}^{\infty}\delta(\nu-\nu_0)\exp(-\mathrm{i}2\pi\nu\tau)\,\mathrm{d}\nu$$

$$=\exp(-\mathrm{i}2\pi\nu_0\tau)\int_{-\infty}^{\infty}\delta(\nu-\nu_0)\exp[-\mathrm{i}2\pi(\nu-\nu_0)]\tau\,\mathrm{d}\nu=\exp(-\mathrm{i}4\pi\nu_0\tau)$$

以及

$$\int_{-\infty}^{\infty} j(\nu)\,\mathrm{d}\nu=\int_{-\infty}^{\infty}\delta(\nu-\nu_0)\,\mathrm{d}\nu=1$$

因此得到

$$\gamma_{12}(\tau)=\exp(-\mathrm{i}4\pi\nu_0\tau)\Rightarrow|\gamma_{12}(\tau)|=1$$

也就是说，该激光器的时间相干度为1。

应用实例 2-3：在杨氏干涉实验中，波长为632.8nm的激光正入射到间距为0.2mm的双缝上，求距缝1m处观察屏上所形成的干涉条纹间距。

解：干涉条纹间距

$$e=\frac{D\lambda}{d}=\frac{1\,000\times 633\times 10^{-6}}{0.2}=3.165\mathrm{mm}$$

式中，D 为双缝所在光屏与观察屏之间的距离，d 为双缝的间距。

小　结

在光的部分相干理论这一章里，主要讨论了干涉理论基础、非单色扩展光源产生的干涉、光波的时间相干性、光波的空间相干性和范西特-泽尼克定理等内容。在干涉理论基础方面要重点学习和掌握的是产生干涉的条件、实现干涉的基本方法、干涉场强度的技术以及影响干涉条纹对比度的因素。在非单色扩展光源产生的干涉方面，要重点学习和掌握互相干函数、自相干函数和复相干度概念。在光波的时间相干性方面，要重点学习和掌握时间相干装置、准单色光场时间相干度的具体形式、利用傅里叶变换方法求解时间相干

度。在光波的空间相干性方面，要重点学习和掌握光波场的互强度和空间相干度的概念、光波场的总复相干度和近轴条件下的互强度和空间相干度的计算。在范西特-泽尼克定理方面，要重点学习和掌握典型准单色扩展光源的空间相干度的求解方法、干涉条纹的对比度与空间相干度的关系，并学会利用傅里叶变换求空间相干度。

习题与思考题

2.1 根据干涉条纹对比度的条件(对应于光源中心点和边缘点，观察点的光程差之差必须小于$\lambda/4$)，证明在楔板表面观察到的等厚干涉，光源的许可角宽度为$\theta_P=\sqrt{n\lambda/d}/n'$，式中$d$是观察点处楔板的厚度，$n$和$n'$表示楔板和楔板外的折射率。

2.2 当反射率分别为$R=0.8$、0.9、0.98时，求F-P标准具条纹的精细度系数，条纹的位相差半宽度和条纹的精细度。

2.3 F-P标准具的间隔$h=2$mm，折射率$n=1.5$，两镜面的反射率$R=0.98$，所使用的单色光波长$\lambda=632.8$nm。求：(1)标准具所能测量的最大波长差和最小波长差；(2)条纹系中心的干涉级数；(3)第5个亮环和第5个暗环的干涉级数；(4)若聚焦透镜的焦距$f=50$cm，求第5个亮环的半径。

2.4 F-P干涉仪两反射镜的反射率为0.9，试求它的最大和最小透射率。若干涉仪镜面的反射率为0.05，则最大和最小透射率又是多少？当干涉仪用折射率$n=1.5$的玻璃平板代替时，最大和最小透过率各为多少？

2.5 F-P标准具的间隔为2.5mm，问对于$\lambda=500$nm的光波，中心条纹的干涉级数是多少？如果照明光波包含波长500nm和稍小于500nm的两种光波，它们的干涉环条纹间距为1/100条纹间距，问未知光波的波长是多少？

2.6 已知Nd：YAG激光工作物质荧光谱中心波长为1.064μm，荧光线宽为3nm。求：(1)若谐振腔长为0.5m，能产生的振荡纵模数为多少？(2)用F-P标准具选模，若只允许一个纵模存在，F-P标准具的厚度应取多少？

2.7 在折射率$n_g=1.52$的光学玻璃基片上镀上一层硫化锌薄膜($n=2.38$)，入射光波长$\lambda=0.53\mu$m，求正入射时对应最大和最小反射率的膜厚及反射率。

2.8 在折射率$n_g=1.6$的玻璃基片上镀一单层增透膜，膜材料为MgF_2($n=1.38$)，控制膜厚使得在正入射条件下对于$\lambda_0=0.5\mu$m的光给出最小反射率，试求这个单层膜在下列条件下的反射率：(1)波长$\lambda_0=0.5\mu$m，入射角$\theta_0=0°$；(2)波长$\lambda_0=0.6\mu$m，入射角$\theta_0=0°$；(3)波长$\lambda_0=0.5\mu$m，入射角$\theta_0=30°$；(4)波长$\lambda_0=0.6\mu$m，入射角$\theta_0=30°$。

2.9 有一干涉滤光片，其间隔层的厚度为2×10^{-4}mm，$n=1.52$。试求：(1)正入射情况下滤光片在可见光区的中心波长；(2)$R=0.9$时透射带的波长半宽度；(3)入射角分别为30°和45°时的透射光波长。

第3章

光的标量衍射理论

通过物理光学的学习我们已经知道，光的衍射是指光波在传播过程中遇到障碍物时，所发生的偏离直线传播的现象，即光可以绕过障碍物，传播到障碍物的几何阴影区中，并在障碍物后的观察屏上呈现出光强的不均匀分布。

本章将在惠更斯-菲涅耳衍射理论的基础上，讨论基尔霍夫(Kirchhoff)标量衍射理论，以及通过近似得到菲涅耳衍射和夫琅和费衍射，并用傅里叶变换的方法来处理夫琅和费衍射。

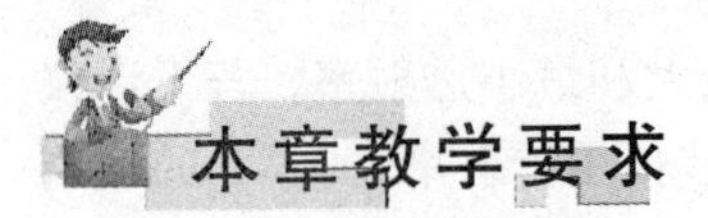

本章教学要求

- 掌握惠更斯-菲涅耳原理
- 掌握基尔霍夫衍射理论
- 掌握照明函数和孔径函数的具体表达形式
- 掌握利用傅里叶变换处理夫琅和费衍射
- 掌握平面透射光栅衍射
- 掌握闪耀光栅衍射
- 了解阶梯光栅衍射
- 了解正弦光栅衍射
- 了解三维孔径的衍射

当光波在传输过程当中遇障碍物时，会绕到障碍物后面，这种现象被称为光的衍射。光的衍射理论主要有惠更斯-菲涅耳理论和基尔霍夫理论。惠更斯-菲涅耳理论认为：波前上的每一点都可以看成是次波的波源，波前外任一点的光振动都是所有次波相干叠加的结果。基尔霍夫理论认为：封闭曲面内的任一点的光振动可以用曲面上的场及其导数表示。光的衍射通常分为菲涅耳衍射和夫琅和费衍射。菲涅耳衍射是光源和观察屏距离衍射屏都为有限距离的衍射；夫琅和费衍射是光源和观察屏距离衍射屏都相当于无限远处的衍射，因此，夫琅和费衍射一般利用平面波入射，并在透镜的焦平面上形成衍射图样分布，这使得夫琅和费衍射

图样在条纹的强度和清晰程度等方面都强于菲涅耳衍射图样，这也使得夫琅和费衍射在物质光谱分析和研究当中有着更广泛的应用。下图为夫琅和费衍射的示意图。

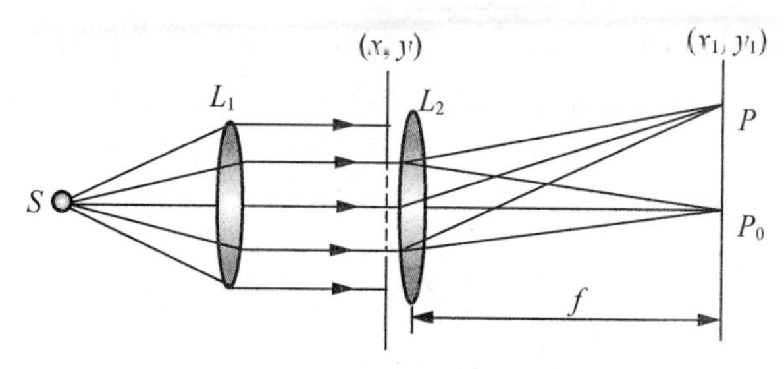

由于衍射图样与入射光的波长、入射角度、衍射孔径的形状和尺寸等因素有关，因此，在实际当中，根据衍射图样的变化，可以测量入射光波的波长；可以判断衍射孔径的形状；可以测量衍射孔径的尺寸。本章将在讲述光的衍射基本理论之后，重点讨论利用傅里叶变换来计算光通过衍射孔径以后的光振动分布，同时讲解在实际当中应用最多的各种光栅的衍射原理。

3.1　光的波动理论解释衍射

建立在光的直线传播定律基础上的几何光学无法解释光的衍射，这种现象的解释要依靠光的波动理论。历史上最早成功地运用波动理论来解释衍射现象的是菲涅耳(A. J. Fresnel)。他把惠更斯(C. Huygens)在17世纪提出惠更斯原理用干涉理论加以补充，发展成为惠更斯-菲涅耳原理，从而相当完善地解释了衍射现象。本节将介绍惠更斯原理和惠更斯-菲涅耳原理。

3.1.1　惠更斯原理

为了说明光波在空间各点逐步传播的机理，惠更斯提出了一种假设：认为波前上的每一点都可以看成是一个次波扰动中心，发出子波，在后一个时刻这些子波的包络面就是新的波前，如图3-1所示。利用惠更斯原理可以说明衍射现象的存在，但不能确定光波通过衍射屏后沿不同方向传播的振幅，因而也就无法确定衍射图样中的光强分布。

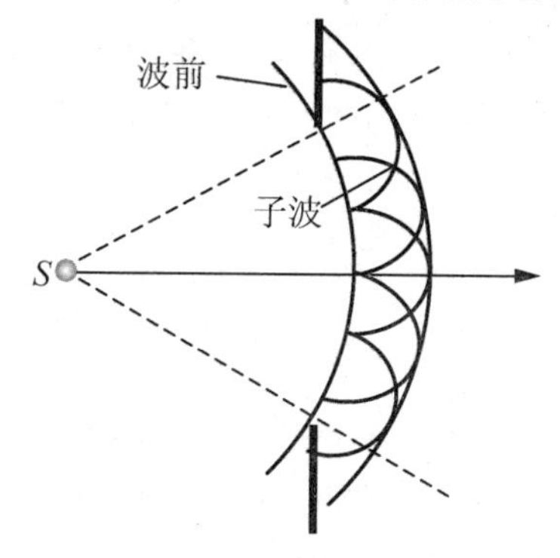

图3-1　惠更斯原理

3.1.2 惠更斯-菲涅耳原理

菲涅耳在研究了光的干涉现象以后，考虑到惠更斯子波来自同一光源，它们应该是相干的，因而波阵面外任一点的光振动应该是波阵面上所有子波相干叠加的结果。这就是惠更斯-菲涅耳原理。惠更斯-菲涅耳原理是研究衍射问题的理论基础，为了便于理解和掌握，下面做一些定量分析。

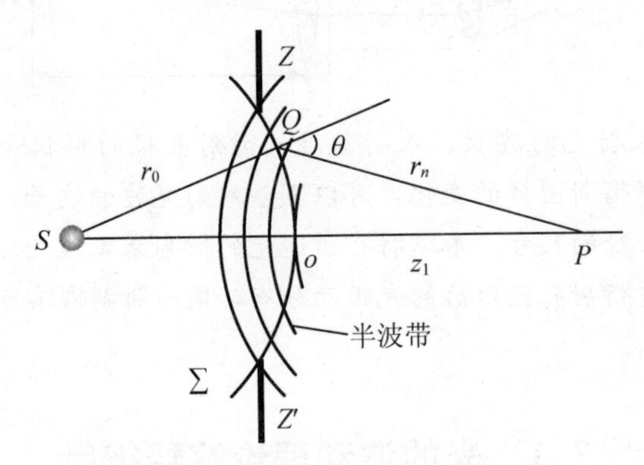

图 3-2 点光源 S 对 P 点的光作用

考察单色点光源 S 对于空间任意一点 P 的作用，如图 3-2 所示。因为 S 和 P 之间并无任何遮挡物，因此，可以选取 S 和 P 之间的任意一个波前Σ，并以波前上各点发出的子波在 P 点相干叠加的结果代替 S 对 P 的作用。单色点光源在波阵面Σ上任意一点 Q 产生的复振幅为

$$\widetilde{E}_Q=\frac{\boldsymbol{E}_0}{r_0}\exp(\mathrm{i}kr_0) \tag{3.1-1}$$

式中，$\boldsymbol{E}_0$ 是离点光源单位距离处的振幅，r_0 是波前Σ的半径。在 Q 点处取波前面元 $\mathrm{d}S$，则按照菲涅耳的假设，面元 $\mathrm{d}S$ 发出的子波在 P 点产生的复振幅与入射波在面元上的复振幅 $\widetilde{E}_Q$、面元大小和倾斜因子 $K(\theta)$ 成正比；$K(\theta)$ 表示子波的振幅随面元法线与 QP 的夹角而变化(θ 称为衍射角)。因此，面元 $\mathrm{d}S$ 在 P 点产生的复振幅可以表示为

$$\mathrm{d}\widetilde{E}_P=CK(\theta)\frac{\boldsymbol{E}_0\exp(\mathrm{i}kr_0)}{r_0}\frac{\exp(\mathrm{i}kr)}{r}\mathrm{d}S \tag{3.1-2}$$

式中，C 是比例系数；r 是 QP 之间的距离。菲涅耳还假设，当 $\theta=0$ 时，倾斜因子 $K(\theta)$ 有最大值，随着 θ 的增大，$K(\theta)$ 迅速减小，当 $\theta\geqslant\pi/2$ 时，$K(\theta)=0$。因此，在图 3-2 中，只有 ZZ' 范围内的波面上的面元发出的子波对 P 点产生作用，所以 P 点光场复振幅为

$$\widetilde{E}_P=C\frac{\boldsymbol{E}_0\exp(\mathrm{i}kr_0)}{r_0}\iint_{\Sigma}K(\theta)\frac{\exp(\mathrm{i}kr)}{r}\mathrm{d}S \tag{3.1-3}$$

式(3.1-3)就是惠更斯-菲涅耳原理的数学表达式，称为惠更斯-菲涅耳公式。原则上利用式(3.1-3)可以计算任意形状孔径或屏障的衍射问题，但应当注意的是，只有在孔径范围内的波面Σ对 P 点起作用。这部分波面的各面元发出的子波在 P 点的干涉将决定 P 点的

振幅和强度，因此，只要完成对波面Σ的积分便可以求出 P 点的振幅和强度。但是，对于形状复杂的衍射屏，这个积分计算起来相当困难，并很难得到精确的解。利用式(3.1-1)可以将式(3.1-3)改写为

$$\widetilde{E}_P = C\widetilde{E}_Q \iint_{\Sigma} K(\theta)\frac{\exp(\mathrm{i}kr)}{r}\mathrm{d}S \tag{3.1-4}$$

实际上，上式的积分面可以选取波面，也可以选取 S 和 P 之间的任何一个曲面或平面，这时曲面或平面上各点的振幅和位相是不同的。设所选取的曲面或平面上各点的复振幅分布为 $\widetilde{E}(Q)$，则这一曲面或平面上各点发出的子波在 P 点产生的复振幅就可以表示为

$$\widetilde{E}_P = C\iint_{\Sigma} \widetilde{E}(Q) K(\theta)\frac{\exp(\mathrm{i}kr)}{r}\mathrm{d}S \tag{3.1-5}$$

式(3.1-5)可以看成是惠更斯-菲涅耳原理的推广。

应当注意的是，惠更斯-菲涅耳公式当中的倾斜因子是引入的，并未给出其具体的表达形式，因此，利用惠更斯-菲涅耳原理不可能确切地得到观察屏上的复振幅分布，从理论上讲，惠更斯-菲涅耳原理是不完善的。

3.2　基尔霍夫衍射理论

基尔霍夫从微分波动方程出发，利用场论中的格林(Green)定理，给出了惠更斯-菲涅耳原理较完善的数学表达式，将空间 P 点的光场与其周围任一封闭曲面上的各点光场建立起了联系，得到了菲涅耳公式没有确定的倾斜因子的具体表达形式，建立起了光的衍射理论。基尔霍夫理论只适用于标量波的衍射，因此，又称为标量衍射理论。本节将推导亥姆霍兹-基尔霍夫积分定理和菲涅耳-基尔霍夫衍射公式，并对基尔霍夫衍射公式进行讨论。

3.2.1　亥姆霍兹-基尔霍夫积分定理

假设有一个单色平面波通过闭合曲面Σ传播，如图 3-3 所示。在 t 时刻、空间 P 点处的光电场为

$$E(P, t) = \widetilde{E}(P)\exp(-\mathrm{i}\omega t) \tag{3.2-1}$$

若 P 是无源点，该光场满足如下标量波动方程：

$$\nabla^2 E - \frac{1}{c^2}\frac{\partial^2 E}{\partial t^2} = 0 \tag{3.2-2}$$

将式(3.2-1)代入上式，可以得到

$$\nabla^2 \widetilde{E}(P) + k^2 \widetilde{E}(P) = 0 \tag{3.2-3}$$

式(3.2-3)即为亥姆霍兹(Helmholtz)方程，它是场随时间变化的方程。

假设有另一个任意复函数 $\widetilde{G}$ 也满足亥姆霍兹方程：

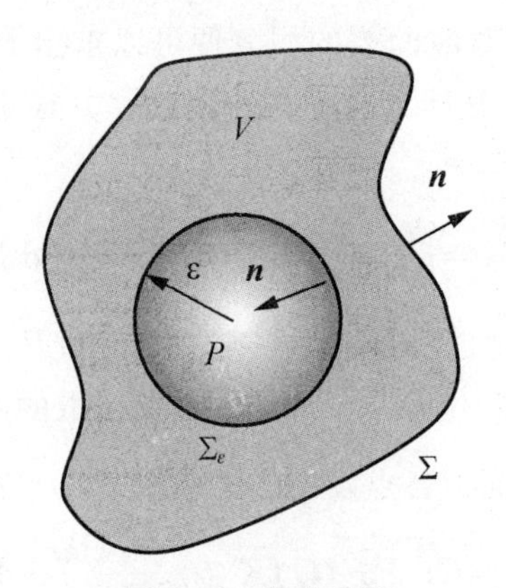

图 3-3　积分曲面

$$\nabla^2\widetilde{G}+k^2\widetilde{G}=0 \tag{3.2-4}$$

并且$\widetilde{G}$和$\widetilde{E}$一样，在Σ面内和Σ面上有连续的一、二阶偏微商。从衍射的物理意义上去理解，可以把$\widetilde{E}$看成是光波从曲面外传播到曲面内，在曲面内部和曲面上形成的光振动分布函数；而$\widetilde{G}$可以看成是曲面内任意观察点向外发出的光在曲面内部和曲面上形成的光振动分布函数。$\widetilde{G}$并不代表实际光源，可以认为是外来光射到观察点后又传出的光波。则由格林定理可以得到

$$\iiint_V (\widetilde{G}\,\nabla^2\widetilde{E}-\widetilde{E}\,\nabla^2\widetilde{G})\,\mathrm{d}V=\iint_\Sigma\left(\widetilde{G}\,\frac{\partial\widetilde{E}}{\partial n}-\widetilde{E}\,\frac{\partial\widetilde{G}}{\partial n}\right)\mathrm{d}S \tag{3.2-5}$$

式中，V是Σ面包围的体积，$\partial/\partial n$表示在Σ上每一点沿向外法线方向的偏微商。由式(3.2-3)和式(3.2-4)可知，式(3.2-5)左边的被积函数在V内处处为零，因此

$$\iint_\Sigma\left(\widetilde{G}\,\frac{\partial\widetilde{E}}{\partial n}-\widetilde{E}\,\frac{\partial\widetilde{G}}{\partial n}\right)\mathrm{d}S=0 \tag{3.2-6}$$

根据$\widetilde{G}$所满足的条件，可以选取$\widetilde{G}$为球面波的波函数：

$$\widetilde{G}=\frac{\exp(ikr)}{r} \tag{3.2-7}$$

其中，r表示Σ内考察点P与任一点Q之间的距离。由于$\widetilde{G}$在$r=0$时有一个奇异点，因此，必须从积分域中将P点除去。为此，以P为圆心作一个半径为ε的小球，并取积分面为复合曲面$\Sigma+\Sigma_\varepsilon$。这样，式(3.2-6)应改为

$$\iint_{\Sigma+\Sigma_\varepsilon}\left(\widetilde{G}\,\frac{\partial\widetilde{E}}{\partial n}-\widetilde{E}\,\frac{\partial\widetilde{G}}{\partial n}\right)\mathrm{d}S=0 \tag{3.2-8}$$

或者

$$\iint_\Sigma\left(\widetilde{G}\,\frac{\partial\widetilde{E}}{\partial n}-\widetilde{E}\,\frac{\partial\widetilde{G}}{\partial n}\right)\mathrm{d}S=-\iint_{\Sigma_\varepsilon}\left(\widetilde{G}\,\frac{\partial\widetilde{E}}{\partial n}-\widetilde{E}\,\frac{\partial\widetilde{G}}{\partial n}\right)\mathrm{d}S \tag{3.2-9}$$

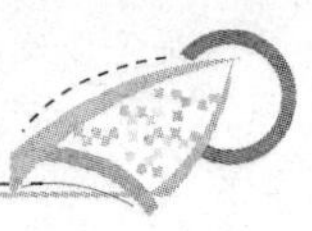

由式(3.2-7)可得

$$\frac{\partial \widetilde{G}}{\partial n}=\frac{\partial \widetilde{G}}{\partial r}\frac{\partial r}{\partial n}=\left(\mathrm{i}k-\frac{1}{r}\right)\frac{\exp(\mathrm{i}kr)}{r}\cos(\boldsymbol{n},\ \boldsymbol{r}) \tag{3.2-10}$$

式中，$\cos(\boldsymbol{n},\ \boldsymbol{r})$表示积分面外法线$\boldsymbol{n}$与从$P$到积分面上$Q$的矢量$\boldsymbol{r}$之间的夹角余弦。对于$\sum_\varepsilon$上的$Q$点，$\cos(\boldsymbol{n},\ \boldsymbol{r})=-1$，$\widetilde{G}=\frac{\exp(\mathrm{i}k\varepsilon)}{\varepsilon}$，因此

$$\frac{\partial \widetilde{G}}{\partial n}=\left(\frac{1}{\varepsilon}-\mathrm{i}k\right)\frac{\exp(\mathrm{i}k\varepsilon)}{\varepsilon} \tag{3.2-11}$$

设ε为无穷小量，由于已经假定函数$\widetilde{E}$及其偏微商在P点连续，因此，可得

$$\iint\limits_{\sum_\varepsilon}\left(\widetilde{G}\frac{\partial \widetilde{E}}{\partial n}-\widetilde{E}\frac{\partial \widetilde{G}}{\partial n}\right)\mathrm{d}S=4\pi\varepsilon^2\left[\frac{\exp(\mathrm{i}k\varepsilon)}{\varepsilon}\frac{\partial \widetilde{E}}{\partial n}-\widetilde{E}\left(\frac{1}{\varepsilon}-\mathrm{i}k\right)\frac{\exp(\mathrm{i}k\varepsilon)}{\varepsilon}\right]_{\varepsilon\to 0}=-4\pi\widetilde{E}(P) \tag{3.2-12}$$

因此，式(3.2-9)可以写为

$$\iint\limits_{\sum}\left(\widetilde{G}\frac{\partial \widetilde{E}}{\partial n}-\widetilde{E}\frac{\partial \widetilde{G}}{\partial n}\right)\mathrm{d}S=4\pi\widetilde{E}(P) \tag{3.2-13}$$

或者写为

$$\widetilde{E}(P)=\frac{1}{4\pi}\iint\limits_{\sum}\left(\widetilde{G}\frac{\partial \widetilde{E}}{\partial n}-\widetilde{E}\frac{\partial \widetilde{G}}{\partial n}\right)\mathrm{d}S=\frac{1}{4\pi}\iint\limits_{\sum}\left\{\frac{\partial \widetilde{E}}{\partial n}\left[\frac{\exp(\mathrm{i}kr)}{r}\right]-\widetilde{E}\frac{\partial}{\partial n}\left[\frac{\exp(\mathrm{i}kr)}{r}\right]\right\}\mathrm{d}S \tag{3.2-14}$$

式(3.2-14)就是亥姆霍兹-基尔霍夫积分定理。它表明，封闭曲面$\sum$内的任意一点P的电磁场值$\widetilde{E}(P)$可以用曲面上的场值$\widetilde{E}$及$\partial\widetilde{E}/\partial n$表示出来，因而它也可以看作惠更斯-菲涅耳原理的一种数学表示。因此，曲面上每一点可以看成是一个次级光源，发出子波，而曲面内空间各点的场值取决于这些子波的叠加。

3.2.2　菲涅耳-基尔霍夫衍射公式

下面介绍把亥姆霍兹-基尔霍夫积分定理应用到小孔衍射的情况。如图3-4所示，设有一个无限大的遮光屏$\sum_1$，其上开一个小孔$\sum$，用点光源S照明，并设$\sum$的宽度d满足：$\lambda<d\ll\min(r_0,r)$，$\min(r_0,r)$表示r_0、r中较小的一个。

为应用亥姆霍兹-基尔霍夫积分定理求小孔衍射后任意一点P的光场分布，需要选取一个包围P点的闭合曲面，为此，以P点为圆心，以R为半径做一个大的球面$\sum_2$，这样，孔径$\sum$，遮光屏的部分背面$\sum_1$和部分球面$\sum_2$就形成了一个闭合曲面。因此，P点的光场复振幅可以表示为

$$\widetilde{E}(P)=\frac{1}{4\pi}\iint\limits_{\sum+\sum_1+\sum_2}\left\{\frac{\partial \widetilde{E}}{\partial n}\left[\frac{\exp(\mathrm{i}kr)}{r}\right]-\widetilde{E}\frac{\partial}{\partial n}\left[\frac{\exp(\mathrm{i}kr)}{r}\right]\right\}\mathrm{d}S \tag{3.2-15}$$

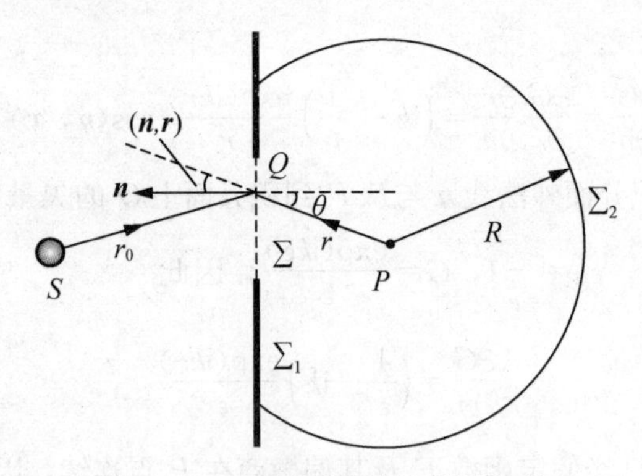

图 3-4　球面波在孔径上Σ的衍射

可见，只要确定这 3 个面上的 $\tilde{E}$ 和 $\partial\tilde{E}/\partial n$，就可以得到小孔衍射后任意一点的光场分布。

(1) 在Σ面上。$\tilde{E}$ 和 $\partial\tilde{E}/\partial n$ 的值由入射波决定，与不存在Σ屏时的值完全一样。因此

$$\begin{aligned}\tilde{E}&=\frac{E_0}{r_0}\exp(\mathrm{i}kr_0)\\ \frac{\partial\tilde{E}}{\partial n}&=\left(\mathrm{i}k-\frac{1}{r_0}\right)\frac{E_0}{r_0}\exp(\mathrm{i}kr_0)\cos(\boldsymbol{n},\ \boldsymbol{r}_0)\end{aligned}\tag{3.2-16}$$

式中，E_0 是离点光源单位距离处的振幅，$\cos(\boldsymbol{n},\ \boldsymbol{r}_0)$表示外法线 $\boldsymbol{n}$ 与从 S 到Σ面上某一点 Q 的矢量$\boldsymbol{r}_0$之间的夹角余弦。

(2) 在Σ_1 面上。

$$\tilde{E}=0$$

$$\partial\tilde{E}/\partial n=0$$

(3) 在Σ_2 面上。只要选取的球面的半径足够大，就可以不考虑球面Σ_2 对 P 点的贡献。因此，在式(3.2-15)中，只需考虑对衍射孔径Σ的积分，即

$$\tilde{E}(P)=\frac{1}{4\pi}\iint_{\Sigma}\left\{\frac{\partial\tilde{E}}{\partial n}\left[\frac{\exp(\mathrm{i}kr)}{r}\right]-\tilde{E}\frac{\partial}{\partial n}\left[\frac{\exp(\mathrm{i}kr)}{r}\right]\right\}\mathrm{d}S\tag{3.2-17}$$

把式(3.2-10)和式(3.2-16)代入上式，并略去微商中的 $1/r$ 和 $1/r_0$ 项，可得

$$\tilde{E}(P)=\frac{E_0}{\mathrm{i}\lambda}\iint_{\Sigma}\frac{\exp(\mathrm{i}kr_0)}{r_0}\frac{\exp(\mathrm{i}kr)}{r}\left[\frac{\cos(\boldsymbol{n},\ \boldsymbol{r})-\cos(\boldsymbol{n},\ \boldsymbol{r}_0)}{2}\right]\mathrm{d}S\tag{3.2-18}$$

此式称为菲涅耳-基尔霍夫衍射公式。它与惠更斯-菲涅耳公式基本相同，事实上，若令

$$\begin{aligned}C&=\frac{1}{\mathrm{i}\lambda}\\ E(Q)&=\frac{E_0\exp(\mathrm{i}kr_0)}{r_0}\\ K(\theta)&=\frac{\cos(\boldsymbol{n},\ \boldsymbol{r})-\cos(\boldsymbol{n},\ \boldsymbol{r}_0)}{2}\end{aligned}\tag{3.2-19}$$

式(3.2－18)就是式(3.1－3)。因此，P 点的场是由孔径Σ上无穷多个子波源产生的，子波源的复振幅与入射波在该点的复振幅 $\widetilde{E}(Q)$ 和倾斜因子 $K(\theta)$ 呈正比，与波长 λ 成反比；因子 $1/i$ 表明，子波源的振动位相超前于入射波 $\pi/2$。基尔霍夫衍射公式给出了倾斜因子 $K(\theta)$ 的具体形式，它表示子波的振幅在各个方向上是不同的，其值介于 0 和 1 之间，可见基尔霍夫衍射公式弥补了菲涅耳理论的不足。如果点光源离开孔径足够远，使入射光可以被看成是垂直入射到孔径上的平面波，那么对孔径上的各点都有 $\cos(\boldsymbol{n},\boldsymbol{r}_0)=-1$，$\cos(\boldsymbol{n},\boldsymbol{r})=\cos\theta$，因而，$K(\theta)=(1+\cos\theta)/2$。当 $\theta=0$ 时，$K(\theta)=1$ 有最大值；当 $\theta=\pi$ 时，$K(\theta)=0$。这一结论说明，菲涅耳关于子波的假设 $K(\pi/2)=0$ 是不正确的。

3.2.3　基尔霍夫衍射公式的近似

由于被积函数的形式比较复杂，因此，利用基尔霍夫衍射公式来计算衍射问题很难得到解析形式的积分结果。所以，有必要根据实际的衍射问题对公式作某些近似处理。

1. 傍轴近似

在一般的光学系统中，对成像起主要作用的是那些与光学系统光轴夹角很小的傍轴光线。对于傍轴光线，图 3－5 所示的衍射孔径Σ的线度和观察屏上的考察范围都远小于孔径到观察屏的距离。

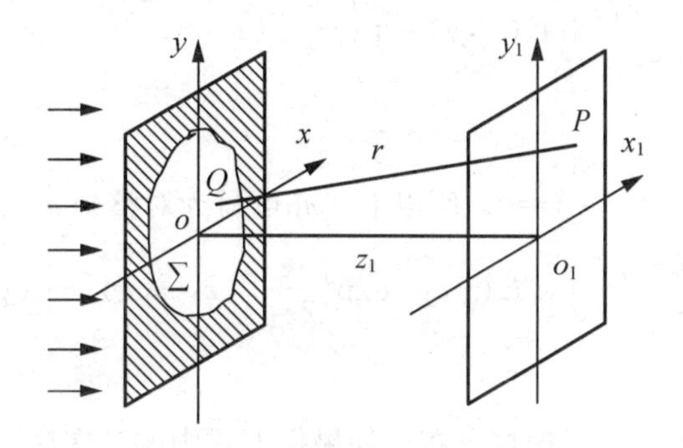

图 3－5　孔径Σ的衍射

因此，可作如下两点近似：①$\cos(\boldsymbol{n},\boldsymbol{r})=\cos\theta\approx 1$，因此，$K(\theta)=1$；②在式(3.2－18)分母中 r 的变化只影响孔径范围内各子波源发出的球面波在 P 点的振幅，这种影响是微不足道的，因此可取 $r\approx z_1$。z_1 是观察屏到衍射屏之间的距离。这样，式(3.2－18)可以写为

$$\widetilde{E}(P)=\frac{1}{\mathrm{i}\lambda z_1}\iint_{\Sigma}\widetilde{E}(Q)\exp(\mathrm{i}kr)\,\mathrm{d}S \tag{3.2-20}$$

2. 菲涅耳近似

式(3.2－20)被积函数中的 r 虽然不可以取作为 z_1，但对具体衍射问题还可以作更精确的近似。为此，在孔径平面和观察平面分别取直角坐标系 $o\text{-}xy$ 和 $o_1\text{-}x_1y_1$，因此 r 可以写成

$$r=\sqrt{z_1^2+(x_1-x)^2+(y_1-y)^2} \tag{3.2-21}$$

式中，(x,y)和(x_1,y_1)分别是孔径平面上任一点Q和观察平面上考察点P的坐标值。对上式作二项式展开，得到

$$r=z_1\left\{1+\frac{1}{2}\left[\frac{(x_1-x)^2+(y_1-y)^2}{z_1^2}\right]-\frac{1}{8}\left[\frac{(x_1-x)^2+(y_1-y)^2}{z_1^2}\right]^2+\cdots\right\} \tag{3.2-22}$$

如果取这一级数的头若干项来近似地表示r，那么近似的精度将取决于项数的多少，还取决于孔径、观察屏上的考察范围和距离z_1的相对大小。显然，z_1越大，就可以用越少的项数来达到足够的近似精度。当z_1大到使得第三项以后各项对位相kr的作用远小于π时，第三项以后各项便可以忽略，此时可只取头两项来表示r，即

$$r=z_1\left\{1+\frac{1}{2}\left[\frac{(x_1-x)^2+(y_1-y)^2}{z_1^2}\right]\right\}=z_1+\frac{x_1^2+y_1^2}{2z_1}-\frac{xx_1+yy_1}{z_1}+\frac{x^2+y^2}{2z_1} \tag{3.2-23}$$

这一近似称为菲涅耳近似。观察屏置于这一近似成立的区域内所观察到的衍射现象称为菲涅耳衍射。可见，菲涅耳衍射是观察屏在距离衍射屏不是太远时所观察的衍射现象。

在菲涅耳近似条件下，P点的光场复振幅为

$$\widetilde{E}(x_1,y_1)=\frac{\exp(\mathrm{i}kz_1)}{\mathrm{i}\lambda z_1}\iint_{\Sigma}\widetilde{E}(x,y)\exp\left\{\frac{\mathrm{i}k}{2z_1}\left[(x_1-x)^2+(y_1-y)^2\right]\right\}\mathrm{d}x\mathrm{d}y \tag{3.2-24}$$

由于在Σ之外，复振幅$\widetilde{E}(x,y)=0$，所以上式亦可写为对整个xy面的积分：

$$\widetilde{E}(x_1,y_1)=\frac{\exp(\mathrm{i}kz_1)}{\mathrm{i}\lambda z_1}\int\int_{-\infty}^{\infty}\widetilde{E}(x,y)\exp\left\{\frac{\mathrm{i}k}{2z_1}\left[(x_1-x)^2+(y_1-y)^2\right]\right\}\mathrm{d}x\mathrm{d}y \tag{3.2-25}$$

式中，$\widetilde{E}(x,y)$是孔径平面的复振幅分布。如果把上式中的二次项展开，则可以得到

$$\begin{aligned}\widetilde{E}(x_1,y_1)=&\frac{\exp(\mathrm{i}kz_1)}{\mathrm{i}\lambda z_1}\exp\left[\frac{\mathrm{i}k}{2z_1}(x_1^2+y_1^2)\right]\iint_{-\infty}^{\infty}\widetilde{E}(x,y)\exp\left[\frac{\mathrm{i}k}{2z_1}(x^2+y^2)\right]\\&\times\exp\left[-\mathrm{i}2\pi\left(\frac{x_1}{\lambda z_1}x+\frac{y_1}{\lambda z_1}y\right)\right]\mathrm{d}x\mathrm{d}y\end{aligned} \tag{3.2-26}$$

如果令$C=\frac{1}{\mathrm{i}\lambda z_1}\exp\left[\mathrm{i}k\left(z_1+\frac{x_1^2+y_1^2}{2z_1}\right)\right]$；$u=\frac{x_1}{\lambda z_1}$；$v=\frac{y_1}{\lambda z_1}$，则式(3.2-26)可写为

$$\widetilde{E}(u,v)=C\int\int_{-\infty}^{\infty}\widetilde{E}(x,y)\exp\left[\frac{\mathrm{i}k}{2z_1}(x^2+y^2)\right]\exp\left[-\mathrm{i}2\pi(ux+vy)\right]\mathrm{d}x\mathrm{d}y \tag{3.2-27}$$

这一式子就是菲涅耳衍射的傅里叶积分表达式，它表明除了积分号前的一个与x、y无关的振幅和位相因子外，菲涅耳衍射的复振幅分布是孔径平面复振幅分布和一个二次位相因

子乘积的傅里叶积分。由于参与变换的二次位相因子与 z_1 有关，因此菲涅耳衍射的场分布也与 z_1 有关，所以菲涅耳衍射区域内，位于不同 z_1 位置的观察屏将接收到不同的衍射图样。式(3.2-27)可以改写为傅里叶变换的形式，即

$$\widetilde{E}(u,v)=C\mathscr{F}\left\{\widetilde{E}(x,y)\exp\left[\frac{\mathrm{i}k}{2z_1}(x^2+y^2)\right]\right\} \tag{3.2-28}$$

式(3.2-28)是菲涅耳衍射的傅里叶变换表达式，菲涅耳衍射的复振幅分布是孔径平面复振幅分布和一个二次位相因子乘积的傅里叶变换。

3. 夫琅和费近似

在菲涅耳近似中，第二项和第四项分别取决于观察屏上考察范围和孔径线度相对于 z_1 的大小；当 z_1 很大，而使得第四项对位相的贡献远小于 π 时，即

$$k\frac{(x^2+y^2)_{\max}}{2z_1}\ll\pi \tag{3.2-29}$$

时，第四项便可以略去。r 可以进一步近似地写成

$$r\approx z_1+\frac{x_1^2+y_1^2}{2z_1}-\frac{xx_1+yy_1}{z_1} \tag{3.2-30}$$

这一近似称为夫琅和费近似。观察屏置于这一近似成立的区域内所观察到的衍射现象称为夫琅和费衍射。可见，夫琅和费衍射是光源和观察屏距离衍射屏都相当于无限远情况的衍射。

在夫琅和费近似条件下，P 点的光场复振幅为

$$\widetilde{E}(x_1,y_1)=\frac{\exp(\mathrm{i}kz_1)}{\mathrm{i}\lambda z_1}\exp\left[\frac{\mathrm{i}k}{2z_1}(x_1^2+y_1^2)\right]\iint_{\Sigma}\widetilde{E}(x,y)\exp\left[-\frac{\mathrm{i}k}{z_1}(xx_1+yy_1)\right]\mathrm{d}x\mathrm{d}y \tag{3.2-31}$$

由于在Σ之外，复振幅 $\widetilde{E}(x,y)=0$，上式亦可写为对整个 xy 面的积分：

$$\widetilde{E}(x_1,y_1)=\frac{\exp(\mathrm{i}kz_1)}{\mathrm{i}\lambda z_1}\exp\left[\frac{\mathrm{i}k}{2z_1}(x_1^2+y_1^2)\right]\iint_{-\infty}^{\infty}\widetilde{E}(x,y)\exp\left[-\mathrm{i}2\pi\left(\frac{x_1}{\lambda z_1}x+\frac{y_1}{\lambda z_1}y\right)\right]\mathrm{d}x\mathrm{d}y \tag{3.2-32}$$

如果令 $C=\frac{1}{\mathrm{i}\lambda z_1}\exp\left[\mathrm{i}k\left(z_1+\frac{x_1^2+y_1^2}{2z_1}\right)\right]$；$u=\frac{x_1}{\lambda z_1}$；$v=\frac{y_1}{\lambda z_1}$，则式(3.2-32)可写为

$$\widetilde{E}(u,v)=C\iint_{-\infty}^{\infty}\widetilde{E}(x,y)\exp[-\mathrm{i}2\pi(ux+vy)]\mathrm{d}x\mathrm{d}y \tag{3.2-33}$$

这一式子就是夫琅和费衍射的傅里叶积分表达式，它表明除了积分号前的一个与 x、y 无关的振幅和位相因子外，夫琅和费衍射的复振幅分布是孔径平面复振幅分布的傅里叶积分。由于夫琅和费衍射的场分布与 z_1 无关，所以夫琅和费衍射区域内，位于不同 z_1 位置的观察屏将接收到相同的衍射图样。式(3.2-33)可以改写为傅里叶变换的形式，即

$$\widetilde{E}(u,v)=C\mathscr{F}[\widetilde{E}(x,y)] \tag{3.2-34}$$

式(3.2-34)是衍射夫琅和费的傅里叶变换表达式，夫琅和费衍射的复振幅分布是孔径平面复振幅分布的傅里叶变换。

3.3 照明函数和孔径函数的具体表达形式

为了求出夫琅和费衍射积分，必须知道衍射屏上的光振动分布的具体表达形式。在衍射屏上的光振动分布由照明光源和衍射孔径的性质决定，可以写成

$$\tilde{E}(x,y)=e(x,y)t(x,y) \tag{3.3-1}$$

其中，$e(x,y)$称为照明函数(illuminating function)，$t(x,y)$称为孔径函数(aperture function)。本节将介绍常用照明函数和孔径函数的具体表达形式。

3.3.1 照明函数的具体表达形式

1. *单色平面波垂直照射衍射屏*

当振幅为$\boldsymbol{E}_0$，波矢为$\boldsymbol{k}$的平面波入射到$z=0$的衍射屏上时，照明函数可以表示为

$$e(x,y)=E_0\exp[\mathrm{i}k(k_x x+k_y y)] \tag{3.3-2}$$

在垂直入射时，$k_x=k_y=0$，因此，$e(x,y)=E_0$，如果入射平面波的振幅又是单位振幅，则有$e(x,y)=1$。

2. *单色平面波倾斜照射衍射屏*

当振幅为$\boldsymbol{E}_0$，波矢为$\boldsymbol{k}$的平面波在xoz平面内，并与z轴成θ_0角倾斜入射到$z=0$的衍射屏上时，照明函数可以表示为

$$e(x,y)=E_0\exp(\mathrm{i}k\sin\theta_0 x)=E_0\exp\left(\mathrm{i}2\pi\frac{\sin\theta_0}{\lambda}x\right) \tag{3.3-3}$$

令$\dfrac{\sin\theta_0}{\lambda}=u_0$，则有

$$e(x,y)=E_0\exp(\mathrm{i}2\pi u_0 x) \tag{3.3-4}$$

3. *单色点光源球面波在衍射屏中心轴线上*

如图3-6所示，点光源的振幅为E_0，与衍射屏之间的距离为z_0，则照明函数可以表示为

$$e(x,y)=\frac{E_0}{r_0}\exp(\mathrm{i}kr_0) \tag{3.3-5}$$

式中，$r_0^2=x^2+y^2+z_0^2$。将r_0展开，并取前两项，同时忽略常数项，则可以得到

$$e(x,y)=\exp\left(\mathrm{i}k\frac{x^2+y^2}{2z_0}\right) \tag{3.3-6}$$

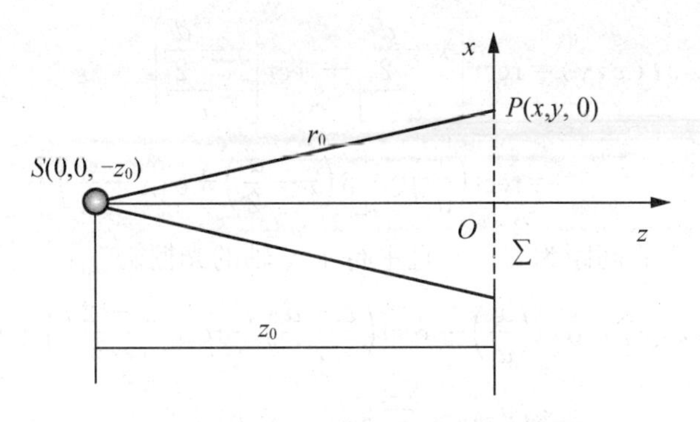

图 3-6　轴线上单色点光源照射衍射屏

4. 单色点光源球面波在衍射屏中心轴外

如图 3-7 所示，因为 $r_0^2=(x+b)^2+y^2+z_0^2$，因此，有

$$r_0=z_0\left[1+\frac{(x+b)^2+y^2}{z_0^2}\right]^{1/2}=z_0+\frac{b^2}{2z_0}+\frac{bx}{z_0}+\frac{x^2+y^2}{2z_0} \tag{3.3-7}$$

忽略常数项，则可以得到

$$e(x,y)=\exp\left(\mathrm{i}k\frac{bx}{z_0}\right)\exp\left(\mathrm{i}k\frac{x^2+y^2}{2z_0}\right) \tag{3.3-8}$$

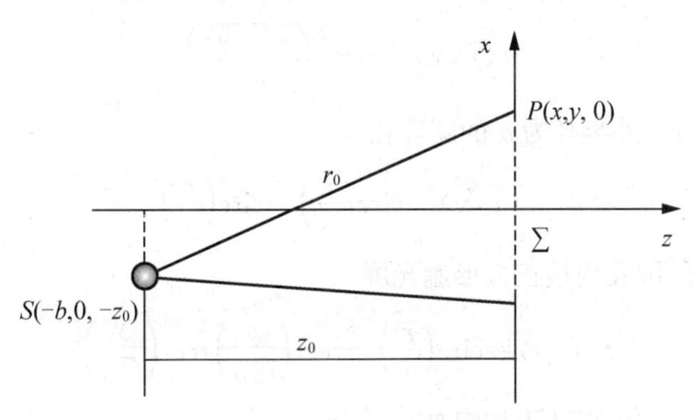

图 3-7　轴线外单色点光源照射衍射屏

3.3.2　孔径函数的具体表示

根据常用函数的定义，并利用 δ 函数和卷积的相关性质，可以将不同的衍射孔径表示为各种函数形式，将这些函数称为孔径函数。以下是不同的衍射孔径的孔径函数。

(1) 宽度为 a，并且平行于 y 轴的无限长狭缝。

$$t(x,y)=\mathrm{rect}\left(\frac{x}{a}\right) \tag{3.3-9}$$

(2) 宽度为 a，中心间距为 d，并且平行于 y 轴的双狭缝。

$$t(x,y)=\mathrm{rect}\left(\frac{x}{a}\right)+\mathrm{rect}\left(\frac{x-d}{a}\right)=\mathrm{rect}\left(\frac{x}{a}\right)+\mathrm{rect}\left(\frac{x}{a}\right)\otimes\delta(x-d) \tag{3.3-10}$$

$$t(x,y)=\mathrm{rect}\left[\frac{x-\frac{d}{2}}{a}\right]+\mathrm{rect}\left[\frac{x+\frac{d}{2}}{a}\right]$$
$$=\mathrm{rect}\left(\frac{x}{a}\right)\otimes\left[\delta\left(x-\frac{d}{2}\right)+\delta\left(x+\frac{d}{2}\right)\right] \tag{3.3-11}$$

(3) 宽度为 a，中心间距为 d，并且平行于 y 轴的光栅。

$$t(x,y)=\mathrm{rect}\left(\frac{x}{a}\right)+\mathrm{rect}\left(\frac{x-d}{a}\right)+\mathrm{rect}\left(\frac{x-2d}{a}\right)+\cdots$$
$$=\mathrm{rect}\left(\frac{x}{a}\right)\otimes\sum_{m=0}^{N-1}\delta(x-md) \tag{3.3-12}$$

(4) 边长为 a 的正方形孔。

$$t(x,y)=\mathrm{rect}\left(\frac{x}{a}\right)\mathrm{rect}\left(\frac{y}{a}\right) \tag{3.3-13}$$

(5) 边长分别为 a 和 b 的矩形孔，边长 a 平行于 x 轴，边长 b 平行于 y 轴。

$$t(x,y)=\mathrm{rect}\left(\frac{x}{a}\right)\mathrm{rect}\left(\frac{y}{b}\right) \tag{3.3-14}$$

(6) 半径为 a 的圆孔。

$$t(x,y)=\mathrm{circ}\left(\frac{\sqrt{x^2+y^2}}{a}\right) \tag{3.3-15}$$

(7) 内半径为 a，外半径为 b 的圆环孔。

$$t(x,y)=\mathrm{circ}\left(\frac{r}{b}\right)-\mathrm{circ}\left(\frac{r}{a}\right) \tag{3.3-16}$$

(8) 半径为 a 的圆孔内接正方形遮光屏。

$$t(x,y)=\mathrm{circ}\left(\frac{r}{a}\right)-\mathrm{rect}\left(\frac{x}{\sqrt{2}a}\right)\mathrm{rect}\left(\frac{y}{\sqrt{2}a}\right) \tag{3.3-17}$$

(9) 边长为 a 的正方形孔内切圆盘。

$$t(x,y)=\mathrm{rect}\left(\frac{x}{a}\right)\mathrm{rect}\left(\frac{y}{a}\right)-\mathrm{rect}\left(\frac{2r}{a}\right) \tag{3.3-18}$$

(10) 平行于 y 的直边。

$$t(x,y)=\mathrm{step}(x)=\begin{cases}1 & x\geqslant 0\\ 0 & x<0\end{cases} \tag{3.3-19}$$

(11) 在 x 大于 0 方向，半径为 a 的半圆孔。

$$t(x,y)=\mathrm{circ}\left(\frac{\sqrt{x^2+y^2}}{a}\right)\mathrm{step}(x) \tag{3.3-20}$$

(12) x 方向宽度为 a，y 方向宽度为 b 的十字狭缝。

$$t(x,y)=\mathrm{rect}\left(\frac{x}{a}\right)+\mathrm{rect}\left(\frac{y}{b}\right)-\mathrm{rect}\left(\frac{x}{a}\right)\mathrm{rect}\left(\frac{y}{b}\right) \tag{3.3-21}$$

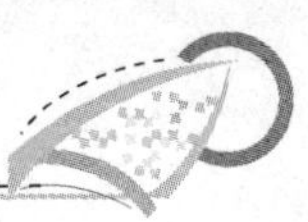

3.4　利用傅里叶变换处理夫琅和费衍射

从理论上讲，只要能写出衍射屏上的复振幅分布函数，便可以利用傅里叶变换法求出光透过孔径后在衍射场的夫琅和费衍射光强分布。本节将通过举例来说明如何利用傅里叶变换知识处理夫琅和费衍射问题。

3.4.1　双缝衍射

当单位振幅平面波垂直照射宽度为 a，中心间距为 d，且平行于 y 轴的双狭缝上时，求双狭缝夫琅和费衍射的光强分布。

因为入射光是单位振幅平面波，所以照明函数可以写为：$e(x,y)=1$；又因为衍射屏为宽度为 a，中心间距为 d 的双狭缝，所以，当 y 轴取在一个缝的中心时，孔径函数可以写为

$$t(x,y)=\mathrm{rect}\left(\frac{x}{a}\right)+\mathrm{rect}\left(\frac{x-d}{a}\right)=\mathrm{rect}\left(\frac{x}{a}\right)+\mathrm{rect}\left(\frac{x}{a}\right)\otimes\delta(x-d) \quad (3.4-1)$$

因此，衍射屏上的复振幅分布函数可以有两种表达形式：

$$\widetilde{E}(x,y)=e(x,y)t(x,y)=\mathrm{rect}\left(\frac{x}{a}\right)+\mathrm{rect}\left(\frac{x}{a}\right)\otimes\delta(x-d) \quad (3.4-2)$$

则观察屏上的复振幅分布函数为

$$\begin{aligned}\widetilde{E}(u,v)&=C\mathscr{F}[\widetilde{E}(x,y)]=C\mathscr{F}\left[\mathrm{rect}\left(\frac{x}{a}\right)+\mathrm{rect}\left(\frac{x}{a}\right)\otimes\delta(x-d)\right]\\&=C\left\{a\,\mathrm{sinc}(au)+\mathscr{F}\left[\mathrm{rect}\left(\frac{x}{a}\right)\right]\cdot\mathscr{F}[\delta(x-d)]\right\}\\&=C\{a\,\mathrm{sinc}(au)+a\,\mathrm{sinc}(au)\cdot\exp(-\mathrm{i}2\pi ud)\}\\&=Ca\,\mathrm{sinc}(au)[1+\exp(-\mathrm{i}2\pi ud)]\end{aligned} \quad (3.4-3)$$

令 $2\pi ud=\delta$，则

$$\begin{aligned}\widetilde{E}(u,v)&=Ca\,\mathrm{sinc}(au)[1+\exp(-\mathrm{i}\delta)]\\&=Ca\,\mathrm{sinc}(au)\left[\exp\left(-\mathrm{i}\frac{\delta}{2}\right)\exp\left(\mathrm{i}\frac{\delta}{2}\right)+\exp\left(-\mathrm{i}\frac{\delta}{2}\right)\exp\left(-\mathrm{i}\frac{\delta}{2}\right)\right]\\&=Ca\,\mathrm{sinc}(au)\exp\left(-\mathrm{i}\frac{\delta}{2}\right)\left[\exp\left(\mathrm{i}\frac{\delta}{2}\right)+\exp\left(-\mathrm{i}\frac{\delta}{2}\right)\right]\\&=2Ca\,\mathrm{sinc}(au)\cos\left(\frac{\delta}{2}\right)\exp\left(-\mathrm{i}\frac{\delta}{2}\right)\\&=2Ca\,\mathrm{sinc}(au)\cos(\pi du)\exp(-\mathrm{i}\pi du)\end{aligned}$$

(3.4-4)

因此，双狭缝夫琅和费衍射的光强分布为

$$\begin{aligned}I&=|\widetilde{E}(u,v)|^2=(2Ca)^2\mathrm{sinc}^2(au)\cos^2(\pi du)\\&=I_0[\mathrm{sinc}(au)\cos(\pi du)]^2\end{aligned} \quad (3.4-5)$$

上式表明，双狭缝夫琅和费衍射的光强分布由两个因子决定：一为单缝衍射因子 $\text{sinc}^2(au)$，它表示宽度为 a 的单缝的夫琅和费衍射的光强分布；另一个是 $4C^2a^2\cos^2(\delta/2)$，它表示位相差为 δ 的两光束产生的干涉图样的光强度分布。单缝衍射强度分布如图 3-8 所示，双缝干涉强度分布如图 3-9 所示，双狭缝夫琅和费衍射的光强分布如图 3-10 所示。

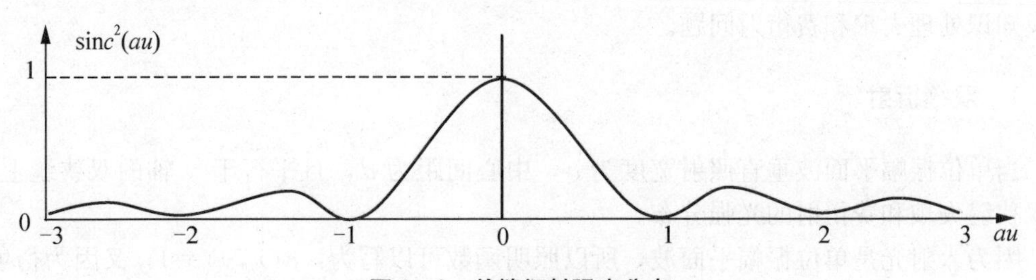

图 3-8　单缝衍射强度分布

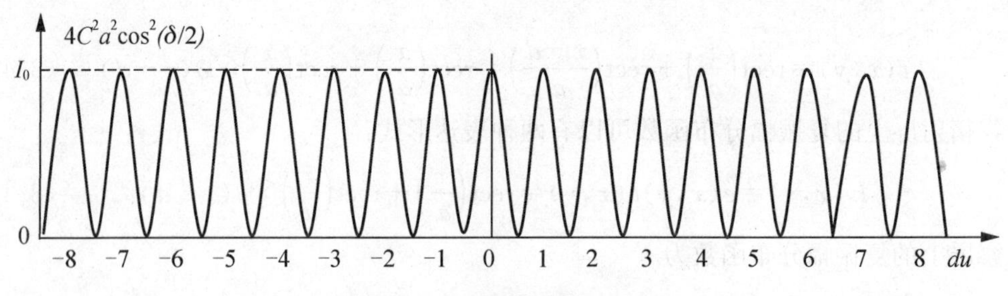

图 3-9　双缝干涉强度分布

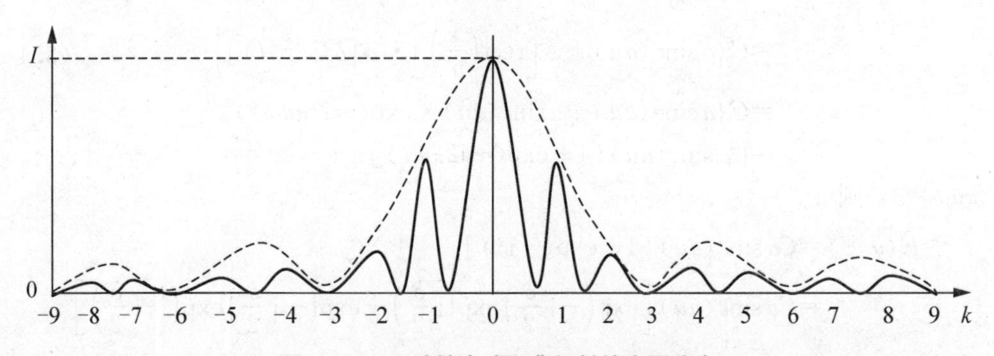

图 3-10　双狭缝夫琅和费衍射的光强分布

所以，可以把双缝夫琅和费衍射图样理解为单缝的夫琅和费衍射图样和双光束干涉图样的组合，是衍射和干涉两个因素共同作用的结果。

可以看出，干涉因子乘上单缝衍射因子后各级干涉极大地发生变化，这表明亮纹的强度受到衍射因子的调制。当干涉极大正好与衍射极小的位置重合时，强度将被调制为零，对应的亮纹也就消失了，这种现象叫做缺级。易见，当 $d/a=k$，k 为整数时（$\pm k, \pm 2k, \pm 3k, \cdots$）出现缺级。图 3-10 是 $d=3a$ 的情况。

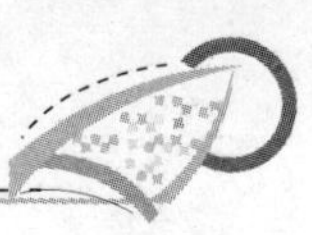

3.4.2　矩形孔衍射

当振幅为 E_0 的平面波倾斜照射矩形孔，矩形孔的长边平行于 x 轴宽度为 a，短边平行于 y 轴宽度为 b，k 与 x 轴和 y 轴的夹角分别为 α_0 和 β_0 时，求矩形孔夫琅和费衍射的光强分布。

因为振幅为 E_0 的平面波倾斜照射矩形孔，所以照明函数为

$$e(x,y)=E_0\exp[\mathrm{i}2\pi(u_0x+v_0y)] \tag{3.4-6}$$

式中，$u_0=\cos\alpha_0/\lambda$，$v_0=\cos\beta_0/\lambda$。又因为衍射屏为长边平行于 x 轴宽度为 a，短边平行于 y 轴宽度为 b 的矩形孔，所以孔径函数可以写为

$$t(x,y)=\mathrm{rect}\left(\frac{x}{a}\right)\mathrm{rect}\left(\frac{y}{b}\right) \tag{3.4-7}$$

因此，衍射屏上的复振幅分布函数为

$$\widetilde{E}(x,y)=E_0\exp[\mathrm{i}2\pi(u_0x+v_0y)]\mathrm{rect}\left(\frac{x}{a}\right)\mathrm{rect}\left(\frac{y}{b}\right) \tag{3.4-8}$$

由于观察屏上的复振幅分布函数是衍射屏上的复振幅分布函数的傅里叶变换，因此，观察屏上的复振幅分布函数为

$$\begin{aligned}\widetilde{E}(u,v)&=C\mathscr{F}[\widetilde{E}(x,y)]\\&=C\mathscr{F}\left\{E_0\exp[\mathrm{i}2\pi(u_0x+v_0y)]\mathrm{rect}\left(\frac{x}{a}\right)\mathrm{rect}\left(\frac{y}{b}\right)\right\}\\&=CE_0ab\,\mathrm{sinc}[a(u-u_0)]\mathrm{sinc}[b(v-v_0)]\end{aligned} \tag{3.4-9}$$

因此，矩形孔夫琅和费衍射的光强分布为

$$I=|\widetilde{E}(u,v)|^2=I_0\{\mathrm{sinc}[a(u-u_0)]\mathrm{sinc}[b(v-v_0)]\}^2 \tag{3.4-10}$$

式中，$I_0=(CE_0ab)^2$。当 $a(u-u_0)=0$，$b(v-v_0)=0$ 时，光强有主极大值，因此有

$$a\left(\frac{x_1}{\lambda f}-\frac{\cos\alpha_0}{\lambda}\right)=0,\ b\left(\frac{y_1}{\lambda f}-\frac{\cos\beta_0}{\lambda}\right)=0 \tag{3.4-11}$$

即主极大值在观察屏上的位置为

$$x_1=f\cos\alpha_0,\ y_1=f\cos\beta_0 \tag{3.4-12}$$

光强有主极大值条件还可以表示为

$$a\left(\frac{\cos\alpha}{\lambda}-\frac{\cos\alpha_0}{\lambda}\right)=0,\ b\left(\frac{\cos\beta}{\lambda}-\frac{\cos\beta_0}{\lambda}\right)=0 \tag{3.4-13}$$

因此，得到衍射光与 x 轴和 y 轴的夹角分别满足

$$\cos\alpha=\cos\alpha_0,\ \cos\beta=\cos\beta_0 \tag{3.4-14}$$

当 $a(u-u_0)=\pm m$，$b(v-v_0)=\pm m$ 时，光强有极小值，因此有

$$a\left(\frac{x_1}{\lambda f}-\frac{\cos\alpha_0}{\lambda}\right)=\pm m,\ b\left(\frac{y_1}{\lambda f}-\frac{\cos\beta_0}{\lambda}\right)=\pm m \tag{3.4-15}$$

即极小值在观察屏上的位置为

$$x_1=\pm m\lambda f/a+f\cos\alpha_0,\ y_1=\pm m\lambda f/b+f\cos\beta_0 \tag{3.4-16}$$

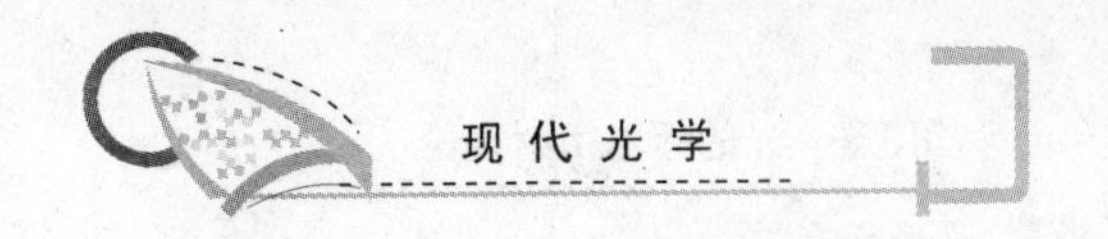

光强有极小值条件还可以表示为

$$a\left(\frac{\cos\alpha}{\lambda}-\frac{\cos\alpha_0}{\lambda}\right)=\pm m,\ b\left(\frac{\cos\beta}{\lambda}-\frac{\cos\beta_0}{\lambda}\right)=\pm m \tag{3.4-17}$$

因此，得到衍射光与 x 轴和 y 轴的夹角分别满足

$$\cos\alpha=\pm m\lambda/a+\cos\alpha_0,\ \cos\beta=\pm m\lambda/b+\cos\beta_0 \tag{3.4-18}$$

通过以上的分析可以得到光倾斜入射时观察屏上矩形孔的衍射图样，如图 3-11 所示。可见倾斜入射时图样(浅色)相对于垂直入射时的图样(深色)有一个平移。

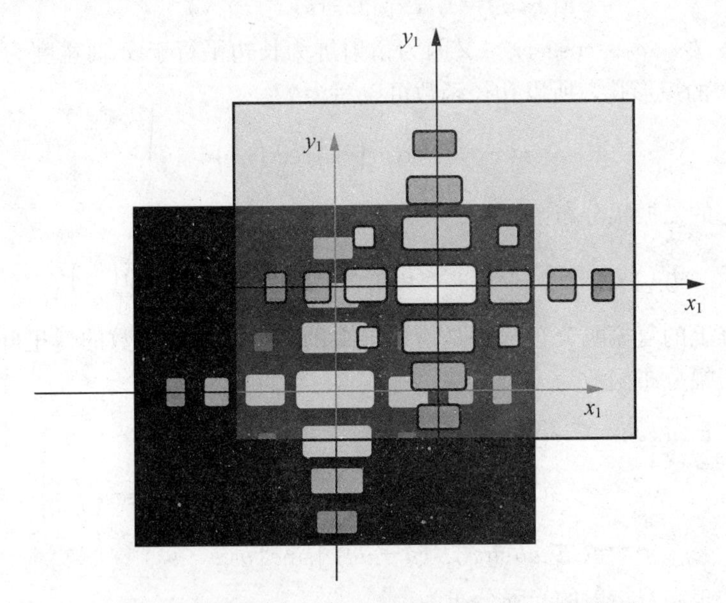

图 3-11 光倾斜入射时观察屏上矩形孔的衍射图样

另外可以知道，相邻两个暗点之间的距离为

$$\Delta x=\frac{f\lambda}{a},\ \Delta y=\frac{f\lambda}{b} \tag{3.4-19}$$

因此，矩形孔衍射中央亮光斑在 x、y 轴上的位置是

$$x_1=\pm\frac{f\lambda}{a}\quad 和\quad y_1=\pm\frac{f\lambda}{b} \tag{3.4-20}$$

所以，中央亮光斑的面积为

$$S_0=\frac{4f^2\lambda^2}{ab} \tag{3.4-21}$$

式(3.4-21)表明，中央亮光斑的面积与矩形孔面积成反比，在相同波长入射的情况下，衍射孔越小，中央亮光斑越大，相应地中央亮光斑处的光强度越小。

3.5 平面透射光栅衍射

光栅最重要的应用是作为分光元件，即把复色光分为单色光，它可以应用于由远红外

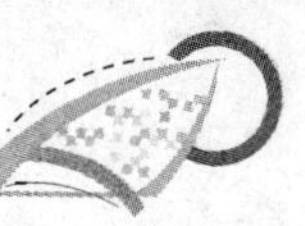

到真空紫外的全部波段。此外，还可以用于长度和角度的精密测量，本节主要讨论光栅衍射的强度分布。

3.5.1 光栅衍射光强分布

如果振幅为E_0的平面波在xoz平面内，并且与z轴的夹角为θ_0，入射到具有N个狭缝的光栅上，设缝宽为a，缝中心间距为d，那么该光栅夫琅和费衍射的光强分布会是什么样呢?

因为振幅为E_0的平面波在xoz平面内，并且与z轴的夹角为θ_0，所以照明函数可以写为：$e(x,y)=E_0\exp(\mathrm{i}2\pi u_0 x)$；又因为衍射屏为狭缝宽度为$a$，中心间距为$d$，具有$N$个狭缝光栅，所以孔径函数可以写为

$$\begin{aligned} t(x,y) &= \mathrm{rect}\left(\frac{x}{a}\right)+\mathrm{rect}\left(\frac{x-d}{a}\right)+\mathrm{rect}\left(\frac{x-2d}{a}\right)+\cdots+\mathrm{rect}\left[\frac{x-(N-1)d}{a}\right] \\ &= \mathrm{rect}\left(\frac{x}{a}\right)\otimes\sum_{m=0}^{N-1}\delta(x-md) \end{aligned} \tag{3.5-1}$$

因此，衍射屏上的复振幅分布函数为

$$\widetilde{E}(x,y)=e(x,y)t(x,y)=E_0\,\mathrm{rect}\left(\frac{x}{a}\right)\otimes\sum_{m=0}^{N-1}\delta(x-md)\exp(\mathrm{i}2\pi u_0 x) \tag{3.5-2}$$

因此，观察屏上的复振幅分布函数为

$$\begin{aligned} \widetilde{E}(u,v) &= C\mathscr{F}[\widetilde{E}(x,y)] = C\mathscr{F}\left[E_0\,\mathrm{rect}\left(\frac{x}{a}\right)\otimes\sum_{m=0}^{N-1}\delta(x-md)\exp(\mathrm{i}2\pi u_0 x)\right] \\ &= CE_0\left\{\mathscr{F}\left[\mathrm{rect}\left(\frac{x}{a}\right)\right]\cdot\mathscr{F}\left[\sum_{m=0}^{N-1}\delta(x-md)\right]\right\}\otimes\mathscr{F}[\exp(\mathrm{i}2\pi u_0 x)] \\ &= CE_0\left[a\,\mathrm{sinc}(au)\cdot\sum_{m=0}^{N-1}\exp(-\mathrm{i}2\pi mdu)\right]\otimes\delta(u-u_0) \\ &= CE_0 a\,\mathrm{sinc}[a(u-u_0)]\cdot\sum_{m=0}^{N-1}[-\mathrm{i}2\pi md(u-u_0)] \end{aligned} \tag{3.5-3}$$

令$2\pi d(u-u_0)=\varphi$，则

$$\begin{aligned} \sum_{m=0}^{N-1}\exp[-\mathrm{i}2\pi md(u-u_0)] &= \sum_{m=0}^{N-1}\exp(-\mathrm{i}m\varphi) \\ &= \{1+\exp(-\mathrm{i}\varphi)+\exp(-\mathrm{i}2\varphi)+\cdots+\exp[-\mathrm{i}(N-1)\varphi]\} \\ &= \frac{1-\exp(-\mathrm{i}N\varphi)}{1-\exp(-\mathrm{i}\varphi)} = \exp\left[-\mathrm{i}(N-1)\frac{\varphi}{2}\right]\frac{\sin\left(\frac{N}{2}\varphi\right)}{\sin\left(\frac{\varphi}{2}\right)} \end{aligned}$$

因此可以得到

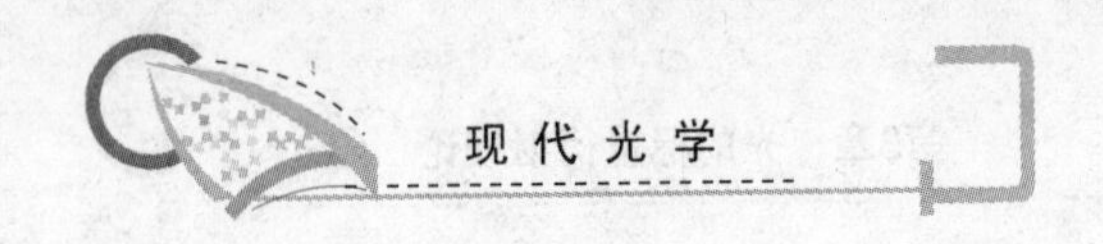

$$\sum_{m=0}^{N-1}\exp[-\mathrm{i}2\pi md(u-u_0)]=\exp[-\mathrm{i}\pi(N-1)d(u-u_0)]\frac{\sin N\pi d(u-u_0)}{\sin\pi d(u-u_0)} \tag{3.5-4}$$

这样，观察屏上的复振幅分布函数可以写为

$$\widetilde{E}(u,v)=CE_0a\,\mathrm{sinc}[a(u-u_0)]\cdot\exp[-\mathrm{i}\pi(N-1)d(u-u_0)]\frac{\sin[N\pi d(u-u_0)]}{\sin[\pi d(u-u_0)]} \tag{3.5-5}$$

因此，光强分布为

$$I=|\widetilde{E}(u,v)|^2=(CE_0a)^2\mathrm{sinc}^2[a(u-u_0)]\frac{\sin^2[N\pi d(u-u_0)]}{\sin^2[\pi d(u-u_0)]} \tag{3.5-6}$$

可以看出，当 N 等于 2 时，上式化为双缝衍射的强度公式。式(3.5-6)包含两个因子：单缝衍射因子 $\mathrm{sinc}^2[a(u-u_0)]$和多光束干涉因子$\sin^2[N\pi d(u-u_0)]/\sin^2[\pi d(u-u_0)]$，两个强度因子分布曲线分别如图 3-12 和图 3-13 所示，表明光栅衍射是衍射和干涉两种效应共同作用的结果。单缝衍射因子只与单缝本身的性质有关，而多光束干涉因子来源于狭缝的周期性排列，因此，如果有 N 个性质相同的缝在一个方向上周期地排列起来，或者 N 个其他形状的孔径在一个方向上周期地排列起来，它们的夫琅和费衍射图样的光强分布式中将出现这个因子。这样，只要把单衍射孔径的衍射因子求出来，将它乘上多光束干涉因子，便可以得到这种孔径周期性排列的夫琅和费衍射图样的光强分布。

光栅夫琅和费衍射的光强分布如图 3-14 所示(图中对应 $N=4$，$d=3a$ 的情况)。

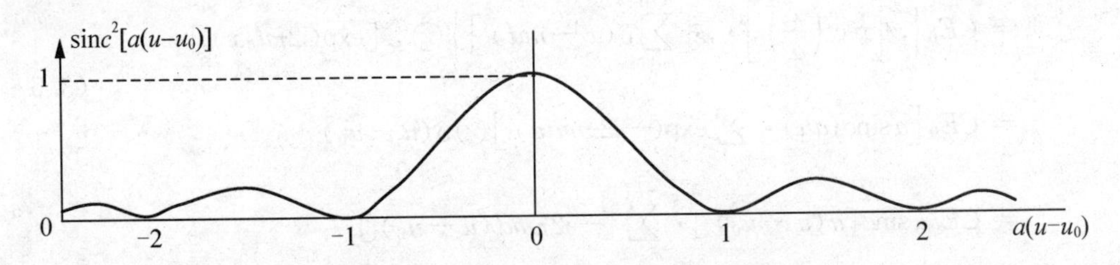

图 3-12　单缝衍射因子形成的强度分布

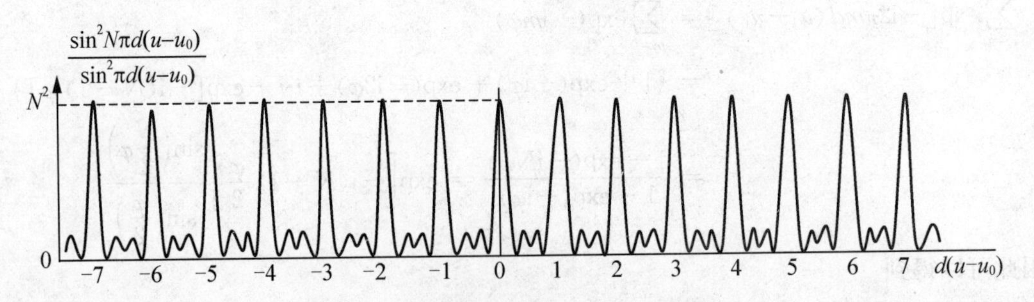

图 3-13　多缝干涉因子形成的强度分布

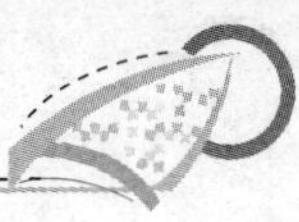

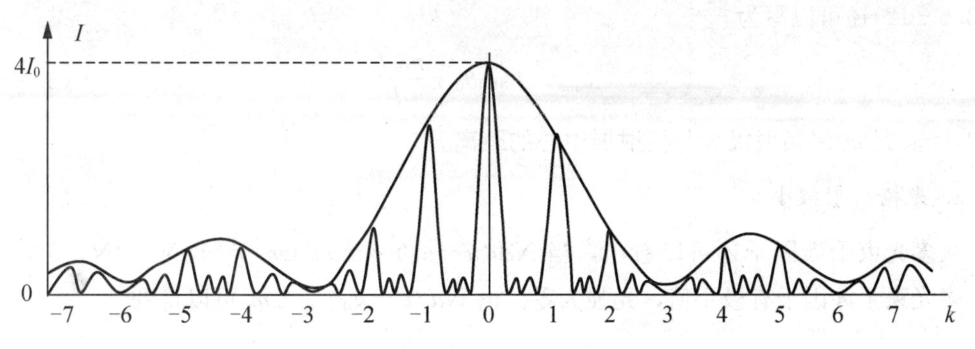

图 3-14　光栅夫琅和费衍射的光强分布

3.5.2　光强分布极值情况讨论

1. 光栅衍射主极大

从多光束干涉因子可以看出，当 $d(u-u_0)=\pm m\,(m=0,1,2,\cdots)$ 时，多光束干涉因子为极大值，其数值为 N^2，称这些极大值为主极大，则光栅衍射主极大强度为

$$I_M=I_0N^2\operatorname{sinc}^2[a(u-u_0)] \tag{3.5-7}$$

式中，$I_0=(CE_0a)^2$。可见，光栅衍射主极大强度是单缝衍射在各级主极大位置上所产生强度的 N^2 倍，其中零级主极大的强度最大，等于 N^2I_0。在式(3.5-7)中，如果对应于某一级主极大的位置，$\operatorname{sinc}^2[a(u-u_0)]=0$，那么该级主极大的强度也降为零，这级主极大就消失了，这就是前面所讲的缺级。

由于 $u=\dfrac{\sin\theta_m}{\lambda}$，$u_0=\dfrac{\sin\theta_0}{\lambda}$，因此，由 $d(u-u_0)=\pm m$ 可以得到

$$d\left(\frac{\sin\theta_m}{\lambda}-\frac{\sin\theta_0}{\lambda}\right)=\pm m \tag{3.5-8}$$

即

$$\sin\theta_m-\sin\theta_0=\pm\frac{m\lambda}{d} \tag{3.5-9}$$

式(3.5-9)称为光栅方程。光栅方程还可以写为

$$\sin\theta_m=\sin\theta_0\pm\frac{m\lambda}{d} \tag{3.5-10}$$

式中，θ_m 是光栅面法线与 m 级衍射极大之间的夹角。当 $m=0$ 时，$\theta=\theta_0$，说明零级衍射光的方向与入射光的方向一致。

另外，由 $u=\dfrac{x_1}{\lambda f}$ 还可以得到

$$d\left(\frac{x_1}{\lambda f}-\frac{\sin\theta_0}{\lambda}\right)=\pm m \tag{3.5-11}$$

即

$$x_1-f\sin\theta_0=\pm\frac{m\lambda f}{d} \tag{3.5-12}$$

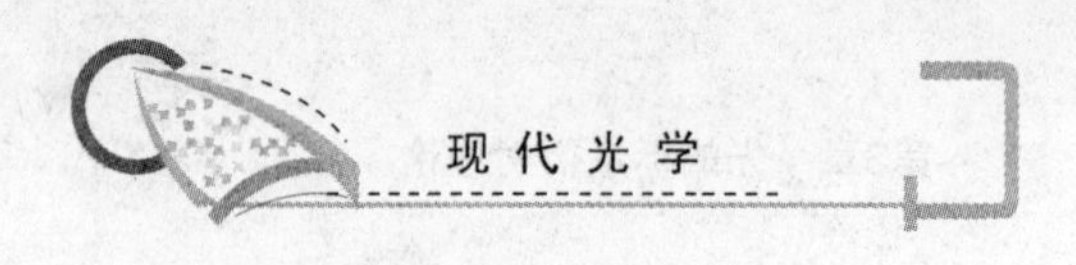

式(3.5-12)还可以写为

$$x_{1m}=f\sin\theta_0\pm\frac{m\lambda f}{d} \tag{3.5-13}$$

式中，x_{1m}是m级衍射极大与衍射屏中心的距离。

2. 光栅衍射极小

从多光束干涉因子还可以看出，当$Nd(u-u_0)=\pm m'(m'\neq 0, N, 2N, 3N, \cdots)$时，多光束干涉因子有极小值，光强为零。由$Nd(u-u_0)=\pm m'$可以得到

$$d(u-u_0)=\pm\frac{m'}{N} \tag{3.5-14}$$

亦即

$$d\left(\frac{\sin\theta}{\lambda}-\frac{\sin\theta_0}{\lambda}\right)=\pm\frac{m'}{N} \tag{3.5-15}$$

因此有

$$\sin\theta-\sin\theta_0=\pm\frac{m'\lambda}{Nd} \tag{3.5-16}$$

上式还可以写为

$$\sin\theta_{m'}=\sin\theta_0\pm\frac{m'\lambda}{Nd} \tag{3.5-17}$$

式中，$\theta_{m'}$是m'级衍射极小的衍射角。相邻两个衍射极小之间的角间距$\Delta\theta$可由上式求得：

$$\sin\theta_{m'+1}-\sin\theta_{m'}=\sin(\theta_{m'}+\Delta\theta)-\sin\theta_{m'}=\frac{\lambda}{Nd} \tag{3.5-18}$$

当$\Delta\theta$较小时，上式可以写为$\cos\theta_{m'}\cdot\Delta\theta=\frac{\lambda}{Nd}$，因此

$$\Delta\theta=\frac{\lambda}{Nd\cos\theta_{m'}} \tag{3.5-19}$$

由式(3.5-10)和式(3.5-20)可以得到，光栅衍射零级主极大与一级极小之间的角间距，也就是零级主极大的半角宽度为

$$\Delta\theta_{0,1'}=\frac{\lambda}{Nd\cos\theta_{1'}} \tag{3.5-20}$$

上式表明，狭缝数越多，零级主极大的角宽度越小。图3-15给出了单缝和5种多缝的衍射图样示意图。

另外，由$u=\frac{x_1}{\lambda f}$还可以得到

$$d\left(\frac{x_{1m'}}{\lambda f}-\frac{\sin\theta_0}{\lambda}\right)=\pm\frac{m'}{N} \tag{3.5-21}$$

即

$$x_{1m'}-f\sin\theta_0=\pm\frac{m'\lambda f}{Nd} \tag{3.5-22}$$

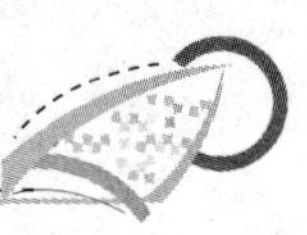

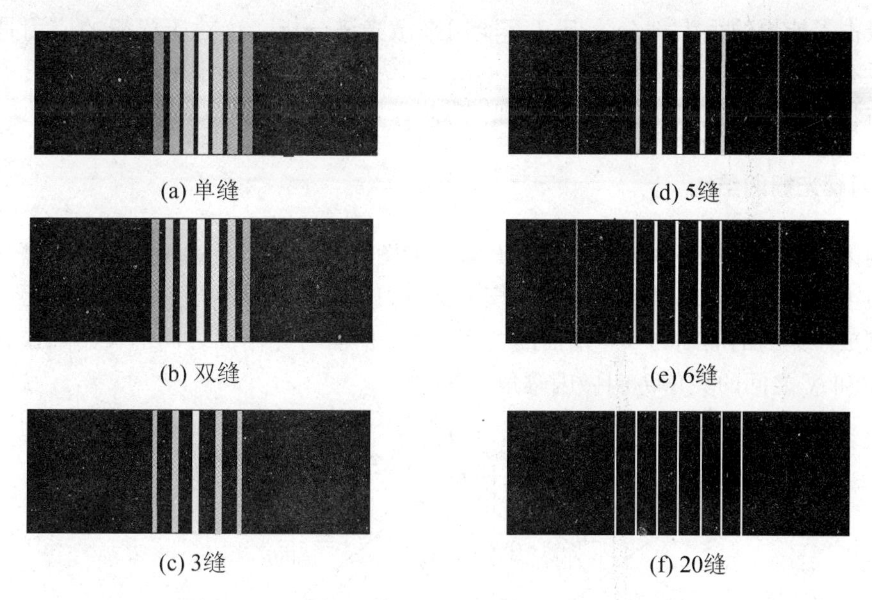

图 3-15　单缝和多缝的夫琅和费衍射图样示意图

式(3.5-22)还可以写为

$$x_{1m'} = f\sin\theta_0 \pm \frac{m'\lambda f}{Nd} \tag{3.5-23}$$

式中，$x_{1m'}$是m'级衍射极小与衍射屏中心的距离。

3. 光栅衍射次极大

在两个主极大之间有 $N-1$ 个极小，而在两个极小之间应当有 1 个极大值，这些极大叫做次极大。因此，在两个主极大之间有 $N-2$ 个次极大，次极大的位置可以通过对式(3.5-6)求极值确定。

令 $\pi d(u-u_0)=\alpha$，则式(3.5-6)可以写为

$$I = I_0\,\frac{\sin^2 N\alpha}{\sin^2\alpha} \tag{3.5-24}$$

令上式右边对 α 的一阶导数等于零，即

$$\frac{\mathrm{d}}{\mathrm{d}\alpha}\left(\frac{\sin^2 N\alpha}{\sin^2\alpha}\right)=0 \tag{3.5-25}$$

可以得到

$$\tan(N\alpha) = N\tan\alpha \tag{3.5-26}$$

这是一个超越三角方程。作 $y=\tan(N\alpha)$ 和 $y=N\tan\alpha$ 的正切曲线，它们的交点就是这个方程的解。

3.6　闪耀光栅衍射

从上一节的讨论知道，透射光栅的光强度分布是级次越小光强度越大。特别是没有色

散的零级占了能量的很大部分，但又不能用来做光谱分析，这对于光栅的应用是很不利的。有没有办法使光的能量转移到需要的级次上去呢？闪耀光栅就很好地解决了这个问题。本节将介绍闪耀光栅的结构及其分光原理。

3.6.1 闪耀光栅的结构

目前闪耀光栅多是平面反射光栅，其截面如图 3-16 所示。这种光栅是以磨光了的金属板或镀上金属膜的玻璃板为坯子，用楔形钻石刀头在上面刻画出一系列等间距的锯齿状槽面而制成。锯齿的周期为 d，槽面的宽度为 b，槽面与光栅面之间的夹角，或者说它们的法线 n 和 N 之间的夹角 θ_b 叫做闪耀角。

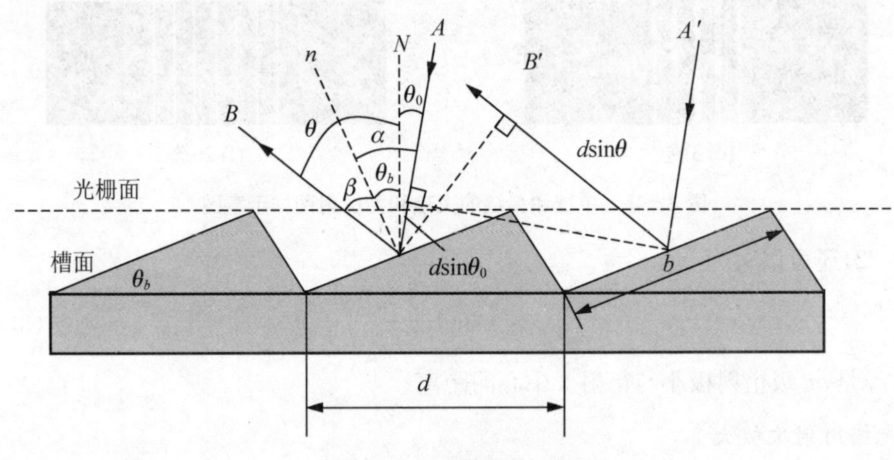

图 3-16 闪耀光栅示意图

由于槽面与光栅平面不平行，因此，从单个槽面衍射的零级主极大和各个槽面之间干涉的零级主极大分开，从而使光能量从干涉零级主极大转移并集中到某一级光谱上去。

在这种结构中，光栅干涉主极大方向是以光栅面法线方向 N 为其零级方向，而衍射的中央主极大方向则是由槽面法线方向 n 等其他因素决定。对于按 θ_0 角入射的平行光束 A 来说，其单个槽面衍射中央主极大方向为其槽面镜面的反射方向 B。此时的 B 方向光很强，就如同光滑表面反射的耀眼的光一样，所以称为闪耀光栅。

3.6.2 闪耀光栅的分光原理

根据光栅方程，相邻两个槽面之间反射和入射方向的光程差为

$$d(\sin\theta-\sin\theta_0)=m\lambda \tag{3.6-1}$$

上式可以改写为

$$2d\cos\left(\frac{\theta+\theta_0}{2}\right)\sin\left(\frac{\theta-\theta_0}{2}\right)=m\lambda \tag{3.6-2}$$

根据图 3-12 中的角度关系，有 $\alpha=\theta_b+\theta_0$，$\beta=\theta-\theta_b$。因为 $\alpha=\beta$，因此有

$$\theta-\theta_0=2\theta_b，\ \theta+\theta_0=2\alpha \tag{3.6-3}$$

这样，式(3.6-2)又可以写为

$$2d\sin\theta_b\cos\alpha = m\lambda \tag{3.6-4}$$

这就是单槽衍射中央主极大方向，同时也是第 m 级干涉主极大方向所应当满足的关系式。

当光沿着槽面法线 n 方向入射时，有 $\alpha=\beta=0$，这时单个槽面衍射的零级主极大对应于入射光的反方向。但对光栅面来说，有 $\theta=\theta_0=\theta_b$，因此在这种情况下，式(3.6-4)可以简化为

$$2d\sin\theta_b = m\lambda_M \tag{3.6-5}$$

该式称为主闪耀条件，λ_M 称为该光栅的闪耀波长，m 是相应的闪耀级次。假设一块闪耀光栅对波长 λ_b 的一级光谱闪耀，则式(3.6-5)变为

$$2d\sin\theta_b = \lambda_b \tag{3.6-6}$$

由上式可以看出，对波长 λ_b 的一级光谱闪耀的光栅，也对 $\lambda_b/2$、$\lambda_b/3$ 的二级、三级光谱闪耀。不过，通常所称某光栅的闪耀波长是指在上述照明条件下的一级闪耀波长 λ_b。

当光沿着光栅面法线 N 方向入射，则 $\alpha=\theta_b$，式(3.6-4)写为

$$d\sin2\theta_b = n\lambda_N \tag{3.6-7}$$

该式也称为主闪耀条件，λ_N 称为该光栅的闪耀波长，n 是相应的闪耀级次。假设一块闪耀光栅对波长 λ_c 的一级光谱闪耀，则式(3.6-7)变为

$$d\sin2\theta_b = \lambda_c \tag{3.6-8}$$

由上式可以看出，对波长 λ_c 的一级光谱闪耀的光栅，也对 $\lambda_c/2$、$\lambda_c/3$ 的二级、三级光谱闪耀。

综上所述，两种入射方式都可以使单槽面衍射的零级方向成为多个槽间干涉的非零级，从而产生高衍射效率的色散，克服了多缝光栅的缺点。又因为闪耀光栅的槽面宽度近似等于刻槽周期，即 $a\approx d$，此时，单槽衍射中央主极大方向正好落在的一级谱线上，所以其他级次(包括零级)的光谱都几乎与单槽衍射的极小位置重合，致使这些级次光谱的强度很小，这就是说，在总能量中它们所占的比例甚少，而大部分能量(80%以上)都转移并集中到一级光谱上了。

3.6.3 闪耀光栅衍射的光强分布

图 3-17 是闪耀光栅衍射示意图。设槽的反射率为 1，有效反射面的宽度为 b，长可以认为是无限长，取 x 方向为宽度方向，则槽可以用矩形函数表示。

由于每个槽内不同点反射光的位相不同，所以每条光线应当乘上一个位相因子，任意点 x 处的位相因子为

$$\delta(x) = k\Delta = k(AB+BC) \tag{3.6-9}$$

因为

$$AB = BD\cos\theta_0 = x\tan\theta_b\cos\theta_0 \tag{3.6-10}$$

$$BC = BD\cos\theta = x\tan\theta_b\cos\theta \tag{3.6-11}$$

式中，θ_0是入射角，θ 是衍射角，θ_b是闪耀角。所以，式(3.6-9)可以改写为

$$\varphi(x) = \frac{2\pi}{\lambda}\tan\theta_b(\cos\theta_0+\cos\theta)x \tag{3.6-12}$$

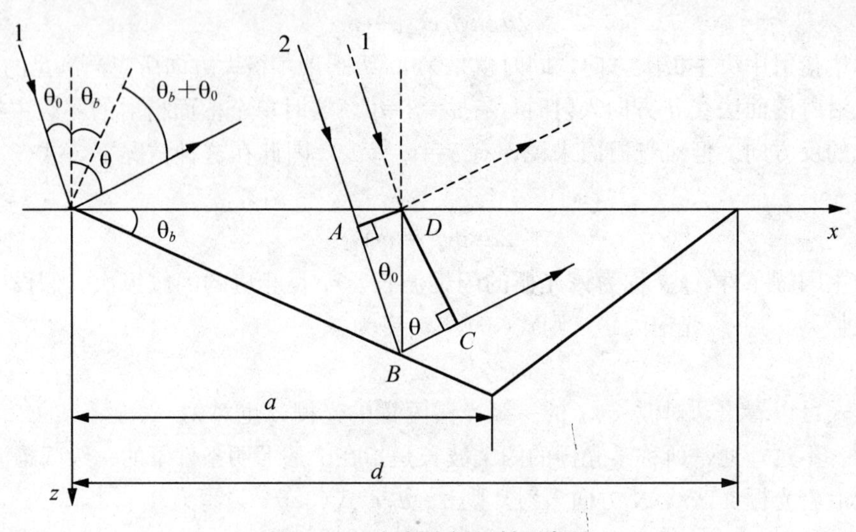

图 3-17 闪耀光栅衍射示意图

令

$$\xi=\frac{1}{\lambda}\tan\theta_b(\cos\theta_0+\cos\theta) \tag{3.6-13}$$

则有

$$\varphi(x)=2\pi\xi x \tag{3.6-14}$$

这样，第 1，2，3，…，N 个槽内的反射函数可以写为

$$r_1(x)=\mathrm{rect}\left(\frac{x}{a}\right)\exp[\mathrm{i}\varphi(x)]=rect\left(\frac{x}{a}\right)\exp(\mathrm{i}2\pi\xi x) \tag{3.6-15}$$

$$r_2(x)=\mathrm{rect}\left(\frac{x}{a}\right)\exp(\mathrm{i}2\pi\xi x)\otimes\delta(x-d) \tag{3.6-16}$$

$$r_3(x)=\mathrm{rect}\left(\frac{x}{a}\right)\exp(\mathrm{i}2\pi\xi x)\otimes\delta(x-2d) \tag{3.6-17}$$

$$\vdots$$

$$r_N(x)=\mathrm{rect}\left(\frac{x}{a}\right)\exp(\mathrm{i}2\pi\xi x)\otimes\delta[x-(N-1)d] \tag{3.6-18}$$

N 个槽总的反射函数为

$$r(x)=\mathrm{rect}\left(\frac{x}{a}\right)\exp(\mathrm{i}2\pi\xi x)\otimes\sum_{m=0}^{N-1}\delta(x-md) \tag{3.6-19}$$

如果用单位振幅平面波在 xoz 平面内倾斜入射，并且与 z 轴的夹角为 θ_0，则照明函数可以表示为

$$e(x)=\exp(\mathrm{i}2\pi u_0x) \tag{3.6-20}$$

那么，在衍射屏上，N 个反射槽上的光振动函数为

$$E(x)=\mathrm{rect}\left(\frac{x}{a}\right)\exp(\mathrm{i}2\pi\xi x)\otimes\sum_{m=0}^{N-1}\delta(x-md)\exp(\mathrm{i}2\pi u_0x) \tag{3.6-21}$$

观察屏上的光振动函数为

$$
\begin{aligned}
E(u) &= \mathscr{F}[E(x)] \\
&= \mathscr{F}\left[\mathrm{rect}\left(\frac{x}{a}\right)\right] \otimes \mathscr{F}[\exp(\mathrm{i}2\pi\xi x)] \cdot \mathscr{F}\sum_{m=0}^{N-1}\delta(x-md) \otimes \mathscr{F}[\exp(\mathrm{i}2\pi u_0 x)] \\
&= C\mathrm{sinc}(au) \otimes \delta(u-\xi) \cdot \sum_{m=0}^{N-1}\exp(-\mathrm{i}2\pi mdu) \otimes \delta(u-u_0) \\
&= C\mathrm{sinc}[a(u-\xi)] \cdot \sum_{m=0}^{N-1}\exp(-\mathrm{i}2\pi mdu) \otimes \delta(u-u_0) \\
&= C\mathrm{sinc}[a(u-u_0-\xi)] \cdot \sum_{m=0}^{N-1}\exp[-\mathrm{i}2\pi md(u-u_0)]
\end{aligned}
\tag{3.6-22}
$$

因为

$$
\sum_{m=0}^{N-1}\exp[-\mathrm{i}2\pi md(u-u_0)] = \exp[-\mathrm{i}\pi(N-1)d(u-u_0)] \frac{\sin[N\pi d(u-u_0)]}{\sin[\pi d(u-u_0)]} \tag{3.6-23}
$$

因此，式(3.6-22)可以改写为

$$
E(u) = C\mathrm{sinc}[a(u-u_0-\xi)] \cdot \exp[-\mathrm{i}\pi(N-1)d(u-u_0)] \frac{\sin[N\pi d(u-u_0)]}{\sin[\pi d(u-u_0)]} \tag{3.6-24}
$$

从而得到闪耀光栅衍射的光强分布为

$$
I(u) = I_0\mathrm{sinc}^2[a(u-u_0-\xi)] \frac{\sin^2[N\pi d(u-u_0)]}{\sin^2[\pi d(u-u_0)]} \tag{3.6-25}
$$

与平面光栅相比，式(3.6-25)第一个因子中央极大值的位置不是 $u-u_0=0$，而是

$$
u-u_0=\xi \tag{3.6-26}
$$

利用式(3.6-13)，得到

$$
\frac{\sin\theta}{\lambda} - \frac{\sin\theta_0}{\lambda} = \frac{1}{\lambda}\tan\theta_b(\cos\theta_0+\cos\theta) \tag{3.6-27}
$$

也就是

$$
\sin\theta - \sin\theta_0 = \tan\theta_b(\cos\theta_0+\cos\theta) \tag{3.6-28}
$$

式(3.6-25)第二个因子极大值的位置是

$$
u-u_0=\frac{m}{d},\ (m=0,\ \pm1,\ \pm2,\ \cdots) \tag{3.6-29}
$$

可见，第二个因子极大值为 N^2。如果第一个因子的中央极大值与第二个因子的第 m 级极大值重合，则有

$$
\xi=\frac{m}{d} \tag{3.6-30}
$$

式(3.6-25)第一个因子对应的极小值位置为

$$
u-u_0-\xi=\frac{k}{a},\ (k=\pm1,\ \pm2,\ \cdots) \tag{3.6-31}
$$

也就是

$$u-u_0=\frac{k}{a}+\xi \tag{3.6-32}$$

应当注意的是，式(3.6-25)第一个因子中央极大与相邻两个极小值位置相差 $1/a$，而第二个因子的相邻的两个极大值位置相差为 $1/d$。单槽面衍射的光强分布如图 3-18 所示，多槽面干涉的强度分布如图 3-19 所示，闪耀光栅夫琅和费衍射的光强分布如图 3-20 所示。

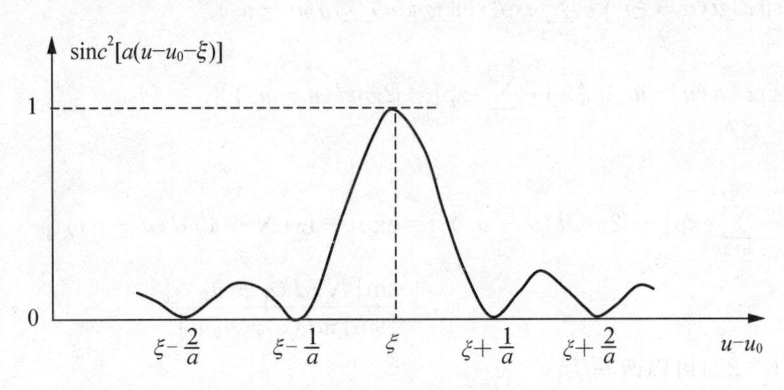

图 3-18　单槽面衍射的光强分布

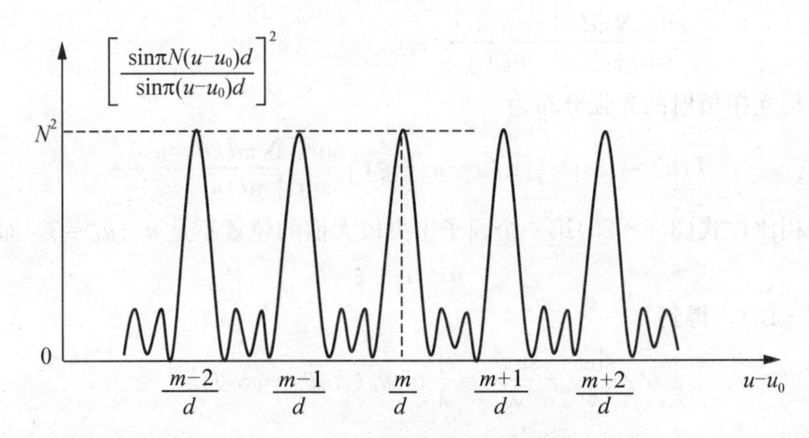

图 3-19　多槽面干涉的光强分布

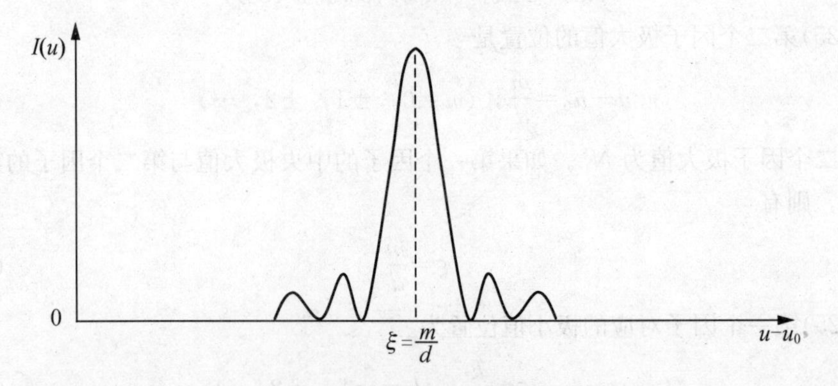

图 3-20　闪耀光栅夫琅和费衍射的光强分布

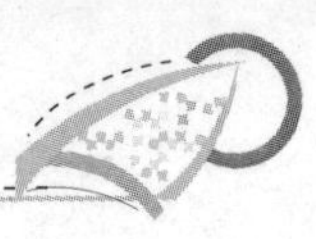

当 $a=d$ 时，如果使第一个因子的中央极大值与第二个因子第 m 级极大重合，则第二个因子的其他极大与第一个因子的极小值重合，因此，整个衍射级只剩下一级。式(3.6-30)可以写为

$$\frac{1}{\lambda}\tan\theta_b(\cos\theta_0+\cos\theta)=\frac{m}{d} \tag{3.6-33}$$

a 和 d 是槽的设计参数，一旦确定是固定值，m 可以在设计时选定，也可以是固定值。θ_0 和 θ 不是独立的，θ_0 确定后 θ 则确定，两者的关系可以由式(3.6-28)求出，即

$$\sin\theta-\tan\theta_b\cos\theta=\sin\theta_0+\tan\theta_b\cos\theta_0 \tag{3.6-34}$$

上式可改写为

$$\sin\theta\cos\theta_b-\sin\theta_b\cos\theta=\sin\theta_0\cos\theta_b+\sin\theta_b\cos\theta_0 \tag{3.6-35}$$

也就是

$$\sin(\theta-\theta_b)=\sin(\theta_0+\theta_b) \tag{3.6-36}$$

因此得到

$$\theta=\theta_0+2\theta_b \tag{3.6-37}$$

式(3.6-37)与通过几何关系得到的，与式(3.6-3)完全相同。应当注意的是，当考察的入射光和衍射光位于光栅面法线的同一侧时，式(3.6-37)和式(3.6-3)应当改为

$$\theta+\theta_0=2\theta_b \tag{3.6-38}$$

显然，闪耀光栅在同一级光谱中只对闪耀波长产生极大光强度，而对于其他波长不能产生极大光强度。但是，由于单槽面衍射的零级主极大到极小有一定的宽度，所以闪耀波长附近一定的波长范围内的谱线也有相当大的光强度，因而闪耀光栅可用于一定的波长范围。

由于闪耀光栅具有很高的衍射效率，因此很适合对弱光光谱进行分析，另外，在激光调谐技术中，利用闪耀光栅可以改变激光器的输出波长。

3.7　阶梯光栅衍射

阶梯光栅通常由很多厚度、折射率都相同的玻璃或石英片堆砌成阶梯形状来构成，一般情况下，阶梯数为几十，阶梯高度为几毫米。当平行光束照射到阶梯光栅上时，就会在各个玻璃片的阶梯处发生衍射，类似于前面讨论的平面光栅。本节将介绍阶梯光栅的结构和它的衍射光强分布。

3.7.1　阶梯光栅的结构

阶梯光栅结构如图 3-21 所示。它可以分为透射式阶梯光栅和反射式阶梯光栅两种。后者的分辨本领比同尺寸的前者大，并可在整个光学光谱区内使用。

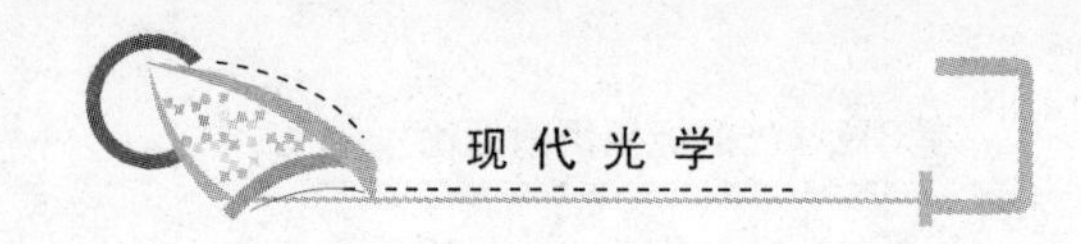

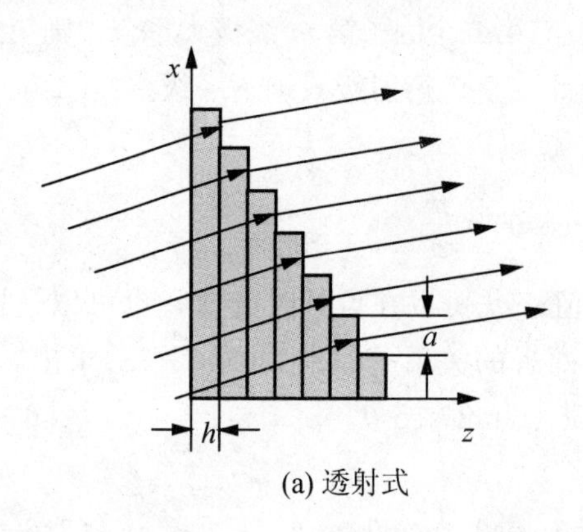

(a) 透射式

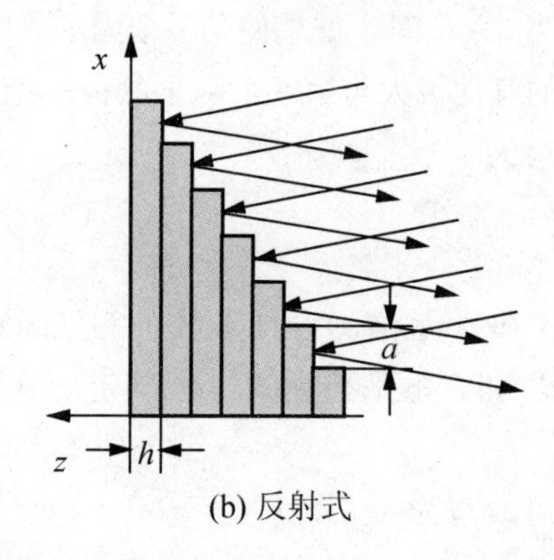

(b) 反射式

图 3-21 阶梯光栅

3.7.2 阶梯光栅衍射的光强分布

如果入射光沿着 z 方向，则相邻两个台阶的位相差为

$$k\Delta = k(n-1)h \tag{3.7-1}$$

式中，n 是构成阶梯光栅材料——玻璃或石英的折射率，h 是玻璃或石英片的厚度。如果第一个台阶的位相差为零，则第 m 个台阶的位相差为

$$\varphi_m = k(m-1)(n-1)h \tag{3.7-2}$$

因为平行光通过阶梯光栅时，会在各玻璃片的凸出部分发生衍射，相当于多缝衍射，因此，孔径函数可以写为

$$t(x) = \mathrm{rect}\left(\frac{x}{a}\right) \otimes \sum_{m=1}^{N} \delta[x-(m-1)a] \exp\left[\mathrm{i}\frac{2\pi}{\lambda}(m-1)(n-1)h\right] \tag{3.7-3}$$

式中，a 是台阶的高度。如果用单位振幅平面波在 xoz 平面内倾斜入射，并且与 z 轴的夹角为 θ_0，则照明函数可以表示为

$$e(x) = \exp(\mathrm{i}2\pi u_0 x) \tag{3.7-4}$$

式中，$u_0 = \sin\theta_0/\lambda$。在衍射屏上，$N$ 个台阶的光振动函数为

$$E(x) = \mathrm{rect}\left(\frac{x}{a}\right) \otimes \sum_{m=1}^{N} \delta[x-(m-1)a] \exp\left[\mathrm{i}\frac{2\pi}{\lambda}(m-1)(n-1)h\right] \exp(\mathrm{i}2\pi u_0 x) \tag{3.7-5}$$

观察屏上的光振动函数为

$$\begin{aligned}
E(u) &= \mathscr{F}[E(x)] \\
&= \mathscr{F}\left[\mathrm{rect}\left(\frac{x}{a}\right)\right] \cdot \mathscr{F}\left\{\sum_{m=1}^{N} \delta[x-(m-1)a] \exp\left[\mathrm{i}\frac{2\pi}{\lambda}(m-1)(n-1)h\right]\right\} \otimes \mathscr{F}[\exp(\mathrm{i}2\pi u_0 x)] \\
&= ca\,\mathrm{sinc}(au) \cdot \sum_{m=1}^{N} \exp[-\mathrm{i}2\pi(m-1)au] \exp\left[\mathrm{i}\frac{2\pi}{\lambda}(m-1)(n-1)h\right] \otimes (u-u_0) \\
&= ca\,\mathrm{sinc}[a(u-u_0)] \cdot \sum_{m=1}^{N} \exp\left\{-\mathrm{i}2\pi(m-1)\left[a(u-u_0)-\frac{(n-1)}{\lambda}h\right]\right\}
\end{aligned} \tag{3.7-6}$$

因为

$$\sum_{m=1}^{N}\exp\left\{-\mathrm{i}2\pi(m-1)\left[a(u-u_0)-\frac{(n-1)}{\lambda}h\right]\right\}$$
$$=\exp\left\{-\mathrm{i}\pi(N-1)\left[a(u-u_0)-\frac{(n-1)}{\lambda}h\right]\right\}\frac{\sin\left\{\pi N\left[a(u-u_0)-\frac{(n-1)}{\lambda}h\right]\right\}}{\sin\left\{\pi\left[a(u-u_0)-\frac{(n-1)}{\lambda}h\right]\right\}} \tag{3.7-7}$$

所以，观察屏上的光振动函数可以改写为

$$E(u)=ca\,\mathrm{sinc}\left[a(u-u_0)\right]\exp\left\{-\mathrm{i}\pi(N-1)\left[a(u-u_0)-\frac{(n-1)}{\lambda}h\right]\right\}\frac{\sin\left\{\pi N\left[a(u-u_0)-\frac{(n-1)}{\lambda}h\right]\right\}}{\sin\left\{\pi\left[a(u-u_0)-\frac{(n-1)}{\lambda}h\right]\right\}} \tag{3.7-8}$$

由上式可以得到阶梯光栅衍射的光强分布

$$I(u)=I_0\,\mathrm{sinc}^2\left[a(u-u_0)\right]\frac{\sin^2\left\{\pi N\left[a(u-u_0)-\frac{(n-1)}{\lambda}h\right]\right\}}{\sin^2\left\{\pi\left[a(u-u_0)-\frac{(n-1)}{\lambda}h\right]\right\}} \tag{3.7-9}$$

式中，$I_0=(ca)^2$。如果令

$$U=u-u_0,\quad A=(n-1)h/\lambda \tag{3.7-10}$$

则有

$$I(u)=I_0\,\mathrm{sinc}^2(aU)\frac{\sin^2\left[\pi N(aU-A)\right]}{\sin^2\left[\pi(aU-A)\right]} \tag{3.7-11}$$

可见，阶梯光栅衍射的光强分布与式(3.6-25)表示的闪耀光栅衍射的光强分布很相似。第一个因子为单个阶梯衍射的光强分布，如图 3-22 所示；第二个因子为多个阶梯干涉的光强分布，如图 3-23 所示。通过上述分析，可以得到阶梯光栅夫琅和费衍射的光强分布如图 3-24 所示。

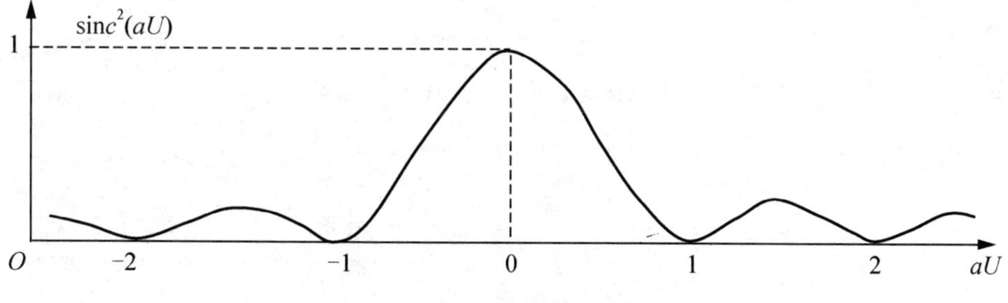

图 3-22　单阶梯衍射的光强分布

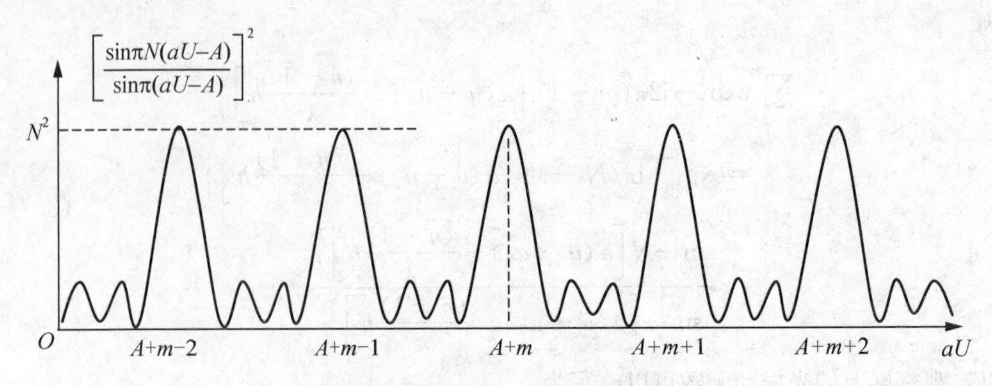

图 3-23　多阶梯干涉的光强分布

可见，当多阶梯干涉的第 m 级与单阶梯衍射的零级重合时，阶梯光栅夫琅和费衍射的光强最大，如图 3-24(a)所示。当多阶梯干涉的第 m 级与单阶梯衍射的零级不重合时阶梯光栅夫琅和费衍射的光强将会降低，如图 3-24(b)所示。

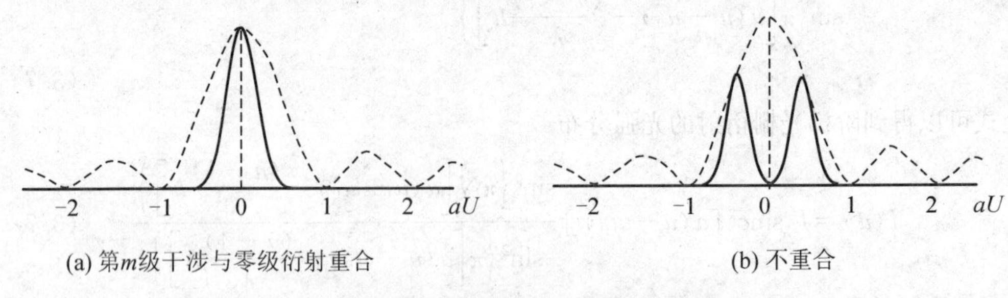

图 3-24　阶梯光栅夫琅和费衍射的光强分布

极大值满足的关系

$$a(u-u_0)-\frac{(n-1)h}{\lambda}=m，(m=0，\pm1，\pm2，\cdots) \tag{3.7-12}$$

即

$$a(u-u_0)=A+m \tag{3.7-13}$$

极小值满足的关系

$$a(u-u_0)-\frac{(n-1)h}{\lambda}=m+\frac{K}{N}，(K=\pm1，\pm2，\cdots，K<N) \tag{3.7-14}$$

即

$$a(u-u_0)=m+A+\frac{K}{N} \tag{3.7-15}$$

极大值对应的衍射角

$$a\left(\frac{\sin\theta}{\lambda}-\frac{\sin\theta_0}{\lambda}\right)-\frac{(n-1)h}{\lambda}=m \tag{3.7-16}$$

即

$$a(\sin\theta-\sin\theta_0)=(A+m)\lambda \tag{3.7-17}$$

极小值对应的衍射角

$$a\left(\frac{\sin\theta}{\lambda}-\frac{\sin\theta_0}{\lambda}\right)-\frac{(n-1)h}{\lambda}=m+\frac{K}{N} \tag{3.7-18}$$

即

$$a(\sin\theta-\sin\theta_0)=\left(m+A+\frac{K}{N}\right)\lambda \tag{3.7-19}$$

极大值对应的坐标

$$a\left(\frac{x_{1M}}{f\lambda}-\frac{\sin\theta_0}{\lambda}\right)-\frac{(n-1)h}{\lambda}=m \tag{3.7-20}$$

即

$$a(x_{1M}-f\sin\theta_0)=(m+A)f\lambda \tag{3.7-21}$$

极小值对应的坐标

$$a\left(\frac{x_{1m}}{\lambda}-\frac{\sin\theta_0}{\lambda}\right)-\frac{(n-1)h}{\lambda}=m+\frac{K}{N} \tag{3.7-22}$$

即

$$a(x_{1m}-f\sin\theta_0)=\left(m+A+\frac{K}{N}\right)f\lambda \tag{3.7-23}$$

当以 θ_0 角入射阶梯光栅并且衍射角 θ 不大时，可以得到相邻两个阶梯衍射光的光程差为

$$\Delta=(n-1)h+\theta a \tag{3.7-24}$$

由此，得到光栅方程为

$$(n-1)h+\theta a=m\lambda \tag{3.7-25}$$

对于上式，如果取 $n=1.5$，$h=10\text{mm}$，$\lambda=500\text{nm}$，则阶梯光栅最低光谱级次(对应于 $\theta=0$)为 $m=10\ 000$。由此可见，由于阶梯光栅光谱级次很大，它的自由光谱范围是很小的，因此，这种阶梯光栅适用于分析光谱线的精细结构。通常阶梯光栅的 $a=d$，所以只要落在单阶梯衍射零级极大范围内的一个或两个光谱线才有较大的光强。

3.8　正弦光栅衍射

通常把透射系数按正弦或余弦函数变化的光栅称为正弦光栅。我们知道，双光束干涉的强度分布为余弦函数形式，因此，把一张记录了双光束干涉条纹的底片进行线性冲洗后，它的透射系数的分布就具有余弦函数形式，这样一张底片就是一块正弦光栅。本节将讨论正弦光栅的衍射光强分布。

3.8.1　正弦光栅的透射系数

由于干涉条纹记录了光波的振幅和位相信息，因此记录了干涉条纹的底片有时又被称为全息光栅。正弦光栅的透射系数曲线如图 3-25 所示。光栅的周期为 d。

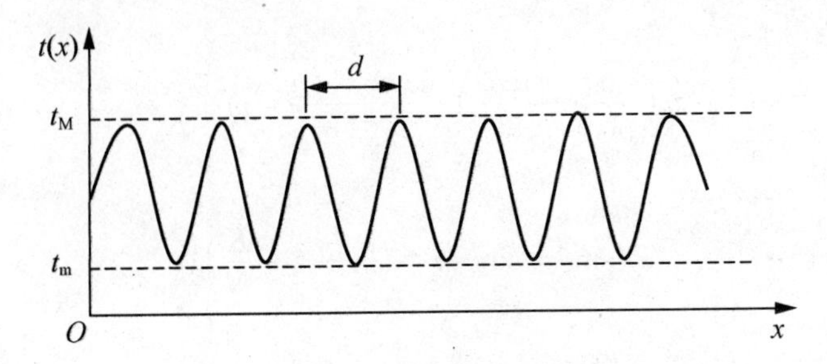

图 3-25 正弦光栅透射系数曲线

对于正弦光栅，第 1，2，3，…，N 个孔径的透射函数可以写为

$$t_1(x)=1+B\cos\left(\frac{2\pi x}{d}\right) \tag{3.8-1}$$

$$t_2(x)=1+B\cos\left(\frac{2\pi x}{d}\right)\otimes\delta(x-d) \tag{3.8-2}$$

$$t_3(x)=1+B\cos\left(\frac{2\pi x}{d}\right)\otimes\delta(x-2d) \tag{3.8-3}$$

$$\vdots$$

$$t_N(x)=1+B\cos\left(\frac{2\pi x}{d}\right)\otimes\delta[x-(N-1)d] \tag{3.8-4}$$

式中，B 为小于 1 的常数。N 个孔径总的透射函数为

$$t(x)=1+B\cos\left(\frac{2\pi x}{d}\right)\otimes\sum_{m=0}^{N-1}\delta(x-md) \tag{3.8-5}$$

3.8.2 正弦光栅衍射的光强分布

如果用单位振幅平面波在 xoz 平面内倾斜入射，并且与 z 轴的夹角为 θ_0，则照明函数可以表示为

$$e(x)=\exp(\mathrm{i}2\pi u_0 x) \tag{3.8-6}$$

于是，衍射屏上，N 个孔径的光振动函数为

$$E(x)=1+B\cos\left(\frac{2\pi x}{d}\right)\otimes\sum_{m=1}^{N}\delta[x-(m-1)d]\cdot\exp(\mathrm{i}2\pi u_0 x) \tag{3.8-7}$$

观察屏上的光振动函数为

$$\begin{aligned}E(u)&=\mathscr{F}[E(x)]\\&=C\mathscr{F}\left[1+B\cos\left(\frac{2\pi x}{d}\right)\right]\cdot\mathscr{F}\left[\sum_{m=1}^{N}\delta(x-md)\right]\otimes\mathscr{F}[\exp(\mathrm{i}2\pi u_0 x)]\\&=C\left[\delta(u)+\frac{B}{2}\delta\left(u-\frac{1}{d}\right)+\frac{B}{2}\delta\left(u+\frac{1}{d}\right)\right]\cdot\sum_{m=1}^{N}\exp[-\mathrm{i}2\pi(m-1)du]\otimes\delta(u-u_0)\\&=C\left[\delta(u-u_0)+\frac{B}{2}\delta\left(u-u_0-\frac{1}{d}\right)+\frac{B}{2}\delta\left(u-u_0+\frac{1}{d}\right)\right]\cdot\sum_{m=1}^{N}\exp[-\mathrm{i}2\pi(m-1)d(u-u_0)]\end{aligned} \tag{3.8-8}$$

因为

$$\sum_{m=1}^{N}\exp[-i2\pi(m-1)d(u-u_0)]=\exp[-i\pi(N-1)d(u-u_0)]\frac{\sin[\pi Nd(u-u_0)]}{\sin[\pi d(u-u_0)]} \tag{3.8-9}$$

所以

$$E(u)=C\left[\delta(u-u_0)+\frac{B}{2}\delta\left(u-u_0-\frac{1}{d}\right)+\frac{B}{2}\delta\left(u-u_0+\frac{1}{d}\right)\right]\cdot\exp[-i\pi(N-1)d(u-u_0)]\frac{\sin[\pi Nd(u-u_0)]}{\sin[\pi d(u-u_0)]} \tag{3.8-10}$$

因此得到正弦光栅的衍射强度分布为

$$I=I_0\left[\delta(u-u_0)+\frac{B}{2}\delta\left(u-u_0-\frac{1}{d}\right)+\frac{B}{2}\delta\left(u-u_0+\frac{1}{d}\right)\right]^2\cdot\frac{\sin^2[\pi Nd(u-u_0)]}{\sin^2[\pi d(u-u_0)]} \tag{3.8-11}$$

令 $U=(u-u_0)$，则有

$$I=I_0\left[\delta(u-u_0)+\frac{B}{2}\delta\left(U-\frac{1}{d}\right)+\frac{B}{2}\delta\left(U+\frac{1}{d}\right)\right]^2\cdot\frac{\sin^2(\pi NdU)}{\sin^2(\pi dU)} \tag{3.8-12}$$

可见，第一个因子为一个正弦周期孔径衍射的光强分布，如图 3-26 所示；第二个因子为多个正弦周期孔径干涉的光强分布，如图 3-27 所示。通过上述分析，可以得到正弦光栅夫琅和费衍射的光强分布如图 3-28 所示。

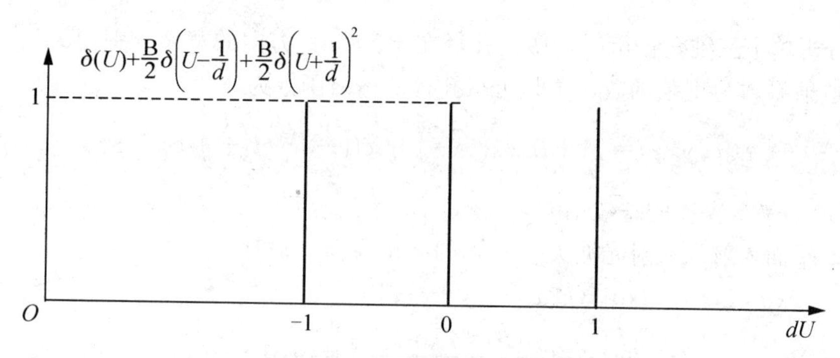

图 3-26 一个正弦周期孔径衍射的光强分布

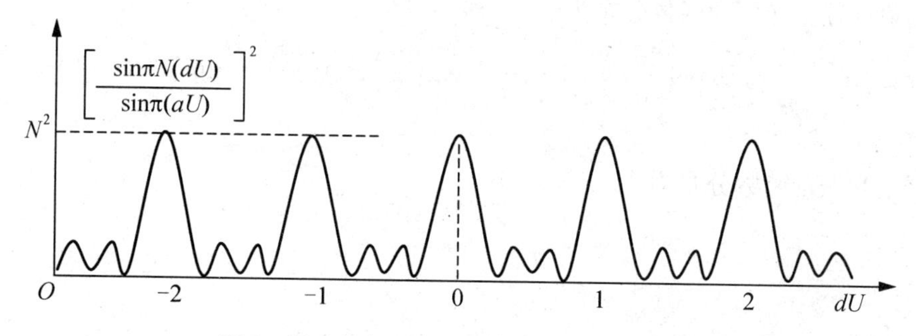

图 3-27 多个正弦周期孔径干涉的光强分布

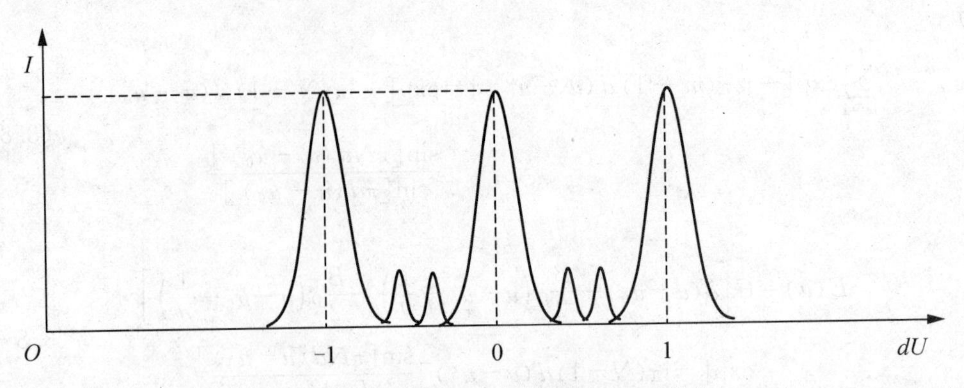

图 3-28　正弦光栅夫琅和费衍射的光强分布

可以看出，正弦光栅的衍射图样只包含零级和正负一级条纹，并且条纹的宽度与光栅的周期数成反比，当周期数很大时，条纹会非常窄，相对于 3 个 δ 函数。

3.9　三维孔径的衍射

当衍射孔或缝不是平面而有一定厚度时，便等效于三维孔径衍射。实际上，全息底板就相当于一个正弦体光栅。本节将讨论三维孔径衍射的强度分布。

3.9.1　单个三维孔径衍射的光强分布

下面分析单个三维孔径衍射，假设孔径在 x、y、z 方向的宽度分别为 a、b、c，并且在 x 方向透射系数为正弦函数，于是可得孔径的透射函数为

$$t(x,y,z)=\left[1+B\cos\left(\frac{2\pi x}{a}\right)\right]\mathrm{rect}\left(\frac{x}{a}\right)\mathrm{rect}\left(\frac{y}{b}\right)\mathrm{rect}\left(\frac{z}{c}\right) \tag{3.9-1}$$

则在孔径处，$x=0$ 或 a 的整数倍时，$t(x,y,z)=1$，当 $x=a/2$ 时，$t(x,y,z)=0$。如果光波在 xoz 平面入射，入射光波矢与 z 轴的夹角为 θ_0。则有

$$\begin{aligned}e(x,y,z)&=\exp[\mathrm{i}(k_x x+k_y y+k_z z)]\\&=\exp\left[\mathrm{i}2\pi\left(\frac{\sin\theta_0}{\lambda}x+\frac{\cos\theta_0}{\lambda}z\right)\right]=\exp[\mathrm{i}2\pi(u_0 x+w_0 z)]\end{aligned} \tag{3.9-2}$$

因此，衍射孔径上光振动函数分布为

$$E(x,y,z)=\left[1+B\cos\left(\frac{2\pi x}{a}\right)\right]\mathrm{rect}\left(\frac{x}{a}\right)\mathrm{rect}\left(\frac{y}{b}\right)\mathrm{rect}\left(\frac{z}{c}\right)\cdot\exp[\mathrm{i}2\pi(u_0 x+w_0 z)] \tag{3.9-3}$$

则观察屏上光振动函数分布为

$$E(u,v,w)=C\mathscr{F}\left\{\left[1+B\cos\left(\frac{2\pi x}{a}\right)\right]\mathrm{rect}\left(\frac{x}{a}\right)\mathrm{rect}\left(\frac{y}{b}\right)\mathrm{rect}\left(\frac{z}{c}\right)\cdot\exp\left[\mathrm{i}2\pi(u_0x+w_0z)\right]\right\}$$

$$=C\left[\delta(u)+\frac{B}{2}\delta\left(u-\frac{1}{a}\right)+\frac{B}{2}\delta\left(u+\frac{1}{a}\right)\right]\cdot a\,\mathrm{sinc}\,(au)b\,\mathrm{sinc}\,(bv)c\,\mathrm{sinc}\,(w)$$

$$\otimes\delta(u-u_0)\otimes\delta(w-w_0)$$

$$=C\left[\delta(u-u_0)+\frac{B}{2}\delta\left(u-u_0-\frac{1}{a}\right)+\frac{B}{2}\delta\left(u-u_0+\frac{1}{a}\right)\right]\cdot a\,\mathrm{sinc}\left[a(u-u_0)\right]$$

$$b\,\mathrm{sinc}\,(bv)c\sin\left[c(w-w_0)\right] \tag{3.9-4}$$

单个三维孔径衍射的光强分布

$$I(u,v,w)=I_0\left[\delta(u-u_0)+\frac{B}{2}\delta\left(u-u_0-\frac{1}{a}\right)+\frac{B}{2}\delta\left(u-u_0+\frac{1}{a}\right)\right]^2$$
$$\cdot\,\mathrm{sinc}^2\left[a(u-u_0)\right]\mathrm{sinc}^2(bv)\sin^2\left[c(w-w_0)\right] \tag{3.9-5}$$

式中，$I_0=C^2\left[abc\right]^2$

3.9.2　三维孔径衍射的光强分布特点

从式(3.9-5)可知，光强产生极值的条件由4个因子的乘积决定。对于 $\mathrm{sinc}^2(bv)$ 来说，在 $v\to0$ 时才有极值，由于选取入射光在 xoz 平面内，因此，此项不用考虑。对于 $\mathrm{sinc}^2\left[a(u-u_0)\right]$ 来说，由于受到 $\left[\delta(u-u_0)+\frac{B}{2}\delta\left(u-u_0-\frac{1}{a}\right)+\frac{B}{2}\delta\left(u-u_0+\frac{1}{a}\right)\right]^2$ 的影响，因此 u 变量有3个极值

$$u-u_0=\frac{m}{a}\qquad(m=0,\ \pm1) \tag{3.9-6}$$

对于 $\mathrm{sinc}^2\left[c(w-w_0)\right]$ 来说，w 变量极值为

$$w-w_0=0 \tag{3.9-7}$$

由 $u-u_0=\frac{m}{a}$，得

$$\frac{\sin\theta}{\lambda}-\frac{\sin\theta_0}{\lambda}=\frac{m}{a} \tag{3.9-8}$$

由 $w-w_0=0$，得

$$\cos\theta-\cos\theta_0=0 \tag{3.9-9}$$

也就是 $\cos\theta=\cos\theta_0$，因此得 $\theta=\pm\theta_0$。当 $\theta=\theta_0$ 时，与式(3.9-6)中 $m=0$ 对应。当 $\theta=-\theta_0$ 时，与式(3.9-6)中 $m=\pm1$ 对应，此时可以将式(3.9-8)写为

$$\frac{\sin\theta}{\lambda}-\frac{\sin(-\theta)}{\lambda}=\frac{m}{a}\qquad(m=\pm1) \tag{3.9-10}$$

因此得到

$$2\sin\theta=\frac{m\lambda}{a}\qquad(m=\pm1) \tag{3.9-11}$$

式(3.9-11)称为布拉格方程，又称为布拉格条件。取 m 为+1 时，θ 为正角，此时 θ_0 必须为负角。取 m 为-1 时，θ 为负角，此时 θ_0 必须为正角。可见三维孔径衍射仅有两级衍射，一级对应入射角 θ_0 方向，另一级根据入射角 θ_0 取正负不同而与其相反方向出现衍射。两种情况对应的衍射如图 3-29 所示。

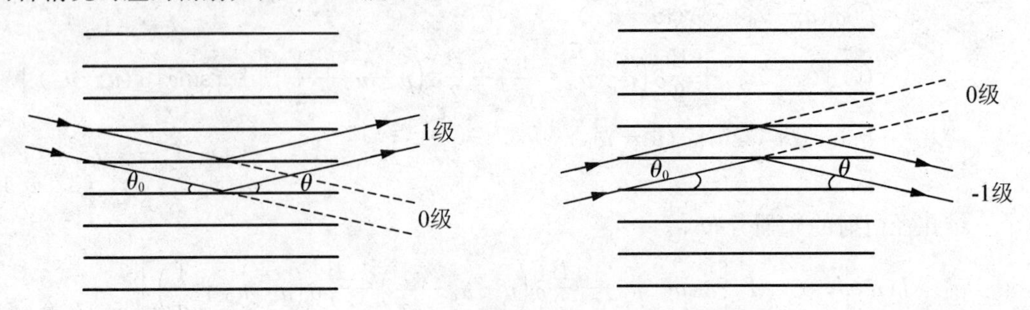

图 3-29　三维孔径形成的布拉格衍射示意图

三维衍射是声光调制器的理论基础，在光电技术中有重要应用，可以设法使 0 级衍射光很弱，1 级衍射光近似等于入射光，则相当光偏转，也可以通过某种控制使出射光在 0 级方向和 1 级方向来回变化。

应用实例

应用实例 3-1： 振幅为 E_0 的平面波垂直照射宽度为 a 的单狭缝，求单狭缝夫琅和费衍射的光强分布。

解：对于垂直照射、振幅为 E_0 的平面波，照明函数可以写为：$e(x,y)=E_0$；对于宽度为 a 的单狭缝，孔径函数可以写为：$t(x,y)=\text{rect}(x/a)$。因此，衍射屏上的复振幅分布函数为

$$\widetilde{E}(x,y)=e(x,y)t(x,y)=E_0\text{rect}(x/a)$$

由于观察屏上的复振幅分布函数是衍射屏上的复振幅分布函数的傅里叶变换，因此，观察屏上的复振幅分布函数为

$$\widetilde{E}(u,v)=C\mathscr{F}[\widetilde{E}(x,y)]=C\mathscr{F}[E_0\text{rect}(x/a)]=CE_0a\,\text{sinc}(au)$$

因此，单狭缝夫琅和费衍射的光强分布为

$$I=|\widetilde{E}(u,v)|^2=[CE_0a\,\text{sinc}(au)]^2=I_0\ [\text{sinc}(au)]^2$$

式中，$I_0=(CE_0a)^2$。当

$$au=\begin{cases}0 & \text{有极大值}\\ m\,(m=\pm1,\ \pm2,\ \cdots) & \text{有极小值}\end{cases}$$

由于 $u=\dfrac{x_1}{\lambda f}=\dfrac{\sin\theta}{\lambda}$，因此

$$\begin{cases}x_1=0 & \text{有极大值}\\ x_1=m\lambda f/a & \text{有极小值}\end{cases}$$

或

$$\begin{cases}\sin\theta=0 & \text{有极大值}\\ \sin\theta=m\lambda/a & \text{有极小值}\end{cases}$$

令 $x=\pi au$，可以得到

$$\frac{I}{I_0}=\left[\frac{\sin x}{x}\right]^2$$

在两个暗点之间有一个次极大，它的位置由

$$\frac{d}{\mathrm{d}x}\left[\left(\frac{\sin x}{x}\right)^2\right]=0$$

决定，即

$$\tan x=x$$

这一方程可以利用图解法求解。在同一坐标系中分别作出曲线 $y=x$ 和 $y=\tan x$，其交叉点即为方程的解。

应用实例 3-2：振幅为 E_0 的平面波垂直照射半径为 a 的圆孔，求圆孔夫琅和费衍射的光强分布。

解：因为入射光是振幅为 E_0 的平面波且垂直照射衍射孔径，则照明函数为 $e(x,y)=E_0$；对于衍射屏是半径为 a 的圆孔，孔径函数可以写为 $t(x,y)=\mathrm{circ}(r/a)$。因此，衍射屏上的复振幅分布函数为

$$\widetilde{E}(x,y)=e(x,y)t(x,y)=E_0\mathrm{circ}(r/a)$$

因此，观察屏上的复振幅分布函数为

$$\begin{aligned}\widetilde{E}(u,v)&=C\mathscr{F}[\widetilde{E}(x,y)]=C\mathscr{F}[E_0\mathrm{circ}(r/a)]\\&=CE_0aJ_1(2\pi aw)/w=2\pi aCE_0aJ_1(2\pi aw)/2\pi aw\end{aligned}$$

式中，$w=\sqrt{u^2+v^2}$。令 $z=2\pi aw$，可以得到

$$\widetilde{E}(u,v)=2\pi aCE_0aJ_1(z)/z$$

因此，光强分布为

$$I=|\widetilde{E}(u,v)|^2=(2\pi CE_0a^2)^2\left[\frac{J_1(z)}{z}\right]^2=I_0\left[\frac{2J_1(z)}{z}\right]^2$$

式中，$I_0=(\pi CAa^2)^2$

$$\text{因 }J_1(z)=\sum_{m=0}^{\infty}(-1)^m\frac{1}{m!\ (m+1)!}\left(\frac{z}{2}\right)^{2m+1}=\frac{z}{2}-\frac{1}{2}\left(\frac{z}{2}\right)^3+\frac{1}{2!\ 3!}\left(\frac{z}{2}\right)^5-\cdots$$

$$\text{故}\frac{I}{I_0}=\left[\frac{2J_1(z)}{z}\right]^2=\left[1-\frac{1}{2!}\left(\frac{z}{2}\right)^2+\frac{1}{2!\ 3!}\left(\frac{z}{2}\right)^4-\cdots\right]^2$$

可见，圆孔夫琅和费衍射图样为里疏外密同心圆环。

当 $z=0$ 时，$I=I_0$，即当 $z=0$ 时有主极大。因此，对应轴上 P_0点为亮斑。当 $J_1(z)=0$ 时，$I=0$，这时 z 值决定了衍射暗环的位置。可以算得第一暗环时 $z=3.833\approx1.22\pi$，因此，可得中央亮斑处的光强 $I=0.837\ 8I_0$。这个亮斑称为爱里(Airy)斑。

由 $z=2\pi a w=1.22\pi$，$w=\sqrt{u^2+v^2}$，$u=x_1/\lambda f$ 和 $v=y_1/\lambda f$ 可以得到爱里斑半径：

$$r_1=0.61\lambda f/a$$

或以角半径表示为

$$\theta_1=0.61\lambda/a$$

爱里斑的面积为

$$S_1=\frac{(0.61\pi\lambda f)^2}{S}$$

式中 S 为圆孔的面积。可见，圆孔越小，爱里斑越大，衍射现象越明显。只有在 $S=0.61\pi\lambda f$ 时，$S_1=S$。

应用实例 3-3：单位振幅平面波垂直照射半径为 a 的圆盘，求圆盘夫琅和费衍射的光强分布。

解：因为入射光是单位振幅平面波且垂直照射衍射孔径，所以照明函数为：$e(x,y)=1$；又因为衍射屏是半径为 a 的圆盘，所以孔径函数为：$t(x,y)=1-\mathrm{circ}(r/a)$。因此，衍射屏上的复振幅分布函数为

$$\widetilde{E}(x,y)=e(x,y)t(x,y)=1-\mathrm{circ}(r/a)$$

因此，观察屏上的复振幅分布函数为

$$\begin{aligned}\widetilde{E}(u,v)&=C\mathscr{F}[\widetilde{E}(x,y)]=C\mathscr{F}[1-\mathrm{circ}(r/a)]\\&=C[\delta(u,v)-aJ_1(2\pi a w)/w]=C[\delta(u,v)-\pi a^2 2J_1(z)/z]\end{aligned}$$

式中，$w=\sqrt{u^2+v^2}$，$z=2\pi a w$。因此，圆盘夫琅和费衍射的光强分布为

$$I=|\widetilde{E}(u,v)|^2=C^2\ [\delta(u,v)-\pi a^2 2J_1(z)/z]^2$$

因为 $\delta(u,v)$ 除了中心处不为零外，其他各处全为零，而 $2J_1(z)/z$ 在中心处为 1，因此

$$I_{z=0}=C^2\ [\infty-\pi a^2]^2$$

$$I_{z>0}=C^2\ [\pi a^2 2J_1(z)/z]^2$$

$$\frac{I}{I_0}=\left[\frac{2J_1(z)}{z}\right]^2$$

式中，$I_0=(\pi C a^2)^2$。可见，圆盘夫琅和费衍射仍然是里疏外密同心圆环，而且中心处为亮斑。

应用实例 3-4：在夫琅和费双缝衍射装置当中，波长为 532nm 的光波垂直照射宽度为 0.01mm，间距为 0.05mm 的双缝，若汇聚透镜的焦距为 50cm，求：(1)衍射条纹的间距；(2)发生缺级的级次。

解：(1)因为光波垂直照射双缝，因此，衍射形成 $m+1$ 级和 m 级亮纹的条件分别为

$$d\sin(\theta+\Delta\theta)=(m+1)\lambda \text{ 和 } d\sin\theta=m\lambda$$

上两式相减，并注意到 θ 和 $\theta+\Delta\theta$ 都很小，得到

$$d\Delta\theta=\lambda$$

衍射条纹的间距为

$$e=f\cdot\Delta\theta=\lambda f/d=532\text{nm}\times10^{-6}\times50\times10/0.05=5.32\text{mm}$$

（2）由于 $d/a=0.05/0.01=5$，因此，发生缺级的级次为 5、10、15……

应用实例 3-5：波长为 633nm 的 He—Ne 激光正入射到一块刻缝密度为 500 线/mm，有效宽度为 50mm 的光栅上，求衍射第一极大和第二极大对应的衍射角和半角宽度。

解：根据光栅方程可以得到

$$\sin\theta_1=\frac{\lambda}{d}=633\times10^{-6}\times500=0.3165，\sin\theta_2=\frac{2\lambda}{d}=0.6330$$

因此，衍射第一极大和第二极大对应的衍射角分别为

$$\theta_1=18.45°，\theta_2=39.27°$$

两个极大对应的半角宽度分别为

$$\Delta\theta_1=\frac{\lambda}{D\cos\theta_1}=\frac{633}{50\times10^6\times\cos18.45°}\approx1.33\times10^{-5}\,\text{rad}$$

$$\Delta\theta_2=\frac{\lambda}{D\cos\theta_1}=\frac{633}{50\times10^6\times\cos39.27°}\approx1.64\times10^{-5}\,\text{rad}$$

应用实例 3-6：波长为 532nm 的平行光照射刻缝密度为 500 线/mm 的光栅，问(1)垂直照射和(2)与光栅面成 60°角照射时最多能观察到第几级谱线？

解：(1)根据光栅方程，垂直照射时有

$$d\sin\theta=m\lambda$$

当 $\sin\theta=1$ 时，观察到的谱线数目最多为

$$m=\frac{d}{\lambda}=\frac{1}{500\times532\times10^{-6}}\approx3.8$$

即，可以观察到 3 条谱线。

（2）根据光栅方程，与光栅面成 60°角照射时有

$$d(\sin\theta+\sin30°)=m\lambda$$

同样，当 $\sin\theta=1$ 时，观察到的谱线数目最多为

$$m=\frac{d(1+\sin30°)}{\lambda}=\frac{1.5}{500\times532\times10^{-6}}\approx5.6$$

即，可以观察到 5 条谱线。

应用实例 3-7：波长为 532nm 的激光正入射到一块刻缝密度为 800 线/mm，有效宽度为 50mm 的光栅上，设聚焦物镜的焦距为 1 000mm，求该光栅一级光谱的角色散本领、线色散本领和分辨本领。

解：光栅一级光谱的角色散本领

$$G_{1\theta}=\frac{1}{d\cos\theta_1}=\frac{1}{d\sqrt{1-\sin^2\theta_1}}=\frac{1}{\sqrt{d^2-\lambda^2}}=\frac{1}{\sqrt{(10^6/800)^2-532^2}}\approx0.884\times10^{-3}\,\text{rad/nm}$$

光栅一级光谱的线色散本领

$$G_{1l}=f\,\frac{1}{d\cos\theta_1}=f\cdot G_{1\theta}=1\,000\text{mm}\times0.8\times10^{-3}\text{线/nm}=0.884\text{mm/nm}$$

光栅一级光谱的分辨本领

$$G=mN=1\times50\text{线/mm}\times800\text{线/mm}=40\,000$$

小　结

本章讨论了光的标量衍射理论，主要内容包括惠更斯-菲涅耳原理、基尔霍夫衍射理论、照明函数和孔径函数的具体表达形式、利用傅里叶变换处理夫琅和费衍射、平面透射光栅衍射、闪耀光栅衍射、阶梯光栅衍射、正弦光栅衍射和三维孔径的衍射。在惠更斯-菲涅耳原理方面，要重点学习和掌握该理论的思想方法以及衍射光强分布的求解过程。在基尔霍夫衍射理论方面，要重点学习和掌握该理论的适用范围以及菲涅耳衍射和夫琅和费衍射的近似条件。在照明函数和孔径函数方面，要重点学习和掌握常用照明函数和孔径函数的书写方法。在利用傅里叶变换处理夫琅和费衍射方面，要重点学习和掌握解题的步骤和相关的讨论过程。在各种光栅衍射方面，要重点学习和掌握各种光栅的结构以及光通过光栅后衍射光强分布的求解方法。

习题与思考题

3.1　在双缝夫琅和费衍射中，所用波长 $\lambda=632.8$nm，透镜焦距 $f=50$cm，观察到相邻亮条纹之间的距离 $e=1.5$mm，并且第 4 级亮纹缺级。试求：(1)双缝的间距和缝宽；(2)第 1、2、3 级亮纹的相对强度。

3.2　用波长为 632.8nm 的 He-Ne 激光照射一光栅，已知该光栅的缝宽 $a=0.012$mm，不透明部分宽度 $b=0.03$mm，缝数 $N=1\,000$ 条。试求：(1)中央峰的角宽度；(2)中央峰内干涉主极大的数目；(3)谱线的半角宽度。

3.3　已知一光栅的光栅常数 $d=2.5\mu$m，缝数为 $N=20\,000$ 条。求此光栅的第 1、2、3 级光谱的分辨本领；并求波长 0.53μm 绿光的 2 级、3 级光谱的衍射角度。

3.4　一光栅宽为 5cm，每毫米内有 400 条刻线。当波长为 0.53μm 的平行光垂直入射时，第 4 级衍射光谱处在单缝衍射的第 1 极小位置。试求：(1)每缝的宽度；(2)第 2 级衍射光谱的半角宽度；(3)第 2 级可分辨的最小波长差。

3.5　半径为 a 的圆孔内接一个正方形遮光屏构成衍射屏，求其夫琅和费衍射强度分布，设单位振幅平面波垂直入射。

3.6　在宽度为 a 的单狭缝上覆盖着振幅透射系数 $t(x)=\cos(\pi x/a)$ 的膜片，用单位振幅平面波垂直照射，试求其夫琅和费衍射光强分布，并和无膜片时的光强分布作比较。

3.7　衍射屏由两块正交叠合的光栅构成，其振幅透射系数分别为 $t(x)=1+\cos 2\pi u_0 x$；$t(y)=1+\cos 2\pi v_0 y$，用单位振幅平面波垂直照射，求这一光栅组合的夫琅和费衍射图样的强度分布。

3.8　如果要求一个 50 条/mm 的低频光栅在第 2 级光谱中能分辨钠黄光双线 589nm 和 589.6nm，此光栅的有效宽度至少为多少？

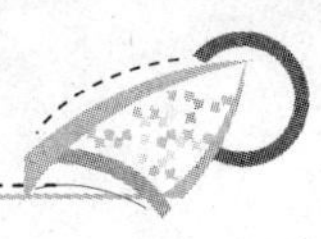

3.9　某光源发射波长为650nm的谱线，经检测发现它是双线，如果在9×10^5条刻线光栅的第3级光谱中刚好能分辨开此双线，求其波长差为多少？

3.10　用一个常数为2.5×10^{-5}mm、宽度为30mm的光栅，分析500nm附近的光谱。试求：(1)第一级光谱的角色射；(2)若透镜焦距为50cm，求第一级光谱的线色射；(3)第一级光谱能分辨的最小波长差。

3.11　一个光栅光谱仪给出了如下性能参数：物镜聚焦1050mm，刻画面积60mm×40mm，一级闪耀波长为365nm，刻线密度为1 200线/mm，色散为0.8nm/mm，一级理论分辨率为7.2×10^4，根据以上数据计算：(1)该光谱仪能分辨的最小波长差；(2)该光谱仪的角散射本领；(3)光谱仪的闪耀角为多少？闪耀方向与光栅面法线之间的夹角是多少？(4)与该光谱仪匹配的记录介质的分辨率至少为多少(线/mm)？

第4章

光学全息理论

光学全息技术是指利用光的干涉和衍射方法来记录和再现物体的完整逼真的立体像技术。全息技术适用于各种形式的波动，如X射线、微波、声波和电子波等。只要这些波动在形成干涉图样时具有足够的相干性即可。光学全息技术在立体电影、电视、展览、显微术、干涉度量学、投影光刻、军事侦察监视、水下探测、金属内部探测、保存珍贵的历史文物、艺术品、信息存储、遥感，研究和记录物理状态变化极快的瞬时现象、瞬时过程(如爆炸和燃烧)等各个方面获得广泛应用。本章将在介绍光学全息技术产生和发展历程之后，讨论光学全息的基本原理和应用。

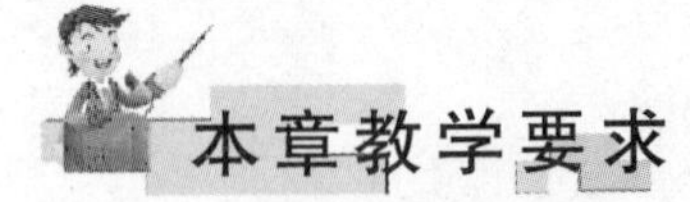

本章教学要求

- ➤ 了解光学全息的产生和发展历程
- ➤ 掌握光学全息的基本原理和系统组成
- ➤ 掌握菲涅耳全息的基本理论
- ➤ 掌握夫琅和费全息的基本理论
- ➤ 了解体全息图的基本原理
- ➤ 了解单脉冲和双脉冲全息图
- ➤ 了解彩色全息图
- ➤ 了解光学全息的应用

导读

全息技术是利用干涉和衍射原理来记录并再现物体真实的三维图像的技术。全息技术的第一步是利用干涉原理记录物体光波信息，此即记录过程：被摄物体在激光辐照下形成漫射式的物光波；另一部分激光作为参考光波直接射到全息底版上，和物光波叠加产生干涉，把物体光波上各点的位相和振幅转换成在空间上变化的强度，从而利用干涉条纹间的反差和间隔将物体光波的全部信息记录下来。记录着干涉条纹的底版经过显影、定影等处理程序后，便成为一张全息图，或称全息照片；第二步是利用衍射原理再现物体光波信息，这是再现过程：全息图犹如一个复杂的光栅，在相干激光照射下，一张线性记录的正

弦型全息图的衍射光波一般可给出两个像，即原始像和共轭像。再现的图像立体感强，具有真实的视觉效应。全息图的每一部分都记录了物体上各点的光信息，故原则上它的每一部分都能再现原物的整个图像，通过多次曝光还可以在同一张底版上记录多个不同的图像，而且能互不干扰地分别显示出来。下图是全息记录和再现的原理示意图。

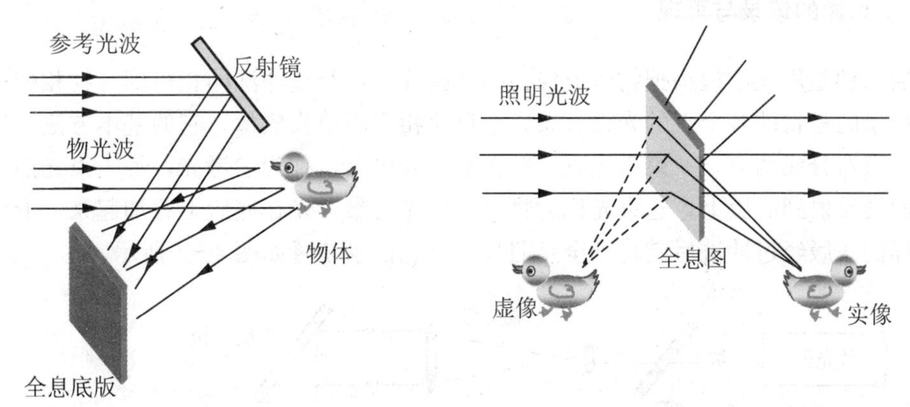

本章在分析和讨论产生干涉的条件基础上，首先，对双光束干涉和多光束干涉产生的干涉图样特点、干涉场强度分布进行深入的理论分析。其次，介绍干涉仪器的原理、结构。再次，讲解干涉原理在光学介质膜设计过程当中的应用。

4.1　光学全息概述

1948年，伦敦大学的英籍匈牙利科学家丹尼斯·盖伯(Dennis Gabor)提出了光学全息成像的原理，但直到1960年激光问世以后，才使这种不用透镜的三维成像技术成为现实。本节将介绍光学全息的产生、发展过程，全息像的记录、再现过程以及全息成像技术的应用领域。

4.1.1　光学全息的产生、发展过程

全息成像最早是由丹尼斯-伽伯提出的，当时的研究是把全息成像用于电子显微镜方面，目的是把记录下来的电子波用光波再现，补偿电子透镜的像差，提高显微镜分辨率。由于当时用水银灯，其相干性差，感光底片又不灵敏，加上环境干扰严重，所以全息成像质量差，没有受到重视。直到1960年出现激光，提供了理想的相干光源，全息术得到迅速发展，也为全息照相开辟了新的前景。1962年，美国密西根大学利思(E. N. leith)和厄帕特尼克斯(J. Upatnieks)用气体激光设置了三维物体图像的全息底版，不久，弗里森姆(Friesem)用多色全息照相技术摄制了红、绿、蓝三色立体全息照片。

在全息术的应用方面，早期有汤姆逊(Thopmson)等人，用脉冲激光器摄制了气体中悬浮粒子的高速全息图，布鲁克斯(Brocks)和沃尔克(Wuerker)用脉冲激光器摄制出子弹飞行轨迹，即其冲击波详细图形，此外还设置出果蝇扇动翅膀产生压缩波的图形，麦修斯(Mathews)等还用脉冲红宝石激光器摄制了液体火箭的注入和燃烧现象全息图。到20世

纪80年代，全息术已广泛用于瞬态现象研究、光学计量、光学存储、无损检验、商品防伪、图像识别等方面，全息术已成为一门独立的学科，无论是在国民经济中还是在军事上都有广泛的应用前景。

4.1.2 全息像的记录与再现

普通照相是用光学镜头把物体成像在感光胶片上，经过冲洗印相得到与物相似的平面像，它记录的是物的各个点的光强分布。全息照相不用镜头成像，它的基本方法是把一束激光用分束器分成两束，一束激光直接照在感光底版上，称为参考光，另一束光照明被摄物体，而漫反射到底版上，这束光称为物光。物光与参考光在底版上叠加起来，形成干涉图，这样的底版经过冲洗后就得到全息照片。全息记录装置如图4-1所示。

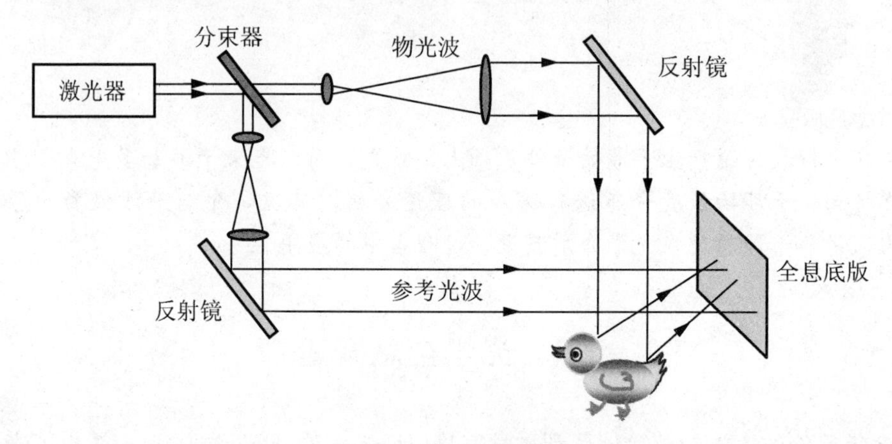

图4-1 全息记录装置

全息照相底片并没有物体像，而是一片极细的各种条纹构成的图案，若用原参考光去照射，便可得到原物体的空间(三维)再现影像，一般可得到一个虚像和一个实像，再现光路如图4-2所示。

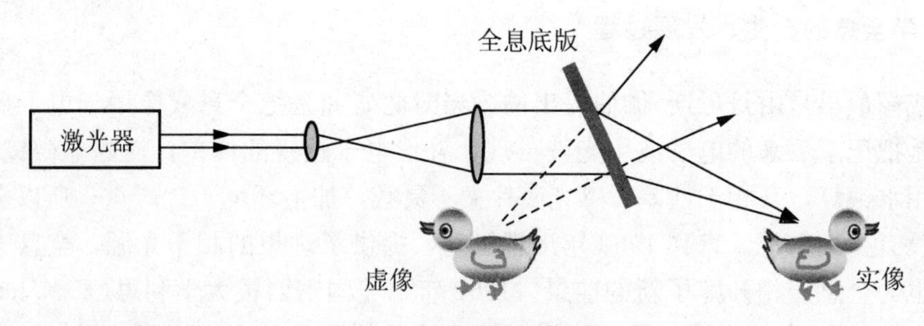

图4-2 全息再现装置

1. 全息像的记录

我们看见物体存在，是物体发出或反射的光波在人眼中起了作用。物体上每一点发出的光都在视网膜上成像，从而看见各点的空间分布，物体所有点阵构成物的像，如果我们能把物体上每一点的光波记录下来，然后再复制出来，便可如同人眼观察实物一样，看到

物体的像。从光的波动性质，一点光源发出球面波，其波面是球面，整个物体是大量光点的集合，物体反射的波面便是大量球面波的集合，这些球面波构成的合成波面是非常复杂的空间曲面，只要我们弄清楚一个光点的球面波是如何记录和再现的，便可推知整个物体光波的记录与再现。如图 4－3 所示，设 A 是物体上一点发出球面波，参考光垂直照射底版。在底版上记录的是参考光平面波与 A 点球面波干涉的图形。

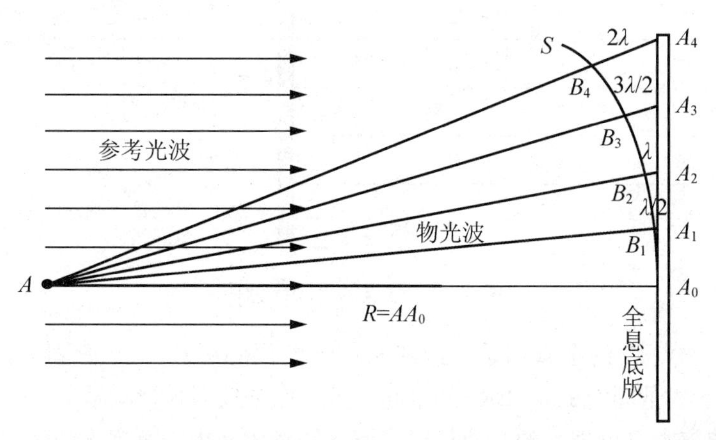

图 4－3　物点的记录示意图

设 A 到底版的垂直距离为 $R=AA_0$，以 A 为圆心，R 为半径作球面 S，则 S 上各点位相相同，作 AA_0、AA_1、AA_2、AA_3……使每条相邻的长度差为 $\lambda/2$，即 $B_1A_1=\lambda/2$，$B_2A_2=\lambda$，…，B_1，B_2，B_3，…是各线与 S 面的交点，B_1，B_2，B_3，…各点绕轴 AA_0 旋转则在 S 面上划出球冠状(称为纬线)，在不同纬线间构成波带，从每个波带的平均值来看，在 A_1附近的光线与参考平面波光线光程差 $\lambda/2$，所以此处光强减弱，从底版上看到以 A_0为中心，半径 A_0A_1圆上是一个暗环，同理 A_0A_2为半径的圆上为亮环……可见，在底版上形成明暗相间的干涉环，明暗环间差 $\lambda/2$，底版冲洗后，便构成一个波带板，即一张点源的全息底版。这里可见，干涉图形状反映了点源球面波与参考平面波之间的位相关系，即光程差为半波长奇数倍全为暗处，光程差波长为半波长整数倍为亮处。而条纹的对比度与物光和参考光的振幅有关。因此在记录的干涉条纹中包含 A 点物光的位相信息和振幅信息，所以这种照片成为全息图。

2. 全息像的再现

全息底版冲洗后是一片干涉条纹，对于光源来说就是一个波带板，这些条纹相当于一块复杂的光栅，因为条纹变窄，光透过时发生衍射现象，如图 4－4 所示。

全息底版上每一点都相当于子波源，设在轴上一点 B_1距亮带(透光带)的距离依次差中心距加上波长的整数倍，则 B_1点形成一个亮点，这一点实际就是原物点的共轭像，在全息底版的另一侧与入射参考光同侧，B_2也满足光波位相相同的条件，所以形成一个虚像，该虚像与原物 A 点相对应。在 B_1和 B_2之外的点到衍射屏的明条纹处，其所有的光线位相差不全满足 2π 的整数倍，所以不能形成一个亮点。

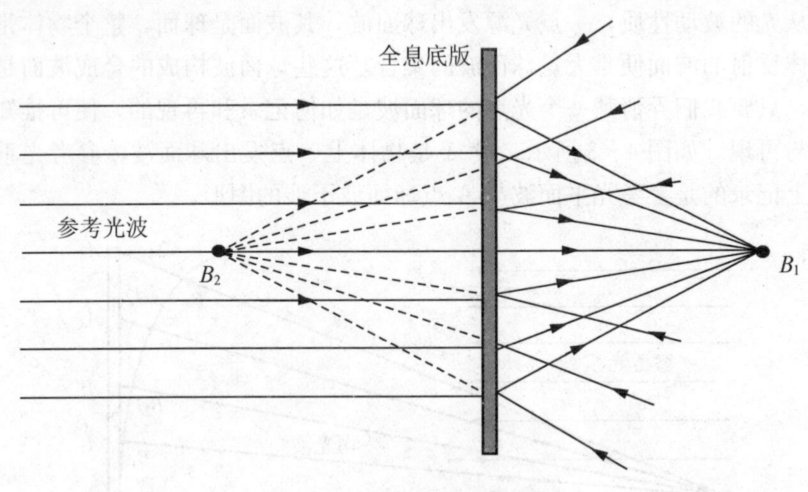

图 4-4　物点的再现示意图

综上所述，物点 A 的全息图是一组明暗相同的同心圆环，疏密程度取决于物光的位相(因为参考光看成是固定的)，即物的空间位置，而条纹对比度取决于物光的强弱。再现时，同心圆的疏密决定再现点的空间位置，而条纹对比度决定再现点的强弱。

对于复杂物体，可认为物表面上任何一点与参考光都形成一组同心干涉圆环，物面上所有点形成的干涉圆环交织在一起形成非常复杂的干涉图样，它记录了物体的波面特征，再现时，每一组同心圆都产生一个再现点，无数再现像点的集合构成再现物体的空间立体像。

4.1.3　光学全息的特点和要求

1. 光学全息的特点

光学全息的特点归纳起来有 5 个方面：①全息技术能够记录物体反射光的全部信息，并能够把它再现出来。因此，利用全息术可以获得与原物完全相同的立体像。②全息图的记录和再现一般需要利用单色光源，如果要获得物体的彩色信息，需要用不同波长的单色光作多次记录。③由于再现是一个衍射过程，因此，全息底版的尺寸足够大时，才能使再现像与原物等同。全息底版实际上是一块正弦光栅，只有当它的宽度远大于其上的条纹间距时，它的 0 级和 ±1 级衍射斑才接近于一个点。因此，对有限的全息底版，衍射斑将有一定的扩展，点物所成的像并不是点像。这就要求尽可能采用大面积的全息底版。④通常全息底版尺寸比其上的条纹间距大得多，所以，即使它破碎成许多小块，也可以再现出原物的像。因此，全息术具有可分割性。⑤全息术记录了物体反射光的全部信息，因此，全息术具有无遮挡性，即可以对多个被照射的物体同时摄制。

2. 光学全息的要求

光学全息的要求主要有 4 个方面：①对光源的要求是光源可以用连续和脉冲激光，光源要有良好的时间相干性和空间相干性。对激光功率和能量的要求与曝光时间有关，曝光

时间长需要功率低，但对系统的稳定性要求高。对连续激光要求输出功率为几十到几百毫瓦。对脉冲激光要求输出能量为几焦耳。②对光路的要求是参考光波在传输的过程中保持良好的相干性，尽可能屏蔽掉杂散光。要求物光波有足够的能量和较大的扩展面积，保证对被拍摄物体的均匀大面积照明。参考光波和物光波之间的夹角不能太大或太小。否则，会破坏相干性或相互干扰。③对底版的要求是全息底版必须进行线性处理，要有高的分辨率(1 000～4 000 线/mm)；快速感光能力；对相应的波长必须匹配。④对系统稳定性的要求是根据干涉的原理，相邻极大值和极小值之间是光程差为$\lambda/2$，因此，曝光时间内物体产生$\lambda/2$的位移，将造成干涉条纹无法分辨。因此，一般要求物体的最大抖动不超过$\lambda/4$，所以要获得清晰的全息图，全息记录装置的稳定性要很高，全息光路要有防震性能。

4.1.4　全息图分类

1. 菲涅耳全息图和夫琅和费全息图

菲涅耳全息图是近处物体形成的全息图，因此来自物体上各点的物光波为球面波，参考光波为平面波，点物散射的球面物光波在全息底版上的复振幅分布可取菲涅耳近似。夫琅和费全息图对应物体和参考光源都相当处于无穷远的情况。它是把平面物体放置在透镜的前焦面上，因此物体上每一点对应的光波都是平面波。参考光波也是平面波，并与物光波成一角度投射在全息底版上，一般把全息底版放在透镜的后焦平面上，这种全息图即为夫琅和费全息图。因为被记录的物光波是物面上光振动分布的傅里叶变换，所以这种全息图也称傅里叶变换全息图。

2. 平面全息图和体全息图

从记录干涉条纹间距的大小与感光乳剂厚度的关系上来分可分为平面全息图和体全息图。通过物理光学的学习我们知道，两个平面波形成的干涉图其条纹间距e与两光波夹角θ满足

$$e=\frac{\lambda}{2\sin(\theta/2)} \tag{4.1-1}$$

夹角θ越大，条纹间距越小，条纹越细；θ越小，条纹间距越大，条纹越粗，当e大于感光乳胶的厚度h时，全息底片是一个二维衍射结构，此种全息图称为平面全息图。这种全息图再现时，对再现光波长和角度不灵敏，有时用白光滤光后就能再现。当条纹间距e小于乳剂厚度时，全息底片上的干涉条纹是一个三维衍射结构，这种衍射必须遵从布拉格条件，再现时对再现光的入射角必须精确调节，称这种全息图为体全息图，在存储记录应用中多用这种全息图。

3. 透射式全息图和反射式全息图

从摄制全息图时，物光与参考光对底版的入射方向不同可分为透射式全息图和反射式全息图，当物光与参考光在底片同一面入射时，称为透射式全息图，当参考光与物光从底片两侧入射时，称为反射式全息图，对于夫琅和费反射式全息图，当$\theta\approx180°$时，$e=\lambda/2$，即再现时对角度不敏感。反射式全息图可用点源白光再现图像。

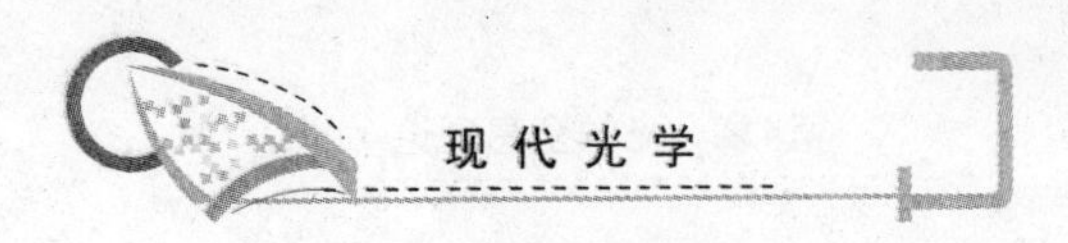

从对全息底版的曝光次数考虑，可以分为单脉冲全息图和双脉冲全息图。从物光与参考光的位置是否同轴考虑，可以分为同轴全息和离轴全息。

4.2 光学全息的基本理论

光学全息过程可以分为记录与再现两步。本节将对记录与再现过程进行理论分析，使读者在对光学全息感性认识的同时增强理性认识。

4.2.1 全息记录过程分析

在全息记录过程中，假设底版平面为 xoy 平面，则物光波和参考光波在底版平面上的复振幅分布可以写为

$$E_o(x,y)=E_{o0}(x,y)\exp[\mathrm{i}\phi_o(x,y)] \tag{4.2-1}$$

和

$$E_r(x,y)=E_{r0}(x,y)\exp[\mathrm{i}\phi_r(x,y)] \tag{4.2-2}$$

则全息底版上两光波干涉产生的光强分布为

$$I(x,y)=[E_o(x,y)+E_r(x,y)]\cdot[E_o(x,y)+E_r(x,y)]^* \tag{4.2-3}$$

将式(4.2-1)和式(4.2-2)代入上式，得到

$$\begin{aligned}I(x,y)&=E_oE_o^*+E_rE_r^*+E_oE_r^*+E_o^*E_r\\&=E_{o0}^2+E_{r0}^2+E_{o0}E_{r0}^*\exp[\mathrm{i}(\phi_o-\phi_r)]+E_{o0}^*E_{r0}\exp[-\mathrm{i}(\phi_o-\phi_r)]\\&=E_{o0}^2+E_{r0}^2+2E_{o0}E_{r0}\cos(\phi_o-\phi_r)\end{aligned} \tag{4.2-4}$$

如果参考光波沿着 xoz 平面入射，并且与 z 轴夹角为 θ_0，则有

$$\phi_r(x,y)=k_xx+k_yy+k_zz=k\sin\theta_0x=2\pi u_0x \tag{4.2-5}$$

式中，$u_0=\sin\theta_0/\lambda$。式(4.2-4)可以写为

$$I(x,y)=E_{o0}^2+E_{r0}^2+2E_{o0}E_{r0}\cos(\phi_o-2\pi u_0x) \tag{4.2-6}$$

式(4.2-6)实际就是干涉场分布函数。适当的曝光和冲洗，使全息底版的透射率与光强分布呈线性关系，即

$$T(x,y)=T_0+\beta I(x,y) \tag{4.2-7}$$

T_0是底版未曝光部分经显影后的透射率，对于底版(负片)T_0可认为接近1(即白色)，而$\beta<0$表示曝光越强，透射率越小；对于正片，即由底版再复制一次，$T_0=0$，即黑色不透光，而$\beta>0$表示曝光越强，透射率越大。因此，全息底版的透射率为

$$\begin{aligned}T(x,y)&=T_0+\beta[E_{o0}^2+E_{r0}^2+2E_{o0}E_{r0}\cos(\phi_o-2\pi u_0x)]\\&=T_0+\beta E_{r0}^2+\beta[E_{o0}^2+2E_{o0}E_{r0}\cos(\phi_o-2\pi u_0x)]\\&=T_b+\beta[E_{o0}^2+2E_{o0}E_{r0}\cos(\phi_o-2\pi u_0x)]\end{aligned} \tag{4.2-8}$$

式中，$T_b=T_0+\beta E_{r0}^2$，表示均匀偏置透射率。

4.2.2　全息再现过程分析

利用一个光波来照明全息图，如果再现光波在全息底版上的复振幅分布为

$$E_c(x,y)=E_{c0}(x,y)\exp[\mathrm{i}\phi_c(x,y)] \tag{4.2-9}$$

透过全息底版的光波的复振幅分布为

$$\begin{aligned}E(x,y)&=E_c(x,y)T(x,y)\\&=E_c(x,y)\{T_b+\beta[E_{o0}^2+2E_{o0}E_{r0}\cos(\phi_o-\phi_r)]\}\\&=(T_b+\beta E_{o0}^2)E_{c0}\exp(\mathrm{i}\phi_c)+\beta E_{o0}E_{r0}E_{c0}\\&\quad\{\exp[\mathrm{i}(\phi_c+\phi_o-\phi_r)]+\exp[\mathrm{i}(\phi_c-\phi_o+\phi_r)]\}\end{aligned} \tag{4.2-10}$$

式(4.2-10)就是再现时衍射光波的表达式，也是光学全息的基本公式。当用参考光波照射全息底版时，透射光复振幅等于参考光波乘以全息底版透射率函数，即

$$\begin{aligned}E(x,y)&=E_r(x,y)T(x,y)\\&=(T_b+\beta E_{o0}^2)E_{r0}\exp(\mathrm{i}\phi_r)+\beta E_{o0}E_{r0}^2\{\exp(\mathrm{i}\phi_o)+\exp[\mathrm{i}(2\phi_r-\phi_o)]\}\end{aligned} \tag{4.2-11}$$

式中第一项和第二项，都乘以因子 $\exp[\mathrm{i}\phi_r(x,y)]$，表明它们透过底片后的传播方向就是参考光波传播方向，所以此项正是参考光波，只是它的振幅受到 $E_{o0}^2+E_{r0}^2$ 的调制。如果参考光波是均匀的，E_{r0}^2 可以认为是常数，此时振幅只受到 E_{o0}^2 的影响。通常称第一项和第二项为全息衍射零级波。第三项除了常数因子 E_{r0}^2 外，和物光波的表达式完全相同，其传播方向也正好是原物波的传播方向，因此，观察者迎着这一再现光波方向可在原物位置上看到一个与原来物体一模一样的虚像，因为 $\exp[\mathrm{i}\phi_o(x,y)]$ 表示发射球面波。第四项，因为位相与前三项不同，所以其传播方向与前项不同，其中，$E_{o0}\exp[-\mathrm{i}\phi_o(x,y)]$ 是一个汇聚波，表示原始物的共轭波，因此它与物光波相反。共轭波在全息底版的另一侧形成物体的实像，称为共轭像。$E_{r0}^2\exp[\mathrm{i}2\phi_r(x,y)]$ 项通常会转动共轭波的传播方向，如参考波是平面波垂直入射，则 $\phi_r(x,y)=0$，此时第四项刚好为 $\beta E_{r0}^2 E_{o0}\exp[-\mathrm{i}\phi_o(x,y)]$，正好是不受干扰的共轭波。如果参考波是沿着 xoz 平面入射的平面波并且与 z 轴夹角为 θ_0，则 $\phi_r(x,y)=kx\sin\theta_0$，因此，第四项代表沿着 $\theta'=\sin^{-1}(2\sin\theta_0)$ 方向传播的平面波。可见，该光波将沿着不同于物光波和参考光波的方向传播，这 3 个光波在离开全息底版一段距离后就会分开，因而观察者可以不受干扰地看到物体的像。

全息图的干涉花样一般来说总是复杂的，但也是有规律的，它不外乎是平面波与平面波、平面波与球面波、球面波与球面波这 3 种干涉中的一种，如图 4-5 所示。

图 4-5 中曲线为干涉场的等强度条纹，可见平面波与平面波干涉形成的干涉条纹是平行线，平面波与球面波干涉形成的干涉条纹为旋转抛物面，两个球面波干涉形成的干涉条纹为旋转的双曲面。

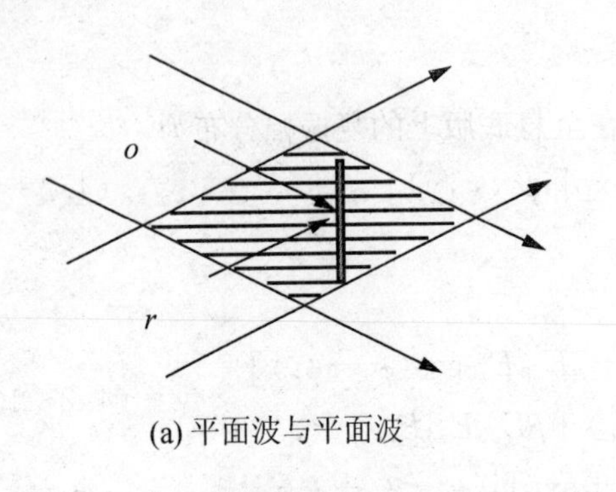

(a) 平面波与平面波

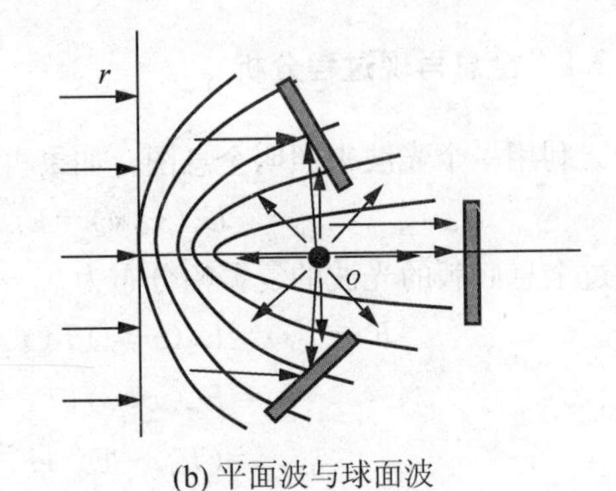

(b) 平面波与球面波

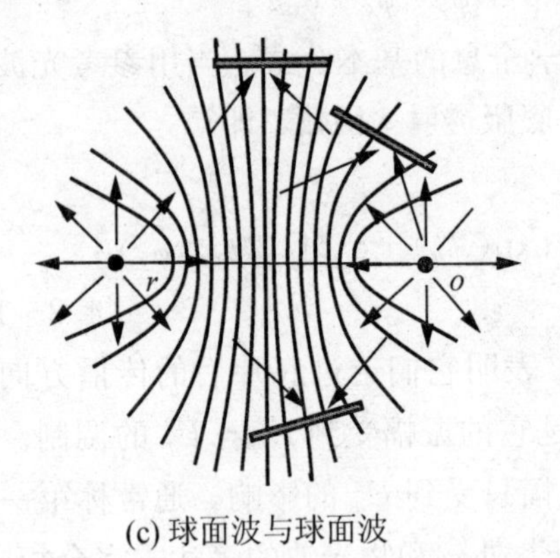

(c) 球面波与球面波

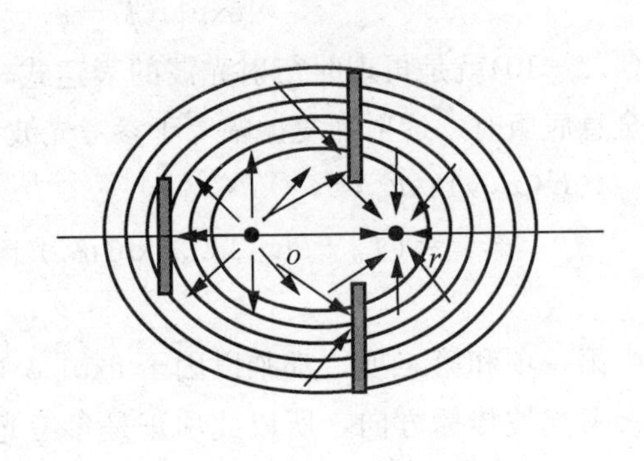

(d) 球面波与球面波

图 4-5　两个光波的全息图

4.3　菲涅耳全息的基本理论

菲涅耳全息图的特点是记录平面位于物体衍射光场的菲涅耳衍射区，物光由物体直接照到底片上。单一物点发出的光波与参考光波干涉所构成的全息图称为基元全息图。任何一种全息图均可以看成是许多基元全息图的线性组合。了解基元全息图的结构和作用，对于深入理解整个全息图的记录和再现机理，是十分有益的。

4.3.1　点源菲涅耳全息图的记录

如图 4-6 所示，设照相底版放在 $z=0$ 的平面上，且垂直 z 轴，现在分析底版上一点 $Q(x,y,0)$记录的光信息。点源物光和参考光分别从 $M(x_O,y_O,z_O)$和 $N(x_r,y_r,z_r)$射向 Q 点，不考虑光振幅在传输时的衰减，仅考虑两光波的位相关系，因为干涉图形仅与位相差有关。

在任意点 Q 物光和参考光分别写成下面形式

$$E_o(x,y)=E_{o0}\exp[\mathrm{i}\phi_o(x,y)] \tag{4.3-1}$$

$$E_r(x,y)=E_{r0}\exp[\mathrm{i}\phi_r(x,y)] \tag{4.3-2}$$

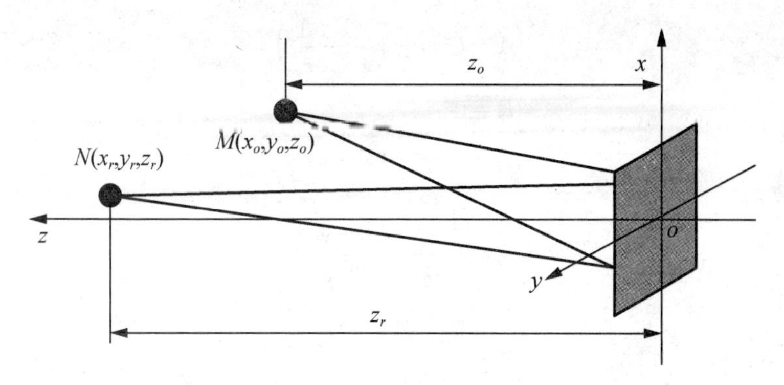

图 4-6　点源全息示意图

复振幅的 E_{o0}、E_{r0} 部分可能与 x、y 有关，但为实数，根据全息术的基本公式(4.2-4)，Q 点记录的光强为

$$\begin{aligned}I(Q)=&I_o+I_r+E_{o0}E_{r0}\exp\{\mathrm{i}[\varphi_o(x,y)-\varphi_r(x,y)]\}\\&+E_{o0}E_{r0}\exp\{-\mathrm{i}[\varphi_o(x,y)-\varphi_r(x,y)]\}\end{aligned}\tag{4.3-3}$$

式中，I_o、I_r 表示物光和参考光单独投射时的光强。第三、四项将产生原物光波和物光共轭波。其中，$\phi_o(x,y)=kr_o$，$\phi_r(x,y)=kr_r$，记录的干涉图形决定于 $\phi_o(x,y)-\phi_r(x,y)$ 的具体形式：

$$r_o=[(x-x_o)^2+(y-y_o)^2+z_o^2]^{1/2}=z_0\left[1+\frac{(x-x_o)^2+(y-y_o)^2}{z_o^2}\right]^{1/2}\tag{4.3-4}$$

因 z_0 很大，用二项式展开得到

$$\begin{aligned}r&=z_o\left[1+\frac{(x-x_o)^2+(y-y_o)^2}{2z_o^2}\right]=z_o+\frac{(x-x_o)^2+(y-y_o)^2}{2z_o}\\&=z_o+\frac{x^2+y^2}{2z_o}+\frac{x_o^2+y_o^2}{2z_o}-\frac{xx_o+yy_o}{z_o}\end{aligned}\tag{4.3-5}$$

略去固定位相因子，得到

$$\phi_o=k\left(\frac{x^2+y^2}{2z_o}-\frac{xx_o+yy_o}{z_o}\right)\tag{4.3-6}$$

同理，可得

$$\phi_r=k\left(\frac{x^2+y^2}{2z_r}-\frac{xx_r+yy_r}{z_r}\right)\tag{4.3-7}$$

物光波与参考波之间的位相差为

$$\begin{aligned}\phi_o-\phi_r&=k\left(\frac{x^2+y^2}{2z_o}-\frac{x^2-y^2}{2z_r}\right)-k\left(\frac{xx_o+yy_o}{z_o}-\frac{xx_r+yy_r}{z_r}\right)\\&=\frac{\pi}{\lambda}\left(\frac{1}{z_o}-\frac{1}{z_r}\right)(x^2+y^2)-\frac{2\pi}{\lambda}\left(\frac{x_o}{z_o}-\frac{x_r}{z_r}\right)x-\frac{2\pi}{\lambda}\left(\frac{y_o}{z_o}-\frac{y_r}{z_r}\right)y\end{aligned}\tag{4.3-8}$$

对照二元二次方程的标准写法

$$Ax^2+Bxy+Cy^2+2Dx+2Ey+F=0\tag{4.3-9}$$

则有

$$A=C=\frac{\pi}{\lambda}\left(\frac{1}{z_o}-\frac{1}{z_r}\right)$$
$$B=0$$
$$D=-\frac{\pi}{\lambda}\left(\frac{x_0}{z_0}-\frac{x_r}{z_r}\right) \tag{4.3-10}$$
$$E=-\frac{\pi}{\lambda}\left(\frac{y_0}{z_0}-\frac{y_r}{z_r}\right)$$
$$F=\phi_r-\phi_o$$

即，式(4.3-9)可以改写为

$$Ax^2+Cy^2+2Dx+2Ey+F=0 \tag{4.3-11}$$

因为A、C同号，$AC>0$，所以式(4.3-11)为椭圆方程，又因为$A=C$，所以式(4.3-11)是圆方程。式(4.3-11)可以改写为

$$x^2+2\frac{D}{A}x+\left(\frac{D}{A}\right)^2+y^2+2\frac{E}{A}y+\left(\frac{E}{A}\right)^2+\frac{F}{A}-\left(\frac{D}{A}\right)^2-\left(\frac{E}{A}\right)^2=0 \tag{4.3-12}$$

即

$$\left(x+\frac{D}{A}\right)^2+\left(y+\frac{E}{A}\right)^2=\left(\frac{D}{A}\right)^2+\left(\frac{E}{A}\right)^2-\frac{F}{A} \tag{4.3-13}$$

因此，圆心坐标为

$$x_0=-\frac{D}{A}=\frac{z_r x_o-z_o x_r}{z_r-z_o}$$
$$y_0=-\frac{E}{A}=\frac{z_r y_o-z_o y_r}{z_r-z_o} \tag{4.3-14}$$

因为等位相差曲线就是同一干涉级次，也就是干涉图形的形状，所以由M、N点的物光和参考光在全息底版上形成的干涉图样是以x_0、y_0为圆心的同心圆，若全息底片没有足够大的尺寸，则点源菲涅耳全息图是一些圆弧条纹，对于复杂物体可以看成是无数物点组成的，所有物点形成的菲涅耳全息图的叠加就构成了该物体的全息图。

4.3.2 点源菲涅耳全息图的再现

为了分析更具有普遍性，假定再现光波为点源球面波，其位置坐标为(x_c, y_c, z_c)，波长为λ_c，则再现光波可写成

$$E_c(x,y)=E_{c0}\exp[\mathrm{i}\phi_c(x,y)] \tag{4.3-15}$$

式中，E_{c0}为再现光波在Q点处的振幅，$\phi_c(x,y)$为Q点位相。则

$$\phi_c=\frac{2\pi}{\lambda_c}[(x-x_c)^2+(y-y_c)^2+(z-z_c)^2] \tag{4.3-16}$$

如前面所述，已设$z=0$，取菲涅耳近似，则

$$\phi_c=\frac{2\pi}{\lambda_c}\left(\frac{x^2+y^2}{2z_c}-\frac{xx_c+yy_c}{z_c}\right) \tag{4.3-17}$$

当再现光波透过全息底版，则相当于全息底版透射率乘以再现光波，全息底版透射率前面

已讨论过，与光强成正比。对于正片(复制片)$T(x,y)=\beta I(x,y)$，为了分析简便，令$\beta=1$，则

$$
\begin{aligned}
T(x,y)=&I_o+I_r+E_{o0}E_{r0}\exp\{\mathrm{i}[\phi_o(x,y)-\phi_r(x,y)]\} \\
&+E_{o0}E_{r0}\exp\{-\mathrm{i}[\phi_o(x,y)-\phi_r(x,y)]\}
\end{aligned}
\tag{4.3-18}
$$

则透射光强为

$$
\begin{aligned}
I'(x,y)&=T(x,y)\cdot E_{c0}\exp[\mathrm{i}\phi_c(x,y)] \\
&=(I_o+I_r)E_{c0}\exp(\mathrm{i}\phi_c)+E_{o0}E_{r0}E_{c0}\exp[\mathrm{i}(\phi_o-\phi_r+\phi_c)] \\
&\quad+E_{o0}E_{r0}E_{c0}\exp[-\mathrm{i}(\phi_o-\phi_r-\phi_c)]
\end{aligned}
\tag{4.3-19}
$$

第二项为原始物光波，第三项为共轭物光波，原始物光波及其共轭光波的位相为

$$
\begin{aligned}
\phi_p&=\phi_o-\phi_r+\phi_c \\
\phi_p^*&=\phi_r-\phi_o+\phi_c
\end{aligned}
\tag{4.3-20}
$$

也就是

$$
\phi_p=\pi\left(\frac{1}{\lambda z_o}-\frac{1}{\lambda z_r}+\frac{1}{\lambda_c z_c}\right)(x^2+y^2)-2\pi\left(\frac{x_o}{\lambda z_o}-\frac{x_r}{\lambda z_r}+\frac{x_c}{\lambda_c z_c}\right)x-2\pi\left(\frac{y_o}{\lambda z_o}-\frac{y_r}{\lambda z_r}+\frac{y_c}{\lambda_c z_c}\right)y
\tag{4.3-21}
$$

$$
\phi_p^*=\pi\left(\frac{1}{\lambda z_r}-\frac{1}{\lambda z_o}+\frac{1}{\lambda_c z_c}\right)(x^2+y^2)-2\pi\left(\frac{x_r}{\lambda z_r}-\frac{x_o}{\lambda z_o}+\frac{x_c}{\lambda_c z_c}\right)x-2\pi\left(\frac{y_r}{\lambda z_r}-\frac{y_o}{\lambda z_o}+\frac{y_c}{\lambda_c z_c}\right)y
\tag{4.3-22}
$$

x 和 y 的二次项是傍轴近似的球面波的相位因子，给出了再现像在 z 方向上的焦点。x 和 y 的一次项是倾斜传播的平面波的相位因子，给出了再现像离开 z 轴的距离。如果原始物光波像的坐标为(x_p,y_p,z_p)，则有

$$
\phi_p=k_c r_p=2\pi\left[\frac{x^2+y^2}{2\lambda_c z_p}-\frac{xx_p+yy_p}{\lambda_c z_p}\right]
\tag{4.3-23}
$$

将式(4.3-23)与式(4.3-21)比较，则原始像坐标满足

$$
\frac{1}{\lambda_c z_p}=\frac{1}{\lambda_c z_c}-\frac{1}{\lambda z_r}+\frac{1}{\lambda z_o},\quad \frac{x_p}{\lambda_c z_p}=\frac{x_o}{\lambda z_o}-\frac{x_r}{\lambda z_r}+\frac{x_c}{\lambda_c z_c},\quad \frac{y_p}{\lambda_c z_p}=\frac{y_o}{\lambda z_o}-\frac{y_r}{\lambda z_r}+\frac{y_c}{\lambda_c z_c}
\tag{4.3-24}
$$

最后得到

$$
x_p=\left(\frac{\lambda_c x_o}{\lambda z_o}-\frac{\lambda_c x_r}{\lambda z_r}+\frac{x_c}{z_c}\right)z_p,\quad y_p=\left(\frac{\lambda_c y_o}{\lambda z_o}-\frac{\lambda_c y_r}{\lambda z_r}+\frac{y_c}{z_c}\right)z_p,\quad z_p=\left(\frac{\lambda_c}{\lambda z_o}-\frac{\lambda_c}{\lambda z_r}+\frac{1}{z_c}\right)^{-1}
\tag{4.3-25}
$$

由式(4.3-25)得到

$$
\Delta x_p=\frac{\lambda_c z_p}{\lambda z_o}\Delta x_o,\quad \Delta y_p=\frac{\lambda_c z_p}{\lambda z_o}\Delta y_o,\quad \Delta z_p=\frac{\lambda_c z_p^2}{\lambda z_o^2}\Delta z_o
\tag{4.3-26}
$$

因此得到像的横向放大率

$$
M_h=\frac{\Delta x_p}{\Delta x_o}=\frac{\Delta y_p}{\Delta y_o}=\frac{\lambda_c z_p}{\lambda z_o}
\tag{4.3-27}
$$

将式(4.3-25)中的 z_p 代入上式，则有

$$M_h=\left(1+\frac{\lambda_c z_o}{\lambda z_c}-\frac{z_o}{z_r}\right)^{-1} \tag{4.3-28}$$

像的纵向放大率为

$$M_z=\frac{\Delta z_p}{\Delta z_o}=\frac{\lambda_c z_p^2}{\lambda z_o^2}=\frac{\lambda}{\lambda_c}M_h^2 \tag{4.3-29}$$

用类似方法可求出共轭像点的坐标。设共轭像点坐标为$(x_{p'}, y_{p'}, z_{p'})$，则有

$$\phi_p^*=k_c r_{p'}=2\pi\left[\frac{x^2+y^2}{2\lambda_c z_{p'}}-\frac{x x_{p'}+y y_{p'}}{\lambda_c z_{p'}}\right] \tag{4.3-30}$$

式(4.3－30)与式(4.3－23)比较，得到共轭像点坐标

$$x_{p'}=\left(\frac{\lambda_c x_r}{\lambda z_r}-\frac{\lambda_c x_o}{\lambda z_o}+\frac{x_c}{z_c}\right)z_{p'},\ y_{p'}=\left(\frac{\lambda_c y_r}{\lambda z_r}-\frac{\lambda_c y_o}{\lambda z_o}+\frac{y_c}{z_c}\right)z_{p'},\ z_{p'}=\left(\frac{\lambda_c}{\lambda z_r}-\frac{\lambda_c}{\lambda z_o}+\frac{1}{z_c}\right)^{-1} \tag{4.3-31}$$

由式(4.3－31)得到

$$\Delta x_{p'}=-\frac{\lambda_c z_{p'}}{\lambda z_o}\Delta x_o,\ \Delta y_{p'}=-\frac{\lambda_c z_{p'}}{\lambda z_o}\Delta y_o,\ \Delta z_{p'}=-\frac{\lambda_c z_{p'}^2}{\lambda z_o^2}\Delta z_o \tag{4.3-32}$$

因此得到共轭像的横向放大率

$$M_{h'}=\frac{\Delta x_{p'}}{\Delta x_o}=\frac{\Delta y_{p'}}{\Delta y_o}=-\frac{\lambda_c z_{p'}}{\lambda z_o} \tag{4.3-33}$$

将式(4.3－31)中的$z_{p'}$代入上式，则有

$$M_{h'}=\left(1-\frac{\lambda_c z_o}{\lambda z_c}-\frac{z_o}{z_r}\right)^{-1} \tag{4.3-34}$$

共轭像的纵向放大率为

$$M_{z'}=\frac{\Delta z_{p'}}{\Delta z_o}=-\frac{\lambda_c z_{p'}^2}{\lambda z_o^2}=-\frac{\lambda}{\lambda_c}M_{h'}^2 \tag{4.3-35}$$

4.3.3 几种典型的再现光波

1. 再现光波为参考光波

当再现光波与参考光波相同时，有

$$\begin{aligned} x_c&=x_r\\ y_c&=y_r\\ z_c&=z_r\\ \lambda_c&=\lambda \end{aligned} \tag{4.3-36}$$

将式(4.3－36)代入式(4.3－25)，得到

$$\begin{aligned} x_p&=x_o\\ y_p&=y_o\\ z_p&=z_o \end{aligned} \tag{4.3-37}$$

将式(4.3－37)代入式(4.3－28)和式(4.3－29)，得到

$$M_h=1 \qquad M_z=1 \tag{4.3-38}$$

即再现原始像与原物坐标相同、大小相同，因放大率为正，所以是虚像。将式(4.3-36)代入式(4.3-31)，得到共轭像点坐标

$$x_{p'}=\left(\frac{\lambda_c x_r}{\lambda z_r}-\frac{\lambda_c x_o}{\lambda z_o}+\frac{x_c}{z_c}\right)z_{p'}=\frac{2x_r z_o-z_r x_o}{2z_o-z_r} \tag{4.3-39}$$

$$y_{p'}=\left(\frac{\lambda_c y_r}{\lambda z_r}-\frac{\lambda_c y_o}{\lambda z_o}+\frac{y_c}{z_c}\right)z_{p'}=\frac{2y_r z_o-z_r y_o}{2z_o-z_r} \tag{4.3-40}$$

$$z_{p'}=\left(\frac{\lambda_c}{\lambda z_r}-\frac{\lambda_c}{\lambda z_o}+\frac{1}{z_c}\right)^{-1}=\left(\frac{1}{z_r}-\frac{1}{z_o}+\frac{1}{z_c}\right)^{-1}=\frac{z_r z_o}{2z_o-z_r} \tag{4.3-41}$$

将式(4.3-39)、式(4.3-40)和式(4.3-41)代入到式(4.3-34)和式(4.3-35)，得到共轭像放大率

$$M_{h'}=\left(1-\frac{z_o}{z_r}-\frac{z_o}{z_r}\right)^{-1}=\left(1-\frac{2z_o}{z_r}\right)^{-1}=\frac{z_r}{z_r-2z_o} \tag{4.3-42}$$

$$M_{z'}=-\left(\frac{z_r}{z_r-2z_o}\right)^2 \tag{4.3-43}$$

由于共轭像位置与物光和参考光有关，图像可能放大或缩小，可以是实像($z_r<2z_o$)，也可以是虚像($z_r>2z_o$)。一般情况 $z_r<2z_o$，所以总是负值，为实像。

如果再现光和参考光为同一波长的平面波，但入射角度不同，如图 4-7 所示。

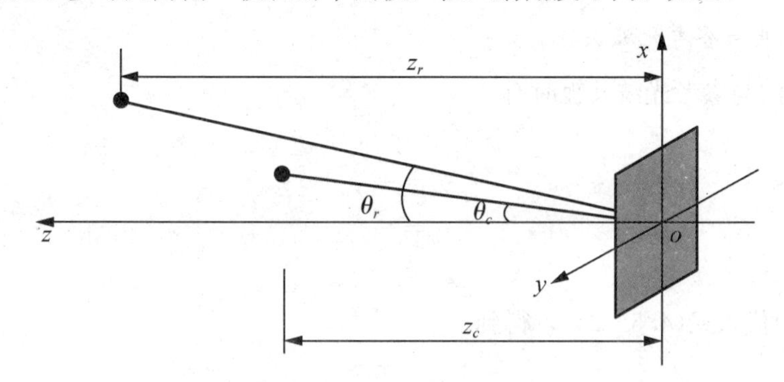

图 4-7　再现光和参考光为同一波长的平面波

该条件对上面所有的公式而言，相当于参考光和再现光都在无穷远处，即

$$z_c=\infty \qquad z_r=\infty \tag{4.3-44}$$

但是无穷远处的参考光点或再现光点的 x 坐标与 z 坐标之比是常数，即

$$x_r/z_r\approx\sin\theta_r \qquad x_c/z_c\approx\sin\theta_r \tag{4.3-45}$$

把式(4.3-44)和式(4.3-45)代入式(4.3-25)得到以平面波为参考光和再现光时，将出现的再现原始像坐标位置为

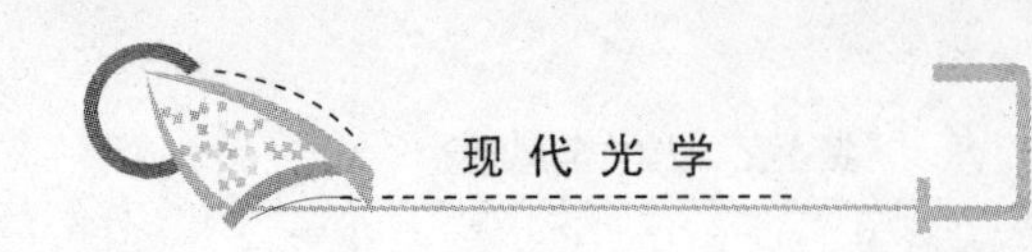

$$x_p=x_o-(\sin\theta_r-\sin\theta_c)z_o$$
$$y_p=y_o \tag{4.3-46}$$
$$z_p=z_o$$

把式(4.3-44)和式(4.3-45)代入式(4.3-31)得到以平面波为参考光和再现光时，将出现的再现共轭像坐标位置为

$$x_{p'}=x_o-(\sin\theta_{rc}+\sin\theta)z_o$$
$$y_{p'}=y_o \tag{4.3-47}$$
$$z_{p'}=-z_o$$

如果再现光和参考光为同一波长的平面波，且入射角度也相同，则再现原始像坐标位置为

$$x_p=x_o$$
$$y_p=y_o \tag{4.3-48}$$
$$z_p=z_o$$

再现共轭像坐标位置为

$$x_{p'}=x_o$$
$$y_{p'}=y_o \tag{4.3-49}$$
$$z_{p'}=-z_o$$

此时得到的两个与原物等大的像位于全息图两侧对称位置，一个为实像，一个为虚像。

2. 再现光波与参考光波共轭

当再现光波与参考光波共轭时有

$$x_c=-x_r$$
$$y_c=-y_r$$
$$z_c=-z_r \tag{4.3-50}$$
$$\lambda_c=\lambda$$

将式(4.3-50)代入式(4.3-25)，得到

$$x_p=\frac{x_oz_r}{z_r-2z_o}$$
$$y_p=\frac{y_oz_r}{z_r-2z_o} \tag{4.3-51}$$
$$z_p=\frac{z_oz_r}{z_r-2z_o}$$

将式(4.3-50)代入式(4.3-31)，得到共轭像点坐标

$$x_{p'}=\frac{x_oz_r-2x_rz_o}{z_r}$$
$$y_{p'}=\frac{y_oz_r-2y_rz_o}{z_r} \tag{4.3-52}$$
$$z_{p'}=-z_o$$

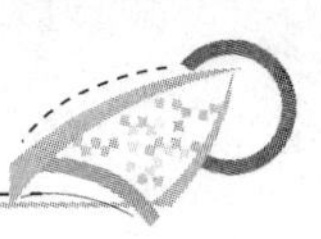

菲涅耳全息图的物像关系不仅与记录时的参考光有关，还与再现时照明光的位置和波长有关。再现像的大小、位置、颜色等特征不仅取决于再现时照明光的特征，还与记录时光路的排布有密切关系。

4.4 夫琅和费全息的基本理论

拍摄菲涅耳全息图时，物体离全息底版的距离是有限的，一般较近，底版上记录的物光是来自物体上各个点的球面波总和，是入射光经物体产生的菲涅耳衍射分布。如果物体与全息底版拉得无穷远，则全息底版上的物光就是物体的夫琅和费衍射分布，称这时拍摄的全息图为夫琅和费全息图。

4.4.1 夫琅和费全息的光路

实际上，物体离全息底版不可能是无穷远，一般是将两者放在透镜的前后焦平面上。夫琅和费全息的光路如图 4－8 所示。利用透镜的傅里叶变换性质，将物体置于透镜的前焦面，在照明光源的共轭像面位置就得到物光波的傅里叶频谱，再引入参考光与之干涉，通过干涉条纹的振幅和相位调制，在干涉图样中就记录了物光波傅里叶变换光场的全部信息，即夫琅和费全息图记录的不是物体光波和参考光波本身，而是物体光波和参考光波的傅里叶变换频谱的干涉图样。因此，夫琅和费全息图又称为傅里叶变换全息图。

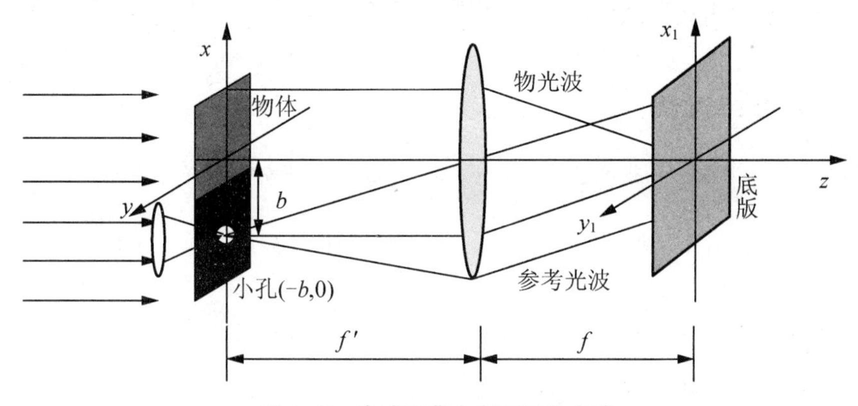

图 4－8 夫琅和费全息图记录光路

物一般是透明照片，放在透镜的前焦平面上，全息底版放在透镜后焦平面上，根据透镜的位相变换性质，则在后焦平面上的衍射像相当于前焦面上的物在无穷远处的衍射像，即全息底版上的衍射图形是透镜前焦平面上物的傅里叶变换，参考光通过衍射屏(物所在平面)上的小孔，经过透镜又变成平行光照在全息底版上。所以在全息底版上记录的是物光和参考点源光的傅里叶变换。

4.4.2 夫琅和费全息图的记录

实现傅里叶变换可以采用平行光照明和点光源照明两种基本方式。这里以平行光照明

方式为例进行分析。设物光波的光场分布为

$$E_o(x,y)=E_{o0}(x,y)\exp[\mathrm{i}\phi_o(x,y)] \tag{4.4-1}$$

则全息底版记录的物光波的频谱分布为

$$E_o(u,\ v)=\iint_{-\infty}^{\infty}E_o(x,y)\exp[-\mathrm{i}2\pi(ux+vy)]\mathrm{d}x\mathrm{d}y \tag{4.4-2}$$

参考光为点源函数 $E_{r0}\delta(x+b,\ 0)$，则全息底版记录的频谱分布为

$$E_r(u,\ v)=\iint_{-\infty}^{\infty}E_{r0}\delta(x+b,\ 0)\exp[-\mathrm{i}2\pi(ux+vy)]\mathrm{d}x\mathrm{d}y=E_{r0}\exp(\mathrm{i}2\pi ub) \tag{4.4-3}$$

式中 $u=\dfrac{x_1}{\lambda f}$，$v=\dfrac{y_1}{\lambda f}$，全息底版上记录的光强分布

$$\begin{aligned}I(x_1,y_1)=&\ |E_o(u,v)+E_r(u,v)|^2=E_o^2(u,v)+E_r^2(u,v)+E_o(u,v)E_r^*(u,v)\\&+E_o^*(u,v)E_r(u,v)\\=&\ E_{o0}^2+E_{r0}^2+\iint_{-\infty}^{\infty}E_o(x,y)\exp[-\mathrm{i}2\pi(ux+vy)]\mathrm{d}x\mathrm{d}y\cdot E_{r0}\exp(-\mathrm{i}2\pi ub)\\&+\iint_{-\infty}^{\infty}E_o^*(x,y)\exp[\mathrm{i}2\pi(ux+vy)]\mathrm{d}x\mathrm{d}y\cdot E_{r0}\exp(\mathrm{i}2\pi ub)\\=&\ E_{o0}^2+E_{r0}^2+E_{r0}\iint_{-\infty}^{\infty}E_o(x,y)\exp[-\mathrm{i}2\pi(ux+ub+vy)]\mathrm{d}x\mathrm{d}y\\&+E_{r0}\iint_{-\infty}^{\infty}E_o^*(x,y)\exp[\mathrm{i}2\pi(ux+ub+vy)]\mathrm{d}x\mathrm{d}y\end{aligned} \tag{4.4-4}$$

将式(4.4-1)代入上式，得

$$\begin{aligned}I(x_1,y_1)=&\ E_{o0}^2+E_{r0}^2+E_{r0}\iint_{-\infty}^{\infty}E_{o0}\exp\left\{-\mathrm{i}2\pi[(x+b)u+vy-\phi_o(x,y)]\right\}\mathrm{d}x\mathrm{d}y\\&+E_{r0}\iint_{-\infty}^{\infty}E_{o0}\exp\left\{\mathrm{i}2\pi[(x+b)u+vy-\phi_o(x,y)]\right\}\mathrm{d}x\mathrm{d}y\\=&\ E_{o0}^2+E_{r0}^2+2E_{o0}E_{r0}\iint_{-\infty}^{\infty}\cos\left\{2\pi[(x+b)u+vy-\phi_o(x,y)]\right\}\mathrm{d}x\mathrm{d}y\end{aligned} \tag{4.4-5}$$

从式(4.4-5)可知，傅里叶全息图记录的是物的空间频谱分布，这是一个复杂的余弦函数结构，是一系列余弦函数按一定关系叠加而成的。

4.4.3 夫琅和费全息图的再现

再现光路如图 4-9 所示。适当曝光和冲洗，使全息图为线性情况，即全息底版振幅透射率与记录光强呈线性关系，即认为透射率 $T(x_1,y_1)=\beta I(x_1,y_1)$，为了方便令系数为1。

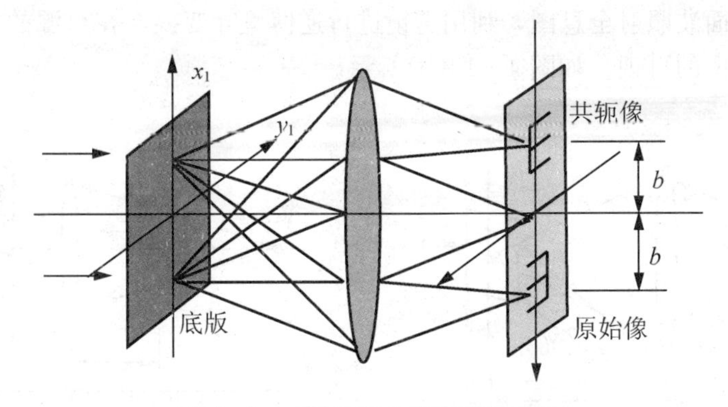

图 4-9　夫琅和费全息图再现光路

设再现时光波为单位振幅平面波垂直照明，即 $E_c(x,y)=E_{c0}\exp[\mathrm{i}\phi_c(x,y)]=1$，所以全息底版透过光波仍为 $I(x_1,y_1)$，即从全息底版透射的光波强度为

$$I(x_1,y_1)=E_o^2(u,v)+E_r^2(u,v)+E_o(u,v)E_r^*(u,v)+E_o^*(u,v)E_r(u,v) \tag{4.4-6}$$

该光波通过透镜，在透镜的后焦平面上的光强分布相当于对上式再作一次傅里叶变换。第一项

$$\begin{aligned}\mathscr{F}[E_o^2(u,v)]&=\mathscr{F}[E_o(u,v)E_o^*(u,v)]=\mathscr{F}[E_o(u,v)]\otimes\mathscr{F}[E_o^*(u,v)]\\&=E_o(x,y)\otimes E_o^*(-x,-y)=E_o(x,y)\otimes E_o(x,y)\end{aligned} \tag{4.4-7}$$

是物函数的自相关，因频率较低，故分布于原点附近，形成晕轮光。第二项

$$\begin{aligned}\mathscr{F}[E_r^2(u,v)]&=\mathscr{F}[E_r(u,v)E_r^*(u,v)]\\&=\mathscr{F}[E_{ro}\exp(\mathrm{i}2\pi bu)E_{ro}\exp(-\mathrm{i}2\pi bu)]=E_{r0}^2\delta(x,y)\end{aligned} \tag{4.4-8}$$

是常数，形成焦点处的亮点，称为零级。第三项

$$\begin{aligned}\mathscr{F}[E_{o0}(u,v)E_r^*(u,v)]&=\mathscr{F}[E_o(u,v)]\otimes\mathscr{F}[E_{ro}\exp(-\mathrm{i}2\pi bu)]\\&=E_{ro}E_o(x,y)\otimes\delta(x+b)=E_{ro}E_o(x+b,y)\end{aligned} \tag{4.4-9}$$

是中心位置在$(-b,\ 0)$处的倒立实像，为原始像。第四项

$$\begin{aligned}\mathscr{F}[E_o^*(u,v)E_r(u,v)]&=\mathscr{F}[E_o^*(u,v)]\otimes\mathscr{F}[E_{ro}\exp(\mathrm{i}2\pi bu)]\\&=E_{ro}E_o(-x,-y)\otimes\delta(x-b)\\&=E_{ro}E_o(-x-b,-y)\end{aligned} \tag{4.4-10}$$

是中心位置在$(b,\ 0)$处的正立虚像，为共轭像。

对于大部分低频物来说，其频谱都非常集中，直径仅 1mm 左右，记录时若用细光束作参考光，可使全息图的面积小于 $2\mathrm{mm}^2$，特别适用于高密度全息存储。为了不造成干扰，物体与参考光源要拉开，也就是 b 足够大，使再现时共轭像和原始像与零级光分开。

4.4.4　点光源照明下的夫琅和费全息

记录时使物体置于透镜的前焦面，在点源的共轭像面上得到物光分布的傅里叶变换。用斜入射的平面波作参考光，如图 4-10(a)所示。

再现时用球面波照射全息图，利用透镜进行逆傅里叶变换，在点源的共轭像面上实现傅里叶变换全息图的再现，如图 4-10(b)所示。

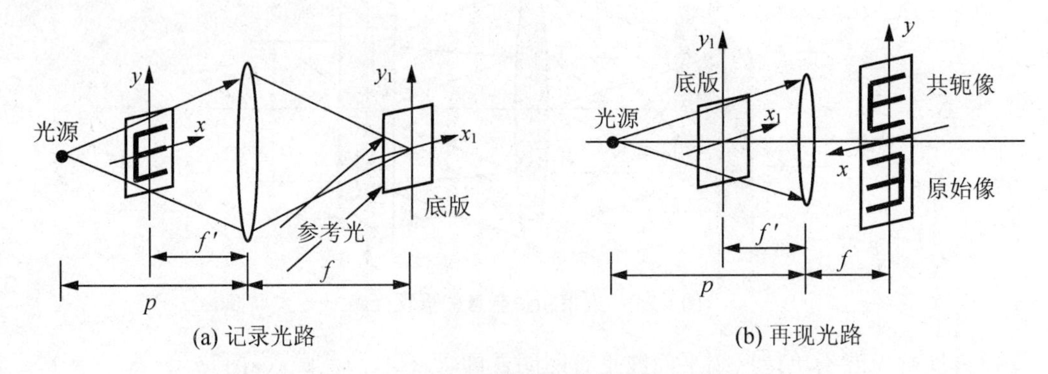

图 4-10　点光源照明下的傅里叶全息图

4.5　体全息图的基本原理

全息底版上记录材料的厚度小于条纹间距时，把记录材料内的干涉条纹分布作为一种二维分布来处理的全息图称为平面全息图。前面讲的全息图都是平面全息图，即照相底版的乳胶看成是很薄的一层，记录的全息图是在一个平面上，等效于一个平面光栅。当记录材料的厚度是条纹间距的若干倍时，则记录材料内的干涉条纹是三维空间分布，此时的全息图称为体全息图。体全息图对于照明光波的衍射作用如同体光栅的衍射。

4.5.1　体全息图的记录和再现

体全息图用的参考光和物光通常是平面波，物光一般是通过带有文字或图形的透明底片与参考光在全息底版乳胶中形成具有一定深度的干涉等距直条纹。

设参考光 $\boldsymbol{k}_r$ 和物光 $\boldsymbol{k}_o$ 以不同方向射入全息底片乳胶中，乳胶厚度为 h，两光束在乳胶层内的夹角为 θ，如图 4-11 所示。因物光波与参考光波是同一光源发出的，即波长相同、初始位相相同、振动方向相同，则参考光和物光复振幅可分别表示为

$$E_r(\boldsymbol{r})=E_{r0}\exp(\mathrm{i}\boldsymbol{k}_r\cdot\boldsymbol{r}) \tag{4.5-1}$$

$$E_o(\boldsymbol{r})=E_{o0}\exp(\mathrm{i}\boldsymbol{k}_o\cdot\boldsymbol{r}) \tag{4.5-2}$$

式中，$k_r=k_o=2\pi/\lambda$，λ 为光波在乳胶中的波长。两光束在乳胶中会合点的光强可表示为

$$I=E_{r0}^2+E_{o0}^2+2E_{r0}E_{o0}\cos[(\boldsymbol{k}_r-\boldsymbol{k}_o)\cdot\boldsymbol{r}] \tag{4.5-3}$$

干涉条纹的形状是由光强相等的点构成的轨迹，或者说是等位相差$(\boldsymbol{k}_r-\boldsymbol{k}_o)\cdot\boldsymbol{r}$ 的曲线。式中的 $\boldsymbol{k}_r-\boldsymbol{k}_o$ 和 $\boldsymbol{r}$ 均指在乳胶中，干涉条纹的方向是由 $\boldsymbol{k}_r-\boldsymbol{k}_o$ 决定的，定义 $\boldsymbol{k}$ 为条纹的有效矢量

$$\boldsymbol{k}=\boldsymbol{k}_r-\boldsymbol{k}_o \tag{4.5-4}$$

由$(\boldsymbol{k}_r-\boldsymbol{k}_o)\cdot\boldsymbol{r}=2m\pi\quad(m=0,\pm1,\pm2,\cdots)$，可确定光强的极大值，即上式决定条纹极大值，可见其中的一条线($m=0$ 时)满足

$$(\boldsymbol{k}_r - \boldsymbol{k}_o) \cdot \boldsymbol{r} = \boldsymbol{k} \cdot \boldsymbol{r} = 0 \tag{4.5-5}$$

上式表明 $\boldsymbol{k} \perp \boldsymbol{r}$，也就是在乳胶中，零级干涉条纹是垂直于 $\boldsymbol{k}$ 的一条直线，或者说条纹方向垂直于有效矢量 $\boldsymbol{k}$，因为条纹是由 $\boldsymbol{r}$ 的末端形成的，即图中的 PP'直线，在上面的讨论中，入射点 P 是任意选取的，所以在其他点的干涉条纹也是垂直于 $\boldsymbol{k}$ 的直线，也就是说干涉条纹在乳胶中某一截面看是一些平行的直线，若从整个体积看则是一些平行的平面，并且条纹面应处于参考光波和物光波夹角的角平分线上。

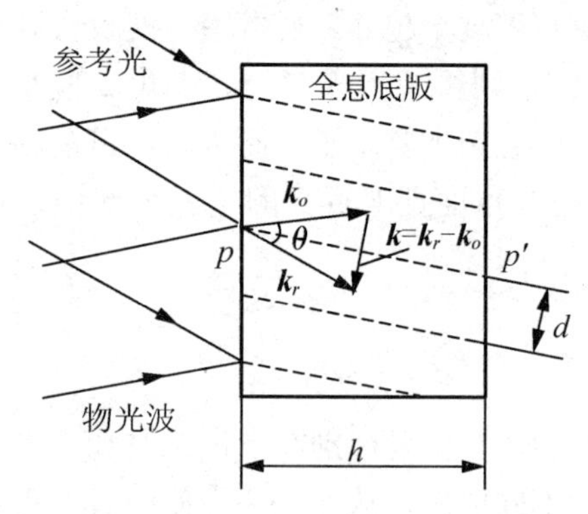

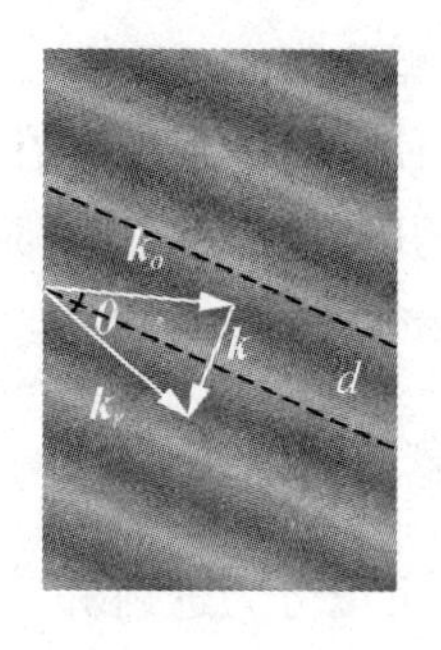

图 4-11　体全息示意图

条纹的间距就是有效矢量的空间周期，设间距为 d，则有

$$k = \frac{2\pi}{d} \tag{4.5-6}$$

根据图 4-11 中各个量之间的几何关系，得到

$$\frac{k}{2} = k_r \sin\left(\frac{\theta}{2}\right) = \frac{2\pi}{\lambda}\sin\left(\frac{\theta}{2}\right) \tag{4.5-7}$$

因此得到

$$d = \frac{\lambda}{2\sin(\theta/2)} \tag{4.5-8}$$

可见条纹间距 d 与波长及物光和参考光之间的夹角 θ 有关，当乳胶的厚度 $h > d$ 时，才能表现出体光栅的效果，所以满足 $h > d$ 时称为体全息图。

当 $h < d$ 时，等效于平面光栅情况，此时为平面全息图，因此，体全息图必须用乳胶照相干板。由 $d = \lambda/2\sin(\theta/2)$，可知 θ 小则 d 大。当 $\theta = 180°$时，即参考光和物光是从感光乳胶两面相对入射，称此全息图为最佳反射式全息图，此时 $d = \lambda/2$，条纹间距最窄，且条纹间距与 θ 无关，再现时对光照角不敏感，即再现光有些发散对再现像的质量影响不大。

如果令 $\theta' = \theta/2$，则式(4.5-8)可以改写为

$$2d\sin\theta' = \lambda \tag{4.5-9}$$

称 θ'为布拉格衍射角。可见，只有当再现光波完全满足该布拉格条件时才能得到最强的衍射光。因此，仅当照明光束的入射角满足布拉格条件、其波长与记录波长相同时，上述条件才能得以满足。若波长和角度稍有偏移，衍射光强将大幅度下降，并迅速降为零。

对于体全息图，当物光和照相底版位置不变，改变参考光的入射方向，则由于θ的变化，便可以得到另一组干涉条纹，即干涉条纹在乳胶中的取向发生变化。因此可以把不同的信息(如不同透明图片)用改变参考光入射角的方法，在同一底版上记录多组干涉条纹，每一组条纹的取向不同。

再现时，再现光必须与全息摄影时的参考光入射方向一致。因此改变再现光的入射方向，便可把原始记录的信息以不同角度再现出来，为了使每一组全息条纹(即每一个信息)不互相干扰，要求参考光和再现光的光束角度越小越好，通常用单模激光器。

若设每一幅全息图的占有角宽度为$\Delta\theta$，则再现激光束的光束角β应小于或等于$\Delta\theta$，否则再现时会使两个全息图混在一起，体全息图主要用于存储资料，目前的水平已能达到在一张1cm^2的厚乳胶干板上，通过变换记录角度把上百页的资料全部记录在同一全息底片上。

4.5.2 体全息图的分类

体全息图可以分为透射和反射两种类型，其主要区别在于记录时物光和参考光的传播方向不同而造成体全息图内部干涉层面的不同取向，从而进一步使两者在再现特性上有所区别。

透射型体全息图如图4-12所示。记录时物光和参考光从介质的同侧射入，介质内干涉面几乎与介质表面垂直。再现时表现为较强的角度选择性。当用白光再现时，入射角度的改变将引起再现像波长的改变。

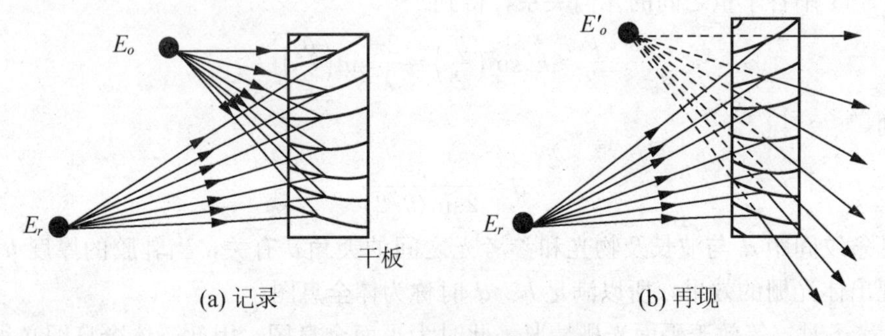

图4-12 透射型体全息图

反射体全息图如图4-13所示。记录时物光和参考光从介质的两侧相向射入，介质内干涉面几乎与介质表面平行。再现时表现为较强的波长选择性。但在实际中，往往由于记录介质在后处理过程中发生乳胶的收缩，条纹间隔变小，使再现像波长发生“蓝移”。

综上所述，体全息图对于角度和波长如此苛刻的选择性，造成了它特殊的应用前景：可以用白光再现，因为在由多种波长构成的复合光中，仅有一种波长即与记录光波相同波长的光才能达到衍射极大，而其余波长都不能出现足够亮度的衍射像，避免了色串扰的出现；可用于大容量高效率全息存储，因为当照明光角度稍有偏离，便不能得到衍射像，因而可以以很小的角度间隔存储多重三维图像而不发生像串扰。

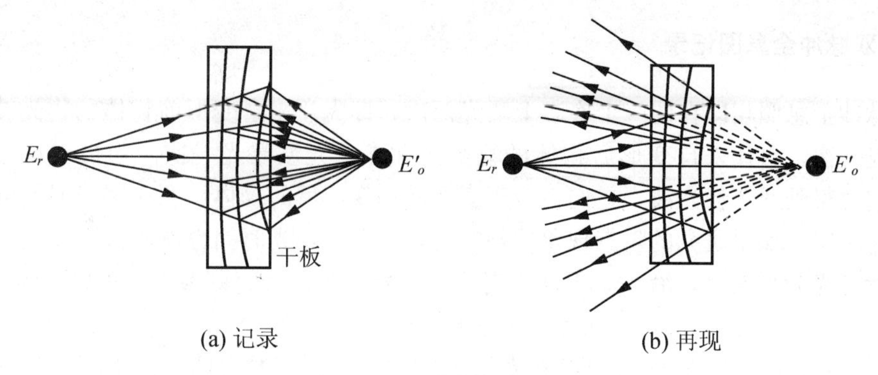

图 4-13 反射型体全息

4.6 单脉冲和双脉冲全息图

全息图可以记录人或物体的像，也可以记录文字或图片等，全息图可分为单脉冲和双脉冲以及多脉冲全息图。在 20 世纪 70 年代发展起来的双脉冲全息照相技术，不是为了记录物或人的像，而是记录被观察物体随时间的变化状况，可被广泛用于动态测量、无损检验中，是全息应用的一个重要方面。

4.6.1 单脉冲全息图记录

利用图 4-14 所示的光路先拍摄一张物体变形前的全息图。保持记录光路中所有元件的位置不变，并用原来的参考光波照明全息图，那么在原来物体的位置上就会出现一个再现的虚像。

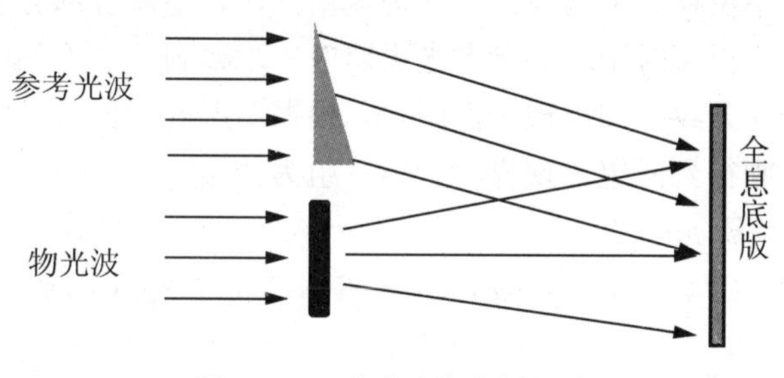

图 4-14 单脉冲全息图记录

若同时照明物体，并且物体保持原来的状态不变，则再现像与物体完全重合，即再现物光波和实际物光波完全相同。此时，两光波的叠加将不产生干涉条纹。

当物体由于加热或加压而产生微小的位移或变形时，再现物光波和实际物光波之间就会产生与位移或变形大小相应的位相差，此时，两光波的叠加将产生干涉条纹。根据干涉条纹的分布情况，可以推知物体的位移或变形大小。如果物体的状态是逐渐变化的，则干涉条纹也会逐渐变化，因此，物体状态的变化过程可以通过干涉条纹的变化“实时”地加以研究。

4.6.2 双脉冲全息图记录

双脉冲全息照相即在同一个底版上曝光两次，即先让来自变形前物体的物光波和参考光波曝光一次，再让来自变形后物体的物光波和参考光波曝光一次。当再现这张全息图时，将同时得到两个物光波，它们对应于变形前和变形后的物体。两次曝光时间间隔由研究的事物决定。如果研究的瞬态现象非常迅速，则两次曝光时间也就非常短。

设参考光为平面波，沿 xoz 平面入射，与 z 轴夹角为 θ_0，则参考光可以写为

$$E_r(x,y)=E_{r0}\exp(\mathrm{i}2\pi u_0 x) \tag{4.6-1}$$

式中，$u_0=\sin(\theta_0)/2$。物光波与参考光波虽然是同一光源发出的，但被物体反射后，其振幅和位相与原来光波都可能不同，设第一次曝光时物光光波为

$$E_1(x,y)=E_{10}(x,y)\exp[\mathrm{i}\phi_1(x,y)] \tag{4.6-2}$$

第二次曝光时物光光波为

$$E_2(x,y)=E_{20}(x,y)\exp[\mathrm{i}\phi_2(x,y)] \tag{4.6-3}$$

则第一次记录的全息图光强分布为

$$\begin{aligned}I_1=&E_{r0}^2+E_{10}^2+E_{r0}E_{10}\exp\{\mathrm{i}[2\pi u_0 x-\phi_1(x,y)]\}\\&+E_{r0}E_{10}\exp\{-\mathrm{i}[2\pi u_0 x-\phi_1(x,y)]\}\end{aligned} \tag{4.6-4}$$

第二次曝光记录的全息图光强分布为

$$\begin{aligned}I_2=&E_{r0}^2+E_{20}^2+E_{r0}E_{20}\exp\{\mathrm{i}[2\pi u_0 x-\phi_2(x,y)]\}\\&+E_{r0}E_{20}\exp\{-\mathrm{i}[2\pi u_0 x-\phi_2(x,y)]\}\end{aligned} \tag{4.6-5}$$

两幅全息图为两组干涉条纹，如果在两次曝光时间内，物体没有任何变化，严格到位移变化小于1%波长，则两组干涉条纹是完全重合的，即为一组条纹，只不过曝光强度比一次曝光强一些。如果两次曝光时间内物体产生微小变化，则两干涉条纹组互相错开，比如说物体是理想的微小位移，则两组条纹均匀地错开，若物体各部分变化不同，则两组条纹的形状也可能不同，再现时用同一参考光去照射，观察到的并不是物体的像，而是在观察屏上呈现出新的干涉条纹，即出现干涉图案，根据图形的特征可判断物体的变化，再现时用参考光去照射，则得到两组再现光波。第一组为

$$\begin{aligned}I_1'=&E_{r0}^3\exp(2\pi u_0 x)+E_{r0}E_{10}^2\exp(2\pi u_0 x)+E_{r0}^2E_{10}\exp\\&\{\mathrm{i}[4\pi u_0 x-\phi_1(x,y)]\}+E_{r0}^2E_{10}\exp[\mathrm{i}\phi_1(x,y)]\end{aligned} \tag{4.6—6}$$

第二组为

$$\begin{aligned}I_2'=&E_{r0}^3\exp(2\pi u_0 x)+E_{r0}E_{20}^2\exp(2\pi u_0 x)+E_{r0}^2E_{20}\exp\\&\{\mathrm{i}[4\pi u_0 x-\phi_2(x,y)]\}+E_{r0}^2E_{20}\exp[\mathrm{i}\phi_2(x,y)]\end{aligned} \tag{4.6-7}$$

可见再现时得到8个光波，其中每组的前两项是再现光，与参考光相同，若 $\phi_1(x,y)$ 和 $\phi_2(x,y)$变化不是很大，则两组的第三项传播方向接近，两组的第四项传播方向也接近，则将会在观察屏上看到两束光的干涉图形。其干涉图形的分布由 $\delta=K\Delta=\phi_2(x,y)-\phi_1(x,y)$决定。

从上面分析可见，双脉冲全息照相，并不显现物的影像，而是显现两次物光的干涉图形。在双脉冲全息无损检验中，一般是先用双脉冲全息照相法制备出无损的标准全息样

板，然后用全息照相去检验有损元件，并把有损元件的全息图与标准全息样板去比较，可定性分析元件的损伤情况。根据干涉图形的局部变形，可判断分析元件的损伤情况。无损检验主要用于检验金属零件内部的气泡、断层、缺陷、焊接虚焊等，是检验那些外表看不见的损伤。无损检验广泛用于汽车制造、船舶制造、机械制造等工业，现代实用的观察屏已发展为使用焦平面列阵的CCD元件，可快速检验金属元件的内部缺陷。

双脉冲全息照相除用于无损检验外，还大量用于应力分析、冲击传播、振动研究等方面，已成功摄制到子弹气流火箭喷射、果蝇飞行的全息图。

双脉冲全息可以避免单脉冲全息中要求把全息图精确地恢复原位的困难，但是它不能对物体状态的变化进行实时研究。

4.6.3 双脉冲的获得方法

根据脉冲间隔不同，获得双脉冲激光的方法也不同。

(1) 脉冲间隔1μs～1ms。用一次泵浦周期内进行两次Q开关得到，最短时间是由普克尔盒开关电子线路和开关脉冲建立时间决定，最长时间由闪光灯的脉宽决定。为了使双脉冲能量相等，可用调节闪光灯触发和第一个Q开关脉冲之间的延迟，调节普克尔盒电压和选择灯的输入能量等方法。

(2) 脉冲间隔20ns～1μs。利用双重Q开关振荡器技术，能把两个脉冲时间间隔减小到1μs以下，其特点是两个谐振腔各用一根红宝石晶体棒的一半，产生两个光脉冲，脉冲间隔是通过延时器完成的，主要控制延时时间便可得到不同间隔的双脉冲。

(3) 脉冲间隔1ms～1s。为了延长双脉冲间隔达到1ms以上，闪光灯必须点燃两次，通常采用同时给两个电容充电，两个脉冲成形网络彼此用二极管或放电管去耦，根据双脉冲间隔不同，控制两个电容的放电时间。

(4) 脉冲间隔大于1s。可用重复频率激光器获得。

4.7 彩色全息图

彩色全息照相是在同一照相底片上用3种或多种单色光波记录物体的3个或多个全息图，每种颜色的全息图称为分量全息图。再现时用与参考光波相同的3种(或多种)基色光波的混合光波照射全息图，将会得到接近白色照明时的效果，再现时，每一种基色光波都被3个分量全息图衍射，结果再现出3个像，只有一个是真实物体，而另外两个是“伪”像，通常叫串音像，因此N种基色将有N个像和$N(N-1)$个串音像。

4.7.1 彩色全息图的记录和再现

设N个基色光波照射物体，则物光波表示为：$E_o=\sum_{i=1}^{N}E_{oi}$，参考光波为：$E_r=\sum_{i=1}^{N}E_{ri}$。其中，E_{oi}、E_{ri}表示波长λ_i的光照明产生的物光和参考光，由于不同光波彼此不

相干，所以照相底片记录的干涉图强度为

$$I=(E_o+E_r)(E_o{}^*+E_r{}^*)=\sum_{i=1}^{N}[E_{oi}{}^2+E_{ri}{}^2+E_{ri}^*E_{oi}+E_{ri}E_{oi}^*] \quad (4.7-1)$$

设再现光波为 $E_c=\sum_{j=1}^{N}E_{cj}$，全息图振幅透射率 $T=\beta I$，则透过全息图的光波强度为

$$I_t=TE_c=\beta IE_c=\beta\sum_{i=1}^{N}\sum_{j=1}^{N}[E_{oi}^{2}{}^2E_{cj}+E_{ri}^2E_{cj}+E_{ri}^*E_{oi}E_{cj}+E_{ri}E_{oi}^*E_{cj}] \quad (4.7-2)$$

上式是彩色全息照相的基本方程。第一项为直接透射光，有 N^2 个，第二项为斑点图样，有 N^2 个，第三项为原始像，有 N^2 个，第四项为共轭像，有 N^2 个。后两项，当 $i=j$ 时，表示 N 个真正的多色像。当 $i\neq j$ 时，给出 $N(N-1)$ 个串音像。

简单地，设物光波、参考光波、再现光波都来自点源，各种彩色球面波表示为

$$E_{oi}=E_o\exp[\mathrm{i}\phi_{oi}(x_o,y_o,z_o)] \quad (4.7-3)$$

$$E_{ri}=E_r\exp[\mathrm{i}\phi_{ri}(x_r,y_r,z_r)] \quad (4.7-4)$$

$$E_{cj}=E_c\exp[\mathrm{i}\phi_{cj}(x_c,y_c,z_c)] \quad (4.7-5)$$

其中 i，$j=1$，2，…，N，由物光点源射到底片 P 点的位相为 $\phi_{oi}(x_o,y_o,z_o)=kr_o$，其中

$$r_o^2=(x-x_o)^2+(y-y_o)^2+z_o^2=z_o+\frac{x^2+y^2}{2z_o}+\frac{x_o^2+y_o^2}{2z_o}-\frac{xx_o+yy_o}{z_o} \quad (4.7-6)$$

忽略常位相因子，得到

$$\phi_{oi}=\frac{2\pi}{\lambda_i}\left(\frac{x^2+y^2}{2z_o}-\frac{xx_o+yy_o}{z_o}\right) \quad (4.7-7)$$

同理，对不同波长不同位置参考光，则有

$$\phi_{ri}=\frac{2\pi}{\lambda_i}\left(\frac{x^2+y^2}{2z_r}-\frac{xx_r+yy_r}{z_r}\right) \quad (4.7-8)$$

$$\phi_{cj}=\frac{2\pi}{\lambda_j}\left(\frac{x^2+y^2}{2z_c}-\frac{xx_c+yy_c}{z_c}\right) \quad (4.7-9)$$

根据菲涅耳全息图理论分析中的式(4.3-20)，原始光波位相应为 $\phi_{pij}=\phi_{oi}-\phi_{ri}+\phi_{cj}$，则

$$\phi_{pij}=\pi\left(\frac{1}{\lambda_iz_o}-\frac{1}{\lambda_iz_r}+\frac{1}{\lambda_jz_c}\right)(x^2+y^2)-2\pi\left(\frac{x_o}{\lambda_iz_o}-\frac{x_r}{\lambda_iz_r}+\frac{x_c}{\lambda_jz_c}\right)x-2\pi\left(\frac{y_o}{\lambda_iz_o}-\frac{y_r}{\lambda_iz_r}+\frac{y_c}{\lambda_jz_c}\right)y \quad (4.7-10)$$

从另一角度来看，若设原始像点坐标为 $(x_{pij},y_{pij},z_{pij})$，则可求出其位相为

$$\phi_{pij}=\frac{2\pi}{\lambda_j}\left(\frac{x^2+y^2}{2z_{pij}}-\frac{xx_{pij}+yy_{pij}}{z_{pij}}\right) \quad (4.7-11)$$

比较上面两式，则有

$$x_{pij}=\left(\frac{\lambda_jx_o}{\lambda_iz_o}-\frac{\lambda_jx_{ri}}{\lambda_iz_r}+\frac{x_c}{z_c}\right)z_{pij},\quad y_{pij}=\left(\frac{\lambda_jy_o}{\lambda_iz_o}-\frac{\lambda_jy_r}{\lambda_iz_r}+\frac{y_c}{z_c}\right)z_{pij},\quad z_{pij}=\left(\frac{\lambda_j}{\lambda_iz_o}-\frac{\lambda_j}{\lambda z_r}+\frac{1}{z_c}\right)^{-1} \quad (4.7-12)$$

如果令 $\lambda_{ji}=\lambda_j/\lambda_i$，则上式可改写为

$$x_{pij}=\left(\frac{\lambda_{ji}x_o}{z_o}-\frac{\lambda_{ji}x_{ri}}{z_r}+\frac{x_c}{z_c}\right)z_{pij}\text{，}y_{pij}=\left(\frac{\lambda_{ji}y_o}{z_o}-\frac{\lambda_{ji}y_r}{z_r}+\frac{y_c}{z_c}\right)z_{pij}\text{，}z_{pij}=\left(\frac{\lambda_{ji}}{z_o}-\frac{\lambda_{ji}}{z_r}+\frac{1}{z_c}\right)^{-1}\tag{4.7-13}$$

由上式得知：有 N^2 个像点，其中有 N 个原始像，$N(N-1)$ 个串音像，串音像使像质变坏，必须使串音像与原始像分开，并且使 N 个原始像重合在一起。

4.7.2 分离串音像的方法

1. 光源等距法

如红、绿、蓝三色光，使三色参考光在 xoy 坐标平面上分开，且全息底版距离相等，即

$$\begin{aligned}&(x_{r1},y_{r1})\neq(x_{r2},y_{r2})\neq(x_{r3},y_{r3})\\&z_{r1}=z_{r2}=z_{r3}=z_r\end{aligned}\tag{4.7-14}$$

而再现光与参考光全同，即

$$\begin{aligned}&(x_{c1},y_{c1})=(x_{r1},y_{r1})\\&(x_{c2},y_{c2})=(x_{r2},y_{r2})\\&(x_{c3},y_{c3})=(x_{r3},y_{r3})\\&z_{c1}=z_{r1}\\&z_{c2}=z_{r2}\\&z_{c3}=z_{r3}\end{aligned}\tag{4.7-15}$$

式(4.7-13)中令 $i=j$，则有 $\lambda_{ji}=1$，因此

$$\begin{aligned}&x_{p11}=x_{p22}=x_{p33}=x_o\\&y_{p11}=y_{p22}=y_{p33}=y_o\\&z_{p11}=z_{p22}=z_{p33}=z_o\end{aligned}\tag{4.7-15}$$

表明三色原始像重合，并与原物体位置重合，而串音像的位置与原始像是分开的。用波长 λ_1 记录全息图，用波长 λ_2 照射时产生的串音像坐标为

$$\begin{aligned}&x_{p12}=\frac{z_o(x_{c2}-\lambda_{21}x_{c1})+\lambda_{21}x_oz_c}{z_o(1-\lambda_{21})+\lambda_{21}z_c}\\&y_{p12}=\frac{z_o(y_{c2}-\lambda_{21}y_{c1})+\lambda_{21}y_oz_c}{z_o(1-\lambda_{21})+\lambda_{21}z_c}\\&z_{p12}=\frac{z_cz_o}{z_o(1-\lambda_{21})+\lambda_{21}z_c}\end{aligned}\tag{4.7-16}$$

其余5个串音像也有类似结果，串音像坐标与原始像不重合，且 λ_{ji} 越大，分开的距离越大。

2. 利用体全息法

体全息图对角度和波长有选择性，能自然地消除串音像，例如，用 He-Ne 激光器的红光、Ar^+ 离子激光器的蓝光和 YAG 倍频绿光混合构成参考光和照明物光，利用厚乳胶

产生3个分量全息图，如果用原来的三色光波照射全息图，则每种色光(如红光)仅对该色光(红)记录的全息图满足布拉格方程。因此消除了串音像，能再现出原物体光波，如果记录的是反射式全息图可以用白光再现。这种方法通常是优选的方法。

根据公式(4.5-8)，即使θ相同，不同λ也产生不同d，再现时，由布拉格条件，每种间隔d的条纹只能对该波长产生衍射。

3. 空间多路法

如图4-15所示。让三色参考光经过一个滤波掩模，该掩模由红、绿、蓝三色滤光片窄条交替组成，每个滤光片只能透过其中一种光波，从掩模透过后是窄条形的红、绿、蓝三色光束的交替，每一窄条光波被透镜成像到特定位置上，且彼此不重叠。

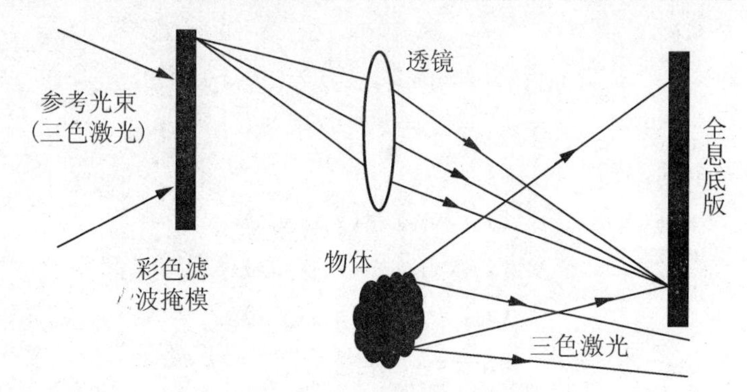

图4-15　空间多路法示意图

当漫射物体漫反射的三色物体光波与参考光波在照相底版叠加时，只与同色光产生干涉，只形成单色全息图，底版上记录了互不重叠的三色全息图，每一窄条处都是单色全息图。

再现时，把全息图放回原处，再现光透过掩模，各色光只照射对应的单色全息图，而不照射其他色光形成的单色全息图，因此消除了串音像，能更好地再现出全色的物体光波。

4.8　光学全息的应用

随着光学全息技术的发展，它在文物保存、信息存储、研究和记录物理状态等多个方面均获得广泛应用。

4.8.1　用全息方法消除像差

用有像差的透镜摄制物体像会使像质变坏，甚至模糊不清，即使是无像差透镜，当物体与成像系统之间有像差介质时，也会使成像质量变坏，像差介质可以是表面不平的玻璃板、浓雾或严重的大气湍流等，利用全息技术可消除这种像差介质产生的干扰，从而获得清晰的物体像。

1. 记录时物光波通过像差介质

如图 4-16 所示，让通过像差介质的物光波和不通过像差介质的参考光波在全息底版上发生干涉形成干涉图。

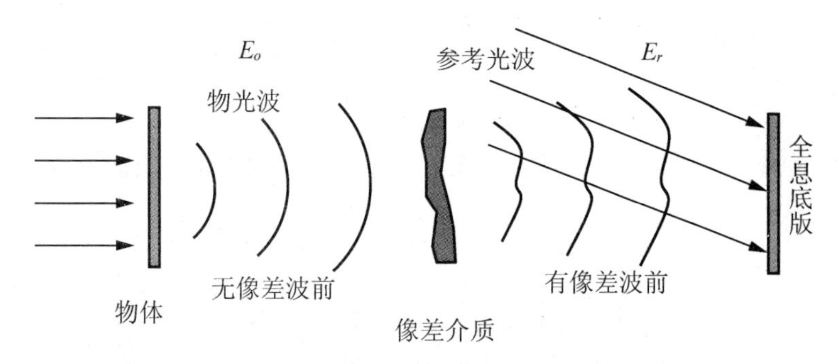

图 4-16　物光波通过像差介质记录

设像差介质的透射系数为 $\exp[i\phi(x,y)]$，则全息底版上物光波和参考光波分别为

$$E_o'=E_o(x,y)\exp[i\phi(x,y)] \tag{4.8-1}$$

$$E_r'=E_r(x,y) \tag{4.8-2}$$

式中，$E_o(x,y)$、$E_r(x,y)$分别是未受到像差介质干扰的物光波和参考光波。全息图上的光强分布为

$$I(x,y)=|E_o'|^2+|E_r'|^2+E_oE_r^*\exp[i\phi(x,y)]+E_rE_o^*\exp[-i\phi(x,y)] \tag{4.8-3}$$

再现时，用与参考光波共轭的光波照射全息图，如图 4-17 所示。

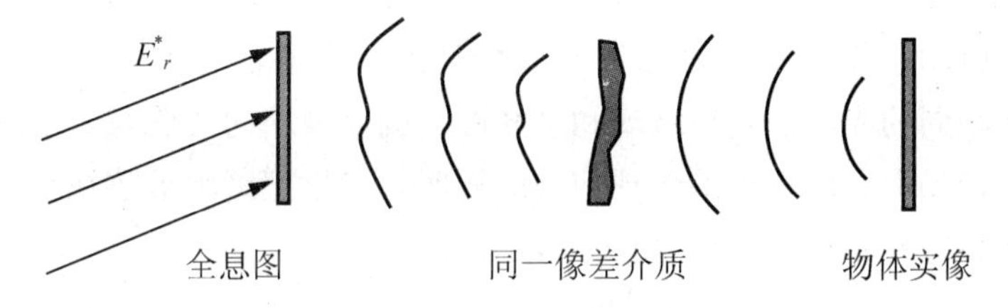

图 4-17　共轭参考光波再现

参考光波的共轭光波为

$$E_c(x,y)=E_r^*(x,y) \tag{4.8-4}$$

因此，再现光通过全息底版的光强分布为

$$I'(x,y)=(E_o^2+E_r^2)E_r^*+E_o\ (E_r^*)^2\exp[i\phi(x,y)]+E_o^*\exp[-i\phi(x,y)] \tag{4.8-5}$$

式中最后一项是物光波的共轭波。再次通过像差介质后光强为

$$I''(x,y)=\{(E_o^2+E_r^2)+E_o\exp[i\phi(x,y)]E_r^*\}\cdot E_r^*\exp[i\phi(x,y)]+E_o^* \tag{4.8-6}$$

可见，通过像差介质后消去了位相畸变因子，得到原来物体的共轭像，它是一个实像。

2. 物光波和参考光波通过同一像差介质

如图 4-18 所示，全息底版上物光波和参考光波分别为

$$E_o'(x,y)=E_o(x,y)\exp[\mathrm{i}\phi(x,y)] \tag{4.8-7}$$

$$E_r'(x,y)=E_r(x,y)\exp[\mathrm{i}\phi(x,y)] \tag{4.8-8}$$

全息图上的光强分布为

$$I(x,y)=E_o^2+E_r^2+E_oE_r^*+E_rE_o^* \tag{4.8-9}$$

所得结果与像差介质不存在时一样，因此，再现像不受像差介质的干扰，它仍然是清晰的。

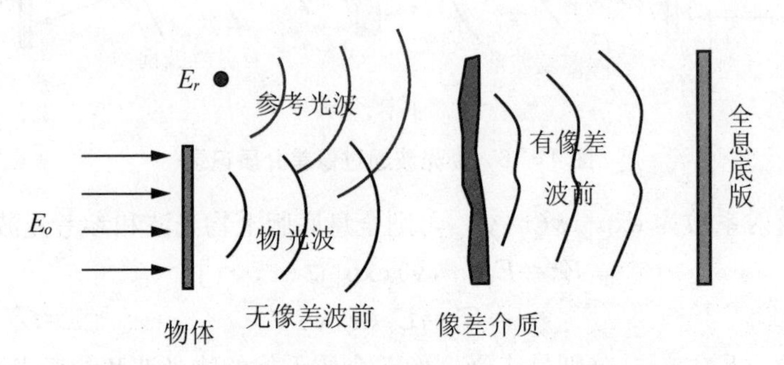

图 4-18　物光波和参考光波通过同一像差介质记录

4.8.2　用全息方法进行干涉计量

1. 全息术测光学不均匀性和应力

如图 4-19 所示，先记录一块毛玻璃的全息图。处理之后放回原位，毛玻璃也在原位；用与参考光相同的光波照明毛玻璃和全息图，则毛玻璃的波前与全息底版再现波前完全相同，所以在视场上，由于干涉出现均匀的照明，如果把试验板放在毛玻璃与全息图之间，试验板不与参考光相截，如图 4-20 所示。

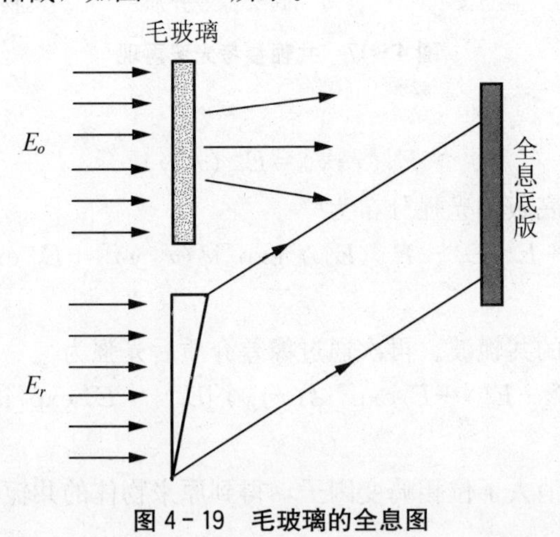

图 4-19　毛玻璃的全息图

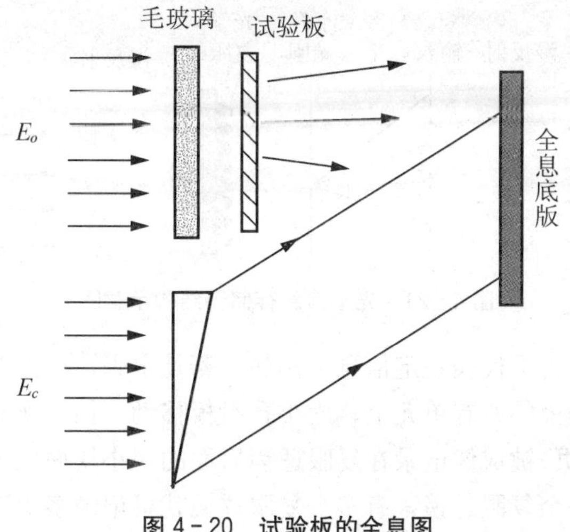

图 4-20　试验板的全息图

此时在视场上将产生干涉条纹，如果试验板完全均匀，则无干涉条纹，出现干涉条纹说明试验板光学不均匀。

如果把毛玻璃换成应力检验物体，先制成没加力时的物体全息图，处理之后放回原处。对物体施加压力，使物体产生应力，用上面的光路图，可看到物体加压前后的两波前产生干涉，如果无应力，则视场照明均匀，如果有应力，则产生干涉条纹，条纹形状给出应力分布，用这种方法检验玻璃、晶体的应力或折射率不均匀性是有效的。

2. 全息术研究瞬态和渐变现象

用极短光脉冲照射物体，即使物体高速变化，也相当于瞬间“冻结”运动，用这种技术可研究子弹飞行轨迹和冲击波、动物飞行时扇动翅膀产生的压缩波等。如研究子弹飞行轨迹和冲击波的详细图形，可先用脉冲激光器记录无子弹的全息图，然后对同一底片当子弹出现时第二次曝光，可用连续激光同时再现出无子弹和有子弹的两种波前。在两次曝光之间子弹的飞行状态和冲击波的详细图形就由两种波前的干涉图形来表示。

如果某物体的状态是逐渐变化的，如连续变形、振动、位移等，需要实时加以监测研究，则可以先拍摄一张物体变形前的全息图，处理后将此全息图放回原来记录的位置，用原来参考光照射全息图，再同时照射物体，如果物体状态不变，则再现像与物光波完全重合，此时不产生干涉条纹，在底版透射光方向的屏上来看，是均匀亮场，当物体产生形变或位移，即使是极微小的变化，则观察屏上出现干涉条纹，条纹的分布反映了物体的变化，如果物体状态连续变化，则干涉条纹也逐渐随之变化，因此，物体状态变化过程可用干涉条纹的变化“实时”表现出来。

4.8.3　全息信息存储

目前用的光学信息存储器原理如图 4-21 所示。输入页一般是光点编码点阵，每个光点出现代表 1，光点不出现代表 0。

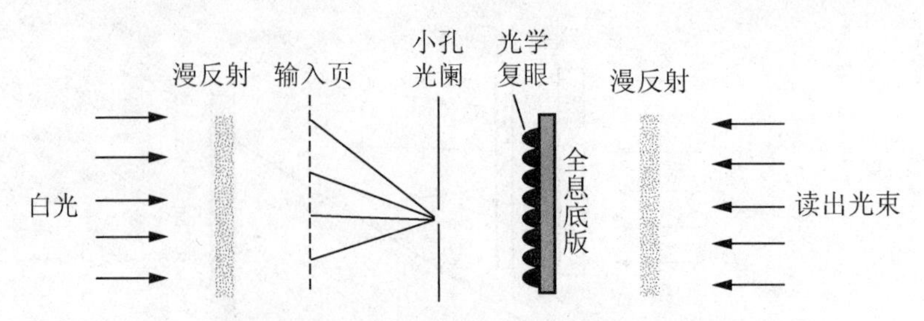

图 4-21　光学信息存储器结构示意图

每个光点的出现与否可代表一定信息。例如，若是字码，一页上的所有信息(光点)都能由漫射光照到复眼透镜的所有单元上；用小孔滑板移动，挡住所有复眼，只留一个，则信息(光点阵，即输入页)被成像记录在复眼透镜后面的一小块底版上，称为显微镜。记录第二页信息再对应另一个复眼透镜，有多少复眼透镜就可记录多少输入页。

再现时，光从反向射入，把底片的像通过复眼透镜再投影到原输入页的位置上从而读出。每页的寻找，可用激光扫描方法来完成。

用全息存储，是把信息制成编码的透明片，透过透明片的物光波与参考光波产生干涉，以某一角度记录在全体体全息图的介质中；更换输入页，改变参考光束方向，在记录介质中另一角度记录了第二页，以此类推。

再现时，由于体全息图有角度灵敏性，可以选择读出相应的输入页，即照射光与原记录时参考光一致的那一页才能读出来，其他所有页不能满足布拉格方程不能读出，每页占有角度宽度最小可达 0.02°，参考光允许变化角度可达 20°以上。

应用实例

应用实例 4-1：用 532nm 的激光拍摄反射式全息图，要求全息干板乳胶厚度至少大于条纹间距的 3 倍，且每幅全息图占用 0.5°的角宽度，现有乳胶厚度为 1μm 的全息片，试计算在同一全息片上能记录多少幅全息图。

解：由于

$$d=\frac{\lambda}{2\sin(\theta/2)}$$

式中，d 是条纹间距，θ 为物光波和参考光波之间的夹角。根据题意知道，$d=1/3\mu\text{m}$，$\lambda=0.532\mu\text{m}$，因此得到

$$\sin(\theta/2)=\frac{\lambda}{2d}=\frac{3\times0.532}{2}=0.798\Rightarrow\theta=105.878^\circ$$

因为每幅图占角宽度为 0.5°，因此，可以记录的幅数为

$$N=[360-(2\times105.878)]\text{幅}/0.5=296\text{ 幅}$$

应用实例 4-2：用全息记录子弹飞行姿态时，当用波长为 0.632 8μm 的氦氖激光器作光源时，曝光时间最长应当小于 0.1ns，如果把光源改为 0.532μm 的激光，曝光时间最

长应当为多少？

解：因为

$$vt \leqslant \lambda/4$$

式中，v 是子弹的飞行速度。因此得到

$$\lambda_1/t_1 = \lambda_2/t_2$$

$$t_2 = \frac{\lambda_2}{\lambda_1}t_1 = \frac{0.532}{0.6328} \times 0.1\text{ns} = 0.084\text{ns}$$

应用实例 4-3：在某一共轴全息装置中，物体是高度透明的，其透过率函数为 $T = T_0 + \Delta T$，且 $\Delta T \ll T_0$。试计算：(1)记录时全息底版上的振幅和光强分布；(2)分析共轴系统的缺点和局限性。

解：(1)由于正入射的平行光照明物平面，因此入射场为

$$E_1 = E_0$$

物平面的透射场为

$$E_2 = TE_1 = (T_0 + \Delta T)E_0 = T_0E_0 + \Delta TE_0$$

它包含两项，第一项为

$$E_r = T_0E_0$$

它代表正出射的平面衍射波，直达记录平面，这一项与物平面的本底透射率 T_0 相联系。第二项为

$$E_o' = \Delta TE_0$$

它代表弥散的平面衍射波，携带了物信息 ΔT 而达到记录平面，设这一项达到记录平面的衍射场为 E_o，则 E_o 和 E_o' 的关系应当由惠更斯-菲涅耳原理确定。由此可见，此时达到记录平面的光波是物光波和参考光波。记录平面上的振幅分布为

$$E = E_r + E_o$$

干涉强度分布为

$$I = (E_r + E_o) \times (E_r + E_o)^*$$

(2) 再现波场所包含的 3 种成分共轴展现，是这种全息装置的最大缺点，它给人们的观察带来很大麻烦，不便于分离两个孪生的像，而且受到 E_o' 波的干扰也很大。

小　　结

本章在讲述了光学全息的产生、发展过程之后，介绍了光学全息的特点以及全息图分类的方法，并对全息记录过程和再现过程进行了详细的分析。本章重点讲解了菲涅耳全息和夫琅和费全息的基本理论，对这两种全息产生的基本条件、光路系统的基本结构进行了讨论，并对记录和再现过程进行了理论分析和计算。在此基础上，讲解了体全息图的基本原理以及单脉冲和双脉冲全息图、彩色全息图获得的方法，最后介绍了光学全息的主要应用。

习题与思考题

4.1　全息照相与普通照相有什么区别？

4.2　分析影响全息照相质量的重要因素。

4.3　在全息曝光过程中如果台面有震动，可能会出现什么后果？

4.4　为什么说在全息照相中物光波和参考光波是等价的？

4.5　简要叙述光学全息照相的基本过程。

4.6　简要叙述双脉冲光全息的基本原理。

4.7　简要叙述实时光全息的基本原理。

4.8　如何从相位函数理解全息干涉测量和获得高精度计量？

4.9　用532nm的激光拍摄反射式全息图，要求全息干板乳胶厚度至少大于条纹间距的5倍，如果计划在同一全息片上记录600幅全息图，且每幅全息图占用0.2°的角宽度，试计算乳胶的厚度至少应当选取多少？

4.10　如果参考光波和物光波都是平行光，并且对称地斜入射到记录介质上，两光束的夹角为2θ，(1)试说明全息图上干涉条纹的形状；(2)试证明全息图上干涉条纹的间距为$e=\dfrac{\lambda}{2\sin(\theta/2)}$；(3)如果用氦氖激光器进行记录，试计算当夹角为$\theta=1°$、$60°$时，全息图上干涉条纹的间距为多少？

第5章

光的偏振与晶体光学理论

光的干涉现象和衍射现象充分显示了光的波动性质，但是它们不涉及光是横波还是纵波的问题，因为不管是横波还是纵波同样都能产生干涉和衍射现象。光的偏振现象则从实验上证实了光波是横波，亦即光波电场和磁场的振动方向与光波的传播方向垂直。光的偏振现象与各向异性晶体有着密切的联系：一方面，一束非偏振光入射到各向异性晶体时，一般将分解为两束偏振光(双折射)；另一方面，最为重要的偏振器件是由晶体制成的。本章将深入研究偏振光的产生；光在晶体中传播的基本规律，偏振光和偏振器件的矩阵表示；偏振光的干涉以及偏振光的应用。

本章教学要求

- 掌握偏振光的种类和基本概念
- 掌握晶体中光波各个矢量的关系
- 掌握光在晶体中传播的基本规律
- 掌握光在晶体表面的反射和折射
- 了解偏振光学元件
- 了解偏振光和偏振光学元件的矩阵表示
- 了解偏振光的干涉

导读

在垂直于光的传播方向的平面内，包含一切可能方向的横向振动，并且平均来说任一方向上都具有相同的振幅，这种横向振动对称于传播方向的光称为自然光。光的偏振是指电磁场的振动方向对于传播方向不具有对称性。它是横波区别于其他纵波的一个最明显的标志。光的偏振现象与晶体有着密切的联系：一方面，一束非偏振光入射到晶体时，通常会产生双折射，从而形成两束偏振光；另一方面，较为重要的偏振器件都是由晶体制成的。在实际中，可以利用晶体的折射率随传播方向的变化来进行激光倍频；可以利用晶体的电光效应激光器的调Q装置，下图是调Q、倍频固体激光器结构示意图，该激光器中用到了 KD* P、YAG 和 KTP 晶体，可见，晶体所引起的光的偏振在光电子技术中起着重要的作用。

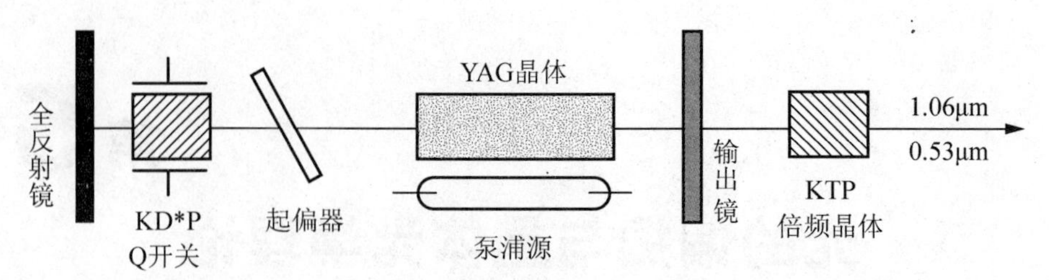

本章在介绍偏振光及其产生方法之后，利用微分形式的麦克斯韦方程组推导出光波电磁场在各向异性介质中传播的基本规律。在此基础上讨论偏振光和偏振器件的矩阵表示；偏振光的干涉以及偏振光的应用。

5.1 偏振光概述

为了讨论问题方便，人们将光分成两类，一类是光振动强度在空间各个方向都是相同的自然光；另一类是某一方向的振动比其他方向占优势的偏振光。本节将讨论自然光和偏振光的特点、偏振光的获取、偏振光的偏振度以及马吕斯定律等。

5.1.1 自然光和偏振光

1. 自然光

自然光的光波是横波，即光波矢量的振动方向垂直于光的传播方向。由于普通光源发光的间歇性和随机性，使其光波矢量的振动在垂直于光的传播方向上作无规则取向，从统计平均来说，在空间所有可能的方向上，光波矢量的分布可看作是机会均等的，它们的总和与光的传播方向是对称的，即光矢量具有轴对称性、均匀分布、各方向振动的振幅相同，这种光就称为自然光，如图 5-1(a)所示。

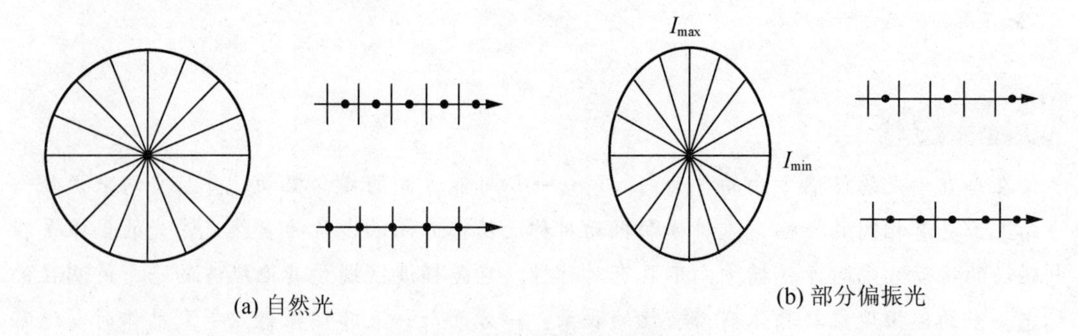

(a) 自然光　　(b) 部分偏振光

图 5-1　自然光和部分偏振光

自然光可以看成是具有一切可能的振动方向的许多光波的总和，这些振动同时存在或迅速且无规则地相互代替。自然光可以用光矢量相互垂直的、强度相等的、位相没有确定

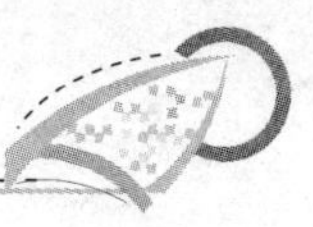

关系的两个线偏振光来代替，即一束自然光可分解为两束振动方向相互垂直的、振幅相等的、不相干的线偏振光。

自然光在传播过程中，如果受到外界的作用，造成各个振动方向上的强度不等，使某一个方向的振动比其他方向占优势，这种光叫做部分偏振光，如图 5-1(b)所示。部分偏振光可以看成是自然光和线偏振光的混合，如天空中的散射光和水面的发射光就是部分偏振光。

2. 偏振光

偏振光是指光矢量的振动方向不变，或以某种规则变化的光波。如果在光波中，光矢量的大小随位相改变，而振动方向在传播过程中保持不变，称这种光为线偏振光，如图 5-2(a)所示。线偏振光的光矢量与传播方向组成的面就是线偏振光的振动面，它是一个平面，因此，线偏振光又称为平面偏振光。如果光波在传播过程光矢量的大小不变，而其方向绕传播轴均匀地转动，且矢量末端的轨迹是一个圆，称这种光为圆偏振光，如图 5-2(b)所示。如果光波在传播过程中光矢量的大小和方向都有规律地变化，光矢量末端的轨迹是一个椭圆，称这种光为椭圆偏振光，如图 5-2(c)所示。

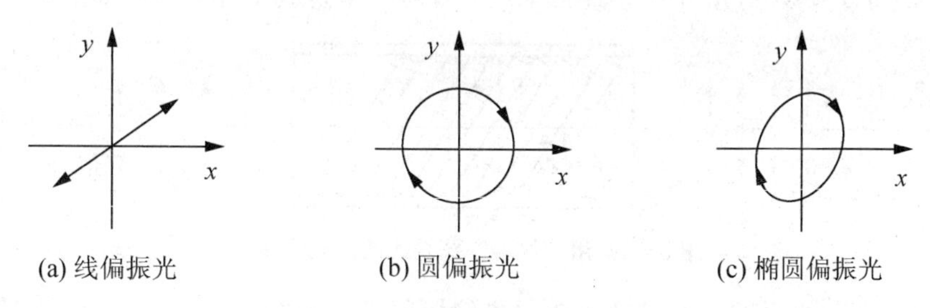

(a) 线偏振光　　(b) 圆偏振光　　(c) 椭圆偏振光

图 5-2　线偏振光、圆偏振光和椭圆偏振光示意图

线偏振光的解析表达式为

$$\boldsymbol{E}=E_0\cos(\boldsymbol{k}\cdot\boldsymbol{r}-\omega t) \tag{5.1-1}$$

线偏振光的分量形式为

$$\boldsymbol{E}_x=E_{x0}\cos(\boldsymbol{k}\cdot\boldsymbol{r}-\omega t),\ \boldsymbol{E}_y=E_{y0}\cos(\boldsymbol{k}\cdot\boldsymbol{r}-\omega t+\delta) \tag{5.1-2}$$

式中，$\delta=0$、π，线偏振光的倾角满足

$$\tan\theta=E_{y0}/E_{x0} \tag{5.1-3}$$

圆偏振光的解析表达式为

$$\boldsymbol{E}=\boldsymbol{E}_x+\boldsymbol{E}_y \tag{5.1-4}$$

圆偏振光的分量形式为

$$\boldsymbol{E}_x=E_0\cos(\boldsymbol{k}\cdot\boldsymbol{r}-\omega t),\ \boldsymbol{E}_y=E_0\cos(\boldsymbol{k}\cdot\boldsymbol{r}-\omega t+\delta) \tag{5.1-5}$$

式中，两个分量的振幅均为 E_0，$\delta=\pm\pi/2$。当 $\delta=\pi/2$ 时合成的结果为右旋圆偏振光；当 $\delta=-\pi/2$ 时合成的结果为左旋圆偏振光。

椭圆偏振光与圆偏振光的区别在于两个正交分量的振幅不相等，椭圆偏振光的分量形式为

$$\boldsymbol{E}_x=E_{x0}\cos(\boldsymbol{k}\cdot\boldsymbol{r}-\omega t),\ \boldsymbol{E}_y=E_{y0}\cos(\boldsymbol{k}\cdot\boldsymbol{r}-\omega t+\delta) \tag{5.1-6}$$

当 $\delta=\pm\pi/2$ 时为正椭圆，当 $\delta\neq\pm\pi/2$ 时为斜椭圆。当 $0<\delta<\pi$ 时，为左旋椭圆偏振光；而当 $\pi<\delta<2\pi$ 时，为右旋椭圆偏振光。事实上，式(5.1-6)包含了圆偏振光和线偏振光的情况。即当 $\delta=\pm\pi/2$，$E_{x0}=E_{y0}$ 对应圆偏振光；当 $\delta=0$，π 对应线偏振光。

5.1.2 获得偏振光的方法

获得偏振光的方法归纳起来有4种：一是利用布儒斯特片或布儒斯特片堆，二是利用二向色性材料，三是利用各向异性晶体，四是利用散射介质。

1. 布儒斯特片或布儒斯特片堆产生偏振光

通过物理光学的学习可知，分析自然光在介质分界面上的反射和折射时，可以把它分解为两部分：一部分是光矢量平行于入射面的P波，另一部分是光矢量垂直于入射面的S波。由于这两个波的反射系数不同，因此，反射光和折射光一般会成为部分偏振光。当入射光的入射角等于布儒斯特角时，反射光成为线偏振光。根据这一原理，可以利用玻璃片来获得线偏振光。在一般情况下，只用一片玻璃来获得强反射的线偏振光或高偏振度的折射光是很困难的。在实际应用中，经常采用“片堆”来达到上述目的，如图5-3所示。

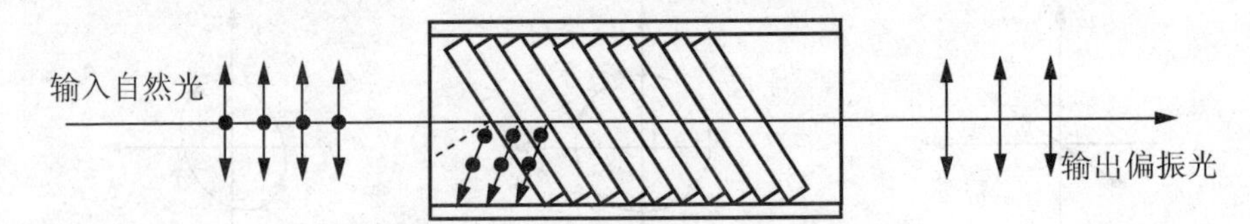

图5-3　用“片堆”获得线偏振光示意图

按照“片堆”的原理，可以制成介质膜偏振器件，如图5-4所示。介质膜偏振器件是把一块立方棱镜沿着对角面切开，并在两个切面上交替地镀上光学厚度为1/4波长的高折射率的膜层(硫化锌)和低折射率的膜层(冰晶石)，再胶合成立方棱镜。

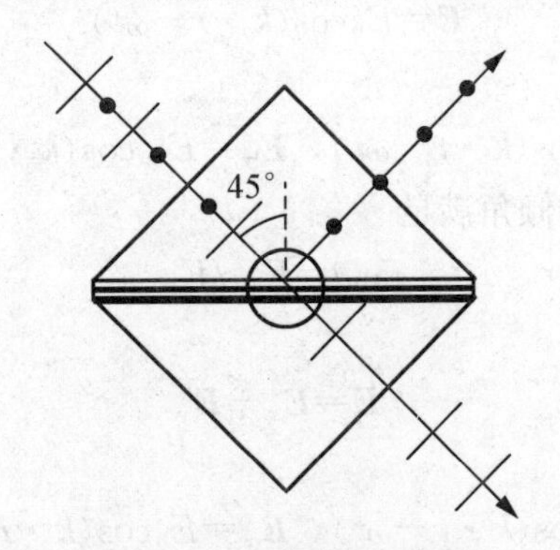

图5-4　介质膜偏振器件

在介质膜偏振器件中，高折射率膜层就相当于图5-3中的玻璃片，而低折射率膜层则相当于玻璃片之间的空气层，所镀膜层放大图如图5-5所示。为了使偏振光具有最大的偏振度，应当使光线在相邻膜层界面上的入射角都等于布儒斯特角。从图5-5容易看出

$$n\sin 45^\circ = n_2\sin\theta \tag{5.1-7}$$

$$\tan\theta = n_1/n_2 \tag{5.1-8}$$

式中，n 是玻璃的折射率，n_1 和 n_2 分别是冰晶石和硫化锌的折射率，θ 是光线在硫化锌膜层的折射角，亦即在硫化锌和冰晶石界面上的入射角。从以上两式可以得到

$$n^2 = \frac{2n_1^2 n_2^2}{n_1^2 + n_2^2} \tag{5.1-9}$$

这是玻璃的折射率和两种介质膜的折射率之间应当满足的关系式。

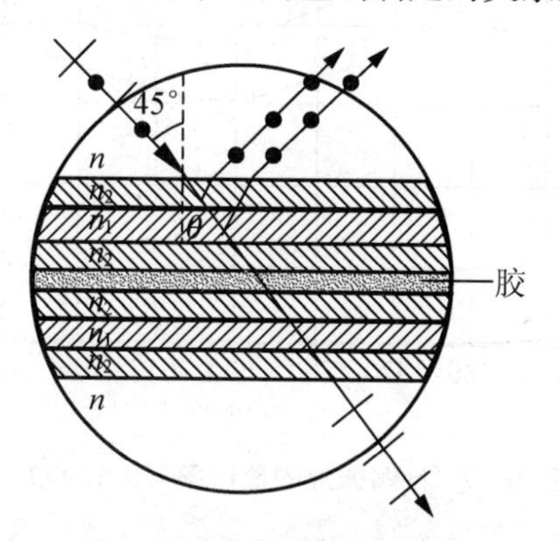

图 5-5 介质膜偏振器件膜层结构

由于玻璃和介质膜的折射率是随着波长改变的，因此，在用白光时，为了使各种波长的光都获得最大的偏振度，就应当让各种波长的折射率都满足式(5.1-9)，这就要求玻璃的色散必须与介质膜的色散适当地配合。

2. 二向色性材料产生偏振光

二向色性是指某些各向异性的晶体对不同振动方向的偏振光有不同的吸收系数的性质。在天然晶体中，电石气具有最强烈的二向色性。1mm 厚的电石气可以把一个方向振动的光全部吸收掉，使透射光成为振动方向与该方向垂直的线偏振光。一般地，晶体的二向色性还与光波的波长有关，因此，当振动方向相互垂直的两束线偏振白光通过晶体后会呈现出不同的颜色。这是二向色性这个名称的由来。

目前广泛使用的获得线偏振光的器件是一种人造的偏振片，叫做 H 偏振片，如图 5-6 所示。偏振片允许透过的电矢量的方向称为它的透光轴。

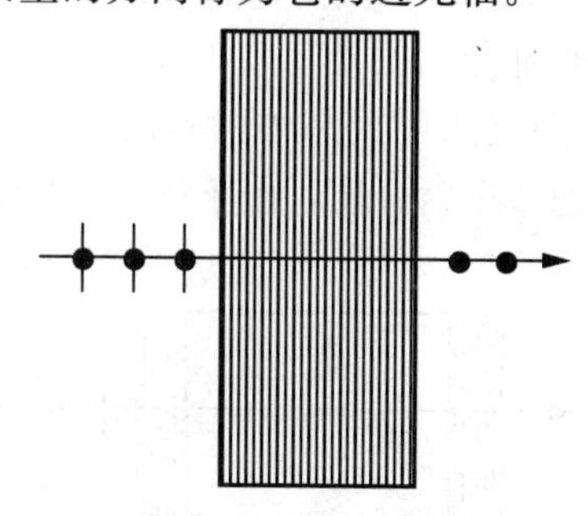

图 5-6 二向色性偏振片

图 5-7 给出了 H 偏振片的透过率与波长的关系。曲线 1 表示单片偏振片的透过率；曲线 2 表示两片偏振片当它们的透光轴互相平行时的透过率；曲线 3 表示两片偏振片当它们的透光轴互相垂直时的透过率。由图 5-7 可见，当波长为 500nm 的自然光通过两片叠合的 H 偏振片时，如果它们的透光轴互相平行，透过率可达 36%；如果它们的透光轴互相垂直，透过率不到 1%。

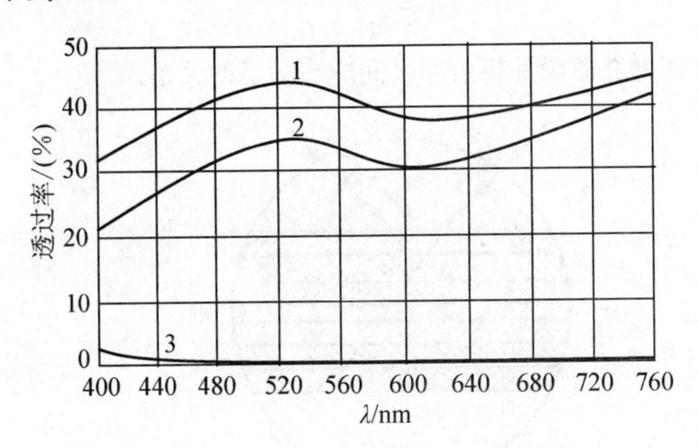

图 5-7　H 偏振片的透过率与波长的关系

3. 各向异性晶体产生偏振光

通过物理光学的学习可知，当一束单色光从折射率为 n 的介质中以 θ_i 角入射到晶体的界面上时，一般地可以产生两束振动方向相互垂直的折射光，分别称为 o 光和 e 光，它们对应的折射率分别为 n_o 和 n_e，两束折射光满足的折射定律为

$$n\sin\theta_i = n_o\sin\theta_o,\ n\sin\theta_i = n_e\sin\theta_e \tag{5.1-10}$$

式中，θ_o 和 θ_e 是两束折射光的折射角，由于 $n_o \neq n_e$，则 $\theta_o \neq \theta_e$，所以两束折射光将被分开，从而获得两束振动方向相互垂直的线偏振光。由于一般晶体的 θ_o 和 θ_e 相差很小，因此两束线偏振光分开的角度很小，不利于实际应用。在后面的章节中，将讨论如何设计出实用的晶体双折射偏振器件。

4. 散射介质产生偏振光

通过物理光学的学习可知，当自然光在散射介质中传输时，通过偏振片在与光的传播方向相垂直的方向上观察，可以看到散射光是线偏振光；在与光的传播方向成一定角度的方向上观察，可以看到散射光是部分偏振光。

如图 5-8 所示，使一束单色光入射到晶体的界面上时，产生两束振动方向相互垂直的折射光，然后再使这两束光通过散射介质，由于散射介质对两束光的散射不同，从而获得两束线偏振光。

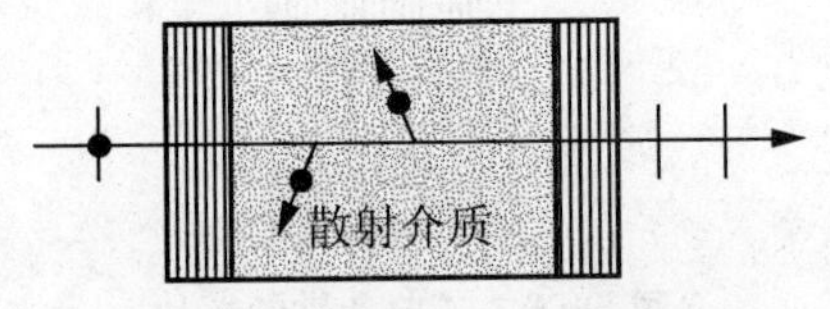

图 5-8　散射介质产生线偏振光

5.1.3　偏振度

光的偏振态是无法用仪器或眼睛直接显示或看出的。对于光偏振态的判断，要凭借光通过偏振元件以后透射光强的变化而获得。如果一个偏振片面对一束光旋转一周，获得光强极大值为 $I_{\max}$，光强极小值为 $I_{\min}$，则入射光的偏振度被定义为

$$p=\frac{I_{\max}-I_{\min}}{I_{\max}+I_{\min}} \tag{5.1-11}$$

对于自然光或圆偏振光，各个方向的强度都相等，$I_{\max}=I_{\min}$，故 $p=0$。对于线偏振光，$I_{\min}=0$，$p=1$。对于部分偏振光和椭圆偏振光，$0<p<1$。偏振度的数值越接近 1，光束的偏振化程度越高。对于自然光与圆偏振光或部分偏振光与椭圆偏振光的区分，仅凭借一个偏振片作为检偏器是不行的，还要借助其他偏振元件才能完成。

可以证明，对于有 N 片玻璃片组成的片堆，透射光的偏振度为

$$p_N=\frac{1-[4n_1^2n_2^2\ (n_1^2+n_2^2)^{-2}]^{2N}}{1+[4n_1^2n_2^2\ (n_1^2+n_2^2)^{-2}]^{2N}} \tag{5.1-12}$$

若取 $n_1=1$，$n_2=1.5$，则当 N 分别为 1、5、10、20 时，透射光的偏振度分别为 0.163、0.675、0.928、0.997。可见，当玻璃片很多时，透射光也接近线偏振光。

5.1.4　马吕斯定律和消光比

对于线偏振光器件，总是希望它的偏振度能达到 1，其对自身产生的偏振光的透过率越大越好，而且在适用波段有高的抗光伤阈值。对自身产生的偏振光的透过率和抗光伤阈值可通过直接测量而得到，但是测量偏振度却不是很容易的事，一般用消光比来衡量。当自然光入射到上面介绍的偏振光器件时，出射的偏振光的振动方向是确定的，把偏振光器件允许光矢量透过的方向称为偏振光器件的透光轴。当自然光垂直通过两个同样的偏振光器件时，称第一个偏振光器件为起偏器，第二个为检偏器。起偏器的作用是把自然光变成振动方向与其透光轴一致的线偏振光，若检偏振的透光轴与起偏器的透光轴平行，则起偏器产生的线偏振光可以通过检偏器，若检偏振的透光轴与起偏器的透光轴垂直，则起偏器产生的线偏振光不能通过检偏器，称此状态为消光。在图 5-9 所示的实验装置当中，P_1 和 P_2 就是两片相同的偏振片，前者用来产生偏振光，后者用来检验偏振光。

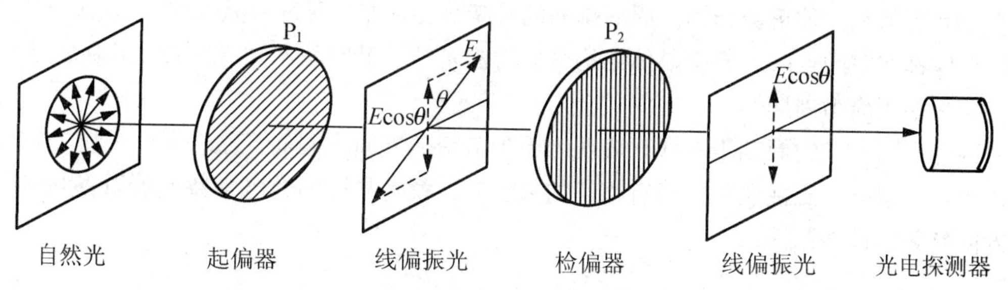

图 5-9　验证马吕斯定律和测定消光比的实验装置示意图

当它们相对转动时，透过两片偏振片的光强就随着两偏振片的透光轴的夹角而变化，

如果偏振片是理想的(即自然光通过偏振片后成为完全的线偏振光)，当它们的透光轴互相垂直时，透射光强应该为零。当夹角为其他值时，透射光强由下式决定：

$$I=I_0\cos^2\theta \tag{5.1-13}$$

式中，I_0是两偏振片的透光轴平行时的透射光强。式(5.1-13)所表示的关系称为马吕斯(Malus)定律。

实际的偏振器件往往是不理想的，自然光透过后得到的不是完全的线偏振光，而是部分偏振光。因此，即使两个偏振器的透光轴相互垂直，透光强度也不为零。这时的最小透光强度与两偏振器光轴互相平行时是最大透射光强之比称为消光比，它是衡量偏振器件质量的重要参数，消光比越小，偏振器件产生的偏振光的偏振度越高，人造偏振片的消光比约为10^{-3}。

从上述实验可以看到，用来产生偏振光的器件都可以用来检验偏振光。通常把产生偏振光的器件称为起偏器，把检验偏振光的器件称为检偏器。

5.2 晶体中光波各个矢量的关系

晶体结构的主要特点是组成晶体的原子、分子、离子或其集团在空间排列组合时，表现出一定的空间周期性和对称性。这种结构特点导致了晶体宏观性质的各向异性。本节将介绍晶体的基本性质、有关的基本概念、晶体中单色平面波的各矢量关系；光波的相速度和光线速度以及晶体中$\boldsymbol{E}$和$\boldsymbol{D}$的关系。

5.2.1 各向异性晶体的基本性质

由于均匀介质的介电常数或折射率是一个常数，因此，当光在均匀介质中传播时，光的频率、相速度是相同的，与光的传播方向无关。而在非均匀介质中则完全不同，介电常数或折射率与光的传播方向及电矢量的振动方向有着复杂的关系。

所谓非均匀介质多是指光学晶体，它与非晶体的均匀介质的区别主要有两个方面：一是周期性，二是对称性。

周期性是指构成晶体的原子或分子在空间按一定的方向排列成具有周期性的结构。如图5-10所示是一种正交结构。周期排列的骨架称为晶格，原子重心点叫做结点，结点构成的总体称作空间点阵。整个晶体结构可以看成是结点沿空间不同方向按一定距离平移而成，其平移距离为周期。

因为不同方向的周期不一样，表现为原子疏密随方向不同而产生差异，因此晶体的光学性质，甚至电、磁性质与方向有密切的关系，这就是晶体的介电常数或折射率与光的传播方向有关的根本原因。

5.2.2 晶体光学有关的基本概念

(1) 双折射和双反射。当一束单色光入射到晶体表面上时，会产生两束同频率的折射

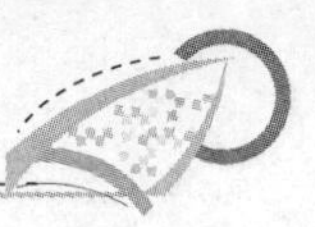

光，这就是双折射。而一束单色光从晶体内部射向界面时，则会产生两束频率相同的反射光，这就是双反射。

（2）寻常光和非常光。在两束折射光中，有一束总是遵循折射定律，这束折射光称为寻常光，用符号 o 表示；另一束折射光则不然，一般情况下，即使入射角等于零，其折射角也不等于零，称它为非常光，用符号 e 表示。

（3）晶体的光轴。在晶体中有着一个特殊的方向，当光在晶体中沿着这个方向传播时不发生双折射，晶体内这个特殊的方向称为晶体的光轴。各向异性晶体按光学性质可以分成两类，即单轴晶体和双轴晶体，只有一个光轴的晶体称为单轴晶体，如方解石、石英、KDP 等。自然界的大部分晶体具有两个光轴，如云母、蓝宝石等，这类晶体称为双轴晶体。

（4）主平面、主截面和入射面。在单轴晶体内，由光波矢和光轴组成的平面称为主平面。由 o 光波矢和光轴组成的平面称为 o 光的主平面；由 e 光波矢和光轴组成的平面称为 e 光的主平面。在一般情况下，o 光的主平面和 e 光的主平面是不重合的。由晶体表面法线和光轴组成的平面称为主截面。由入射光波矢和晶体表面法线构成的平面称为入射面。

如果用检偏器来检验 o 光和 e 光的偏振状态，就会发现 o 光和 e 光都是线偏振光，并且，o 光的电矢量与 o 光主平面垂直，因而总是与光轴垂直；e 光的电矢量在 e 光主平面内，因而它与光轴的夹角就随着传播方向的不同而改变。由于 o 光的主平面和 e 光的主平面在一般情况下并不重合，所以 o 光和 e 光的电矢量方向一般也不互相垂直；只有当主截面是 o 光和 e 光的共同主平面时，o 光和 e 光的电矢量才互相垂直。

5.2.3　晶体中单色平面波的各矢量关系

光波是一种电磁波，光波在物质中的传播过程可以用麦克斯韦方程组和物质方程来描述。在透明非磁性各向同性介质中可知，它们可以写成如下形式：

$$\begin{cases}\nabla\cdot\boldsymbol{D}=0\\ \nabla\cdot\boldsymbol{B}=0\\ \nabla\times\boldsymbol{E}=-\dfrac{\partial\boldsymbol{B}}{\partial t}\\ \nabla\times\boldsymbol{H}=\dfrac{\partial\boldsymbol{D}}{\partial t}\end{cases}\tag{5.2-1}$$

在各向异性晶体中，麦克斯韦方程组仍然适用，但物质方程要用 $\boldsymbol{D}=[\varepsilon]\boldsymbol{E}$ 来代替，即介电常数不再是一个标量常数，而是一个二阶张量。设晶体中传播着一个单色平面波，这个平面波可以写为

$$\begin{bmatrix}\boldsymbol{E}\\ \boldsymbol{D}\\ \boldsymbol{H}\end{bmatrix}=\begin{bmatrix}\boldsymbol{E}_0\\ \boldsymbol{D}_0\\ \boldsymbol{H}_0\end{bmatrix}\exp[\mathrm{i}(\boldsymbol{k}\cdot\boldsymbol{r}-\omega t)]\tag{5.2-2}$$

把式(5.2-2)代入式(5.2-1)的第三式和第四式，得到

$$\boldsymbol{k}\times\boldsymbol{E}=\omega\mu_0\boldsymbol{H}\tag{5.2-3}$$

$$\boldsymbol{k}\times\boldsymbol{H}=-\omega\boldsymbol{D} \tag{5.2-4}$$

由式(5.2-3)和式(5.2-4)可以看出，$\boldsymbol{H}$ 垂直于$\boldsymbol{E}$ 和$\boldsymbol{k}$，$\boldsymbol{D}$ 垂直于$\boldsymbol{H}$ 和$\boldsymbol{k}$，所以$\boldsymbol{H}$ 垂直于$\boldsymbol{E}$、$\boldsymbol{D}$、$\boldsymbol{k}$，因此，$\boldsymbol{E}$、$\boldsymbol{D}$、$\boldsymbol{k}$ 在垂直于$\boldsymbol{H}$ 的同一平面内。另外，代表能量传播方向即光线方向的坡印亭矢量$\boldsymbol{S}=\boldsymbol{E}\times\boldsymbol{H}$，因此，$\boldsymbol{E}$、$\boldsymbol{D}$、$\boldsymbol{k}$ 和$\boldsymbol{S}$ 都与$\boldsymbol{H}$ 垂直，即$\boldsymbol{E}$、$\boldsymbol{D}$、$\boldsymbol{k}$ 和$\boldsymbol{S}$ 是共面的。

在一般情况下，$\boldsymbol{E}$ 和$\boldsymbol{D}$ 不同方向，所以$\boldsymbol{k}$ 和$\boldsymbol{S}$ 也不同方向。假设$\boldsymbol{E}$ 和$\boldsymbol{D}$ 的夹角为α，那么$\boldsymbol{k}$ 和$\boldsymbol{S}$ 的夹角也为α。晶体中单色平面波的各矢量关系如图 5-10 所示。

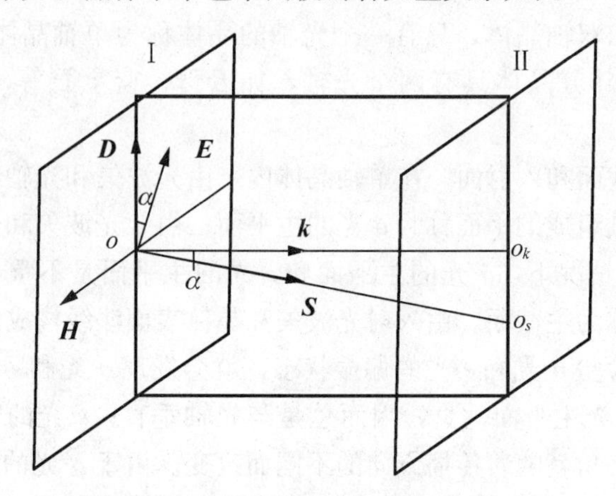

图 5-10　晶体中单色平面波的各矢量关系

5.2.4　晶体中光波的相速度和光线速度

由图 5-10 可以看出，当平面波从波面Ⅰ的位置传播到波面Ⅱ的位置时，光线就从 o 点传播到o_s点。因此，晶体中光波的相速度 v_p 和光线速度 v_s 也不相等。根据电磁场能量密度公式，有

$$w_{em}=w_e+w_m=\frac{1}{2}(\boldsymbol{E}\cdot\boldsymbol{D}+\boldsymbol{B}\cdot\boldsymbol{H}) \tag{5.2-5}$$

因为电场能量密度等于磁场能量密度，因此

$$w_{em}=\boldsymbol{E}\cdot\boldsymbol{D}=\boldsymbol{B}\cdot\boldsymbol{H} \tag{5.2-6}$$

利用式(5.2-4)可以得到

$$w_{em}=\boldsymbol{E}\cdot\boldsymbol{D}=\frac{k}{\omega}\boldsymbol{E}\cdot(\boldsymbol{H}\times\boldsymbol{k}_0)=\frac{n}{c}(\boldsymbol{E}\times\boldsymbol{H})\cdot\boldsymbol{k}_0=\frac{n}{c}|S|\boldsymbol{s}_0\cdot\boldsymbol{k}_0 \tag{5.2-7}$$

$\boldsymbol{k}_0$ 是 $\boldsymbol{k}$ 方向的单位矢量。对于各向同性介质，因为 $\boldsymbol{k}$ 和$\boldsymbol{S}$ 方向一致，所以有

$$w_{em}=\frac{n}{c}|S| \tag{5.2-8}$$

对于各向异性介质，因为 $\boldsymbol{k}$ 和 $\boldsymbol{S}$ 方向不一致，则

$$\boldsymbol{v}_p=v_p\boldsymbol{k}_0=\frac{c}{n}\boldsymbol{k}_0 \tag{5.2-9}$$

由于光线速度是能流密度与能量密度之比，因此

$$\boldsymbol{v}_s = v_s \boldsymbol{s}_0 = \frac{|S|}{w_{em}} \boldsymbol{s}_0 = \frac{c}{n\boldsymbol{s}_0 \cdot \boldsymbol{k}_0} \boldsymbol{s}_0 \tag{5.2-10}$$

所以相速度和光线速度有如下数值关系：

$$\boldsymbol{v}_p = v_s \boldsymbol{s}_0 \cdot \boldsymbol{k}_0 = v_s \cos\alpha \tag{5.2-11}$$

因此，单色平面波的相速度是其光线速度在波振面法线方向上的投影。

5.2.5　晶体中 $\boldsymbol{E}$ 和 $\boldsymbol{D}$ 的关系

由式(5.2-4)可以得到

$$\boldsymbol{D} = \frac{1}{\omega} \boldsymbol{H} \times \boldsymbol{k} \tag{5.2-12}$$

将式(5.2-3)代入式(5.2-12)中，得到

$$\boldsymbol{D} = \frac{1}{\mu_0 \omega^2} \boldsymbol{k} \times \boldsymbol{E} \times \boldsymbol{k} = -\frac{k^2}{\mu_0 \omega^2} \boldsymbol{k}_0 \times (\boldsymbol{k}_0 \times \boldsymbol{E}) = -\frac{n^2}{\mu_0 c^2} \boldsymbol{k}_0 \times (\boldsymbol{k}_0 \times \boldsymbol{E}) = -\varepsilon_0 n^2 \boldsymbol{k}_0 \times (\boldsymbol{k}_0 \times \boldsymbol{E}) \tag{5.2-13}$$

利用恒等式 $\boldsymbol{A} \times (\boldsymbol{B} \times \boldsymbol{C}) = \boldsymbol{B}(\boldsymbol{A} \cdot \boldsymbol{C}) - \boldsymbol{C}(\boldsymbol{A} \cdot \boldsymbol{B})$，可以将上式写成

$$\boldsymbol{D} = \varepsilon_0 n^2 [\boldsymbol{E} - \boldsymbol{k}_0 (\boldsymbol{k}_0 \cdot \boldsymbol{E})] \tag{5.2-14}$$

式(5.2-14)中方括号内的矢量$[\boldsymbol{E} - \boldsymbol{k}_0(\boldsymbol{k}_0 \cdot \boldsymbol{E})]$实际上表示 $\boldsymbol{E}$ 在垂直于 $\boldsymbol{k}$(即平行于 $\boldsymbol{D}$)方向的分量，记为 $\boldsymbol{E}_\perp$，因此，式(5.2-14)可以改写为

$$\boldsymbol{D} = \varepsilon_0 n^2 \boldsymbol{E}_\perp \tag{5.2-15}$$

由于 $E_\perp = E\cos\alpha$，因此，结合式(5.2-15)有

$$E = \frac{E_\perp}{\cos\alpha} = \frac{D}{\varepsilon_0 n^2 \cos\alpha} = \frac{1}{\varepsilon_0 \ (n\cos\alpha)^2} D\cos\alpha = \frac{1}{\varepsilon_0 \ (n\cos\alpha)^2} D_\perp \tag{5.2-16}$$

$E_\perp$ 和 $D_\perp$ 如图 5-11 所示。

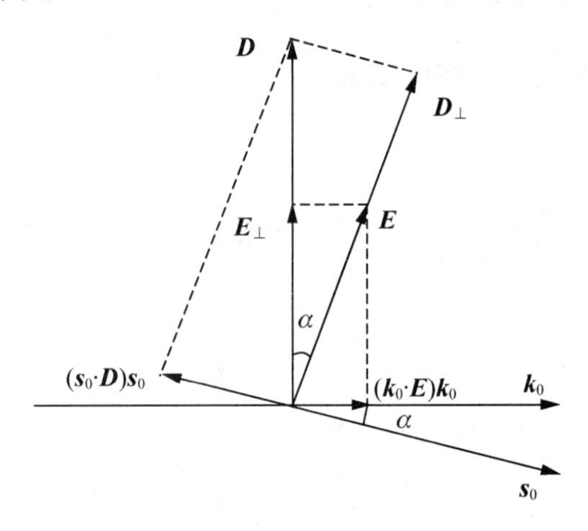

图 5-11　$E_\perp$ 和 $D_\perp$ 的定义

根据折射率的定义 $n = c/v_p$，因此，可以在形式上定义“光线折射率”(或射线折射率、能流折射率)

$$n_s=\frac{c}{v_s}=\frac{c}{v_p}\cos\alpha=n\cos\alpha \tag{5.2-17}$$

因此，可将式(5.2-16)表示为

$$\boldsymbol{E}=\frac{1}{\varepsilon_0 n_s^2}\boldsymbol{D}_{\perp} \tag{5.2-18}$$

或者

$$\boldsymbol{E}=\frac{1}{\varepsilon_0 n_s^2}[\boldsymbol{D}-\boldsymbol{s}_0(\boldsymbol{s}_0\cdot\boldsymbol{D})] \tag{5.2-19}$$

式(5.2-14)、式(5.2-15)、式(5.2-18)、式(5.2-19)是麦克斯韦方程组的直接推论，它们决定了在晶体中传播的电磁波的结构，给出了沿某一 $\boldsymbol{k}(\boldsymbol{s})$ 方向传播的光波电场 $E(\boldsymbol{D})$ 与晶体特性参数 $n(n_s)$ 的关系，因而是描述晶体光学性质的基本方程。

应当注意的是：式(5.2-14)和式(5.2-19)在形式上的相似，因此可以得到如下两行对应的变量：

$$\begin{array}{l}\boldsymbol{E},\ \boldsymbol{D},\ \boldsymbol{k},\ \boldsymbol{s},\ c,\ \varepsilon_0,\ v_p,\ n,\ \varepsilon_1,\ \cdots,\ v_1,\ \cdots\\ \boldsymbol{D},\ \boldsymbol{E},\ \boldsymbol{s},\ \boldsymbol{k},\ \dfrac{1}{c},\ \dfrac{1}{\varepsilon_0},\ \dfrac{1}{v_s},\ \dfrac{1}{n_s},\ \dfrac{1}{\varepsilon_1},\ \cdots,\ \dfrac{1}{v_1},\ \cdots\end{array} \tag{5.2-20}$$

利用这一规则，可以很方便地完成光在晶体中传播规律的研究。

5.3 光在晶体中传播的基本规律

波矢菲涅耳方程和光线菲涅耳方程是晶体光学当中十分重要也是最基本的方程，它们反映了波矢方向和光线方向所对应的两个线偏振光波的折射率或速度。本节将推导这两个方程并讨论光波在晶体中传播的基本规律。

5.3.1 波矢菲涅耳方程和光线菲涅耳方程

1. 波矢菲涅耳方程

为了考察晶体的光学特性，故选取主轴坐标系，因而物质方程为

$$D_i=\varepsilon_i E_i \tag{5.3-1}$$

式(5.3-1)中 i 表示 x、y、z，将基本方程 $\boldsymbol{D}=\varepsilon_0 n^2[\boldsymbol{E}-\boldsymbol{k}_0(\boldsymbol{k}_0\cdot\boldsymbol{E})]$ 写成分量形式

$$D_i=\varepsilon_0 n^2[E_i-k_{0i}(\boldsymbol{k}_0\cdot\boldsymbol{E})] \tag{5.3-2}$$

将式(5.3-1)代入式(5.3-2)中，可以得到

$$D_i=\varepsilon_0 n^2\left[\frac{D_i}{\varepsilon_i}-k_{0i}(\boldsymbol{k}_0\cdot\boldsymbol{E})\right] \tag{5.3-3}$$

将 $\varepsilon_i=\varepsilon_0\varepsilon_{ri}$ 代入，经过整理可得

$$D_i=\frac{\varepsilon_0 k_{0i}(\boldsymbol{k}_0\cdot\boldsymbol{E})}{\dfrac{1}{\varepsilon_{ri}}-\dfrac{1}{n^2}} \tag{5.3-4}$$

由于$\boldsymbol{D}\perp\boldsymbol{k}_0$，因此$\boldsymbol{D}\cdot\boldsymbol{k}_0=0$，也就是$D_x k_{0x}+D_y k_{0y}+D_z k_{0z}=0$，因此

$$\frac{k_{0x}^2}{\frac{1}{n^2}-\frac{1}{\varepsilon_{rx}}}+\frac{k_{0y}^2}{\frac{1}{n^2}-\frac{1}{\varepsilon_{ry}}}+\frac{k_{0z}^2}{\frac{1}{n^2}-\frac{1}{\varepsilon_{rz}}}=0 \tag{5.3-5}$$

这一方程被称为波矢菲涅耳方程。它给出了单色平面波在晶体中传播时，光波折射率n与光波法线方向$\boldsymbol{k}_0$之间所满足的关系。波矢菲涅耳方程通分后可以化为一个n^2的二次方程，如果波法线方向$\boldsymbol{k}_0$已知，一般地，由这个方程可解得两个不相等的实根n_1^2和n_2^2，而其中有意义的只有等于n_1和n_2的两个正根。这表明在晶体中对应于光波的一个传播方向$\boldsymbol{k}_0$，可以有两种不同的光波折射率。把n_1和n_2代入式(5.3-4)中，便可以确定对应的两个光波的$\boldsymbol{D}$矢量方向，因此，也一定有两个光波的$\boldsymbol{E}$矢量方向。

通过计算可以知道，两个光波都是线偏振光，并且它们的$\boldsymbol{D}$矢量相互垂直，$\boldsymbol{E}$矢量也相互垂直。由于$\boldsymbol{D}$、$\boldsymbol{E}$、$\boldsymbol{s}$、$\boldsymbol{k}$四矢量共面，并且$\boldsymbol{E}\perp\boldsymbol{s}$，所以，这两个线偏振光波有不同的光线方向($\boldsymbol{s}_1$和$\boldsymbol{s}_2$)和光线速度($\boldsymbol{v}_1$和$\boldsymbol{v}_2$)，这样也从理论上阐明了双折射的存在。与$\boldsymbol{k}_0$对应的$\boldsymbol{D}$、$\boldsymbol{E}$、$\boldsymbol{s}$如图5-12所示。

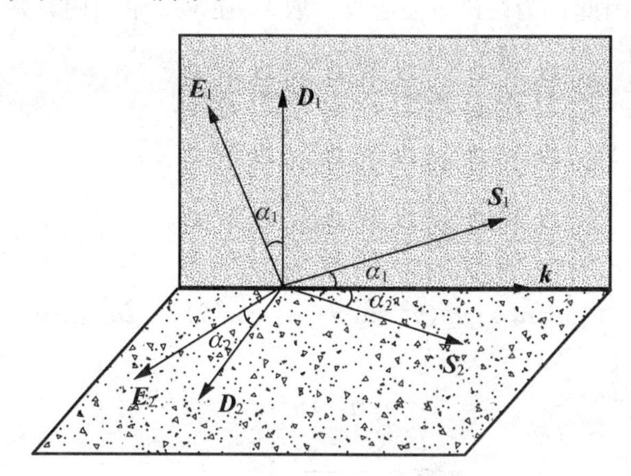

图5-12　与$\boldsymbol{k}_0$对应的$\boldsymbol{D}$、$\boldsymbol{E}$、$\boldsymbol{s}$

2. 光线菲涅耳方程

上面讨论的波矢菲涅耳方程确定了在给定的$\boldsymbol{k}$方向两个线偏振光波的折射率或相速度。类似地，将基本方程$\boldsymbol{E}=\frac{1}{\varepsilon_0 n_s^2}[\boldsymbol{D}-\boldsymbol{s}_0(\boldsymbol{s}_0\cdot\boldsymbol{D})]$写成分量形式

$$\boldsymbol{E}_i=\frac{1}{\varepsilon_0 n_s^2}[\boldsymbol{D}_i-\boldsymbol{s}_{0i}(\boldsymbol{s}_0\cdot\boldsymbol{D})] \tag{5.3-6}$$

将式(5.3-1)代入式(5.3-6)中，可以得到

$$\boldsymbol{E}_i=\frac{1}{\varepsilon_0 n_s^2}[\varepsilon_i\boldsymbol{E}_i-\boldsymbol{s}_{0i}(\boldsymbol{s}_0\cdot\boldsymbol{D})] \tag{5.3-7}$$

将$\varepsilon_i=\varepsilon_0\varepsilon_{ri}$代入，经过整理，可得

$$E_i=\frac{s_{0i}(\boldsymbol{s}_0\cdot\boldsymbol{E})/\varepsilon_0}{\varepsilon_{ri}-n_s^2} \tag{5.3-8}$$

由于$\boldsymbol{E}\perp\boldsymbol{s}_0$，因此$\boldsymbol{E}\cdot\boldsymbol{s}_0=0$，也就是$E_x s_{0x}+E_y s_{0y}+E_z s_{0z}=0$。因此，得到相应于光线方向$\boldsymbol{s}_0$的光线菲涅耳方程

$$\frac{s_{0x}^2}{n_s^2-\varepsilon_{rx}}+\frac{s_{0y}^2}{n_s^2-\varepsilon_{ry}}+\frac{s_{0z}^2}{n_s^2-\varepsilon_{rz}}=0 \tag{5.3-9}$$

光线菲涅耳方程给出了单色平面波在晶体中传播时，满足光线折射率n_s或光线速度v_s与光线方向$\boldsymbol{s}_0$之间的关系。式(5.3-9)是关于n_s^2或v_s^2的二次方程，这表明在晶体中对应于一个光线方向$\boldsymbol{s}_0$，可以有两种不同的光线折射率和光线速度。

5.3.2 波矢菲涅耳方程的解

对于单轴晶体$\varepsilon_x=\varepsilon_y\neq\varepsilon_z$，或者$\varepsilon_{xr}=\varepsilon_{yr}\neq\varepsilon_{zr}$。按照折射率与介电常数的关系$n=\sqrt{\varepsilon_r}$，可以定义3个主折射率：

$$n_x=\sqrt{\varepsilon_{xr}},\ n_y=\sqrt{\varepsilon_{yr}},\ n_z=\sqrt{\varepsilon_{zr}} \tag{5.3-10}$$

则$n_x=n_y=n_o$，$n_z=n_e$，因此，$n_o\neq n_e$。因为单轴晶体的主轴x和y可以在垂直于z轴的平面上任意选取，因此，为讨论方便起见，取$\boldsymbol{k}_0$在yoz平面内，并与z轴夹角为θ，则

$$k_{0x}=0,\ k_{0y}=\sin\theta,\ k_{0z}=\cos\theta \tag{5.3-11}$$

将式(5.3-10)和式(5.3-11)代入到式(5.3-5)中，得到

$$\frac{0}{\dfrac{1}{n^2}-\dfrac{1}{n_o^2}}+\frac{\sin^2\theta}{\dfrac{1}{n^2}-\dfrac{1}{n_o^2}}+\frac{\cos^2\theta}{\dfrac{1}{n^2}-\dfrac{1}{n_e^2}}=0 \tag{5.3-12}$$

整理，可得

$$(n^2-n_o^2)\left[n^2(n_o^2\sin^2\theta+n_e^2\cos^2\theta)-n_o^2n_e^2\right]=0 \tag{5.3-13}$$

该方程有两个解

$$n_1^2=n_o^2 \tag{5.3-14}$$

$$n_2^2=\frac{n_o^2n_e^2}{n_o^2\sin^2\theta+n_e^2\cos^2\theta} \tag{5.3-15}$$

这表示在单轴晶体中，对于给定的波矢方向$\boldsymbol{k}_0$，可以有两种不同折射率的光波：一种光波的折射率与波矢方向$\boldsymbol{k}_0$无关，恒等于n_o，这个光波就是寻常光，即o光；另一种光波的折射率随着$\boldsymbol{k}_0$与z轴夹角θ而变，这个光波就是非常光，即e光。由式(5.3-15)可以看出，当$\theta=90°$时，$n_2=n_e$；而当$\theta=0°$时，$n_2=n_o$，这也就是说，当光波沿z轴方向传播时，只存在一种折射率的光波，光波在这个方向传播时不发生双折射，因此，对于单轴晶体，z轴方向就是光轴方向。

5.3.3 o光和e光的振动方向

由于$D_i=\varepsilon_0\varepsilon_{ri}E_i$，$n_i^2=\varepsilon_{ri}$，因此可将式(5.3-4)改写为

$$E_i=\frac{n^2k_{0i}(\boldsymbol{k}_0\cdot\boldsymbol{E})}{n^2-n_i^2} \tag{5.3-16}$$

对于o光，将$n=n_1=n_o$和$k_{0x}=0$、$k_{0y}=\sin\theta$、$k_{0z}=\cos\theta$代入上式，可得

$$\begin{cases}(n_o^2-n_o^2)E_x=0\\(n_o^2-n_o^2\cos^2\theta)E_y+n_o^2\sin\theta\cos\theta E_z=0\\n_o^2\sin\theta\cos\theta E_y+(n_e^2-n_o^2\sin^2\theta)E_z=0\end{cases}\tag{5.3-17}$$

第一式系数为零，因此，为了使 $\boldsymbol{E}$ 有非零解，只有 $E_x\neq0$，第二和第三式的系数行列式不为零，所以 $E_y=E_z=0$，对于 $\boldsymbol{D}$ 矢量，有 $D_y=D_z=0$，$D_x=\varepsilon_0\varepsilon_{xr}E_x\neq0$。这表示对于 o 光波，$\boldsymbol{D}$ 矢量平行于 $\boldsymbol{E}$ 矢量，两者同时垂直于 yoz 平面，即波法线(或光线)与光轴组成的平面。可见，o 光波 $\boldsymbol{D}$ 矢量和 $\boldsymbol{E}$ 矢量方向一致，因此，o 光波法线方向与光线方向也一致。

对于 e 光，将 $n=n_2$ 和 $k_{0x}=0$、$k_{0y}=\sin\theta$、$k_{0z}=\cos\theta$ 代入式(5.3-16)，可得

$$\begin{cases}(n_o^2-n_2^2)E_x=0\\(n_o^2-n_2^2\cos^2\theta)E_y+n_2^2\sin\theta\cos\theta E_z=0\\n_2^2\sin\theta\cos\theta E_y+(n_e^2-n_2^2\sin^2\theta)E_z=0\end{cases}\tag{5.3-18}$$

第一式系数不为零，因此 $E_x=0$，即 $D_x=0$；第二和第三式的系数行列式为零，所以 $E_y=E_z\neq0$，这说明对于 e 光波，$\boldsymbol{D}$ 矢量或 $\boldsymbol{E}$ 矢量都在 yoz 平面内，它们与 o 光波的 $\boldsymbol{D}$ 矢量或 $\boldsymbol{E}$ 矢量垂直。

$\boldsymbol{E}$ 矢量在 yoz 平面内的具体指向可通过求式(5.3-18)中的第二或第三式中的 E_z 与 E_y 之比来确定。把式(5.3-15)代入式(5.3-18)中的第二式，可得到

$$\frac{E_z}{E_y}=-\frac{n_o^2\sin\theta}{n_e^2\cos\theta}\tag{5.3-19}$$

并且

$$\frac{D_z}{D_y}=\frac{\varepsilon_{rz}E_z}{\varepsilon_{ry}E_y}=-\frac{n_e^2n_o^2\sin\theta}{n_o^2n_e^2\cos\theta}=-\frac{\sin\theta}{\cos\theta}\tag{5.3-20}$$

由(5.3-19)和(5.3-20)可见，e 光波 $\boldsymbol{D}$ 矢量和 $\boldsymbol{E}$ 矢量一般不一致，因此，e 光波法线方向与光线方向一般也不一致。

5.3.4　e 光的离散角

晶体光学中把光波法线方向与光线方向的夹角称为离散角。在实际当中，如果已知波法线方向，通过求离散角就可以确定相应的光线方向。对于单轴晶体，o 光的离散角恒等于零。而 e 光的离散角 $\alpha=\theta-\theta'$，其中，θ 是波矢量与光轴的夹角，θ' 是 e 光线与光轴(z 轴)的夹角：

$$\tan\theta'=\frac{s_{ey}}{s_{ez}}=-\frac{E_z}{E_y}\tag{5.3-21}$$

利用式(5.3-19)可以得到

$$\tan\theta'=\frac{n_o^2\sin\theta}{n_e^2\cos\theta}=\frac{n_o^2}{n_e^2}\tan\theta\tag{5.3-22}$$

所以，离散角 α 满足

$$\tan\alpha=\tan(\theta-\theta')=\frac{\tan\theta-\tan\theta'}{1+\tan\theta\tan\theta'}=\left(1-\frac{n_o^2}{n_e^2}\right)\frac{\tan\theta}{1+\frac{n_o^2}{n_e^2}\tan^2\theta} \tag{5.3-23}$$

可以证明，当 $\tan\theta=n_e/n_o$ 时，有最大离散角

$$\tan\alpha_M=\frac{n_e^2-n_o^2}{2n_on_e} \tag{5.3-24}$$

由式(5.3-24)可见，对于正单轴晶体，$n_e>n_o$，离散角 $\alpha=\theta-\theta'$ 为正，即 $\theta>\theta'$，所以 e 光线较其波面法线近离光轴。对于负单轴晶体，$n_e<n_o$，离散角 $\alpha=\theta-\theta'$ 为负，即 $\theta<\theta'$，所以 e 光线较其波面法线远离光轴。

5.4 光在晶体表面的反射和折射

前面几节讨论了光在晶体内部的传播规律。在实际当中，当用晶体作为光的调制器件时，往往都会遇到光在晶体表面上的入射和出射问题，因此，必须明确光从空气射入晶体或由晶体内部射出时在入射端面和出射端面的反射和折射特性。这一节将讨论光在晶体表面上的双反射和双折射，并介绍用斯涅耳作图法和惠更斯作图法来分析光通过晶体后的折射方向。

5.4.1 双反射和双折射

一束单色光入射到各向同性的界面上时，将分别产生一束反射光和一束折射光，并且遵循反射定律和折射定律。而且，在晶体中对应于光波的一个传播方向 $\boldsymbol{k}_0$，可以有两种不同的光波折射率，即当一束单色光入射到晶体表面上时，会产生两束同频率的折射光，这就是双折射，如图 5-13 所示。而一束单色光从晶体内部射向界面时，则会产生两束频率相同的反射光，这就是双反射，如图 5-14 所示。两束折射光或两束反射光即为 o 光和 e 光，它们都是线偏振的，并且振动方向相互垂直。

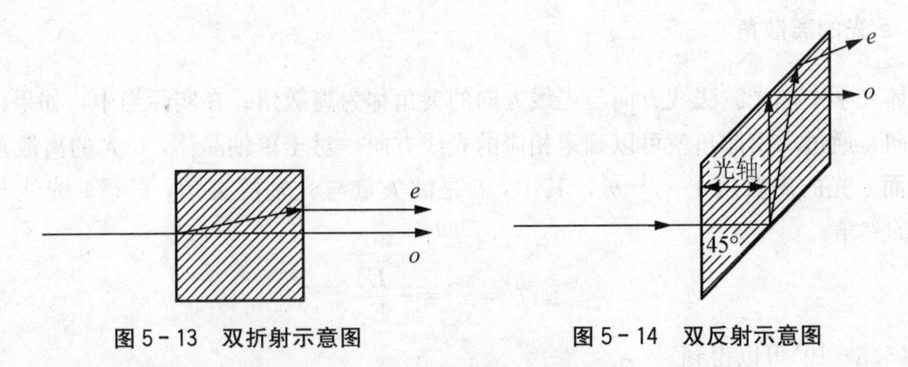

图 5-13 双折射示意图　　　　图 5-14 双反射示意图

讨论平面波在两种不同介质分界面上的反射和折射时，得到入射波、反射波和折射波的波矢量在界面上的投影相等的结果，即 $\boldsymbol{k}_1\cdot\boldsymbol{r}=\boldsymbol{k}_1'\cdot\boldsymbol{r}=\boldsymbol{k}_2\cdot\boldsymbol{r}$。它是平面波在界面上发生反射和折射时的基本规律。这个结果不仅对两种各向同性介质的界面是正确的，对各向

异性介质(晶体)的界面也是正确的。下面，就用平面波在界面上发生反射和折射时的基本规律来处理光波在晶体界面上的双折射和双反射问题。

对于双折射，设两个折射波的波矢量为$\boldsymbol{k}_2'$和$\boldsymbol{k}_2''$，则有

$$\boldsymbol{k}_1\cdot\boldsymbol{r}=\boldsymbol{k}_2'\cdot\boldsymbol{r} \tag{5.4-1}$$

$$\boldsymbol{k}_1\cdot\boldsymbol{r}=\boldsymbol{k}_2''\cdot\boldsymbol{r} \tag{5.4-2}$$

上两式可改写为

$$k_1\sin\theta_1=k_2'\sin\theta_2' \tag{5.4-3}$$

$$k_1\sin\theta_1=k_2''\sin\theta_2'' \tag{5.4-4}$$

式中，θ_1是入射角，θ_2'和θ_2''分别是两个折射波矢量k_2'和k_2''与界面法线的夹角。

对于双反射，设两个反射波的波矢量为k_1'和k_1''，对应的两个反射角为θ_1'和θ_1''，则可以得到与双折射类似的关系式

$$\boldsymbol{k}_1\cdot\boldsymbol{r}=\boldsymbol{k}_1'\cdot\boldsymbol{r} \tag{5.4-5}$$

$$\boldsymbol{k}_1\cdot\boldsymbol{r}=\boldsymbol{k}_1''\cdot\boldsymbol{r} \tag{5.4-6}$$

$$k_1\sin\theta_1=k_1'\sin\theta_1' \tag{5.4-7}$$

$$k_1\sin\theta_1=k_1''\sin\theta_1'' \tag{5.4-8}$$

由以上的表达式可以看出，在晶体中，光的折射率因传播方向、电场振动方向而异。如果光从空气射向晶体，则因折射光的折射率不同，其折射角也不同；如果光从晶体内部射出，相应的入射光和反射光的折射率也不相等，所以在一般情况下入射角不等于反射角。

因为晶体中e光的折射率大小由式(5.3-15)决定，因此，晶体界面上反射光和折射光方向的关系表示式比较复杂，计算也比较困难。为此，经常采用斯涅耳作图法和惠更斯作图法来确定反射光和折射光的方向。

5.4.2　斯涅耳作图法

如图5-15所示，斯涅耳作图法是：假设平面光波从各向同性介质射向晶体表面。首先，以晶体表面Σ上的一点O为原点，在晶体内画出光波在入射介质中的波矢面Σ_1，注意它是一个单层球面，因为各向同性介质光波在各个方向的传播速度相同。其次，画出光波在晶体中的波矢面Σ_2'和Σ_2''，注意它是双壳层面，分别对应o光和e光的波矢面，图示为正单轴晶体情况。将入射光线从O延长，与Σ_1交于A点，$\boldsymbol{OA}$就是入射波的波矢量$\boldsymbol{k}_1$；过A点作垂直晶体表面的直线，与Σ_2'和Σ_2''分别交于B和C点，则$\boldsymbol{OB}$和$\boldsymbol{OC}$就是所求的两个折射波的波矢量$\boldsymbol{k}_2$和$\boldsymbol{k}_2''$。

斯涅耳作图法也可以用于双反射的情况，以入射到界面上的点为原点，首先在界面Σ外侧画出入射光的波矢面Σ_1(球面)，然后在晶体内画出两个反射光的波矢面Σ_1'和Σ_1''，自原点画出与入射光波法线方向平行的直线，与波矢面Σ_1相交于A点，$\boldsymbol{OA}$就是入射波的波矢量$\boldsymbol{k}_1$，过$\boldsymbol{k}_1$的末端作Σ的垂线，在晶体内侧交反射光Σ_1'和Σ_1''波矢面于B和C两点，从而确定出两个反射波的波矢量$\boldsymbol{k}_1'$和$\boldsymbol{0k}_1''$。

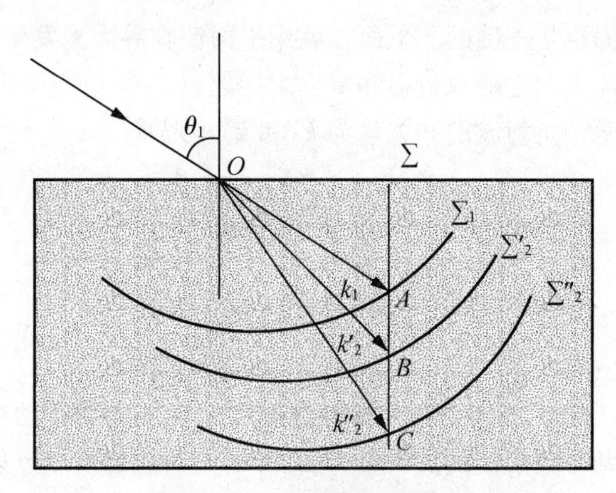

图 5-15 斯涅耳作图法

应当注意的是，由斯涅耳作图法所确定的两个反射波矢量和两个折射波矢量只是允许的或可能的两个波矢，至于实际上这两个波矢是否存在，要看入射光是否包含各反射光或各折射光的场矢量方向上的分量。下面，利用斯涅耳作图法讨论几个单轴晶体双折射的特例。

1. 平面波垂直入射

如图 5-16 所示，一个正单轴晶体，晶体的光轴位于入射面内，且与晶面斜交。o 光和 e 光的波矢和光线方向如下确定：首先在入射界面上任取一点作为原点，按比例在晶体内画出入射光在各向同性介质波矢面-球面，然后在晶体中画出光进入晶体后 o 光和 e 光的波矢面-球面和椭球面，两个面在光轴处相切。光波入晶体后分为 o 光和 e 光。o 光的振动方向垂直于主截面，e 光的振动方向在主截面内。o 光、e 光的波法线方向相同，均垂直于界面，但光线方向不同。过 $\boldsymbol{k}_e$ 矢量末端所作的椭圆切线是 e 光的 $\boldsymbol{E}$ 矢量振动方向，其法线方向为 e 光的光线方向 $\boldsymbol{s}_e$，它仍然在主截面内。o 光的光线方向 $\boldsymbol{s}_o$ 则平行于 $\boldsymbol{k}_o$ 的方向。在一般情况下，如果晶体足够厚，从晶体下表面会出射振动方向互相垂直的两束光，其中相应于 e 光的透射光，相对入射光的位置在主截面内有一个平移。

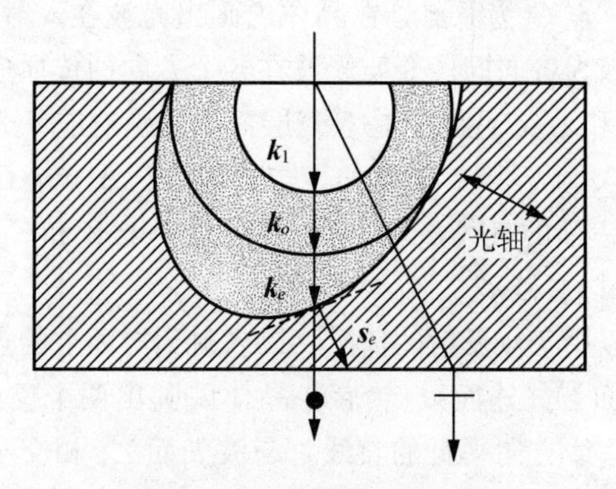

图 5-16 平面波垂直入射

图 5-17 给出了平面波垂直入射、光轴平行于晶体表面时的折射光方向。在晶体内产

生的 o 光和 e 光的波法线方向、光线方向均相同，但它们的传播速度不同。因此，当入射光为线偏振光时，从晶体下表面出射的光在一般情况下将是随晶体厚度变化的椭圆偏振光。

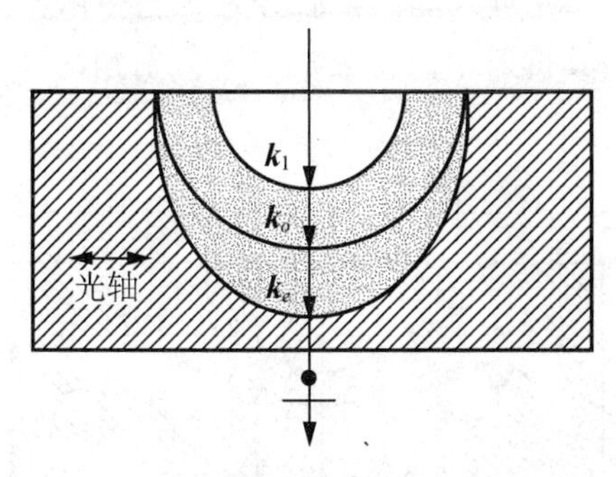

图 5-17 平面波垂直入射，光轴平行于晶面

图 5-18 给出了平面波垂直入射、光轴垂直于晶体表面时的折射光的方向。由于此时晶体内光的波法线方向平行于光轴方向，所以不发生双折射现象。从晶体下表面出射的光的偏振态与入射光相同。

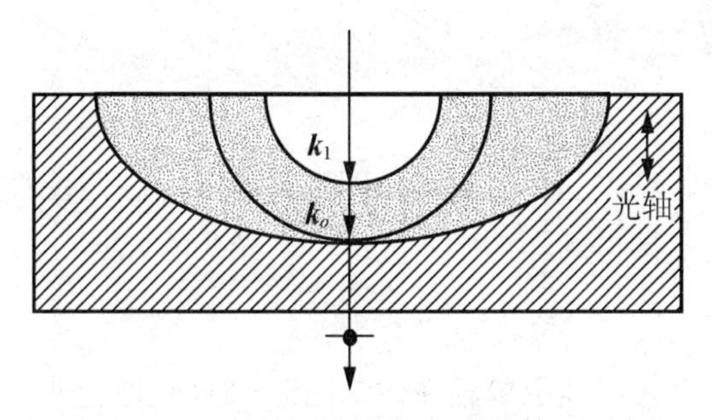

图 5-18 平面波垂直入射，光轴垂直于晶面

2. 平面波在主截面内斜入射

如图 5-19 所示，平面波在主截面内斜入射时，在晶体内将分为 o 光和 e 光，e 光的波法线方向、光线方向一般与 o 光不相同，但都在主截面内。当晶体足够厚时，从晶体下表面射出的是两束振动方向相互垂直的线偏振光，传播方向与入射光相同。

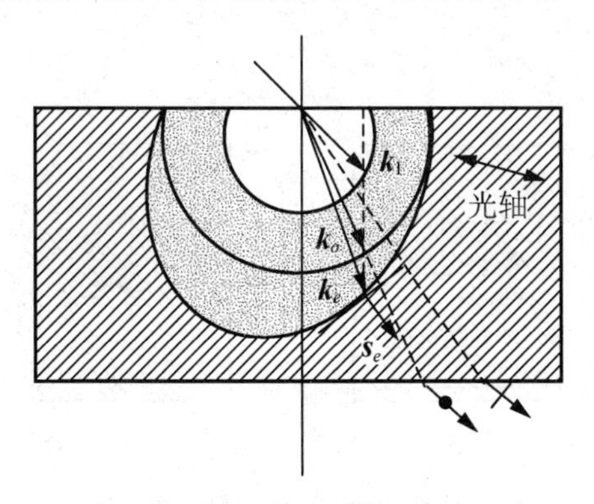

图 5-19 平面波在主截面内斜入射

3. 光轴平行于晶面，入射面垂直于主截面

图 5-20 绘出了晶体光轴平行于晶面(垂直于图面)，平行光波的入射面垂直于主截面时折射光的传播方向。此时，光进入晶体以后分为 o 光和 e 光。对于 o 光，其波法线方向与光线方向一致；而 e 光因其折射率为常数 n_e，与入射角的大小无关，所以它的波法线方向也与光线方向相同。

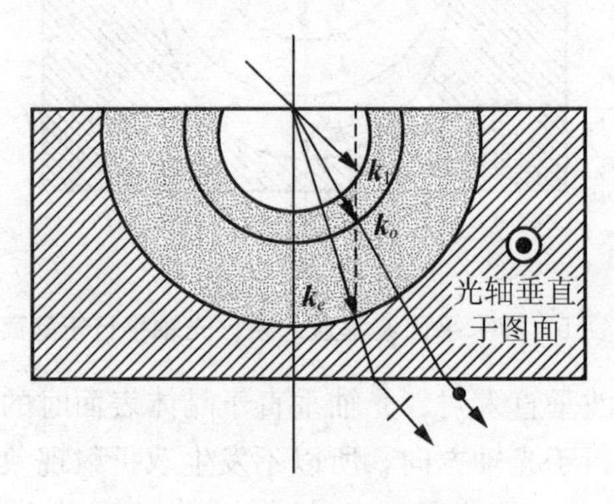

图 5-20　入射面与主截面垂直

5.4.3　惠更斯作图法

在各向同性介质中，可以利用惠更斯作图法来确定折射光线的方向，这个方法也可以应用到晶体中来，从而直接得到晶体中 o 光线和 e 光线的方向。

1. 光波斜入射

如图 5-21 所示，光入射到负单轴晶体。图 5-21(a)是光轴在入射面内的情况。惠更斯作图法是：首先以晶面上光波 AA' 最先到达的 A 点为圆心、$A'O'/n_o$ 为半径，画出 o 波面，在图面内用圆表示，再画出 e 波面，在图面内用椭圆表示，使 e 波面和 o 波面在光轴方向相切。从 O' 点向圆和椭圆分别作切线，切点分别为 O 和 E，那么 OO' 和 EO' 就分别是晶体内 O 光和 E 光的波前，而 AO 和 AE 分别是 o 光线和 e 光线的方向。一般情况下，e 光波法线方向与 e 光线方向不一致。

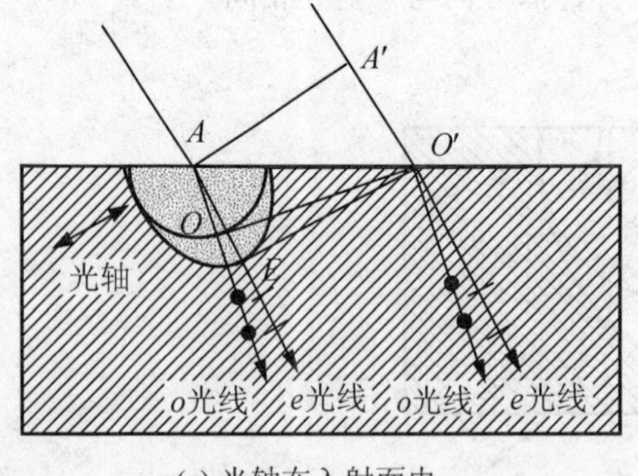

(a) 光轴在入射面内

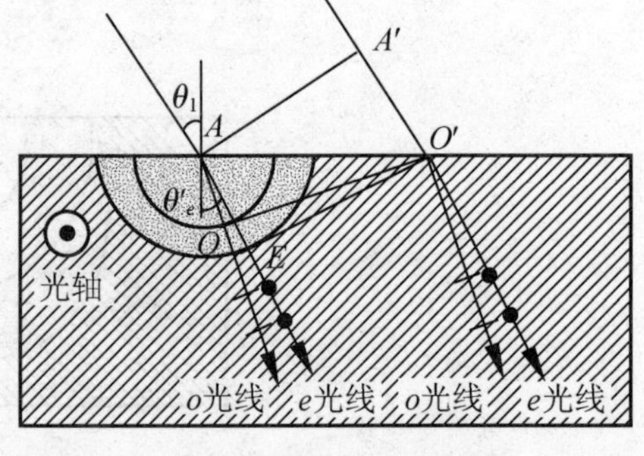

(b) 光轴垂直于入射面

图 5-21　光波斜入射

图 5-21(b)是光轴垂直于入射面的情况。这时，不仅 o 光波法线方向与光线方向一致，e 光波法线方向与光线方向也一致。并且 o 光线和 e 光线的折射角分别满足

$$\sin\theta_1 = n_o \sin\theta_o \tag{5.4-9}$$

$$\sin\theta_1 = n_e \sin\theta_e' \tag{5.4-10}$$

因此，在这种情况下，确定 e 光线的方向特别简单。

2. 光波垂直入射

在实际应用中，一般采用光垂直入射晶面的情况，如图 5-22 所示。设有一束平行光垂直入射到负单轴晶体的表面上。晶体的光轴在图面内，并与晶面成某一角度。根据惠更斯原理，波前上的每一点都可视为一个子波源。

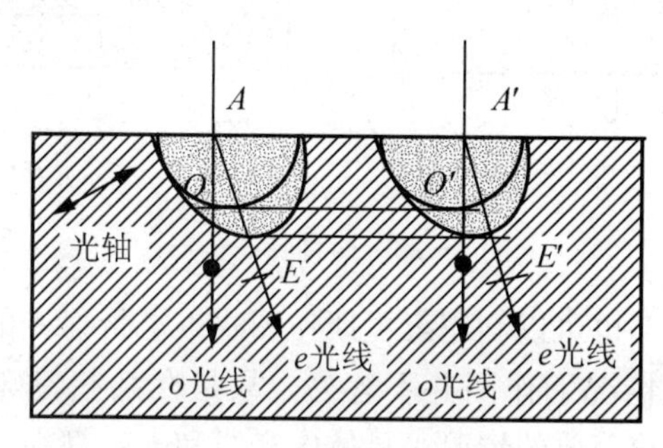

图 5-22　光波垂直入射

于是在平行光束到达晶面时选取 A、A'两点代表这些子波源，并以 AA'表示入射光束波前。经过一小段时间间隔后，从这些点射入晶体内的子波如图 5-22 所示。其中的圆代表 o 光的子波波面-球面与图面的截线，椭圆代表 e 光的子波波面，即 e 光光线面-椭球面与图面的截线。如果作出 A、A'间的所有点的子波波面，那么，o 光的新的波前就是所有球面的包络面，即图中公切线 OO'，而 e 光的新的波前就是所有椭球子波的包络面，即图中公切线 EE'。把 A 点与切点 O 和 E 连接起来就得到晶体内 o 光线和 e 光线的方向。

可见，垂直入射光束在晶体内分成了两束，其中 o 光束 OO'仍沿着原来的方向传播，而 e 光束 EE'则偏离原方向。不过，它们的波前都与入射波前平行，因此，波法线方向不变。

对于垂直入射的平行光，还有两种特殊情形，如图 5-23 所示。图 5-23(a)表示晶体表面切线与光轴垂直，这时光线沿光轴方向传播，不发生双折射现象，晶体内没有 o 光和 e 光之分。图 5-23(b)和图 5-23(c)表示晶体表面切线与光轴平行，这种情形折射光线尽管只有一束，但是却包括 o 光和 e 光，它们的传播速度不同，$\boldsymbol{E}$ 矢量或 $\boldsymbol{D}$ 矢量方向互相垂直。透过晶体后，o 光和 e 光有一个固定的位相差。

应当注意的是，在普遍的情况下，光轴既不与入射面平行也不与入射面垂直，这时 e 光线不在入射面内，只在一个平面上作图已经不够了。

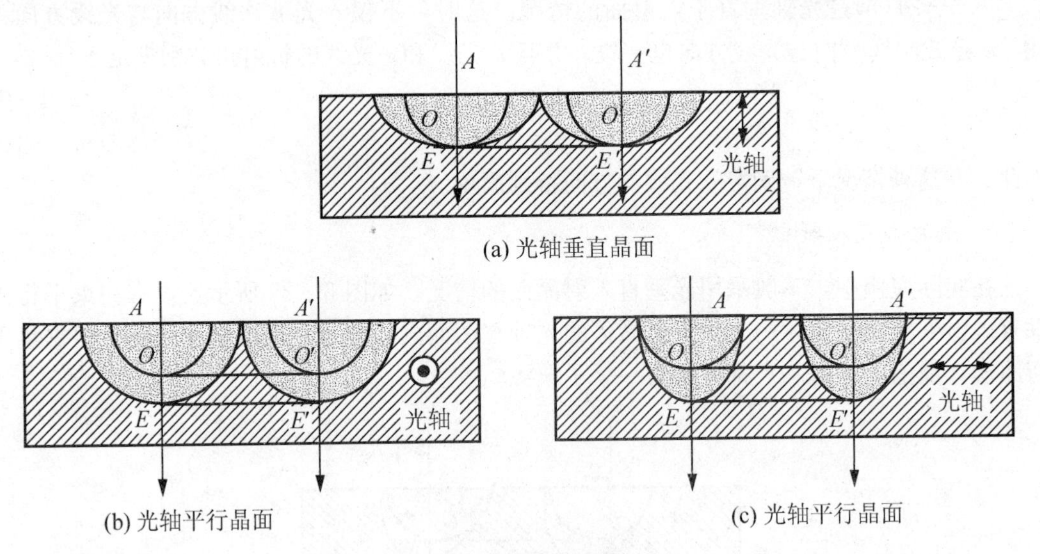

图 5-23 两种特殊情形

对于双轴晶体，原则上也可以利用惠更斯作图法来求折射光的方向。但是，由于双轴晶体的光线面复杂，一般情况下作图并不容易，只是在某些特殊情况下，作图才比较简单。图 5-24 就是一种比较简单的情况：晶体内光线和光轴都在入射面内，这时晶体内两束光的光线面与入射面的交线是一个圆和一个椭圆，用惠更斯作图法很容易定出两束折射光的方向。

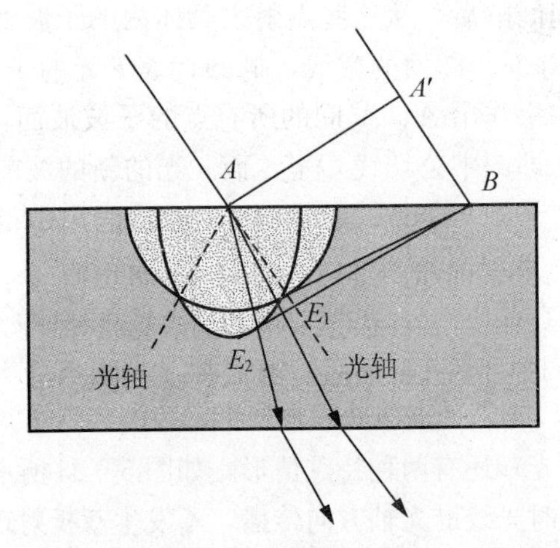

图 5-24 双轴晶体折射

值得注意的是图 5-25 所示的情形，这时由 B 点向圆和椭圆所引的切线正好重合。过该切线并且垂直于入射面的平面就是晶体内折射波的波前，这时只有一个折射波前，并且波前的法线方向就是晶体的光轴方向。从三维空间来看，这一波前与光线面的交点不止图上所标的 E_1 和 E_2 两点，而是有无数个点，它们构成了以 E_1E_2 为直径的圆。由 A 点向这个圆上各点所引的直线都是光线方向。因此，如果入射光束较细，则晶体内的光线形成一个圆锥，射出晶体后成为一个圆筒。这一折射情形称为内锥形折射。

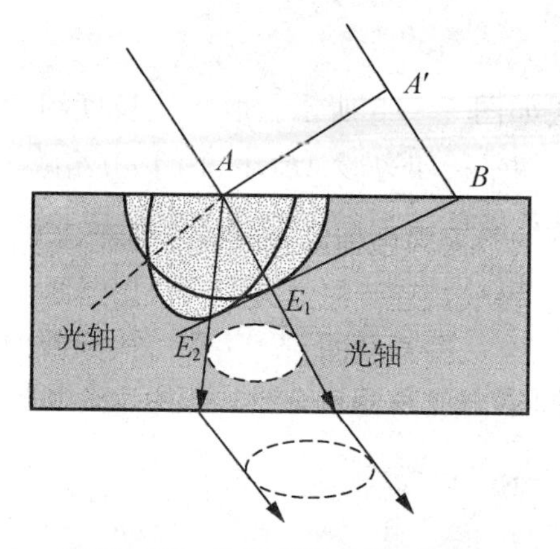

图 5-25　双轴晶体内锥形折射

除了内锥形折射以外，双轴晶体还可以产生外锥形折射，如图 5-26 所示。当自然光射入晶体后沿光轴 AB 方向传播时，由于 B 点处光线面的切平面也不止两个，其法线方向也构成一个圆锥面。因此，当光束从晶体射出时，便沿着与各法线对应的折射方向传播，形成外锥形折射。外锥形折射的实验如图 5-27 所示。入射光是一束实心的锥形光束，小孔 A 和 B 选择在晶体内沿光轴传播的光线，它出射后形成外锥形折射。

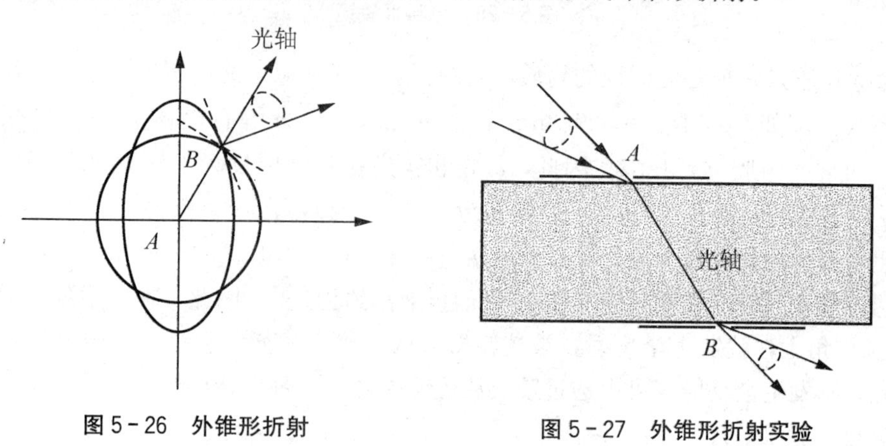

图 5-26　外锥形折射　　　　图 5-27　外锥形折射实验

5.5　偏振光学元件

在光学和光电子技术应用当中，经常需要偏振度很高的平面偏振光。在一般情况下，平面偏振光都是通过偏振元器件对入射光进行分解而得到的。本节将讨论产生偏振光的元件——偏振棱镜、波片和补偿器，并讲述利用偏振光元件对入射光的偏振性进行检验的方法。

5.5.1　偏振棱镜

偏振棱镜是利用晶体的双折射现象而制成的偏振器件，比较重要的偏振棱镜有尼科耳(Nicol)棱镜、格兰(Glan)棱镜和沃拉斯顿(Wollaston)棱镜等。

1. 尼科耳棱镜

尼科耳棱镜的制作方法如图 5-28 所示。取一块长度约为宽度 3 倍的优质方解石晶体，将两端面磨去一部分，使平行四边形 $AECF$ 中的 71°角减小到 68°，变为 $A'EC'F$，然后将晶体沿着垂直于 $A'EC'F$ 及两端面的平面 $A'BC'D$ 切开，把切开的面磨成光学平面，再用加拿大树胶胶合起来，并将周围涂黑，就成了尼科耳棱镜。

尼科耳棱镜的光轴方向 xx' 在平面 $A'EC'F$ 内，剖面(即胶合面)垂直于这个平面，$A'C'$ 是它们的交线。光轴位于图面内，与入射端面 $A'E$ 所成的角为 48°。

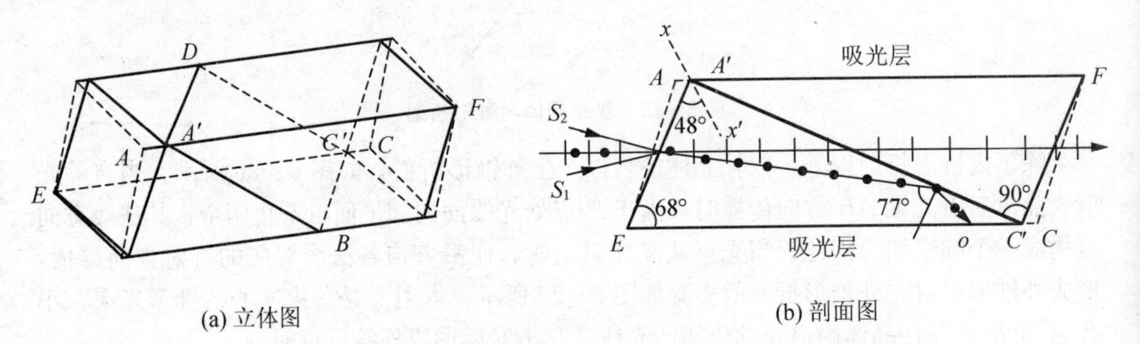

图 5-28　尼科耳棱镜

加拿大树胶是一种各向同性的物质，它的折射率 n 比寻常光的折射率小，但比非常光的折射率大。例如，对于 $\lambda=589.3\text{nm}$ 的钠黄光来说，方解石晶体 $n_o=1.6584$，$n_e=1.4864$；加拿大树胶 $n=1.53$。因此，o 光和 e 光在胶合层反射的情况是不同的。对于 o 光来说，它是由光密介质(方解石)到光疏介质(胶层)，在这个条件下有可能发生全反射。发生全反射的临界角为 $\theta_c=\sin^{-1}(n/n_o)=\sin^{-1}(1.53/1.6584)\approx 68°$。当自然光沿棱镜的长边方向入射时，入射角为 22°，o 光的折射角约为 13°，因此，在胶层的入射角约为 77°，比临界角大，就发生全反射，被棱镜壁吸收。对于 e 光，它是由光疏介质到光密介质，因此，不发生全反射，可以透过胶层从棱镜的另一端射出。显然，所透射出的偏振光的光矢量与入射面平行。

尼科耳棱镜的孔径角约为±14°。如图 5-28(b)所示，当入射光在 S_1 侧超过 14°时，o 光在胶层上的入射角就小于临界角，不发生全反射；当入射光在 S_2 侧超过 14°时，由于 e 光的折射率增大而与 o 光同时发生全反射，结果没有光从棱镜中射出。因此，尼科耳棱镜不适用于高度汇聚或发散的光束。

2. 格兰棱镜

尼科耳棱镜的出射光束与入射光束不在一条直线上，这在仪器中会带来不便。格兰棱镜是为了改进尼科耳棱镜的这个缺点而设计的。

图 5-29 是格兰棱镜的截面图，它也用方解石制成，不同之处在于端面与底面垂直，光轴既平行于端面也平行于斜面，亦即与图面垂直。当光垂直于端面入射时，o 光和 e 光均不发生偏折，它们在斜面的入射角就等于棱镜斜面与直角面的夹角 θ。选择 θ 使得对于

o 光来说，入射角大于临界角，发生全反射而被棱镜壁的涂层吸收；对于 e 光来说，入射角小于临界角，能够透过，从而射出一束线偏振光。

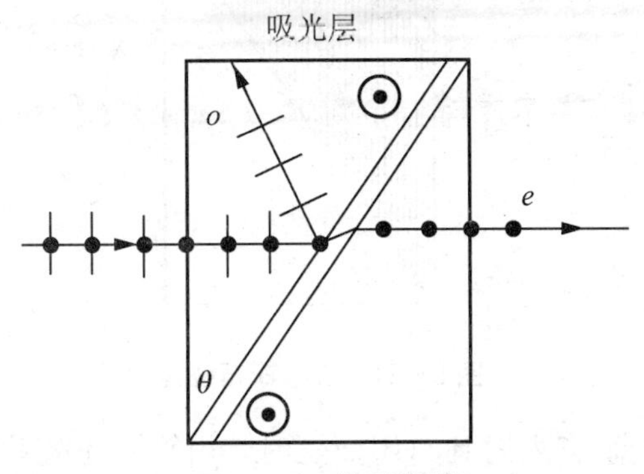

图 5-29　格兰棱镜

组成格兰棱镜的两块直角棱镜之间可以用加拿大树胶胶合，这时 θ 角约为 75.5°，孔径角约为±13°。用加拿大树胶胶合有两个缺点：一是对紫外光吸收很厉害，二是胶合层容易被大功率的激光束所破坏。在这两种情况下往往用聚四氟乙烯薄膜作为两块棱镜斜面的垫圈，一方面可以产生空气层，另一方面也具有使斜面微调平行的作用。这时 θ 角约为 38.5°，孔径角约为±7.5°。

当一束激光从棱镜通过，除了产生偏振外，出射光束与入射光束还会有微量平移。由图 5-30 可以求出出射光束相对入射光束的平移距离。在△ABO 中，$L=AO\sin(\theta_e-\theta_i)$，在△$ACO$ 中，$H=AO\cos\theta_e$，所以，平移距离为

$$L=\frac{H\sin(\theta_e-\theta_i)}{\cos\theta_e} \tag{5.5-1}$$

式中，H 为空气隙的厚度，θ_i 为入射角，θ_e 为 e 光的折射角。只要 H 比较薄，平移距离是很小的，可以认为光束沿原路径传播。

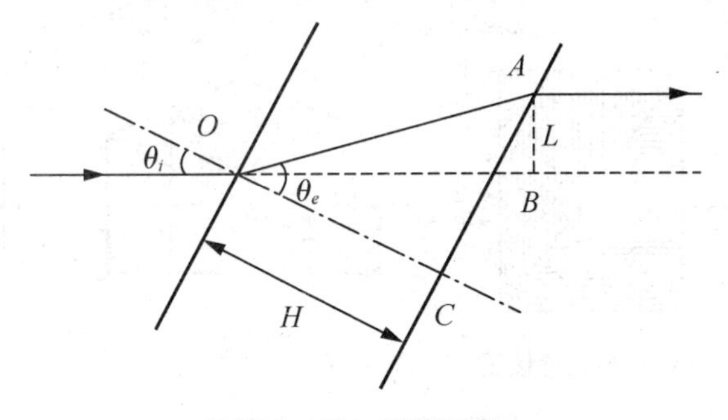

图 5-30　平移距离

3. 沃拉斯顿棱镜

沃拉斯顿棱镜能产生两束互相分开的、光矢量互相垂直的线偏振光。如图 5-31 所示，它是由两块直角方解石棱镜胶合而成的。这两个棱镜的光轴互相垂直，又都平行于各自的表面。

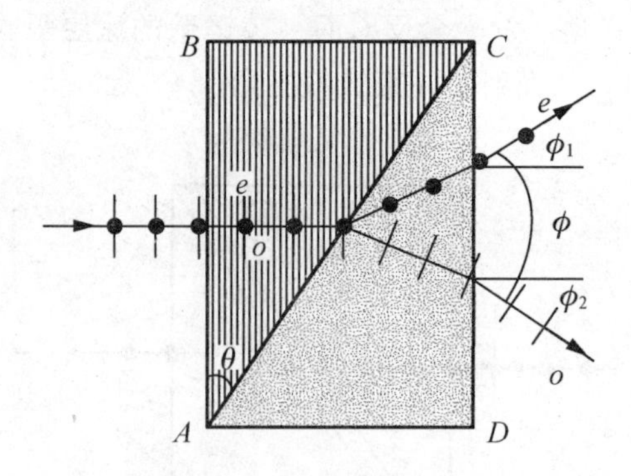

图 5-31 沃拉斯顿棱镜

当一束很细的自然光垂直入射到 AB 面上时，由第一块棱镜产生的 o 光和 e 光不分开，但以不同的速度前进。由于第二块棱镜的光轴相对于第一块棱镜转过了 90°，因此在界面 AC 处，o 光和 e 光发生了转化。在第一块棱镜中的 o 光，在第二块棱镜中却成了 e 光。由于方解石的 $n_o > n_e$，这样 o 光通过界面时是从光密介质进入光疏介质，因此将远离界面法线传播；而 e 光通过界面时是从光疏介质进入光密介质，因此将靠近界面法线传播，结果两束光在第二块棱镜中分开。这样经过 CD 面再次折射由沃拉斯顿棱镜射出的是两束按一定角度分开、光矢量互相垂直的线偏振光。不难证明，当棱镜顶角 θ 不很大时，两束光差不多对称地分开，它们之间的夹角为

$$\phi = 2\sin^{-1}[(n_o - n_e)\tan\theta] \tag{5.5-2}$$

4. 其他偏振棱镜

除了上面讲述的 3 种棱镜外，人们还根据实际的需要，设计出其他偏振棱镜，如图 5-32 所示。图 5-32(a)被称为洛匈(Rochon)棱镜；图 5-32(b)被称为塞纳蒙特(Se'narmont)棱镜；图 5-32(c)被称为福斯特(Foster)棱镜；图 5-32(d)被称为格兰-汤姆逊(Glan-Thomson)棱镜。

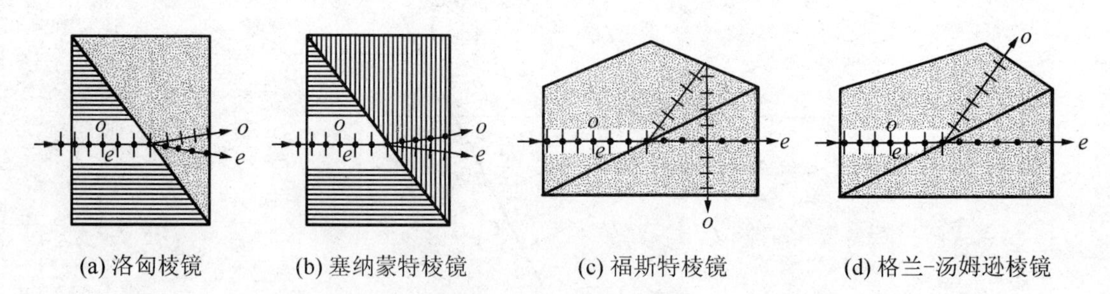

图 5-32 其他偏振棱镜

洛匈棱镜 o 光和 e 光的分离角约为 10°；塞纳蒙特棱镜 o 光和 e 光的分离角略小于洛匈棱镜；福斯特棱镜可以使 o 光和 e 光从两个垂直面输出；格兰-汤姆逊棱镜 o 光和 e 光虽然不是 90°分开，但分离角也很大，而且 o 光的损耗比福斯特棱镜小很多。

5.5.2　波片

如图 5-33 所示，由起偏器获得的线偏振光垂直入射到由单轴晶体制成的平行平面波片上，晶片的光轴与其表面平行，设为 y 轴方向。从以前的讨论可以知道，入射的线偏振光将分解为 o 光和 e 光，它们的光矢量分别沿 x 轴和 y 轴。

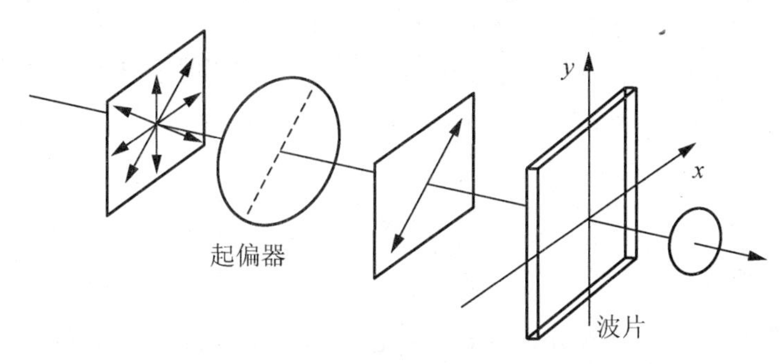

图 5-33　线偏振光通过波片

习惯上把两轴中的一个称为快轴，另一个称为慢轴，亦即光矢量沿着快轴的那束光传播速度快，光矢量沿着慢轴的那束光传播速度慢。例如，对于负单轴晶片，e 光比 o 光速度快，所以光轴方向是快轴，与之垂直的方向是慢轴。由于 o 光和 e 光在晶片内的速度不同，它们通过晶片后产生一定的位相差。设晶片的厚度为 d，则位相差为

$$\delta=\frac{2\pi}{\lambda}|n_o-n_e|d \tag{5.5-3}$$

这种能使光矢量相互垂直的两束线偏振光产生位相相对延迟的晶片称为波片或位相延迟片。根据上一节的讨论可以知道，这样两束光矢量相互垂直且具有一定位相差的线偏振光，叠加结果一般为椭圆偏振光，椭圆的形状、方位和旋转方向随位相差而改变。

(1) 1/4 波片(quarter-wave plant)。如果波片产生的光程差为

$$\Delta=|n_o-n_e|d=\left(m+\frac{1}{4}\right)\lambda \tag{5.5-4}$$

式中，m 为整数，这样的波片叫做 1/4 波片。当入射的线偏振光的光矢量与波片的快轴或慢轴成 45°角时，通过 1/4 波片后得到圆偏振光；反过来，1/4 波片可以使圆偏振光或椭圆偏振光变成线偏振光。值得注意的是，如果使偏振片的透光轴与 1/4 波片的光轴之间的夹角为 45°，并组装成一个器件，用来产生圆偏振光，这个器件被称为圆偏振器。

(2) 半波片(half-wave plant)。如果波片产生的光程差为

$$\Delta=|n_o-n_e|d=\left(m+\frac{1}{2}\right)\lambda \tag{5.5-5}$$

式中，m 为整数，这样的波片叫做半波片或 1/2 波片。圆偏振光通过半波片后仍然为圆偏振光，但是，旋转方向改变。线偏振光通过半波片后仍然为线偏振光，但是光矢量的方向改变。如果入射的线偏振光的光矢量与波片的快轴或慢轴的夹角为 α，则通过晶片后光矢量向着快轴或慢轴的方向转过 2α 角。

(3) 全波片(one-wave plant)。如果波片产生的光程差为

$$\Delta = m\lambda \tag{5.5-6}$$

式中，m 为整数，这样的波片叫做全波片。值得注意的是，所谓1/4波片、半波片或全波片都是针对某一特定的波长而言的。这是因为一个波片所产生的光程差基本上是不随波长改变的，因此，式(5.5-4)～式(5.5-6)都只对某一特定的波长才成立。例如，若波片产生的光程差为560nm，那么对波长为560nm的光来说，它是全波片。这种波长的线偏振光通过以后仍然为线偏振光。但对其他波长的光来说，它不是全波片，其他波长的线偏振光通过以后一般得到椭圆偏振光。

5.5.3 补偿器

1. 巴俾涅补偿器

巴俾涅补偿器(Babinet Compensator)的波片只能产生固定的位相差，补偿器可以产生连续改变的位相差。最简单也是最重要的一种补偿器是巴俾涅补偿器。如图5-34所示，它由两个方解石或石英制成的楔形块组成。这两个楔形块的光轴相互垂直。

对照图5-31可见，巴俾涅补偿器与沃拉斯顿棱镜很相似。当线偏振光垂直入射时，分成光矢量相互垂直的两个分量。由于巴俾涅补偿器的楔角很小(约2°～3°)，厚度也不大，所以这两个分量的传播方向基本相同。设光在第一个楔形块中通过的距离为 d_1，在第二个楔形块中通过的距离为 d_2。光矢量沿第一个楔形块中的光轴方向的那个分量在第一个楔形块中属于 e 光，在第二个楔形块中却属于 o 光。它在补偿器中的总光程差为 $(n_e d_1 + n_o d_2)$；用同样方法可以得出光程差，光矢量沿第二个楔形块中的光轴方向的那个分量在补偿器中的总光程差为 $(n_o d_1 + n_e d_2)$。两个矢量之间的位相差为

$$\delta = \frac{2\pi}{\lambda}\left[(n_e d_1 + n_o d_2) - (n_o d_1 + n_e d_2)\right] = \frac{2\pi}{\lambda}(n_e - n_o)(d_1 - d_2) \tag{5.5-7}$$

当用测微丝杆推动第一个楔形块向右移动时，对于同一条入射光线来说，$d_1 - d_2$ 会发生变化，δ 也随之改变。因此，调整 $d_1 - d_2$ 可以得到任意的 δ 值。

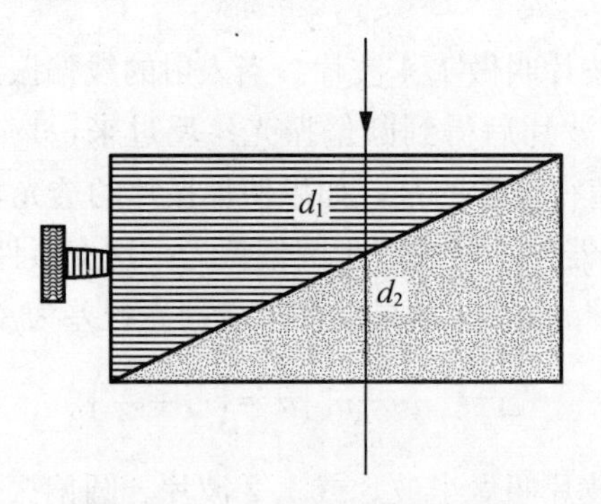

图5-34 巴俾涅补偿器示意图

2. 索累(Soleil)补偿器

巴俾涅补偿器的缺点是必须使用极细的入射光束，因为宽光束的不同部分会产生不同

的位相差。采用图 5-35 所示的索累补偿器可以弥补这个不足。这种补偿器是由两个光轴平行的石英楔形块和一个石英平行平面薄板组成的。

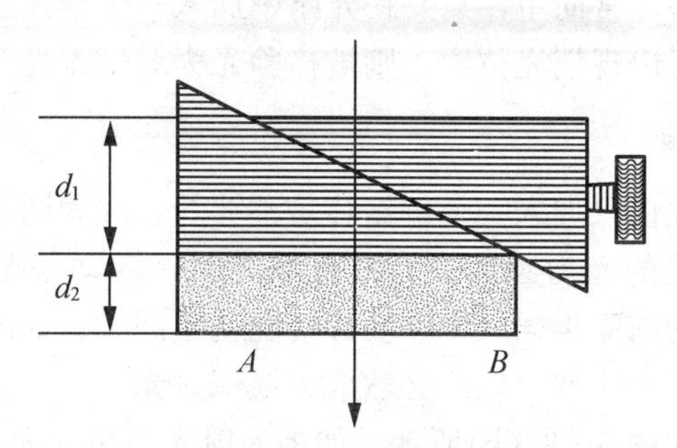

图 5-35　索累补偿器示意图

石英薄板的光轴与两个石英楔形块的光轴相互垂直。上面的楔形块可以用测微丝杆进行移动，从而改变光线通过两个石英楔形块的总厚度 d_1。对于某一确定的 d_1，可以在相当宽的范围内(图 5-35 中 AB 宽度内)获得相同的 δ 值。

显然，利用上述补偿器可以在任何波长上产生所需要的波片；可以补偿及抵消一个元件的自然双折射；可以在一个光学器件中引入一个固定的延迟偏置；或经校准定标后，可以用来测量待求波片的位相延迟。

5.5.4　偏振光检验

关于产生线偏振光、圆偏振光和椭圆偏振光的相位条件和振幅条件已经在上一节进行了讨论，问题是如何实现相应的条件。通过对波片的讨论我们已经知道，当一束线偏振光通过一个 1/4 波片时(图 5-36)，出射光有可能是线偏振光、圆偏振光和椭圆偏振光。对于它们的检验，只要在图 5-36 的光路中 1/4 波片的后面加入一个偏振片 P_2 即可。以 z 为轴，旋转偏振片 P_2，如果出现消光位置，则被检验光为线偏振光。如果输出光强始终不变，则被检验光为圆偏振光。如果输出光强出现极大值和极小值，则被检验光为椭圆偏振光。

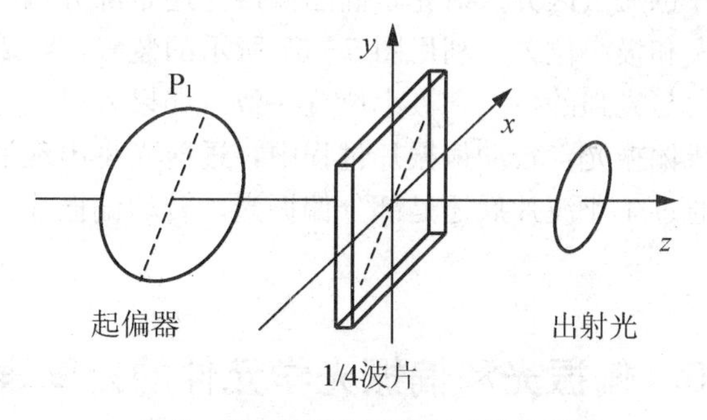

图 5-36　线偏振光通过 1/4 波片

应当注意的是，上述检验的前提是已知 1/4 波片输出为偏振光。如果被检验的光事先不知道是偏振光还是自然光，用上述的检验方法就不能准确判定了，因为自然光通过偏振片也没有光强变化，部分偏振光通过偏振片光强也会出现极大值和极小值。下面来讨论任意入射光的检验方法。

1. 对线偏振光的检验

对于线偏振光的检验非常简单，只要在光路中加入一个偏振片即可。以光的传输方向为轴，旋转偏振片，如果出现消光位置，则被检验光为线偏振光。

2. 对圆偏振光的检验

对于圆偏振光的检验仅仅加入一个偏振片是不够的，因为圆偏振光或自然光的偏振度为零，因此，当所要检验的光为圆偏振光或自然光时，转动偏振片时出射的光强始终不变，这时，若在偏振片的前面再插入 1/4 波片情况就不同了。如图 5－37(a)所示，如果入射光是圆偏振光，它经过 1/4 波片以后必然成为线偏振光，于是在偏振片转动过程中，透射光将出现消光现象。如图 5－37(b)所示，如果入射光是包含大量的、不同取向、彼此不相关的线偏振光的自然光，它经过 1/4 波片以后仍然为自然光，于是在偏振片转动过程中，透射光将不会出现消光现象。

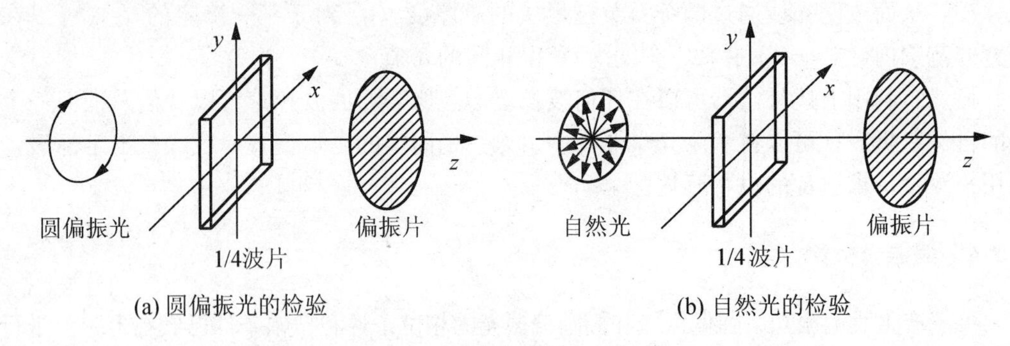

图 5－37

3. 对椭圆偏振光的检验

椭圆偏振光和部分偏振光的偏振度介于 0 和 1 之间，因此，当所要检验的光为椭圆偏振光或部分偏振光时，转动偏振片时出射的光都会出现光强极大和极小，但无消光位置。因此，仅用一个偏振片也无法区分入射光是椭圆偏振光还是部分偏振光。但是，利用偏振片可以确定光强的极大和极小位置，利用图 5－37 所示的装置，将 1/4 波片插入偏振片的前面并使其快慢轴方向与光强的极大和极小位置一致。如果入射光是椭圆偏振光，则它通过 1/4 波片后将变成线偏振光，转动偏振片过程中，透射光将出现消光现象。如果入射光是部分偏振光，则它通过 1/4 波片后还是部分偏振光，转动偏振片过程中，透射光将不会出现消光现象。

5.6 偏振光和偏振光学元件的矩阵表示

在光学中运用矩阵方法，可以使某些复杂的光学问题变得简洁方便，并便于计算机来进行运算，因此，这种方法的运用日益得到重视。通过矩阵运算就可以推断偏振光经由偏振器构成的光学系统后出射的偏振态。这一节将讲述偏振光和偏振元件的矩阵表示法，并说明如何用矩阵来描述偏振光学元件的物理特性。

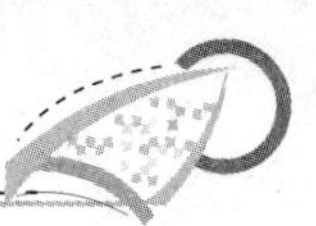

5.6.1　偏振光的矩阵表示

由前面的讨论可以知道，沿 z 方向传播的任何一种偏振光，不管是线偏振光、圆偏振光还是椭圆偏振光，都可以表示为光矢量分别沿 x 轴和 y 轴的两个线偏振光的叠加：

$$\boldsymbol{E}=\boldsymbol{x}_0E_x+\boldsymbol{y}_0E_y=\boldsymbol{x}_0E_{x0}\exp[\mathrm{i}(\alpha_1-\omega t)]+\boldsymbol{y}_0E_{y0}\exp[\mathrm{i}(\alpha_2-\omega t)] \tag{5.6-1}$$

这两个线偏振光有确定的振幅比 E_{y0}/E_{x0} 和位相差 $\delta=\alpha_2-\alpha_1$。这就是说，任一种偏振光光矢量都可以用沿 x 轴和 y 轴的两个分量来表示：

$$\begin{cases}E_x=E_{x0}\exp[\mathrm{i}(\alpha_1-\omega t)]\\ E_y=E_{y0}\exp[\mathrm{i}(\alpha_2-\omega t)]\end{cases} \tag{5.6-2}$$

这两个分量的振幅比和位相差决定该偏振光的偏振态。当省去上式中的公共位相因子 $\exp(\mathrm{i}\omega t)$ 时，上式可以用复振幅表示为

$$\begin{cases}\widetilde{E}_x=E_{x0}\exp(\mathrm{i}\alpha_1)\\ \widetilde{E}_y=E_{y0}\exp(\mathrm{i}\alpha_2)\end{cases} \tag{5.6-3}$$

这样一来，任一种偏振光可以用由它的光矢量的两个分量构成的一列矩阵表示，这一列矩阵称为琼斯(Jones)矢量，记作

$$\boldsymbol{E}=\begin{bmatrix}\widetilde{E}_x\\ \widetilde{E}_y\end{bmatrix}=\begin{bmatrix}E_{x0}\exp(\mathrm{i}\alpha_1)\\ E_{y0}\exp(\mathrm{i}\alpha_2)\end{bmatrix} \tag{5.6-4}$$

我们知道，偏振光的强度是它的两个分量的强度之和，即

$$I=|\widetilde{E}_x|^2+|\widetilde{E}_y|^2=E_{x0}^2+E_{y0}^2 \tag{5.6-5}$$

因为我们研究的往往是强度的相对变化，所以可以把表示偏振光的琼斯矢量归一化，即用 $\sqrt{E_{x0}^2+E_{y0}^2}$ 除式(5.6-4)中的两个分量，得到

$$\boldsymbol{E}=\frac{1}{\sqrt{E_{x0}^2+E_{y0}^2}}\begin{bmatrix}E_{x0}\exp(\mathrm{i}\alpha_1)\\ E_{y0}\exp(\mathrm{i}\alpha_2)\end{bmatrix} \tag{5.6-6}$$

此外，为了使琼斯矢量能够表示两个分量的振幅比和位相差，可以把上式中两个分量的共同因子提到矩阵外：

$$\boldsymbol{E}=\frac{E_{x0}\exp(\mathrm{i}\alpha_1)}{\sqrt{E_{x0}^2+E_{y0}^2}}\begin{bmatrix}1\\ E_0\exp(\mathrm{i}\delta)\end{bmatrix} \tag{5.6-7}$$

式中，$E_0=E_{y0}/E_{x0}$，$\delta=\alpha_2-\alpha_1$。通常我们只关心相对位相差，因而上式中的公共位相因子 $\exp(\mathrm{i}\alpha_1)$ 可以弃去不写。于是得到归一化形式的琼斯矢量为

$$\boldsymbol{E}=\frac{E_{x0}}{\sqrt{E_{x0}^2+E_{y0}^2}}\begin{bmatrix}1\\ E_0\exp(\mathrm{i}\delta)\end{bmatrix} \tag{5.6-8}$$

任一种偏振光都可以用归一化形式的琼斯矢量表示。下面讲述几种偏振光的琼斯矢量表示方法。

(1) 振幅为 E_0，光矢量与 x 轴成 θ 角的线偏振光。光矢量在 x 和 y 方向的两个分量分别为：$\widetilde{E}_x=E_0\cos\theta$，$\widetilde{E}_y=E_0\sin\theta$，因此，该光的强度为 $|\widetilde{E}_x|^2+|\widetilde{E}_y|^2=E_0^2$，由

式(5.6-6)可以得到光矢量与 x 轴成 θ 角的线偏振光的归一化形式的琼斯矢量为

$$\boldsymbol{E}=\frac{1}{E_0}\begin{bmatrix}E_0\cos\theta\\E_0\sin\theta\end{bmatrix}=\begin{bmatrix}\cos\theta\\\sin\theta\end{bmatrix}\tag{5.6-9}$$

当 $\theta=0°$ 时，由式(5.6-9)得到光矢量沿 x 轴方向的线偏振光的归一化形式的琼斯矢量为

$$\boldsymbol{E}=\begin{bmatrix}1\\0\end{bmatrix}\tag{5.6-10}$$

当 $\theta=90°$ 时，由式(5.6-9)得到光矢量沿 y 轴方向的线偏振光的归一化形式的琼斯矢量为

$$\boldsymbol{E}=\begin{bmatrix}0\\1\end{bmatrix}\tag{5.6-11}$$

当 $\theta=\pm45°$ 时，由式(5.6-9)得到光矢量与 x 轴方向成 $\pm45°$ 角的线偏振光的琼斯矢量为

$$\boldsymbol{E}=\frac{1}{\sqrt{2}}\begin{bmatrix}1\\\pm1\end{bmatrix}\tag{5.6-12}$$

(2) 振幅为 E_x 和 E_y 的左、右旋椭圆偏振光。光矢量在 x 和 y 方向的两个分量分别为：$\widetilde{E}_x=E_{x0}$，$\widetilde{E}_y=E_{y0}\exp\left(\pm i\frac{\pi}{2}\right)$，因此，该光的强度为 $|\widetilde{E}_x|^2+|\widetilde{E}_y|^2=E_{x0}^2+E_{y0}^2$，由式(5.6-6)可以得到左、右旋椭圆偏振光归一化形式的琼斯矢量为

$$\boldsymbol{E}=\frac{1}{\sqrt{E_{x0}^2+E_{y0}^2}}\begin{bmatrix}E_{x0}\\E_{y0}\exp\left(\pm\mathrm{i}\frac{\pi}{2}\right)\end{bmatrix}=\frac{E_{x0}}{\sqrt{E_{x0}^2+E_{y0}^2}}\begin{bmatrix}1\\\pm\mathrm{i}E_{y0}/E_{x0}\end{bmatrix}\tag{5.6-13}$$

当 $E_{x0}=E_{y0}$ 时，由式(5.6-13)得到左、右旋圆偏振光归一化形式的琼斯矢量分别为

$$\boldsymbol{E}=\frac{1}{\sqrt{2}}\begin{bmatrix}1\\\mathrm{i}\end{bmatrix}；\ \boldsymbol{E}=\frac{1}{\sqrt{2}}\begin{bmatrix}1\\-\mathrm{i}\end{bmatrix}\tag{5.6-14}$$

用同样的方法可以求出表示其他偏振态的琼斯矢量。

把偏振光用琼斯矢量表示，特别方便于计算两个或多个给定的偏振光叠加的结果。将琼斯矢量简单地相加便可以得到这种结果。例如，两个振幅和位相相同、光矢量分别沿 x 轴和 y 轴的线偏振光的叠加，用琼斯矢量来计算就是

$$\begin{bmatrix}1\\0\end{bmatrix}+\begin{bmatrix}0\\1\end{bmatrix}=\begin{bmatrix}1\\1\end{bmatrix}\tag{5.6-15}$$

结果表明合成波是一个光矢量与 x 轴成 45°角的线偏振光波，它的振幅是叠加单个波光振幅的 $\sqrt{2}$ 倍。又如，两个振幅相等、右旋圆偏振光和左旋圆偏振光的叠加，可以表示为

$$\frac{1}{\sqrt{2}}\begin{bmatrix}1\\-\mathrm{i}\end{bmatrix}+\frac{1}{\sqrt{2}}\begin{bmatrix}1\\\mathrm{i}\end{bmatrix}=\frac{2}{\sqrt{2}}\begin{bmatrix}1\\0\end{bmatrix}\tag{5.6-16}$$

可以看出，合成波是一个光矢量沿 x 轴方向的线偏振光波，它的振幅是圆偏振光波振幅的两倍。

5.6.2 偏振器件的矩阵表示

偏振光通过偏振器件后，它的偏振态会发生变化。如果入射光的偏振态用 $E_i=$

$\begin{bmatrix} E_{ix} \\ E_{iy} \end{bmatrix}$表示，透射光的偏振态用 $E_t=\begin{bmatrix} E_{tx} \\ E_{ty} \end{bmatrix}$ 表示，则偏振器件起着两者之间的变换作用。假定这种变换是线性的，也就是说透射光的两个分量 E_{tx} 和 E_{ty} 是入射光的两个分量 E_{ix} 和 E_{iy} 的线性组合：

$$\begin{cases} E_{tx}=g_{xx}E_{ix}+g_{xy}E_{iy} \\ E_{ty}=g_{yx}E_{ix}+g_{yy}E_{iy} \end{cases} \tag{5.6-17}$$

式中，g_{xx}、g_{xy}、g_{yx}、g_{yy} 是复常数。把上式写成矩阵形式：

$$\begin{bmatrix} E_{tx} \\ E_{ty} \end{bmatrix}=\begin{bmatrix} g_{xx} & g_{xy} \\ g_{yx} & g_{yy} \end{bmatrix}\begin{bmatrix} E_{ix} \\ E_{iy} \end{bmatrix} \tag{5.6-18}$$

因此，一个偏振器件可以用一个矩阵表示，把矩阵 $G=\begin{bmatrix} g_{xx} & g_{xy} \\ g_{yx} & g_{yy} \end{bmatrix}$ 称为该器件的琼斯矩阵。下面来讨论几个不同偏振器件的琼斯矩阵。

（1）透光轴与 x 轴成 θ 角的线偏振器。如图 5-38 所示，入射光在 x 轴和 y 轴上的两个分量分别为 E_{ix} 和 E_{iy}。

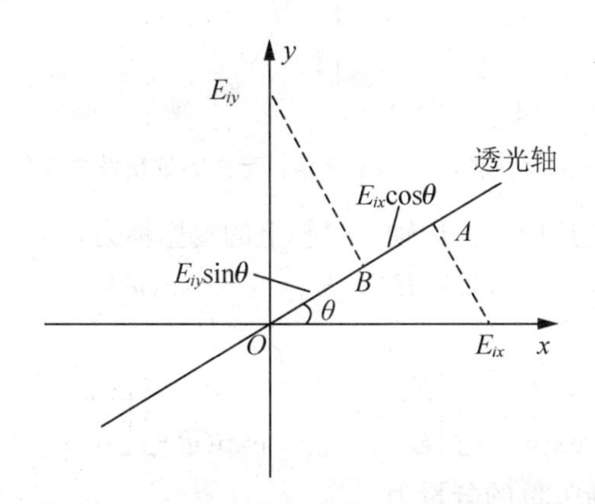

图 5-38　透光轴与 x 轴成 θ 角的线偏振器

入射光通过线偏振器后，E_{ix} 和 E_{iy} 透出的部分分别为 $OA=E_{ix}\cos\theta$ 和 $OB=E_{iy}\sin\theta$，它们在 x 轴和 y 轴上的线性组合就是 E_{tx} 和 E_{ty}，即

$$\begin{cases} E_{tx}=E_{ix}\cos\theta\cos\theta+E_{iy}\sin\theta\cos\theta \\ E_{ty}=E_{ix}\cos\theta\sin\theta+E_{iy}\sin\theta\sin\theta \end{cases} \tag{5.6-19}$$

写成矩阵形式：

$$\begin{bmatrix} E_{tx} \\ E_{ty} \end{bmatrix}=\begin{bmatrix} \cos^2\theta & \sin2\theta/2 \\ \sin2\theta/2 & \sin^2\theta \end{bmatrix}\begin{bmatrix} E_{ix} \\ E_{iy} \end{bmatrix} \tag{5.6-20}$$

所以该线偏振器的琼斯矩阵为

$$G=\begin{bmatrix} \cos^2\theta & \sin2\theta/2 \\ \sin2\theta/2 & \sin^2\theta \end{bmatrix} \tag{5.6-21}$$

（2）快轴与 x 轴成 θ 角，产生的位相差为 δ 的波片。如图 5-39 所示，入射光在 x 轴和 y 轴上的两个分量分别为 E_{ix} 和 E_{iy}，则 E_{ix} 和 E_{iy} 在波片快轴和慢轴上分量和为

$$\begin{cases} E'_{ix}=E_{ix}\cos\theta+E_{iy}\sin\theta \\ E'_{iy}=E_{ix}\sin\theta-E_{iy}\cos\theta \end{cases} \tag{5.6-22}$$

写成矩阵形式：

$$\begin{bmatrix} E'_{ix} \\ E'_{iy} \end{bmatrix}=\begin{bmatrix} \cos\theta & \sin\theta \\ \sin\theta & -\cos\theta \end{bmatrix}\begin{bmatrix} E_{ix} \\ E_{iy} \end{bmatrix} \tag{5.6-23}$$

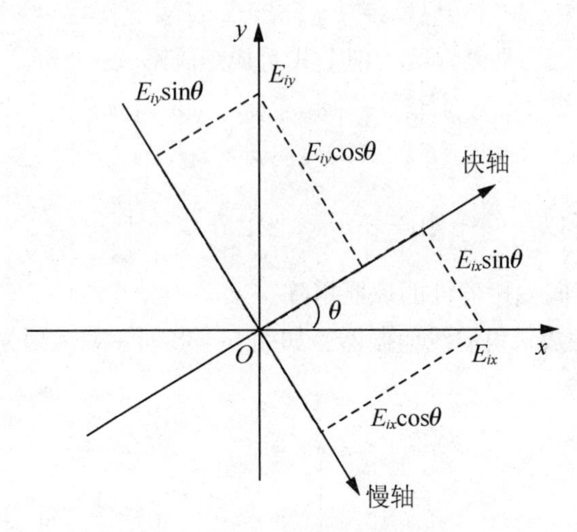

图 5-39 快轴与 x 轴成 θ 角，产生的位相差为 δ 的波片

因此，偏振光通过波片后，在快轴和慢轴上的复振幅为

$$E''_{ix}=E'_{ix}, \quad E''_{iy}=E'_{iy}\exp(\mathrm{i}\delta) \tag{5.6-24}$$

写成矩阵形式：

$$\begin{bmatrix} E''_{ix} \\ E''_{iy} \end{bmatrix}=\begin{bmatrix} 1 & 0 \\ 0 & \exp(\mathrm{i}\delta) \end{bmatrix}\begin{bmatrix} E'_{ix} \\ E'_{iy} \end{bmatrix}=\begin{bmatrix} 1 & 0 \\ 0 & \exp(\mathrm{i}\delta) \end{bmatrix}\begin{bmatrix} \cos\theta & \sin\theta \\ \sin\theta & -\cos\theta \end{bmatrix}\begin{bmatrix} E_{ix} \\ E_{iy} \end{bmatrix} \tag{5.6-25}$$

这样一来，透射光的琼斯矢量的分量为

$$\begin{cases} E_{tx}=E''_{ix}\cos\theta+E''_{iy}\sin\theta \\ E_{ty}=E''_{ix}\sin\theta-E''_{iy}\cos\theta \end{cases} \tag{5.6-26}$$

写成矩阵形式就是

$$\begin{bmatrix} E_{tx} \\ E_{ty} \end{bmatrix}=\begin{bmatrix} \cos\theta & \sin\theta \\ \sin\theta & -\cos\theta \end{bmatrix}\begin{bmatrix} E''_{ix} \\ E''_{iy} \end{bmatrix} \tag{5.6-27}$$

将式(5.6-25)代入上式，得到

$$\begin{bmatrix} E_{tx} \\ E_{ty} \end{bmatrix}=\begin{bmatrix} \cos\theta & \sin\theta \\ \sin\theta & -\cos\theta \end{bmatrix}\begin{bmatrix} 1 & 0 \\ 0 & \exp(\mathrm{i}\delta) \end{bmatrix}\begin{bmatrix} \cos\theta & \sin\theta \\ \sin\theta & -\cos\theta \end{bmatrix}\begin{bmatrix} E_{ix} \\ E_{iy} \end{bmatrix} \tag{5.6-28}$$

因此，快轴与 x 轴成 θ 角，产生的位相差为 δ 的波片的琼斯矩阵为

$$G=\begin{bmatrix} \cos\theta & \sin\theta \\ \sin\theta & -\cos\theta \end{bmatrix}\begin{bmatrix} 1 & 0 \\ 0 & \exp(\mathrm{i}\delta) \end{bmatrix}\begin{bmatrix} \cos\theta & \sin\theta \\ \sin\theta & -\cos\theta \end{bmatrix} \tag{5.6-29}$$

当 $\theta=0°$ 时，由式(5.6-29)得到快轴在 x 方向的波片的琼斯矩阵为

$$G=\begin{bmatrix}1 & 0\\0 & -1\end{bmatrix}\begin{bmatrix}1 & 0\\0 & \exp(\mathrm{i}\delta)\end{bmatrix}\begin{bmatrix}1 & 0\\0 & -1\end{bmatrix}=\begin{bmatrix}1 & 0\\0 & \exp(\mathrm{i}\delta)\end{bmatrix} \tag{5.6-30}$$

当 $\theta=90°$ 时，由式(5.6-29)得到快轴在 y 方向的波片的琼斯矩阵为

$$G=\begin{bmatrix}0 & 1\\1 & 0\end{bmatrix}\begin{bmatrix}1 & 0\\0 & \exp(\mathrm{i}\delta)\end{bmatrix}\begin{bmatrix}0 & 1\\1 & 0\end{bmatrix}=\begin{bmatrix}1 & 0\\0 & \exp(-\mathrm{i}\delta)\end{bmatrix} \tag{5.6-31}$$

当 $\theta=45°$ 时，由式(5.6-29)得到快轴与 x 方向成45°角的波片的琼斯矩阵为

$$G=\frac{1}{2}\begin{bmatrix}1 & 1\\1 & -1\end{bmatrix}\begin{bmatrix}1 & 0\\0 & \exp(\mathrm{i}\delta)\end{bmatrix}\begin{bmatrix}1 & 1\\1 & -1\end{bmatrix}=\begin{bmatrix}1+\exp(\mathrm{i}\delta) & 1-\exp(\mathrm{i}\delta)\\1-\exp(\mathrm{i}\delta) & 1+\exp(\mathrm{i}\delta)\end{bmatrix} \tag{5.6-32}$$

利用 $\exp(\mathrm{i}\delta)=\cos\delta+\mathrm{i}\sin\delta$，上式可以改写为

$$G=\cos\frac{\delta}{2}\begin{bmatrix}1 & -\mathrm{i}\tan(\delta/2)\\-\mathrm{i}\tan(\delta/2) & 1\end{bmatrix} \tag{5.6-33}$$

当 $\theta=-45°$ 时，由式(5.6-29)得到快轴与 x 方向成 $-45°$ 角的波片的琼斯矩阵为

$$G=\frac{1}{2}\begin{bmatrix}1 & -1\\-1 & -1\end{bmatrix}\begin{bmatrix}1 & 0\\0 & \exp(\mathrm{i}\delta)\end{bmatrix}\begin{bmatrix}1 & -1\\-1 & -1\end{bmatrix}=\begin{bmatrix}\exp(\mathrm{i}\delta)+1 & \exp(\mathrm{i}\delta)-1\\\exp(\mathrm{i}\delta)-1 & \exp(\mathrm{i}\delta)+1\end{bmatrix} \tag{5.6-34}$$

同样，利用 $\exp(\mathrm{i}\delta)=\cos\delta+\mathrm{i}\sin\delta$，上式可以改写为

$$G=\cos\frac{\delta}{2}\begin{bmatrix}1 & \mathrm{i}\tan(\delta/2)\\\mathrm{i}\tan(\delta/2) & 1\end{bmatrix} \tag{5.6-35}$$

对于1/4波片，$\delta=\pi/2$。由式(5.6-30)和式(5.6-31)得到快轴在 x 方向和 y 方向的1/4波片的琼斯矩阵分别为

$$G=\begin{bmatrix}1 & 0\\0 & \mathrm{i}\end{bmatrix}$$

$$G=\begin{bmatrix}1 & 0\\0 & -\mathrm{i}\end{bmatrix} \tag{5.6-36}$$

由式(5.6-33)和式(5.6-35)得到快轴与 x 方向成±45°角的1/4波片的琼斯矩阵分别为

$$G=\frac{1}{\sqrt{2}}\begin{bmatrix}1 & -\mathrm{i}\\-\mathrm{i} & 1\end{bmatrix}$$

$$G=\frac{1}{\sqrt{2}}\begin{bmatrix}1 & \mathrm{i}\\\mathrm{i} & 1\end{bmatrix} \tag{5.6-37}$$

对于半波片，$\delta=\pi$。由式(5.6-30)和式(5.6-31)得到快轴在 x 方向和 y 方向的半波片的琼斯矩阵均为

$$G=\begin{bmatrix}1 & 0\\0 & -1\end{bmatrix} \tag{5.6-38}$$

由式(5.6-33)和式(5.6-35)得到快轴与 x 方向成±45°角的半波片的琼斯矩阵均为

$$G=\begin{bmatrix}0 & 1\\1 & 0\end{bmatrix} \tag{5.6-39}$$

在光学技术中，常使线偏振片的透光轴与1/4波片的光轴之间的夹角为45°，并叠在一起组成圆偏振器。如果用透光轴与x方向成45°角的线偏振器和快轴在x方向1/4波片组合，则构成左旋圆偏振器，它的琼斯矩阵为

$$G=\begin{bmatrix}1 & 0\\0 & \mathrm{i}\end{bmatrix}\cdot\frac{1}{2}\begin{bmatrix}1 & 1\\1 & 1\end{bmatrix}=\frac{1}{2}\begin{bmatrix}1 & 1\\\mathrm{i} & \mathrm{i}\end{bmatrix} \tag{5.6-40}$$

如果用透光轴与x方向成45°角的线偏振器和快轴在y方向1/4波片组合，则构成右旋圆偏振器，它的琼斯矩阵为

$$G=\begin{bmatrix}1 & 0\\0 & -\mathrm{i}\end{bmatrix}\cdot\frac{1}{2}\begin{bmatrix}1 & 1\\1 & 1\end{bmatrix}=\frac{1}{2}\begin{bmatrix}1 & 1\\-\mathrm{i} & -\mathrm{i}\end{bmatrix} \tag{5.6-41}$$

5.6.3 琼斯矩阵应用

当已知偏振元件的琼斯矩阵，光波通过偏振元件后的偏振态可以很方便地计算出来。下面举几个实例来说明琼斯变换的基本方法。

（1）快轴在x方向的半波片插入与x轴成θ角的线偏振光中，出射光的偏振态的琼斯矩阵为

$$\begin{bmatrix}E_{tx}\\E_{ty}\end{bmatrix}=\begin{bmatrix}1 & 0\\0 & -1\end{bmatrix}\begin{bmatrix}\cos\theta\\\sin\theta\end{bmatrix}=\begin{bmatrix}\cos\theta\\-\sin\theta\end{bmatrix}=\begin{bmatrix}\cos(-\theta)\\\sin(-\theta)\end{bmatrix}$$

可见，出射光是与x轴成$-\theta$角的线偏振光，即入射线偏振光旋转了2θ。

（2）快轴在x方向的1/4波片插入左旋圆偏振光中，出射光的偏振态的琼斯矩阵为

$$\begin{bmatrix}E_{tx}\\E_{ty}\end{bmatrix}=\begin{bmatrix}1 & 0\\0 & \mathrm{i}\end{bmatrix}\begin{bmatrix}1\\\mathrm{i}\end{bmatrix}=\begin{bmatrix}1\\-1\end{bmatrix}$$

可见，出射光是与x轴成$-45°$角的线偏振光。

（3）快轴在y方向的1/4波片插入与水平轴成θ角的线偏振光中，出射光的偏振态的琼斯矩阵为

$$\begin{bmatrix}E_{tx}\\E_{ty}\end{bmatrix}=\begin{bmatrix}1 & 0\\0 & -\mathrm{i}\end{bmatrix}\begin{bmatrix}\cos\theta\\\sin\theta\end{bmatrix}=\begin{bmatrix}\cos\theta\\-\mathrm{i}\sin\theta\end{bmatrix}$$

可见，当$\theta\neq45°$时出射光为右旋椭圆偏振光，当$\theta=45°$时出射光为右旋圆偏振光。

（4）左旋圆偏振器插入与x轴成45°角的线偏振光中，出射光的偏振态的琼斯矩阵为

$$\begin{bmatrix}E_{tx}\\E_{ty}\end{bmatrix}=\begin{bmatrix}1 & 1\\\mathrm{i} & \mathrm{i}\end{bmatrix}\cdot\frac{1}{\sqrt{2}}\begin{bmatrix}1\\1\end{bmatrix}=\frac{1}{\sqrt{2}}\begin{bmatrix}1\\\mathrm{i}\end{bmatrix}$$

可见，出射光为左旋椭圆偏振光。如果将左旋圆偏振器插入与x轴成$-45°$角的线偏振光中将会出现消光现象。

在复杂的光路中，如图5-40所示，如果偏振光相继通过n个偏振器件，它们的琼斯矩阵分别为G_1、$G_2\cdots G_n$，则透射光的琼斯矢量为

$$E_t=G_n\cdots G_2G_1E_i \tag{5.6-42}$$

由于矩阵运算不满足交换率，所以上式中矩阵相乘的顺序不能颠倒。

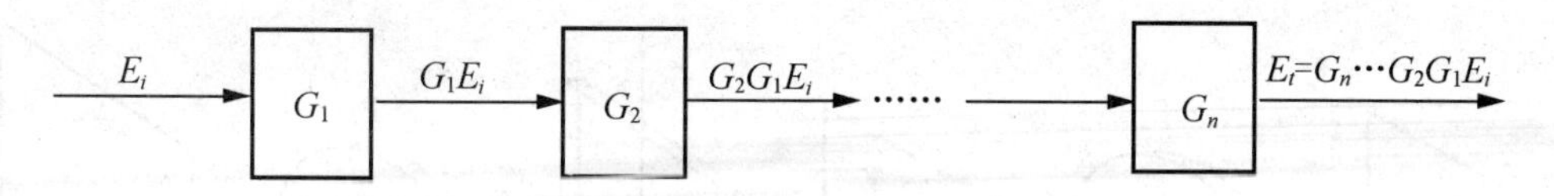

图 5-40　偏振光相继通过 n 个偏振器件

(5) 当光矢量在 x 方向的线偏振光相继通过快轴在水平方向和垂直方向的 1/4 波片，求出射光的偏振态为

$$\begin{bmatrix}E_{tx}\\E_{ty}\end{bmatrix}=\begin{bmatrix}1&0\\0&\mathrm{i}\end{bmatrix}\begin{bmatrix}1&0\\0&-\mathrm{i}\end{bmatrix}\begin{bmatrix}1\\0\end{bmatrix}=\begin{bmatrix}1&0\\0&1\end{bmatrix}\begin{bmatrix}1\\0\end{bmatrix}=\begin{bmatrix}1\\0\end{bmatrix}$$

可见，出射光仍然为原来的线偏振光。

(6) 光矢量与 x 轴方向成 θ 角的线偏振光相继通过两个快轴在水平方向的 1/4 波片，求出射光的偏振态为

$$\begin{bmatrix}E_{tx}\\E_{ty}\end{bmatrix}=\begin{bmatrix}1&0\\0&\mathrm{i}\end{bmatrix}\begin{bmatrix}1&0\\0&\mathrm{i}\end{bmatrix}\begin{bmatrix}\cos\theta\\\sin\theta\end{bmatrix}=\begin{bmatrix}1&0\\0&-\mathrm{i}\end{bmatrix}\begin{bmatrix}\cos\theta\\\sin\theta\end{bmatrix}=\begin{bmatrix}\cos\theta\\-\mathrm{i}\sin\theta\end{bmatrix}$$

可见，当 $\theta\neq45^\circ$ 时出射光为右旋椭圆偏振光，当 $\theta=45^\circ$ 时出射光为右旋圆偏振光。

5.7　偏振光的干涉

前面讨论了振动方向相互垂直的两束线偏振光的叠加现象，在一般情况下，它们叠加形成椭圆偏振光。现在讨论两束振动方向相互平行的相干线偏振光的叠加，这种叠加会产生干涉现象。从干涉现象来说，这种偏振光的干涉与自然光的干涉相同，但实验装置不同：自然光的干涉是通过分振幅法和分波前法获得两束相干光进行干涉；而偏振光的干涉则是利用晶体的双折射效应，将同一束光分成振动方向相互垂直的两束线偏振光，再经过检偏器将其振动方向引到同一方向上进行干涉，也就是说，通过晶片和一个检偏器即可观察到偏振光的干涉现象。偏振光的干涉可以分为两类：平行偏振光的干涉和汇聚偏振光的干涉。

5.7.1　平行偏振光的干涉

如图 5-41 所示，当自然光垂直通过偏振片 P_1 后获得与 P_1 透光轴平行的线偏振光，再通过晶片变成两束振动方向相互垂直、有一定位相差的线偏振光，再经过偏振片 P_2，又变成两束位相差恒定、振动方向平行于 P_2 透光轴的线偏振光，在观察屏上可以看到干涉图样。

如图 5-42 所示，设晶片的快轴和慢轴分别沿 x 轴和 y 轴方向，偏振片 P_1 的透光轴与 x 轴的夹角为 α，偏振片 P_2 的透光轴与 x 轴的夹角为 β，透过偏振片 P_1 的线偏振光的振幅为 E_1。当 P_2 在 y 轴右侧时，E_{1x} 和 E_{1y} 在 P_2 上的投影是同向的，如图 5-42(a)所示；当 P_2 在 y 轴左侧时，E_{1x} 和 E_{1y} 在 P_2 上的投影是反向的，如图 5-42(b)所示。

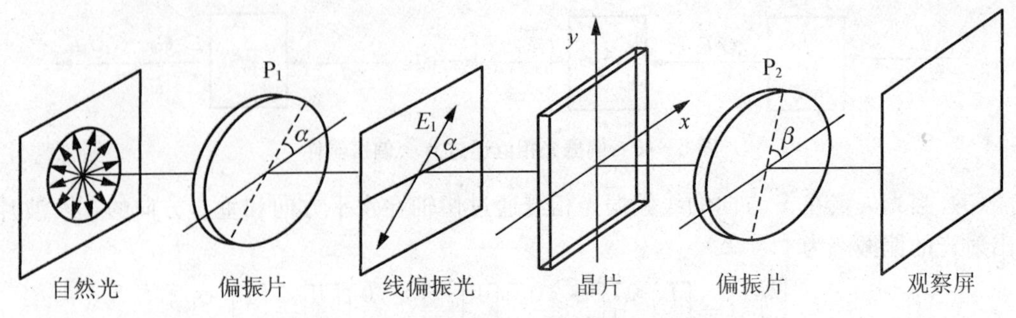

图 5-41　平行偏振光干涉装置示意图

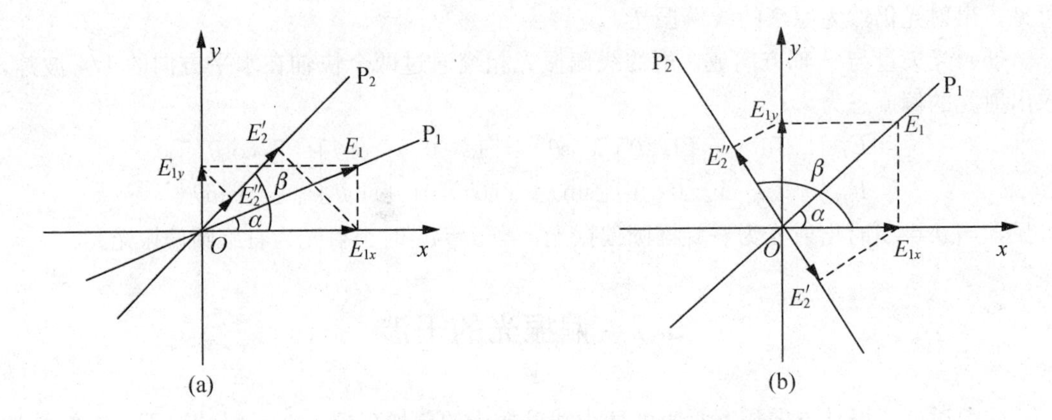

图 5-42　偏振片透光轴与晶片快慢轴的位置关系

图 5-42(a)中，E_1 在晶片快慢轴上的投影分别为

$$\begin{cases}E_{1x}=E_1\cos\alpha\\E_{1y}=E_1\sin\alpha\end{cases}\tag{5.7-1}$$

这两个分量通过晶片后的位相差为

$$\delta=\frac{2\pi}{\lambda}|n_o-n_e|d\tag{5.7-2}$$

式中，d 为晶片的厚度，n_o、n_e 对应晶片快慢轴的折射率。

由于偏振片 P$_2$的透光轴与 x 轴的夹角为β，因此通过 P$_2$后两束光的振幅分别为

$$\begin{cases}E_2'=E_{1x}\cos\beta=E_1\cos\alpha\cos\beta\\E_2''=E_{1y}\sin\beta=E_1\sin\alpha\sin\beta\end{cases}\tag{5.7-3}$$

透出来的这两个分量的振动方向相同，位相差恒定，因而发生干涉。干涉场强度分布为

$$I=E_1^2\ (\cos\alpha\cos\beta)^2+E_1^2\ (\sin\alpha\sin\beta)^2+2E_1^2\sin\alpha\cos\alpha\sin\beta\cos\beta\cos\delta\tag{5.7-4}$$

将 $\cos\delta=1-2\sin^2\dfrac{\delta}{2}=1-2\sin^2\left(\dfrac{\pi|n_o-n_e|d}{\lambda}\right)$和 $I_1=E_1^2$ 代入上式，可以得到

$$I=I_1\cos^2(\alpha-\beta)-I_1\sin2\alpha\sin2\beta\sin^2\left(\frac{\pi|n_o-n_e|d}{\lambda}\right)\tag{5.7-5}$$

上式中的第一项是马吕斯定律规定的强度分布，这一项形成干涉场中的背景光；第二项是由于晶体各向异性所引起的强度分布，这一项与光波的波长及晶片的厚度有关。当用单色

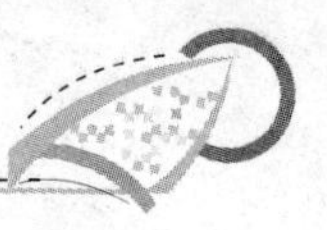

光照明时，如果晶片的厚度不均匀，一般会出现亮暗条纹。每一个条纹都与晶片的等厚线相对应。当用白光照明时，由于不同波长的光的干涉效应不同，干涉图样将呈现彩色。下面来分析一下不同条件下干涉场的强度分布。

(1) $\alpha-\beta=\pm\pi/2$。此时，两个偏振片的透光轴正交，式(5.7-5)中的第一项等于零，这时背景光消失了，干涉场的强度分布为

$$I_{\perp}=I_1\sin^2 2\alpha\sin^2\left(\frac{\pi|n_o-n_e|d}{\lambda}\right)=I_1\sin^2 2\alpha\sin^2\left(\frac{\delta}{2}\right) \tag{5.7-6}$$

上式表明，干涉场的强度分布与通过偏振片 P_1 的强度有关，与偏振片 P_1 的透光轴与 x 轴的夹角 α 有关，还与两个正交偏振光通过晶片后的位相差 δ 有关。下面分别以 α 和 δ 为变量进行讨论。

当 $\alpha=m\pi/2$，$m=0, 1, 2, 3$ 时，即第一个偏振片的透光轴与晶片的快慢轴之一重合时，有 $\sin 2\alpha=0$，得到

$$I_{\perp}=0 \tag{5.7-7}$$

此时，干涉场的强度分布为零，与位相差 δ 无关，称此现象为消光现象。当把晶片旋转一周时，将出现 4 个消光位置。

当 $\alpha=(2m+1)\pi/4$，$m=0, 1, 2, 3$ 时，即第一个偏振片的透光轴位于晶片的快慢轴中间时，有 $\sin 2\alpha=\pm 1$，得到

$$I_{\perp}=I_1\sin^2\left(\frac{\delta}{2}\right) \tag{5.7-8}$$

此时，干涉场的强度分布有极大值。当把晶片旋转一周时，也将出现 4 个最亮位置。当用白光照明时，所观察到的彩色是最鲜明的。在研究晶片时，一般总是使两个偏振片的相对位置处于正交状态。

由式(5.7-8)可见，当用白光照明时，所观察到的颜色(干涉色)是由光程差决定的。反过来，从干涉色也可以确定光程差。因此，对于任何单轴晶体，只要测出它的厚度和双折射率中的任一值，再将它夹在正交的两偏振器之间，观察它的干涉色，利用干涉色与光程差对照表便可以求得另一个值。

当 $\delta=2m\pi$，$m=0, 1, 2, 3, \cdots$ 时，$\sin^2(\delta/2)=0$，即晶片产生的位相差为 2π 的整数倍时，干涉场的强度为零。也就是说，如果此时改变 α，则任何位置输出光强均为零。

当 $\delta=(2m+1)\pi$，$m=0, 1, 2, 3, \cdots$ 时，$\sin^2(\delta/2)=1$，即晶片产生的位相差为 π 的奇数倍时，干涉场的强度有极大值：

$$I_{\perp}=I_1\sin^2 2\alpha \tag{5.7-9}$$

如果此时晶片处于最亮位置 $\alpha=(2m+1)\pi/4$，则 α 和 δ 对干涉场强度的贡献都最大，从而得到最大干涉场强度：

$$I_{\perp}=I_1 \tag{5.7-10}$$

(2) $\alpha=\beta$。此时，两个偏振片的透光轴平行，式(5.7-5)中的第一项最大为 I_1，此时干涉场的强度分布为

$$I_{/\!/}=I_1-I_1\sin^2 2\alpha\sin^2\left(\frac{\pi|n_o-n_e|d}{\lambda}\right)=I_1-I_1\sin^2 2\alpha\sin^2\left(\frac{\delta}{2}\right) \tag{5.7-11}$$

与式(5.7-6)比较可以知道，$I_{/\!/}$和$I_{\perp}$的极值条件刚好相反。

当$\alpha=m\pi/2$，$m=0$，1，2，3时，即第一个偏振片的透光轴与晶片的快慢轴之一重合时，有$\sin 2\alpha=0$，得到

$$I_{/\!/}=I_1 \tag{5.7-12}$$

此时，干涉场的强度最大。也就是说，由第一个偏振片产生的线偏振光通过晶片时不发生双折射，并按照原线偏振态通过第二个偏振片。

当$\alpha=(2m+1)\pi/4$，$m=0$，1，2，3时，即第一个偏振片的透光轴位于晶片的快慢轴中间时，有$\sin 2\alpha=\pm 1$，得到透射光的强度为

$$I_{/\!/}=I_1-I_1\sin^2\left(\frac{\delta}{2}\right) \tag{5.7-13}$$

当$\delta=2m\pi$，$m=0$，1，2，3，…时，$\sin^2(\delta/2)=0$，即晶片产生的位相差为2π的整数倍时，干涉场的强度有最大值，即

$$I_{/\!/}=I_1 \tag{5.7-14}$$

当$\delta=(2m+1)\pi$，$m=0$，1，2，3，…时，$\sin^2(\delta/2)=1$，即晶片产生的位相差为π的奇数倍时，干涉场的强度有极小值，即

$$I_{/\!/}=I_1-I_1\sin^2 2\alpha \tag{5.7-15}$$

如果$\alpha=(2m+1)\pi/4$，则α和δ对干涉场强度的贡献都最小，从而得到最小干涉场强度：

$$I_{/\!/}=0 \tag{5.7-16}$$

由式(5.7-6)和式(5.7-11)，可以得到

$$I_{\perp}+I_{/\!/}=I_1 \tag{5.7-17}$$

上式实际上表示两个偏振片的透光轴正交和平行时干涉色是互补的。

综上所述，当用单色光照射厚度一定、光轴平行于表面的晶片时，位相差δ可以看作恒定。在图5-41中，以光的传播方向为轴，转动晶片，即改变α角，则当α为0、$\pi/2$、π、$3\pi/2$中的任一值时，$I_{/\!/}$最强，$I_{\perp}$最弱；当α为$\pi/4$、$3\pi/4$、$5\pi/4$、$7\pi/4$中的任一值时，$I_{\perp}$最强，$I_{/\!/}$最弱。

5.7.2 汇聚偏振光的干涉

汇聚偏振光的干涉原理如图5-43所示。将光轴垂直于表面的晶片放置在两个正交的偏振片之间，并使晶片的光轴平行于透镜的主轴。从光源S发出的光被透镜L_1准直为平行光，通过偏振片P_1后被透镜L_2汇聚在晶片C上，再用透镜L_3将经过晶片C的光变为平行光，并入射到偏振片P_2中，经过透镜L_4成像于观察屏M上。

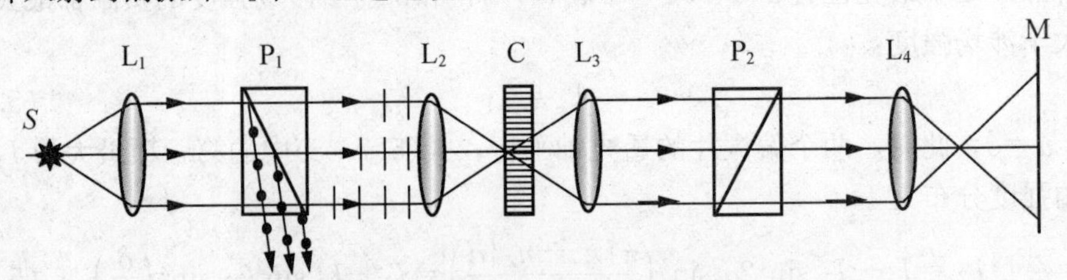

图5-43 汇聚偏振光干涉原理示意图

汇聚偏振光经过晶片的情形如图 5－44 所示，沿着光轴方向入射的那一条居中光线不发生双折射，对于其他光线，因为与光轴有一定的夹角，则会发生双折射。

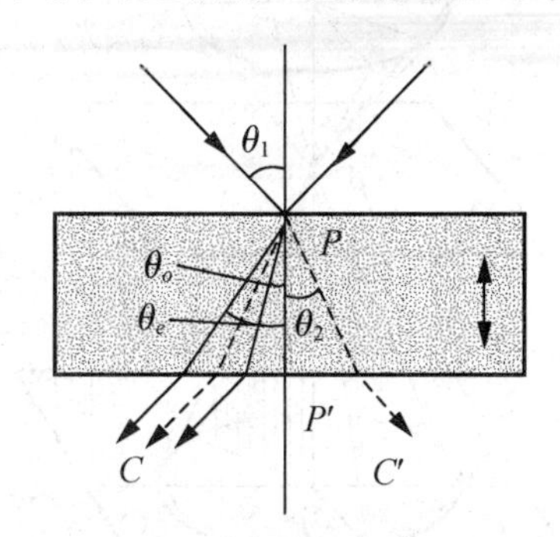

图 5－44　汇聚偏振光经过晶片示意图

从同一条入射光线分出的 o 光和 e 光在射出晶片后仍然是平行的，因此在透过偏振片 P_2 后就会汇聚在观察屏 M 上的同一点。由于 o 光和 e 光在晶片中的速度不同，在射出晶片后就有一定的位相差，因为都经过偏振片 P_2 射出，在观察屏 M 上汇聚时振动方向也相同，因此可以发生干涉。

设对于同一个入射角 θ_1，在晶片内 o 光和 e 光的折射角分别为 θ_o 和 θ_e，则通过厚度为 d 的晶片后，o 光和 e 光之间的位相差为

$$\delta=\frac{2\pi}{\lambda}\cdot d\left(\frac{n_o}{\cos\theta_o}-\frac{n_e'}{\cos\theta_e}\right) \tag{5.7-18}$$

式中，n_e' 是随着方向而变化的，但由于一般所用汇聚光束的顶角不大，因此也可以认为是一个定值，而且 o 光的主折射率 n_o 和 e 光的主折射率 n_e 相差不大。如果近似地认为 θ_o 和 θ_e 相等，并用 θ_2 表示，则上式可以近似地写为

$$\delta=\frac{2\pi}{\lambda}\cdot\frac{d}{\cos\theta_2}(n_o-n_e) \tag{5.7-19}$$

由此可见，位相差完全由 θ_2 来决定。图 5－45 是晶片的后表面，光由 P 点到达该表面上某一圆周 $BCB'C'$ 上各点时，折射角 θ_2 都是相等的，因此，折射出来的 o 光和 e 光的位相差都是相等的。对应于汇聚光束中不同的入射角 θ_1，也就是对应于晶片中不同的折射角 θ_2；或者说不同的圆周，δ 各有不同的值。可见，同一锥面上入射的光在同一锥面上出射，如图 5－46 所示。

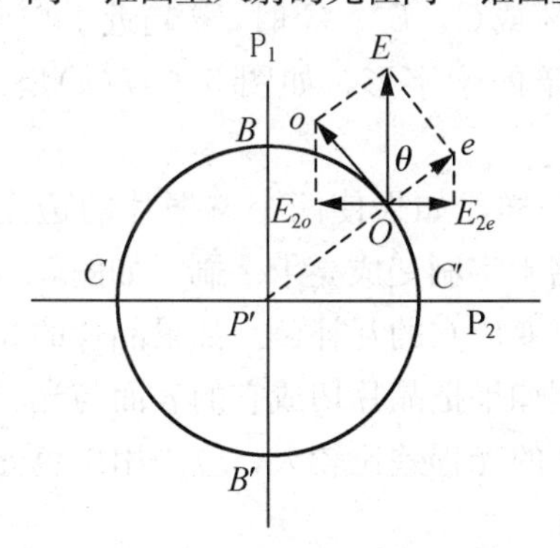

图 5－45　光在晶片后表面的轨迹

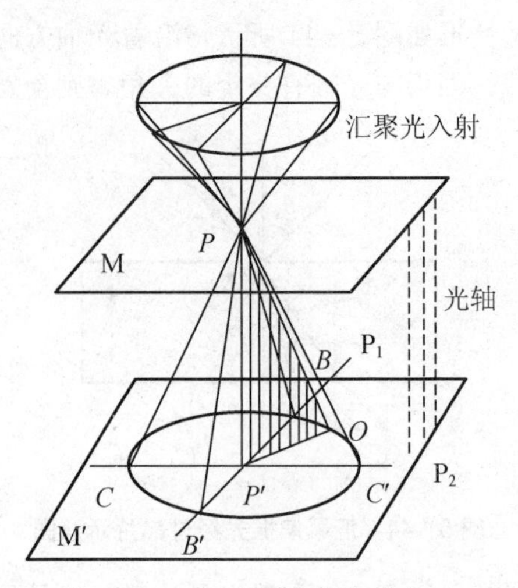

图 5-46　入射光与出射光

根据式(5.5-5)，当 $\delta=\pm 2m\pi$ 时，通过检偏器后的光强为 $I_{\perp}=0$，干涉条纹将是一组同心暗环。当 $\delta=\pm(2m+1)\pi$ 时，$I_{\perp}=I_1\sin^2 2\alpha$，干涉条纹将是一组同心亮环。

应当注意的是，随着光线入射角的增大，在晶片中经过的距离增加，而且 e 光的折射率差也增加，所以光程差随着入射角非线性地上升，从中心向外干涉环将变得越来越密。这些干涉环称为等色线。还应当注意的是，参与干涉的两束光的振幅是随着入射面相对于正交的两偏振片的透光轴的方位而改变的。这是由于在同一圆周上，由光线与光轴所构成的主平面的方向是逐点改变的。在图 5-45 中，光轴与图面垂直，到达某一点的光线与光轴所构成的主平面就是通过该点沿半径方向并垂直于图面的平面。例如，在 O 点，$P'O$ 平面就是主平面；在 B 点，$P'B$ 平面就是主平面等。参与干涉的 o 光和 e 光的振幅就随着主平面的方位而改变。我们来分析在 O 点的 o 光和 e 光的振幅。到达 O 点的光在通过偏振片 P_1 时，它的光矢量是沿着的透光轴 P_1 方向即 OE 方向的。在晶片中它分解为在主平面 $P'O$ 上的 e 光分量和垂直于主平面的 o 光分量，然后经过偏振片 P_2 时，再投影到的 P_2 透光轴上。它们的大小为

$$E_{2o}=E_{2e}=E\sin\theta\cos\theta \tag{5.7-20}$$

式中，θ 为 $P'O$ 与偏振片 P_1 的透光轴之间的夹角。当入射面趋近于偏振片 P_1 或偏振片 P_2 的透光轴时，即 O 点趋近于 B 或 C、B'、C' 时，θ 趋近于 $0°$ 或 $90°$，E_{2o}、E_{2e} 都趋近于零。因此，在干涉图样中会出现暗的十字形，如图 5-47(a)所示，通常把这个十字称为十字刷。

正如平行偏振光的干涉一样，如果使两个偏振片的透光轴平行，则干涉图样与 P_1、P_2 正交时的图样互补，这时暗十字刷变成亮十字刷，如图 5-47(b)所示。对于用白光照射的干涉图样，各圆环的颜色将变成它的互补色。如果晶片的光轴与表面不垂直，当晶片旋转时，十字刷的中心会打圈。如果把晶片切成它的表面与光轴平行，则干涉条纹是双曲线形的。另外，由于这种情况下的光程差比较大，应当用单色光照明，用白光将看不到干涉条纹。

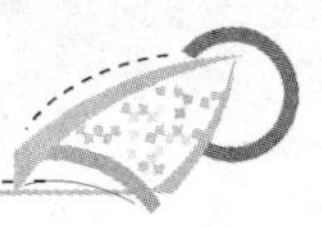

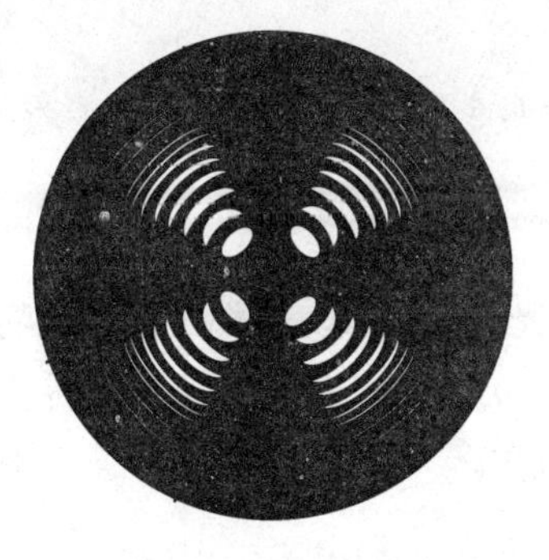
(a) 两个偏振片的透光轴垂直

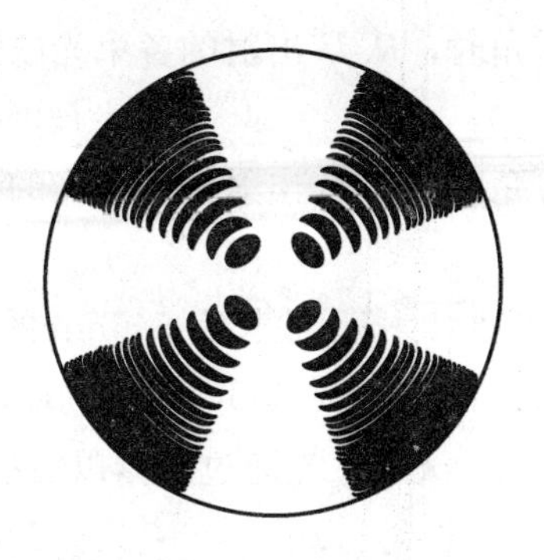
(b) 两个偏振片的透光轴平行

图 5－47　汇聚偏振光干涉图样

应用实例

应用实例 5－1：一束振幅为 E，波长为 589nm 的线偏振光垂直入射一块方解石晶体，晶体的光轴与晶体表面成 30°角，线偏振光振动方向与晶体的主平面成 30°角，$n_o=1.6584$，$n_e=1.4864$，求：o 光和 e 光的相对振幅和强度。

解：设 o 光和 e 光的振幅分别为 E_o 和 E_e，则有

$$E_o=E\sin 30°;\ E_e=E\cos 30°$$

因此，o 光和 e 光的相对振幅为

$$E_o/E_e=\tan 30°=0.577$$

设 o 光和 e 光的强度分别为 I_o 和 I_e，则有

$$I_o=n_o\,(E\sin 30°)^2;\ I_e=n_e(\theta)\,(E\cos 30°)^2$$

因此，o 光和 e 光的相对强度为

$$\frac{I_o}{I_e}=\frac{n_o}{n_e(\theta)}\tan^2 30°=\frac{\sqrt{n_o^2\sin^2 60°+n_e^2\cos^2 60°}}{n_e}=0.997$$

应用实例 5－2：两个完全一样的方解石晶体 A 和 B 前后放置，强度为 I 的自然光垂直入射 A 后又通过 B，求：A 和 B 主截面成 0°、45°和 90°角时，从 B 出射的各束光的强度。

解：因为入射光为自然光，因此，进入 A 后被分解为强度相等的 o 光和 e 光

$$I_o=I/2;\ I_e=I/2$$

这两束光入射后又分别被分解为 o 光和 e 光，光强分别为

$$I_{oo}=E_{oo}^2=\frac{I}{2}\cos^2\alpha;\ I_{oe}=\frac{I}{2}\sin^2\alpha;$$

$$I_{ee}=E_{ee}^2=\frac{I}{2}\cos^2\alpha;\ I_{eo}=\frac{I}{2}\sin^2\alpha;$$

当 $\alpha=0°$角时，从 B 出射的各束光的强度为

$$I_{oo}=I_{ee}=I/2;\ I_{oe}=I_{eo}=0$$

当 $\alpha=45°$角时，从 B 出射的各束光的强度为

$$I_{oo}=I_{ee}=I_{oe}=I_{eo}=I/4$$

当 $\alpha=90°$角时，从 B 出射的各束光的强度为

$$I_{oo}=I_{ee}=0;\ I_{oe}=I_{eo}=I/2$$

应用实例 5-3：波长为 546nm 的绿光垂直照射光轴与晶体表面平行的石英晶体，已知 $n_o=1.546$，$n_e=1.555$，晶体的厚度为 1mm，求：o 光和 e 光通过晶体以后的位相差。

解：设 o 光和 e 光通过晶体以后的位相差为 δ，则有

$$\delta=\frac{2\pi}{\lambda}(n_e-n_o)l=\frac{2\times180°}{546}(1.555-1.546)\times10^6\approx5\ 934°$$

实际位相差为

$$\delta'=5\ 934°-32\times180°=174°$$

应用实例 5-4：波长为 546nm 的光波正入射 KDP 晶体时 $n_o=1.512$，$n_e=1.470$，晶体的光轴在入射面内，并且与晶体表面成 30°角，晶片的厚度为 5mm。求：(1)e 光的离散角；(2)o 光和 e 光通过晶片后的光程差。

解：根据式(5.3-23)，有

$$\tan\alpha=\left(1-\frac{n_o^2}{n_e^2}\right)\frac{\tan\theta}{1+\frac{n_o^2}{n_e^2}\tan^2\theta}=\left(1-\frac{1.512^2}{1.470^2}\right)\frac{\tan 60°}{1+\frac{1.512^2}{1.470^2}\tan^2 60°}=-0.024$$

可以得到 e 光的离散角为

$$\alpha\approx-1.38°$$

负号表示 e 光线较其波面法线远离光轴。e 光在晶体内传播的折射率为

$$n_e(60°)=\frac{n_on_e}{\sqrt{n_o^2\sin^2 60°+n_e^2\cos^2 60°}}=\frac{1.512\times1.470}{\sqrt{1.512^2\times\sin^2 60°+1.470^2\times\cos^2 60°}}=1.480$$

o 光和 e 光通过晶片后的光程差为

$$\Delta=[n_o-n_e(60°)]d=(1.512-1.480)\times5\text{mm}=0.16\text{mm}$$

应用实例 5-5：已知方解石晶体是单轴晶体，对波长为 532nm 的激光，其 $n_o=1.664$，$n_e=1.488$。(1)写出该晶体对 532nm 激光的折射率椭球和折射率曲面的具体表达式；(2)当 532nm 激光与光轴成 30°角传播时，其折射率是多少？(3)当 532nm 激光入射该晶体时，o 光和 e 光产生的最大离散角是多少？

解：折射率椭球的具体表达式为

$$\frac{x^2+y^2}{1.664^2}+\frac{z^2}{1.488^2}=1$$

折射率曲面的具体表达式为

$$\begin{cases}x^2+y^2+z^2=1.664^2\\ \dfrac{x^2+y^2}{1.488^2}+\dfrac{z^2}{1.664^2}=1\end{cases}$$

得到 e 光在晶体内传播的折射率为

$$n_e(30^\circ)=\frac{1.664\times1.488}{\sqrt{1.664^2\times\sin^2 30^\circ+1.488^2\times\cos^2 30^\circ}}=1.614$$

o 光和 e 光产生的最大离散角为

$$\tan\alpha_{\mathrm{M}}=\frac{n_e^2-n_o^2}{2n_on_e}=\frac{1.488^2-1.664^2}{2\times1.664\times1.488}=-0.112\Rightarrow\alpha_{\mathrm{M}}=-6.39^\circ$$

负号表示 e 光线较其波面法线远离光轴。

应用实例5-6：一束自然光以布儒斯特角从空气入射到折射率为1.52的玻璃片上，求透射光的偏振度。

解：偏振度可以表示为

$$p=\frac{I_{\max}-I_{\min}}{I_{\max}+I_{\min}}=\frac{I_{2P}-I_{2S}}{I_{2P}+I_{2S}}=\frac{1-I_{2S}/I_{2P}}{1+I_{2S}/I_{2P}}$$

可以将上式改写为

$$p=\frac{1-T_SI_{1S}/T_PI_{1P}}{1+T_SI_{1S}/T_PI_{1P}}$$

因为入射光为自然光，则有 $I_{1S}=I_{1P}$，可得到 $T_S/T_P=(t_S/t_P)^2$，因此，上式可以进一步改写为

$$p=\frac{1-(t_S/t_P)^2}{1+(t_S/t_P)^2}$$

当入射角为布儒斯特角时，可得到

$$t_S=\frac{2n_1^2}{n_1^2+n_2^2}$$

$$t_P=\frac{n_1}{n_2}$$

因此，得到

$$p=\frac{1-(t_S/t_P)^2}{1+(t_S/t_P)^2}=\frac{1-[2n_1n_2/(n_1^2+n_2^2)]^2}{1+[2n_1n_2/(n_1^2+n_2^2)]^2}=\frac{1-[2\times1\times1.52/(1+1.52^2)]^2}{1+[2\times1\times1.52/(1+1.52^2)]^2}\approx0.086$$

应用实例5-7：在两个正交的线偏振器 P_1 和 P_2 之间插入一个线偏振器P，线偏振器P的透光轴与水平方向成30°，设入射该系统的自然光的强度为 I_0，求透过该系统的光强。

解：因为自然光透过线偏振器 P_1 后的光强为 $I_0/2$，因此，根据马吕斯定律得到透过线偏振器P后的光强为

$$I=\frac{I_0}{2}\cos^2 60^\circ=\frac{1}{8}I_0$$

再根据马吕斯定律得到透过线偏振器 P_2 后的光强为

$$I_{\mathrm{out}}=\frac{I_0}{8}\cos^2 30^\circ=\frac{3}{16}I_0$$

应用实例5-8：一束波长为589.3nm的钠黄光正入射到用方解石制成的沃拉斯顿棱

镜上，棱镜的顶角为 30°，n_e =1.4864，n_o =1.6548。问出射的两个线偏振光的夹角是多少?

解：设光束到达胶合面时两束折射光的折射角为 θ_1 和 θ_2，根据折射定律，有

$$n_e \sin 30° = n_o \sin\theta_1$$

$$n_o \sin 30° = n_e \sin\theta_2$$

因此，得到

$$\sin\theta_1 = \frac{1.4864}{1.6584} \times \sin 30° \Rightarrow \theta_1 = 26.62°$$

$$\sin\theta_2 = \frac{1.6584}{1.4864} \times \sin 30° \Rightarrow \theta_2 = 33.90°$$

设两光束到达出射面时两束折射光的折射角为 ϕ_1 和 ϕ_2，根据折射定律，有

$$n_o \sin(30° - 26.62°) = \sin\phi_1$$

$$n_e \sin(30° - 33.90°) = \sin\phi_2$$

因此，得到

$$\sin\phi_1 = 1.6584 \times \sin 3.38° \Rightarrow \phi_1 = 5.61°$$

$$\sin\phi_2 = 1.4864 \times \sin(-3.90°) \Rightarrow \phi_2 = -5.80°$$

出射的两个线偏振光的夹角为

$$\phi = \phi_1 - \phi_2 = 11.41°$$

应用实例 5-9：设入射线偏振光的振动矢量与 x 轴的夹角为 45°，求该偏振光通过快轴在 x 方向的 1/4 波片后的偏振态。

解：由于光矢量与 x 轴成 45°的线片振光的琼斯矩阵为 $\frac{1}{\sqrt{2}}\begin{bmatrix}1\\1\end{bmatrix}$，快轴在 x 方向的 1/4 波片的琼斯矩阵为 $\begin{bmatrix}1 & 0\\0 & \mathrm{i}\end{bmatrix}$，因此，出射光的偏振态为

$$\begin{bmatrix}E'_x\\E'_y\end{bmatrix} = \begin{bmatrix}1 & 0\\0 & \mathrm{i}\end{bmatrix} \cdot \frac{1}{\sqrt{2}}\begin{bmatrix}1\\1\end{bmatrix} = \frac{1}{\sqrt{2}}\begin{bmatrix}1\\\mathrm{i}\end{bmatrix}$$

即出射光为左旋圆偏振光。

小　结

本章在介绍了偏振光和自然光的特征并获得偏振光的方法之后，讨论了衡量偏振程度的物理量——偏振度，而且介绍了透过两个偏振片的光强随着两偏振片的透光轴的夹角而变化的马吕斯定律。

本章通过讨论正交偏振光的叠加，给出了产生线偏振光、椭圆偏振光和圆偏振光的条件。介绍了产生偏振光的元件——偏振棱镜、波片和补偿器，并讲述利用偏振光元件对入射光的偏振性进行检验的方法。

本章介绍了偏振光和偏振光学元件的琼斯矩阵表示，利用琼斯矩阵可以方便地计算偏振光通过偏振光学元件之后的偏振态。之后，讨论了平行偏振光和汇聚偏振光的干涉。

习题与思考题

5.1　线偏振光垂直入射到一块光轴平行于晶体表面的方解石晶体上，若光振动矢量的方向与晶体主平面成(1)30°；(2)45°；(3)60°的夹角。问 o 光和 e 光从晶体上透射出来后的强度比是多少？

5.2　KDP是负单轴晶体，它对于波长为546nm的光波，其主折射率分别为 $n_o=1.512$ 和 $n_e=1.470$。试求光波沿 x 轴和 y 轴以及与光轴成30°角传播时对应的折射率。

5.3　一束偏振的钠黄光正入射于光轴平行于晶体表面的方解石晶体，其振动方向与晶体主截面的夹角为20°。若取 $n_o=1.658$，$n_e=1.486$。试求传播于晶体中的 o、e 两束光的相对振幅和相对强度。

5.4　一束钠黄光以60°角入射到一冰洲石晶体，冰洲石光轴垂直于入射面。如果取 $n_o=1.658$，$n_e=1.486$。求晶体中 o、e 两束光之间的夹角。

5.5　一束钠黄光入射到厚度为5mm的某一个晶体上，晶体光轴垂直于入射面。若取 $n_o=1.309\,0$，$n_e=1.310\,4$。求在晶体出射面上 o、e 两束光之间的距离。

5.6　一水晶棱镜的顶角为60°，其光轴垂直于棱镜的主截面，一束钠黄光以近似最小偏向角的方向入射于这棱镜。$n_o=1.544\,25$，$n_e=1.553\,36$。现用焦距为1m的透镜聚焦，试求 o 光焦点与 e 光焦点的间隔。

5.7　方解石晶体对于汞绿光的主折射率为 $n_o=1.661\,68$，$n_e=1.487\,92$，试问在这晶体内部绿光的波法线与其光线的最大夹角 α_M 为多少？此时波法线与光轴的夹角 θ_0 为多少？此时光线与光轴的夹角为多少？

5.8　一束自然光在30°角下入射到玻璃-空气界面，玻璃的折射率为 $n=1.54$。试计算：(1)反射光的偏振度；(2)玻璃-空气界面的布儒斯特角；(3)在布儒斯特角下入射时透射光的偏振度。

5.9　一束自然光以60°角入射到空气-玻璃分界面上，试求反射率，并求反射光和透射光的偏振度。

5.10　云母片对波长为589.3nm的钠黄光的3个主折射率分别为1.560 1、1.593 6和1.597 7。用它制成1/4波片、1/2波片和全波片的厚度应为多少？

5.11　利用偏振片观察偏振光时，当偏振片绕入射光方向旋转到某一位置上时透射光强为极大，然后再将偏振片旋转30°，发现透射光强为极大的4/5。试求该入射偏振光的偏振度 P 及该光内自然光与线偏振光光强之比。

5.12　两块偏振片，透光轴方向夹角为60°中间插入一块1/4波片，波片主截面平分上述夹角。光强为 I_0 的光从第一个偏振片入射，求通过第二个偏振片后的光强。

5.13 为了测定波片的位相延迟角 δ，可利用图 5-48 所示的装置，使一束自然光相继通过起偏器，待测波片，1/4 波片和检偏器。当起偏器的透光轴和 1/4 波片的快轴沿 x 轴，待测波片的快轴与 x 轴成 45°角时，从 1/4 波片透出的是线偏振光，用检偏器确定它的振动方向便可得到待测波片的位相延迟角。试用琼斯计算法说明这一测量原理。

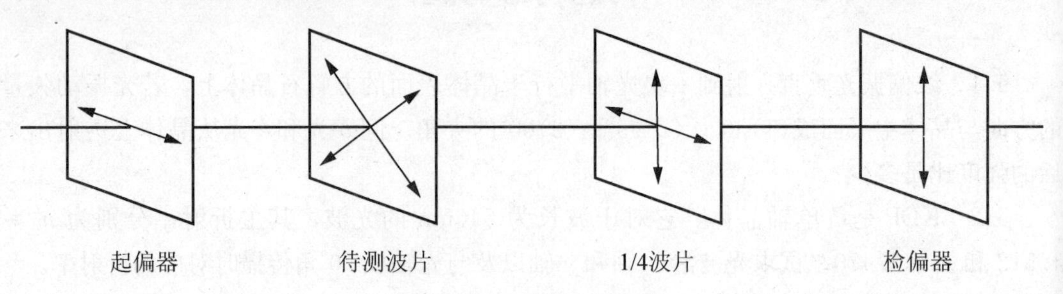

图 5-48 习题 5.13 用图

第6章

非线性光学理论基础

在物理学领域中，非线性光学属于光学学科的一门新兴分支学科，伴随着激光技术的出现，非线性光学得以迅猛发展。这门学科重点研究激光技术出现后强激光辐射与物质相互作用过程中出现的各种新现象与新效应。本章简要评述非线性光学的产生与发展，重点讨论非线性电极化率的基本理论，着重介绍几个重要的非线性光学效应的产生及应用。

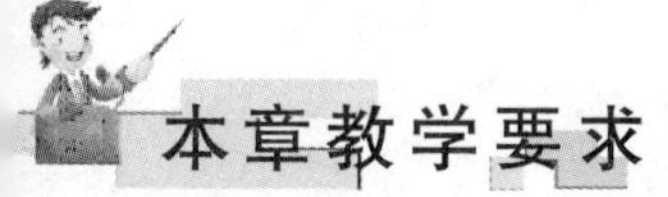

- 了解非线性光学的产生和发展
- 掌握非线性光学的基本理论
- 掌握非线性光学倍频、混频及参量效应
- 了解受激散射效应
- 了解强光自聚焦、相位自调制和光谱自加宽效应
- 了解光学相位共轭效应
- 了解光学双稳态效应

现代光学的一个重要分支就是研究介质在强相干光作用下产生的非线性现象及其应用。激光问世之前，基本上是研究弱光束在介质中的传播，确定介质光学性质的折射率或极化率是与光强无关的常量，介质的极化强度与光波的电场强度成正比，光波叠加时遵守线性叠加原理。在真空中光的独立传播原理和叠加原理总成立，但光在透明介质中传播时，若光波强度超过某一限度，独立传播原理和叠加原理不再成立，这种现象是一种非线性效应。大多数介质只有在强光作用下才出现明显的非线性效应。

非线性光学的应用是十分广泛的。例如：利用各种非线性晶体做成电光开关来实现对激光的调制。下图是利用光的偏振和电光效应制成的一种实用的微型组合一体化电光Q开关；利用二次及三次谐波的产生、二阶及三阶光学和频与差频实现激光频率的转换，获得短至紫外、真空紫外，长至远红外的各种激光；利用一些非线性光学效应中输出光束所具有的位相共轭特征，进行光学信息处理、改善成像质量和光束质量；利用折射率随光强变化的性质做成非线性标准具和各种双稳器件；利用各种非线性光学效应，特别是共振非线性光学效应及各种瞬态相干光学效应，研究物质的高激发态及高分辨率光谱以及物质内部能量和激发的转移过程及其他弛豫过程等。

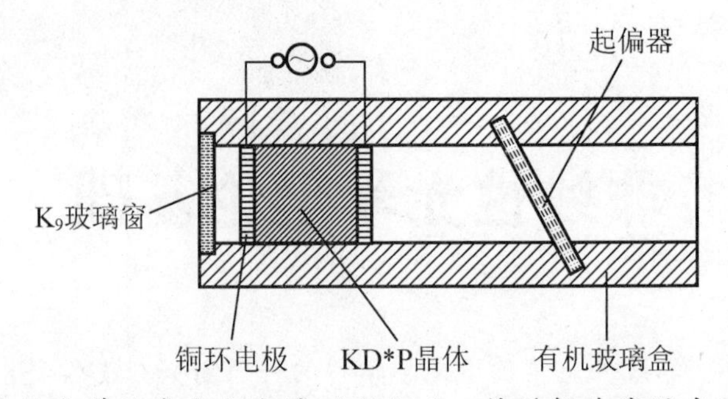

本章在介绍非线性光学的产生和发展历程之后，将讲解非线性光学的基本理论，在此基础上，讨论光学相位共轭效应、光学双稳态效应、非线性光谱学效应和瞬态相干光学效应等。

6.1 引　　言

与其他任何物理现象一样，世界原本就是非线性的，光学现象从根本上来说也是非线性的。非线性光学的产生与发展赋予了古老的光学学科以强大的生命力，它从根本上突破了各种普通光源的局限性，促进了各种基础学科及光学应用技术的广泛发展。本节主要介绍非线性光学的产生、发展以及非线性光学效应的应用价值和科学意义。

6.1.1 非线性光学的产生

非线性光学也可称为强光光学。激光出现以前，人们常用线性关系来表示一些普通光学理论，可引用介质的电极化强度矢量 $\boldsymbol{P}$ 来解释光在介质中的色散、散射或者双折射等现象。假设介质的电极化强度 $\boldsymbol{P}$ 与入射光场场强 $\boldsymbol{E}$ 呈线性关系，即介质对光的响应呈线性关系，此时产生的线性光学现象属于线性光学范畴；如果介质对光的响应呈非线性关系，此时产生的非线性光学现象属于非线性光学的范畴。Bloembergen 对于非线性光学效应的定义阐述为：凡物质对于外加磁场的响应，并不是外加磁场振幅的线性函数的光学现象，均属于非线性光学效应的范畴。

激光出现以前的光学现象是线性光学现象。在线性光学范围内，其关系为

$$\boldsymbol{P}=\varepsilon_0\chi\boldsymbol{E} \tag{6.1-1}$$

这是一组线性的微分方程组，只包括场强矢量 $\boldsymbol{E}$ 的一次项。因此，当单一频率的辐射光波入射到非吸收的透明介质时，除拉曼散射外，其频率是不会发生变化的。如果不同频率的光同时入射到介质时，它们彼此之间不会产生耦合而产生新的频率。激光出现以后，介质在强度高、单色性和相干性好的激光作用下产生的电极化强度 $\boldsymbol{P}$ 与入射场强 $\boldsymbol{E}$ 的关系，不再是简单的线性关系，而是非线性关系，含有非线性项，其关系为

$$P=\varepsilon_0\chi^{(1)}E+\varepsilon_0\chi^{(2)}EE+\varepsilon_0\chi^{(3)}EEE+\cdots \qquad (6.1-2)$$

式中，$\chi^{(1)}$是一阶电极化率，为二阶张量；$\chi^{(2)}$是二阶电极化率，为三阶张量；$\chi^{(3)}$是三阶电极化率，为四阶张量；在一般情况下，它们都表现为张量形式的系数，n阶电极化率为$n+1$阶张量。若将式(6.1-2)代入麦克斯韦方程，可以获得一组包括强光波场高次项的非线性电磁波动方程组，通过此方程组可以解释一种单一频率的光入射到非线性介质时可产生倍频辐射，而多种不同频率的光波同时入射非线性介质，在非线性介质内发生混频效应，会产生新的混频次波辐射。

6.1.2　非线性光学的发展

激光技术从诞生到现在，已经历了50多年。非线性光学的发展，可以划分为3个阶段。

20世纪60年代，为非线性光学的早期10年。自1960年美国人梅曼获得第一台激光器以来，各种非线性光学效应如雨后春笋般出现。1961年，夫琅肯发现在红宝石激光入射到石英片后，出射的光束除了有一束与入射光波长相同频率的光波，还有另外一束光波，其频率为入射光频率的一半，这个实验结果揭开了光学二次谐波产生的神秘面纱。虽然当时的光学二次谐波效应相位并不匹配，而且倍频效率极低，但可以确切地证明光学二次谐波效应的存在。1962年，Woodbury发现在调Q红宝石激光器通过硝基苯材料后，在出射的谱线中有新波段的谱线，而且这束光具有与入射光束相同的传播方向和较小的发散角，随后人们分析出这种非线性光学现象为受激拉曼散射。总之，在早期的10年，人们主要进行了光学二次谐波产生、和频、差频、双光子吸收、受激拉曼散射、受激布里渊散射、光参量放大与振荡效应、自聚焦、光子回波、自感应透明等非线性光学的现象的观察与研究。

20世纪70及80年代，是非线性光学的全面发展的20年。除了继续进行上个10年的新现象的发现与研究外，又进行了自旋反转受激拉曼散射、光学悬浮、消多普勒加宽、双光子吸收光谱技术、非线性光学相位共轭技术、相干反斯托克斯拉曼光谱学、光学双稳态等非线性光学现象的研究。同时锁模激光器产生的亚纳秒脉冲亦促进了时间分辨非线性光谱学和相干瞬态光谱学的发展，随后光纤通信的发明也引起了人们对非线性光学的更大兴趣。

20世纪90年代到目前为止，是非线性光学的研究飞速发展的时期。通过超快光电作用和激光束对信号的高平行控制性质实现了光信息的处理和存储。继续探索和发现新型非线性材料，如光纤波导有机聚合物和光折变材料等。在对信号处理的研究中继续发现和研究一些新效应的出现以及如光学双稳态、相位共轭和光孤子等。尤为引人注目的是飞秒区非线性光学的研究，飞秒激光器的实现对各种材料中的超快过程起到了重要的推进作用。

目前，非线性光学已由基本现象的发现与研究进入到应用基础研究和应用研究阶段。

非线性光学的研究具有深远的科学意义和实际的应用价值。非线性光学的研究提供了产生强相干光辐射并扩展其波段的新手段，解决了激光技术本身的一些课题，提供了一批

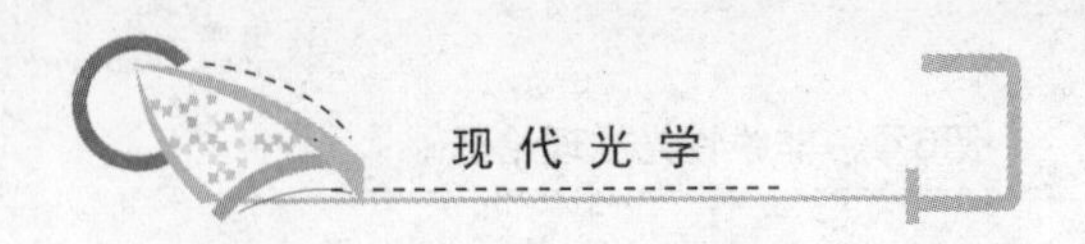

新方法与新技术，是开展深入基础研究的一种重要方法，是促进基础理论发展的一种动力。

6.2 非线性光学的基本理论

强光与物质相互作用产生的非线性光学效应可以用非线性电极化理论来加以解释，能得到简洁而清晰的结论。这一节将介绍非线性介质的感应电极化效应、非线性电极化率的定义及其基本性质，最后推导出非线性作用的耦合波方程。

6.2.1 非线性光学介质的感应电极化效应

强光与物质相互作用，对于非共振吸收的透明光学介质来说，其分子、原子或离子在其不同的量子力学本征能级之间不会发生跃迁。但相对于无外界光场而言，这些基本粒子内部电荷的运动状态和分布会在电场的作用下产生一定的移动变化，进而引起感应电偶极矩，它又构成了辐射出新波场的次级辐射波源。本节在描述这个电荷移动过程中，引入电极化感应强度这个重要的物理量。它的定义表达式为

$$\boldsymbol{P}(t)=\sum_{i=1}^{N}\boldsymbol{p}_i(t) \tag{6.2-1}$$

由于光场为时间的函数，所以电极化强度 $\boldsymbol{P}$ 也是时间的函数。从式(6.2-1)可以看出，介质的电极化强度取决于由组成介质的单个原子或分子在光场作用下的感应电偶极矩特性及不同原子(或分子)之间感应电偶极矩矢量的统计叠加性这两个因素。

在外界入射光场给定条件下，介质内单个原子或分子的感应电偶极矩主要由原子(或分子)的微观结构或量子力学波函数的特性所决定。而对 $\boldsymbol{p}_i$ 矢量求和，则主要取决于光学介质的空间结构的宏观对称性。

在时间域内电极化强度 $\boldsymbol{P}$ 与电场 $\boldsymbol{E}$ 之间的关系为

$$\boldsymbol{P}(t)=\boldsymbol{P}^{(1)}(t)+\boldsymbol{P}^{(2)}(t)+\boldsymbol{P}^{(3)}(t)+\cdots+\boldsymbol{P}^{(n)}(t) \tag{6.2-2}$$

$$\begin{aligned}\boldsymbol{P}^{(n)}(t)=\varepsilon_0\int_{-\infty}^{\infty}\mathrm{d}t_1\int_{-\infty}^{\infty}\mathrm{d}t_2\cdots\int_{-\infty}^{\infty}\mathrm{d}t_n R^{(n)}(t_1,\ t_2,\ \cdots,\ t_n)\\ \cdot\boldsymbol{E}(t-t_1)\boldsymbol{E}(t-t_2)\cdots\boldsymbol{E}(t-t_n)\end{aligned} \tag{6.2-3}$$

式中 $R^{(n)}(t_1,\ t_2,\ \cdots,\ t_n)$ 是 $n+1$ 阶张量，称为非线性介质的 n 阶极化响应函数。

通过傅里叶变换，可以引入介质的极化率张量

$$\begin{cases}\boldsymbol{E}(t)=\displaystyle\int_{-\infty}^{\infty}\mathrm{d}\omega\boldsymbol{E}(\omega)\exp(-\mathrm{i}\omega t)\\ \boldsymbol{P}^{(n)}(t)=\displaystyle\int_{-\infty}^{\infty}\mathrm{d}\omega'\boldsymbol{P}^{(n)}(\omega')\exp(-\mathrm{i}\omega t)\end{cases} \tag{6.2-4}$$

将式(6.2-4)代入式(6.2-3)，可以得到在空间域内的电极化强度 $\boldsymbol{P}$ 与电场 $\boldsymbol{E}$ 之间的关系为

$$\boldsymbol{P}^{(n)}(\omega)=\varepsilon_0\chi^{(n)}(\omega_1,\omega_2,\ \cdots,\ \omega_n)\boldsymbol{E}(\omega_1)\boldsymbol{E}(\omega_2)\cdots\boldsymbol{E}(\omega_n) \tag{6.2-5}$$

式(6.2-5)中，$\chi^{(n)}(\omega_1,\omega_2,\cdots,\omega_n)$ 称为光学介质的第 n 阶电极化率，表现为 $n+1$ 阶张量的形

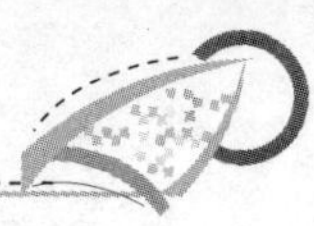

式。参与作用的光场频率与它们新产生的电极化强度单色分量频率之间应满足以下关系：

$$\omega=\omega_1+\omega_2+\cdots+\omega_n=\sum_{m=1}^{n}\omega_m \tag{6.2-6}$$

可以从式(6.2-2)看出，电极化强度 $\boldsymbol{P}$ 可分成两部分，即

$$\boldsymbol{P}=\boldsymbol{P}_{\mathrm{L}}+\boldsymbol{P}_{\mathrm{NL}} \tag{6.2-7}$$

式(6.2-7)中第一部分 $\boldsymbol{P}_{\mathrm{L}}$ 为线性项，第二部分 $\boldsymbol{P}_{\mathrm{NL}}$ 为非线性项。

6.2.2 非线性电极化率的基本性质

非线性光学介质的各阶电极化率是强光与物质相互作用而引起相干次波辐射的关键物理量，包括各阶电极化率的相对大小、共振增强特性、复共轭性质、各阶电极化率张量元的互换对称性、空间对称性对各阶电极化率的约束等。本节对上述几个性质分别加以介绍，以便更好地理解各种非线性光学效应。

1. 光与介质相互作用的各阶电极化率的相对大小

如果电极化效应主要是由电子云畸变导致的，则相邻阶次电极化率的相对比值可近似为

$$\frac{|\chi^{(n)}|}{|\chi^{(n-1)}|}\approx\frac{1}{|E_0|} \quad 或 \quad |\chi^{(n)}|\approx\frac{1}{|E_0|}|\chi^{(n-1)}| \tag{6.2-8}$$

其中 $|E_0|$ 为原子内部的场强($10^{11}\,\mathrm{V/m}$)。

对于普通弱光作用而言，$|E|\ll|E_0|$，非线性介质内的二阶极化强度为

$$\boldsymbol{P}^{(2)}(\omega)=\varepsilon_0\chi^{(2)}\boldsymbol{E}(\omega_1)\boldsymbol{E}(\omega_2)\approx\frac{\varepsilon_0}{|E_0|}|\chi^{(1)}|\boldsymbol{E}(\omega_1)\boldsymbol{E}(\omega_2)=\frac{\boldsymbol{P}^{(1)}(\omega)}{|E_0|}\boldsymbol{E}(\omega_2) \tag{6.2-9}$$

因为 $|\boldsymbol{E}(\omega_2)|\ll|\boldsymbol{E}_0|$，所以二阶或更高阶的非线性电极化强度的贡献可忽略。

对于单色强激光作用而言，$|\boldsymbol{E}(\omega_2)|$ 与 $|\boldsymbol{E}_0|$ 的大小接近或更高，此时二阶或更高阶的电极化强度的贡献不能忽略，这就是许多非线性光学效应出现的物理根源。

光频电磁场在介质中引起感应电极化效应的物理机制可以是多种的，其中主要包括：电子云畸变、核运动的贡献、再取向贡献、介质感应声学运动的贡献及粒子数按能级分布变化的贡献。

2. 空间对称性对各阶电极化率的约束

$\chi^{(n)}$ 作为介质的宏观物理量，在非共振条件下，它是非线性介质本身的一种属性，满足本身允许的对称操作。一般情况下，晶体结构具有空间对称性，对对称操作，各阶电极化率保持不变，这使得介质的各阶电极化率不为零且彼此独立的张量元的数目大为减少。$\chi^{(1)}$ 的非零元素少于 9 个，$\chi^{(2)}$ 的非零元素少于 27 个，$\chi^{(3)}$ 的非零元素少于 81 个，其独立元素的数目可能更少。晶体的对称性越高，非零元素、独立元素就越少。

下面从具有对称中心的晶体和各向同性介质没有偶数阶极化率张量这个事实出发，说明空间对称性对极化率张量的限制：

$$\begin{cases} \boldsymbol{P}^{(1)}(t)=\varepsilon_0\int_{-\infty}^{\infty}\mathrm{d}\omega_1\chi^{(1)}(\omega_1)\boldsymbol{E}(\omega_1)\exp[-\mathrm{i}\omega_1 t] \\ \boldsymbol{P}^{(2)}(t)=\varepsilon_0\int_{-\infty}^{\infty}\mathrm{d}\omega_1\int_{-\infty}^{\infty}\mathrm{d}\omega_2\chi^{(2)}(\omega_1,\omega_2)\boldsymbol{E}(\omega_1) \\ \qquad \boldsymbol{E}(\omega_2)\exp[-\mathrm{i}(\omega_1+\omega_2)t] \\ \boldsymbol{P}^{(3)}(t)=\varepsilon_0\int_{-\infty}^{\infty}\mathrm{d}\omega_1\int_{-\infty}^{\infty}\mathrm{d}\omega_2\int_{-\infty}^{\infty}\mathrm{d}\omega_3\chi^{(3)}(\omega_1,\omega_2,\omega_3) \\ \qquad \boldsymbol{E}(\omega_1)\boldsymbol{E}(\omega_2)\boldsymbol{E}(\omega_3)\exp[-\mathrm{i}(\omega_1+\omega_2+\omega_3)t] \end{cases} \tag{6.2-10}$$

对于具有对称中心的晶体，当 $x\to -x$，$y\to -y$，$z\to -z$ 时，$\boldsymbol{P}$ 和 $\boldsymbol{E}$ 都改变了方向，此时上述的第一、三个式子保持关系式不变，而 $\boldsymbol{P}^{(2)}(t)$ 则变为

$$-\boldsymbol{P}^{(2)}(t)=\varepsilon_0\int_{-\infty}^{\infty}\mathrm{d}\omega_1\int_{-\infty}^{\infty}\mathrm{d}\omega_2\chi^{(2)}(\omega_1,\omega_2)\boldsymbol{E}(\omega_1)\boldsymbol{E}(\omega_2)\exp[-\mathrm{i}(\omega_1+\omega_2)t] \tag{6.2-11}$$

根据中心对称要求，$\boldsymbol{P}^{(2)}(t)$ 不应改变，所以 $\boldsymbol{P}^{(2)}(t)=0$。而 $\boldsymbol{E}(\omega_1)\neq 0$，$\boldsymbol{E}(\omega_2)\neq 0$，所以只能取 $\chi^{(2)}(\omega_1,\omega_2)=0$，类似地可证明其他偶数阶非线性极化率为 0。

3. 非线性电极化率张量元的互换对称性

光学介质的各阶非线性电极化率张量元是其下角标 i、j、k 以及作用光波频率 ω_1、ω_2、ω_3 的函数。它们具有固有互换对称性和全对称互换性。

非线性电极化率的固有互换对称性：除第一个角标 i 外，对于角标和相应频率位置的同时互换，非线性电极化率张量元保持不变，这种特性称为固有互换对称性。

在一般情况下，$\chi^{(2)}$、$\chi^{(3)}$ 具有以下互换对称性：

$$\begin{cases} \chi_{ijk}{}^{(2)}(\omega_1,\omega_2)=\chi_{ikj}{}^{(2)}(\omega_2,\omega_1) \\ \chi_{ijkl}{}^{(3)}(\omega_1,\omega_2,\omega_3)=\chi_{ikjl}{}^{(3)}(\omega_2,\omega_1,\omega_3)=\chi_{iljk}{}^{(3)}(\omega_3,\omega_1,\omega_2) \end{cases} \tag{6.2-12}$$

非线性电极化率的全对称互换性：在非共振的条件下，相对于 i、j、k 等和对应的频率组分 ω'、ω_1、ω_2 等位置同时互换，非线性电极化率张量元 $\chi^{(n)}$ 大小保持不变，这种特性称为全对称互换性，可以表示为

$$\begin{cases} \chi_{ijk}{}^{(2)}[\omega'=-(\omega_1+\omega_2);\ \omega_1,\omega_2] \\ \qquad =\chi_{jik}{}^{(2)}[\omega_1;\ \omega',\omega_2]=\chi_{kji}{}^{(2)}[\omega_2;\ \omega_1,\omega'] \\ \chi_{ijkl}{}^{(3)}[\omega'=-(\omega_1+\omega_2+\omega_3);\ \omega_1,\omega_2,\omega_3] \\ \qquad =\chi_{jikl}{}^{(3)}(\omega_1;\ \omega',\omega_2,\omega_3)=\chi_{klij}{}^{(3)}(\omega_2;\ \omega_3,\omega',\omega_1) \end{cases} \tag{6.2-13}$$

4. 非线性电极化率的共振增强特性

当参与作用的多种单色光场的某一频率或多种频率的代数组合与非线性介质的某种形式的共振跃迁频率相等或足够接近时，非线性介质的某一阶次的电极化率的数值明显增加，这种效应称为共振增强效应。

共振作用导致参与作用的光场强度严重减弱(通过单光子、最强或双光子吸收，多光子吸收微乎其微)，这是不利的。当共振吸收足够强时，导致不同本征能级的原子或分子数分布变化很大，此时 $\chi^{(n)}$ 不再是介质常数，而是依赖于光波场强的变化量。基于以上两点，共振增强效应的利用是有条件的，可利用准共振增强效应。

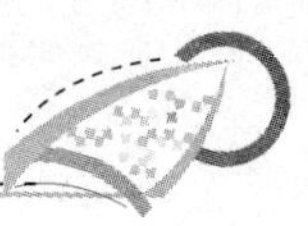

5. 非线性电极化率的复共轭性质

理论上可以证明，$\chi^{(n)}$一般情况下表现为复数形式，因此可计算它的复共轭形式：

$$\chi^{(n)}(\omega_1,\omega_2,\cdots,\omega_n)=\int_{-\infty}^{\infty}\mathrm{d}t_1\int_{-\infty}^{\infty}\mathrm{d}t_2\cdots\int_{-\infty}^{\infty}\mathrm{d}t_n R^{(n)}(t_1,t_2,\cdots,t_n)\exp[\mathrm{i}\sum_{m=1}^{n}\omega_m t_m] \tag{6.2-14}$$

这里$R^{(n)}$是实数，$\chi^{(n)}$的复数共轭式为

$$[\chi^{(n)}(\omega_1,\omega_2,\cdots,\omega_n)]^*=\chi^{(n)}(-\omega_1,-\omega_2,\cdots,-\omega_n) \tag{6.2-15}$$

进一步可证明在非共振作用的前提下，近似认为$\chi^{(n)}$是实数，有

$$[\chi^{(n)}(\omega_1,\omega_2,\cdots,\omega_n)]^*=\chi^{(n)}(\omega_1,\omega_2,\cdots,\omega_n) \tag{6.2-16}$$

由以上两式可推出，在非共振的情况下

$$\chi^{(n)}(\omega_1,\omega_2,\cdots,\omega_n)=\chi^{(n)}(-\omega_1,-\omega_2,\cdots,-\omega_n) \tag{6.2-17}$$

综合分析后可以得出：当所有频率组分同时反号，非线性电极化率大小保持不变，这种性质被称为时间反演对称性。

总之，利用$\chi^{(n)}$张量元的互换对称性、复共轭对称以及时间反演对称性，进一步减少独立的不为零的非线性电极化率张量元的个数，可以大大地简化分析和计算。

6.2.3　非线性作用的耦合波方程

光波在非线性介质中传播时遵从麦克斯韦方程。非线性介质中的麦克斯韦方程组为

$$\begin{cases}\nabla\times\boldsymbol{E}=-\dfrac{\partial\boldsymbol{B}}{\partial t}\\ \nabla\times\boldsymbol{H}=\dfrac{\partial}{\partial t}\boldsymbol{D}+\boldsymbol{j}\\ \nabla\cdot\boldsymbol{D}=\rho\\ \nabla\cdot\boldsymbol{B}=0\end{cases} \tag{6.2-18}$$

物质方程为

$$\boldsymbol{D}=\varepsilon_0\boldsymbol{E}+\boldsymbol{P};\ \boldsymbol{B}=\mu_0(\boldsymbol{H}+\boldsymbol{M});\ \boldsymbol{j}=\sigma\boldsymbol{E} \tag{6.2-19}$$

式(6.2-18)和式(6.2-19)中$\boldsymbol{E}$、$\boldsymbol{D}$分别为电场强度和电感应强度；$\boldsymbol{H}$、$\boldsymbol{B}$分别为磁场强度和磁感应强度；$\boldsymbol{P}$、$\boldsymbol{M}$分别为非线性介质的电极化强度和磁极化强度。对于非铁磁性材料，$\boldsymbol{M}=0$，ε_0、μ_0分别为介质的真空介电常数和真空磁导率，σ为电导率。$\boldsymbol{j}$为传导电流密度，ρ为介质中的自由电荷密度，它们之间的关系为

$$\nabla\cdot\boldsymbol{j}+\frac{\partial\rho}{\partial t}=0 \tag{6.2-20}$$

对于金属和半导体，$\boldsymbol{j}$和ρ是有意义的，但对于绝缘介质，其中不存在自由电荷，$\rho=0$。

当非线性介质对入射基频光波没有吸收时，此时的介质为理想电介质，取$\sigma=0$，非线性介质的麦克斯韦方程可简化为

$$\nabla\times\boldsymbol{E}=-\mu_0\frac{\partial\boldsymbol{H}}{\partial t};\ \nabla\times\boldsymbol{H}=\varepsilon_0\frac{\partial\boldsymbol{E}}{\partial t}+\frac{\partial\boldsymbol{P}}{\partial t} \tag{6.2-21}$$

在一般情况下，$\boldsymbol{H}$、$\boldsymbol{E}$、$\boldsymbol{P}$为任意形式的时空函数。

引入它们的傅里叶分量形式(由许多单色波叠加的结果)：

$$\begin{cases}\boldsymbol{E}(\boldsymbol{r},t)=\int_{-\infty}^{\infty}\boldsymbol{E}(\omega,\boldsymbol{r})\exp(-\mathrm{i}\omega t)\,\mathrm{d}\omega\\ \boldsymbol{H}(\boldsymbol{r},t)=\int_{-\infty}^{\infty}\boldsymbol{H}(\omega,\boldsymbol{r})\exp(-\mathrm{i}\omega t)\,\mathrm{d}\omega\\ \boldsymbol{P}(\boldsymbol{r},t)=\int_{-\infty}^{\infty}\boldsymbol{P}(\omega,\boldsymbol{r})\exp(-\mathrm{i}\omega t)\,\mathrm{d}\omega\end{cases}\tag{6.2-22}$$

式(6.2-22)的物理意义为：任意 $\boldsymbol{E}(\boldsymbol{r},t)$ 可以写成无数多的单色简谐波叠加，$\boldsymbol{E}(\omega,\boldsymbol{r})$ 为单色简谐分量的振幅函数。

将式(6.2-22)代入式(6.2-21)后，得简谐分量满足的方程为

$$\begin{cases}\nabla\times\boldsymbol{H}(\omega,\boldsymbol{r})=-\varepsilon_0\mathrm{i}\omega\boldsymbol{E}(\omega,\boldsymbol{r})-\mathrm{i}\omega\boldsymbol{P}_L(\omega,\boldsymbol{r})-\mathrm{i}\omega\boldsymbol{P}_{\mathrm{NL}}(\omega,\boldsymbol{r})\\ \nabla\times\boldsymbol{E}(\omega,\boldsymbol{r})=\mu_0\mathrm{i}\omega\boldsymbol{H}(\omega,\boldsymbol{r})\end{cases}\tag{6.2-23}$$

式(6.2-23)中

$$\boldsymbol{P}(\boldsymbol{r},t)=\boldsymbol{P}_{\mathrm{L}}(\boldsymbol{r},t)+\boldsymbol{P}_{\mathrm{NL}}(\boldsymbol{r},t);\ \boldsymbol{P}(\omega,\boldsymbol{r})=\boldsymbol{P}_{\mathrm{L}}(\omega,\boldsymbol{r})+\boldsymbol{P}_{\mathrm{NL}}(\omega,\boldsymbol{r})\tag{6.2-24}$$

对式(6.2-23)第二个方程用 $\nabla\times$ 运算，且将第一个方程代入，得

$$\nabla\times\nabla\times\boldsymbol{E}(\omega,\boldsymbol{r})=\varepsilon_0\mu_0\omega^2\boldsymbol{E}(\omega,\boldsymbol{r})+\mu_0\omega^2[\boldsymbol{P}_{\mathrm{L}}(\omega,\boldsymbol{r})+\boldsymbol{P}_{\mathrm{NL}}(\omega,\boldsymbol{r})]\tag{6.2-25}$$

$$\boldsymbol{P}_{\mathrm{L}}(\omega,\boldsymbol{r})=\varepsilon_0\chi^{(1)}(\omega)\boldsymbol{E}(\omega,\boldsymbol{r})\tag{6.2-26}$$

其中 $\varepsilon(\omega)$ 是介质在 ω 频率处的线性介电常数，且 $\varepsilon(\omega)=\varepsilon_0[1+\chi^{(1)}(\omega)]$，则式(6.2-25)可重新写为

$$\nabla\times\nabla\times\boldsymbol{E}(\omega,\boldsymbol{r})-\mu_0\omega^2\varepsilon(\omega)\boldsymbol{E}(\omega,\boldsymbol{r})=\mu_0\omega^2\boldsymbol{P}_{\mathrm{NL}}(\omega,\boldsymbol{r})\tag{6.2-27}$$

式(6.2-27)为介质内 $\boldsymbol{E}$、$\boldsymbol{P}$ 的单色傅里叶分量满足的方程，即电磁场的非线性波动方程：

$$\begin{aligned}\boldsymbol{P}_{\mathrm{NL}}(\omega,\boldsymbol{r})&=\boldsymbol{P}^{(2)}(\omega,\boldsymbol{r})+\boldsymbol{P}^{(3)}(\omega,\boldsymbol{r})+\cdots\\&=\varepsilon_0[\chi^{(2)}(\omega_1,\omega_2)\boldsymbol{E}(\omega_1)\boldsymbol{E}(\omega_2)\\&\quad+\chi^{(3)}(\omega_1,\omega_2,\omega_3)\boldsymbol{E}(\omega_1)\boldsymbol{E}(\omega_2)\boldsymbol{E}(\omega_3)+\cdots]\end{aligned}\tag{6.2-28}$$

非线性波动方程的物理意义：如果入射基频光为普通弱光入射，$\boldsymbol{P}_{\mathrm{NL}}(\omega,\boldsymbol{r})=0$，此时式(6.2-27)称为线性波动方程。$\boldsymbol{E}(\omega,\boldsymbol{r})$ 光场作用到介质上，电极化响应由介质的 $\varepsilon(\omega)$ 反映出来。其他频率的光场如 $\boldsymbol{E}(\omega_1)$、$\boldsymbol{E}(\omega_2)$、$\boldsymbol{E}(\omega_3)$ 对 $\boldsymbol{E}(\omega,\boldsymbol{r})$ 不产生影响。

如果强激光光场辐照非线性介质时，$\boldsymbol{P}_{\mathrm{NL}}(\omega,\boldsymbol{r})$ 中的二阶、三阶极化效应不能忽略，耦合波方程为 $\boldsymbol{E}(\omega,\boldsymbol{r})$ 的非线性方程。

式(6.2-28)的物理意义：初始时刻，入射光场没有 ω 的单色傅里叶分量，但如果存在其他频率 $\boldsymbol{E}(\omega_1)$、$\boldsymbol{E}(\omega_2)$……的激发介质，在介质内产生非线性极化效应，组合满足 $\omega=\omega_1+\omega_2$(二阶)或 $\omega=\omega_1+\omega_2+\omega_3$(三阶)，可以看出 $\boldsymbol{P}_{\mathrm{NL}}(\omega,\boldsymbol{r})$ 是产生 $\boldsymbol{E}(\omega,\boldsymbol{r})$ 辐射的驱动源。

考虑二阶非线性电极化效应，波动方程包含 3 个未知场函数 $\boldsymbol{E}(\omega,\boldsymbol{r})$、$\boldsymbol{E}(\omega_1,\boldsymbol{r})$、$\boldsymbol{E}(\omega_2,\boldsymbol{r})$，且 $\omega=\omega_1+\omega_2$。因此要求出它们的解，必须同时写出 $\boldsymbol{E}(\omega_1,\boldsymbol{r})$ 和 $\boldsymbol{E}(\omega_2,\boldsymbol{r})$ 满足的波动方程，即

$$\begin{cases}\nabla\times\nabla\times\boldsymbol{E}(\omega_1,\boldsymbol{r})-\mu_0\omega^2\varepsilon(\omega_1)\boldsymbol{E}(\omega_1,\boldsymbol{r})=\mu_0\omega^2\boldsymbol{P}^{(2)}(\omega_1,\boldsymbol{r})\\ \nabla\times\nabla\times\boldsymbol{E}(\omega_2,\boldsymbol{r})-\mu_0\omega^2\varepsilon(\omega_2)\boldsymbol{E}(\omega_2,\boldsymbol{r})=\mu_0\omega^2\boldsymbol{P}^{(2)}(\omega_2,\boldsymbol{r})\\ \nabla\times\nabla\times\boldsymbol{E}(\omega,\boldsymbol{r})-\mu_0\omega^2\varepsilon(\omega)\boldsymbol{E}(\omega,\boldsymbol{r})=\mu_0\omega^2\boldsymbol{P}^{(2)}(\omega,\boldsymbol{r})\end{cases} \tag{6.2-29}$$

考虑三阶非线性电极化效应，耦合波动方程包含4个未知场函数$\boldsymbol{E}(\omega,\boldsymbol{r})$、$\boldsymbol{E}(\omega_1,\boldsymbol{r})$、$\boldsymbol{E}(\omega_2,\boldsymbol{r})$及$\boldsymbol{E}(\omega_3,\boldsymbol{r})$，只有写出4个方程，联立求解，才能给出完备的描述。

式(6.2-29)实质上确定了一组联立或耦合的非线性波动方程组，简称耦合波方程。

耦合波方程是一个非齐次二阶微分方程，难于求解，一般都要做近似简化处理。慢变振幅近似是一种常用的方法。慢变振幅近似条件下，这是各向同性非线性介质的单色平面波的耦合波方程。

考虑一个沿z方向传播的稳态单色平面波，振幅随z变化，不随时间变化，属线偏振光：

$$\boldsymbol{E}(\omega,\boldsymbol{r})=\boldsymbol{a}_0\cdot A(\omega,\ z)\exp(\mathrm{i}kz) \tag{6.2-30}$$

式(6.2-30)中，$\boldsymbol{a}_0$为电场偏振方向的单位矢量，$A(\omega,\ z)$为标量振幅函数，$k=\frac{2\pi}{\lambda}\sqrt{1+\chi^{(1)}(\omega)}=\frac{2\pi}{\lambda}n_0(\omega)$是平面波波矢，$n_0(\omega)$是介质在$\omega$频率处的折射率。

在慢变振幅近似的情况下，即假设在波长量级的距离内，参与非线性相互作用的各单色波场的振幅满足以下条件：

$$\frac{\partial^2 A}{\partial z^2}=0 \tag{6.2-31}$$

将式(6.2-30)代入式(6.2-27)，采用慢变振幅近似后，得

$$\frac{\partial A(\omega,z)}{\partial z}=\frac{\mathrm{i}k}{2\varepsilon(\omega)}\cdot[\boldsymbol{a}_0\cdot\boldsymbol{P}_{\mathrm{NL}}(\omega,z)]\cdot\exp(-\mathrm{i}kz) \tag{6.2-32}$$

在这个过程中，采用了$\nabla\times\nabla\times\boldsymbol{E}=\nabla(\nabla\cdot\boldsymbol{E})-\nabla^2\boldsymbol{E}$和$\nabla\cdot\boldsymbol{E}=0$(各向同性介质)这两个关系式。

耦合波方程简化后，$\boldsymbol{P}_{\mathrm{NL}}$包含了其他频率成分光场振幅的二次或三次幂项，因此式(6.2-32)代表一组多波耦合方程组，简称为采用平面波近似和振幅慢变化近似的耦合波方程。$\boldsymbol{E}(t)$和$\boldsymbol{P}(t)$均为实物理量，如果将它们的傅里叶分量$\boldsymbol{P}(\omega)$与$\boldsymbol{E}(\omega)$也看成是实数，数学推导和求解过程十分不方便。若表示为复数，就会有两个明显的好处：一是数学处理过程变得简捷，二是得出的结论与采用实函数形式得出的一致，而且还能给出额外有价值的信息。

如果在形式上引用负频率成分，则光波场强的单色傅里叶分量为

$$\boldsymbol{E}(\omega)=\frac{1}{2\pi}\int_{-\infty}^{\infty}\boldsymbol{E}(t)\exp(\mathrm{i}\omega t)\,\mathrm{d}t \tag{6.2-33}$$

这里$\boldsymbol{E}(t)$是实函数，则$\boldsymbol{E}(\omega)$为复函数，取复共轭，得

$$\boldsymbol{E}^*(\omega)=\frac{1}{2\pi}\int_{-\infty}^{\infty}\boldsymbol{E}(t)\exp(-\mathrm{i}\omega t)\,\mathrm{d}t \tag{6.2-34}$$

比较式(6.2-33)、式(6.2-34)，有

$$E^*(\omega)=E(-\omega) \tag{6.2-35}$$

式(6.2-35)的物理意义为：$E^*(\omega)$的作用相当于负频率组分的单色场$E(-\omega)$参与和频作用，而实际上是差频。因此选用复数形式可描述两个光波的差频作用(负频率的和频)或多个单色光波间更为复杂的混频作用。

利用以上给出的光场函数的复数表示和共轭含义，可写出非线性耦合波方程中需要的非线性电极化强度有关傅里叶分量的完备表达式。

$E(\omega_1)$和$E(\omega_2)$通过二阶非线性相互作用产生$E(\omega)$，$\omega=\omega_1+\omega_2$，参与耦合作用的3种频率的二阶电极化强度的傅里叶分量可写为

$$\begin{cases} P^{(2)}(\omega_3=\omega_1+\omega_2)=\varepsilon_0\chi^{(2)}(\omega_1,\omega_2)E(\omega_1)E(\omega_2) \\ P^{(2)}(\omega_1=\omega_3-\omega_2)=\varepsilon_0\chi^{(2)}(\omega_3,\ -\omega_2)E(\omega_3)E^*(\omega_2) \\ P^{(2)}(\omega_2=\omega_3-\omega_1)=\varepsilon_0\chi^{(2)}(\omega_3,\ -\omega_1)E(\omega_3)E^*(\omega_1) \end{cases} \tag{6.2-36}$$

$E(\omega_1)$、$E(\omega_2)$和$E(\omega_3)$通过三阶非线性相互作用产生$E(\omega)$，$\omega=\omega_1+\omega_2+\omega_3$，参与耦合作用的4种频率的三阶电极化强度的傅里叶分量可写为如下的关系式：

$$\begin{cases} P^{(3)}(\omega=\omega_1+\omega_2+\omega_3)=\varepsilon_0\chi^{(3)}(\omega_1,\omega_2,\omega_3)E(\omega_1)E(\omega_2)E(\omega_3) \\ P^{(3)}(\omega_1=\omega-\omega_2-\omega_3)=\varepsilon_0\chi^{(3)}(\omega,\ -\omega_2,\ -\omega_3)E(\omega)E^*(\omega_2)E^*(\omega_3) \\ P^{(3)}(\omega_2=\omega-\omega_1-\omega_3)=\varepsilon_0\chi^{(3)}(\omega,\ -\omega_1,\ -\omega_3)E(\omega)E^*(\omega_1)E^*(\omega_3) \\ P^{(3)}(\omega_3=\omega-\omega_2-\omega_1)=\varepsilon_0\chi^{(3)}(\omega,\ -\omega_2,\ -\omega_1)E(\omega)E^*(\omega_2)E^*(\omega_1) \end{cases} \tag{6.2-37}$$

将它们代入耦合波方程，就可联立求解耦合波方程组。

6.3 非线性光学倍频、混频及参量效应

前面讨论了非线性光学的基本理论以及基本方程。这节将介绍光学混频效应，光学混频效应通常指多种单色相干波入射到非线性介质中，通过介质的非线性电极化效应而彼此之间发生耦合作用，并在新的频率处产生相干光辐射。按照它所基于的介质非线性电极化率的阶次的不同，可分为二阶、三阶以及更高阶的非线性光学效应等等。本节重点介绍二阶以及三阶非线性光学效应。

6.3.1 二阶非线性光学效应

基于电子云畸变导致的二阶非线性电极化过程的非线性光学效应统称为二阶非线性光学效应，即三波混频效应，包括光学二次谐波、光学和频与差频、光学参量放大与振荡等效应，下面将对这些非线性光学效应分别加以介绍。

1. 光学二次谐波

1960年激光出现不久，人们发现的第一个非线性光学效应就是光学二次谐波(或光学倍频)效应，即频率为ω_1的单色平面波通过非线性光学介质后，产生的出射光频率为$2\omega_1$，为基频光波频率的二倍。这是一个简并三波混频效应。在第一个光倍频实验中由于

采用的非线性晶体为石英晶体，其非线性光学性能较差，因此当时的倍频效率很低，但这个现象已揭开了非线性光学的面纱，截止到目前为止，光倍频效应仍是非线性光学效应研究的一个重要分支领域。

光学二次谐波的实质是在非线性介质内，两个基频光子的湮灭和一个新的倍频光子的产生的过程。整个基元过程可以分成两部分，即在两个基频入射光子的湮灭的同进，组成介质的一个分子离开初始能级而与光场共处于某种中间状态，这是第一阶段；介质分子在中间能级上停留时间无穷短，瞬间重新跃迁回到其初始能级并辐射出一个二倍频光子，这是第二阶段。图 6 - 1 给出了光学二次谐波效应的量子跃迁过程。

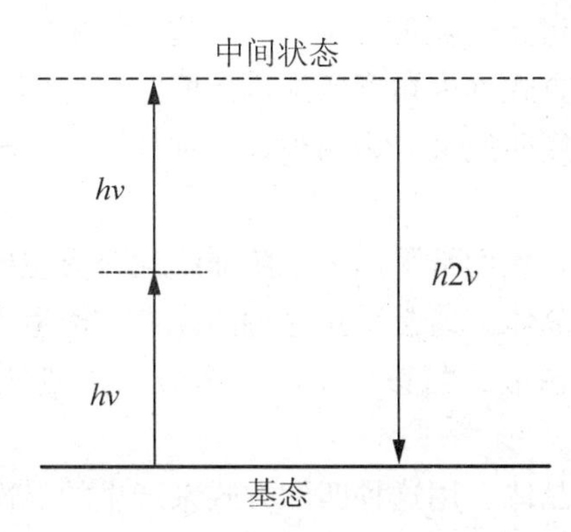

图 6 - 1　光学二次谐波效应的量子跃迁过程图示

在整个过程中，介质分子的净能量和动量均未发生变化，满足能量与动量守恒，即

$$\begin{cases} 2\omega=\omega+\omega \\ 2\boldsymbol{k}=\boldsymbol{k}_1+\boldsymbol{k}_1 \end{cases} \tag{6.3-1}$$

式中，ω 是基频光圆频率，2ω 为倍频光圆频率。整理后，需要满足的相位匹配条件为

$$n(2\omega)=n(\omega) \tag{6.3-2}$$

式(6.3 - 2)中 $n(\omega)$ 为基频光处介质的折射率，$n(2\omega)$ 为倍频光处介质的折射率。只有当相位匹配条件满足时才能使得二次谐波效应有效地发生。而在通常情况下相位匹配条件不容易满足，因此可以利用调节入射光的入射角度、偏振状态以及介质的温度等方式来满足相位匹配条件。

与二次谐波产生相对应的二阶非线性电极化强度分量表示式为

$$\boldsymbol{P}^{(2)}(2\omega)=\varepsilon_0\chi^{(2)}(\omega,\omega)\boldsymbol{E}(\omega)\boldsymbol{E}(\omega) \tag{6.3-3}$$

根据电极化率的不同，与二阶电极化率有关的二阶非线性光学效应中的非线性光学介质称为二阶非线性光学介质。

对于实现光学二次谐波产生的基本原理，可对用来产生二次谐波作用的非线性介质提出如下基本要求。

(1) 不具有对称中心。用于产生光学二次谐波的工作物质是不具备对称中心的晶体，因为在电偶极矩作用近似下，各向同性介质以及具有对称中心的晶体均不会产生非线性电极化效应，即产生光学二次谐波的非线性介质必须是光学各向异性的压电晶体。

(2) 有较大的二阶非线性电极化系数。二次谐波的转换效率和有效二阶非线性电极化系数的平方成正比关系，因此如果参加光学二次谐波的非线性工作物质的非线性系数较大，谐波转换效率会相应的增加。对于使用连续或准连续低峰值功率激光作为基波入射的情况，这个条件尤为重要。

(3) 对基频波和谐波辐射均有良好的光学透过性。假设非线性介质对于基频波和谐波均具有良好的透过性，不存在吸收。只有在这种情况下谐波转换效率才会提高。

(4) 能以一定的方式满足相位匹配条件：

$$\Delta \boldsymbol{k}=2\boldsymbol{k}_1-\boldsymbol{k}_2=4\pi[n_1(\omega)-n_2(2\omega)]/\lambda_1=0 \tag{6.3-4}$$

满足相位匹配的方式有两种，一种为角度匹配，一种为温度匹配。利用晶体的双折射特点，使得在晶体的某一特定方向实现相位匹配，这个特定的方向与晶体光轴所成的角度称为相位匹配角，这种匹配方式称为角度匹配，角度匹配的机理是利用晶体的双折射效应来补偿晶体的色散效应。角度匹配又分为两种，一种是第Ⅰ类相位匹配，另一种是第Ⅱ类相位匹配。

按照相位匹配方式分类，人们常采用的二阶非线性介质主要有以下3种。

(1) 角度调谐相位匹配晶体。通常采用这种匹配方式产生光学二次谐波的非线性晶体主要有磷酸二氢钾(KDP)、磷酸二氢铵(ADP)、磷酸二氘钾(KD* P)、磷酸钛钾(KTP)、碘酸锂($LiIO_3$)等晶体。

(2) 温度调谐相位匹配晶体。用这种匹配方式来产生的二次谐波的非线性晶体主要有铌酸锂($LiNbO_3$)、砷酸二氢铯(CDA)、砷酸二氘铯(CD* A)、铌酸钡钠($Ba_2NaNb_5O_{15}$)等晶体。铌酸锂、铌酸钡钠为铁电晶体。在室温范围内，这两类晶体除了具有压电性外，还有铁电性质，其非线性系数较高，晶体的折射率的双折射量和色散量按不同方式随温度而变化，因而适当地调整晶体的工作温度，可以实现温度相位匹配。

(3) 用于产生红外二次谐波的晶体。淡红银矿(Ag_3AsS_3)、硒镓银($AgGaSe_2$)、砷锗镉($CdGeAs_2$)、碲(Te)、硒化镉(CdSe)等晶体。这类晶体的非线性系数更高一些，在红外光谱区有较好的光学透过率，因此这类晶体适用于泵浦源波长较长的红外光源。

按倍频晶体可以承受的激光损伤阈值的大小，在实际应用中可分为两类：一类为高功率激光用倍频晶体，主要适用于脉冲激光器中；一类为低功率激光用倍频晶体，主要适用于连续激光器中。

利用高功率激光器，选择合适的倍频晶体可以达到50%以上的倍频转换效率，获得较高的输出能量。表6-1给出了一些常用的产生光学二次谐波的非线性晶体的相关数据。

表6-1　产生光学二次谐波的主要非线性晶体的相关数据

材料名称	化学式	对称性	透明范围/μm	$d/(10^{-12}\mathrm{m/V})$
KD* P	KD_2PO_4	42m(a)	0.2～1.5	$d_{36}=0.37$
KTP	$KTiOPO_4$	mm2(b)	0.3～4.3	$d_{24}=6.3$
LN	$LiNbO_3$	mm2(b)	0.4～5	$d_{31}=-12.8$
BBO	$\beta\text{-}BaB_2O_4$	3m(a)	0.19～3	$d_{22}=2.3$

续表

材料名称	化学式	对称性	透明范围/μm	$d/(10^{-12}\text{m/V})$
LBO	LiB_3O_5	mm2(b)	0.16～2.6	$d_{31}=0.85$
KDP	KH_2PO_4	42m(a)	0.2～1.5	$d_{36}=0.39$
ADP	$NH_4H_2PO_4$	42m(a)	0.2～1.2	$d_{36}=0.47$
CDA	CsH_2AsO_4	42m(a)	0.26～1.43	$d_{36}=0.40$

与脉冲激光器相比而言，连续激光器的光强较弱一些，因此其倍频效率较低。理论上倍频效率与基频光强成正比。为了提高倍频效率，通常采用腔内倍频技术。

2. 光学和频(差频)效应

当两种频率不同的单色光入射到非线性光学介质内时，会辐射出第三种频率的光波。这第三种光波的频率等于两束基频光的和频(或差频)，称为光学和频(或差频)效应。这两种非线性光学效应与光学二次谐波的基本本质相同，它的特殊过程即为光学二次谐波，即当两束入射光频率相等时，光学和频就等同于非线性光学二次谐波效应。下面分别加以介绍。

这里先讨论光学和频效应。光学和频效应的实质是两个不同频率的基频光子的湮灭，同时产生一种新的频率光子的过程，而新产生的光子的频率等于两个基频光子的频率之和。图6-2给出了光学和频的量子跃迁图示。从图中可以看出，光学和频效应具体分为两个阶段：第一个阶段，能量为 $\hbar\omega_1$ 和 $\hbar\omega_2$ 的两个光子的湮灭，同时介质分子离开其初始能级而进入中间态；在第二个阶段，处于中间虚能级的介质分子停留无穷短的时间，瞬间跃迁回到基态，同时辐射出一个能量为 $\hbar\omega_3$ 的和频光子。在整个基元过程中介质分子的能量与动量守恒，需要满足下列条件：

$$\begin{cases}\omega_3=\omega_1+\omega_2\\ \boldsymbol{k}_3=\boldsymbol{k}_1+\boldsymbol{k}_2\end{cases}\tag{6.3-5}$$

假设3种光波均沿同一传播方向发生耦合作用，则要满足的折射率匹配条件可以写为

$$\omega_3\cdot n(\omega_3)=\omega_1\cdot n(\omega_1)+\omega_2\cdot n(\omega_2)\tag{6.3-6}$$

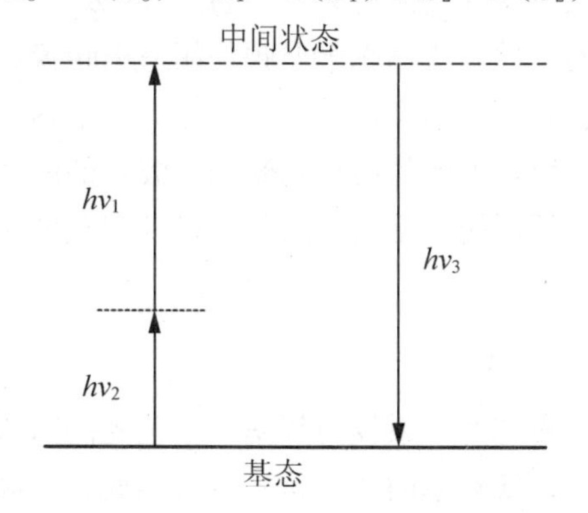

图6-2　光学和频效应的量子跃迁图示

下面再讨论光学差频效应。图 6－3 给出了光学差频效应的量子跃迁图示。光学差频效应的实质也是两个不同频率的基频光子的湮灭，同时产生一种新的频率光子的过程，而新产生的光子的频率等于两个基频光子的频率之差。光学差频是光学和频的逆过程。具体分为两个阶段：第一个阶段，能量为 $\hbar\omega_1$ 和 $\hbar\omega_2$ 的两个光子的湮灭，同时介质分子离开其初始能级而进入中间态；第二个阶段，处于中间虚能级的介质分子停留无穷短的时间，瞬间跃迁回到基态，同时辐射出一个能量为 $\hbar\omega_3$ 的和频光子。其中 $\omega_1>\omega_2$，在整个基元过程中介质分子的能量与动量守恒，需要满足下列条件：

$$\begin{cases}\omega_3=\omega_1-\omega_2\\ \boldsymbol{k}_3=\boldsymbol{k}_1-\boldsymbol{k}_2\end{cases} \tag{6.3-7}$$

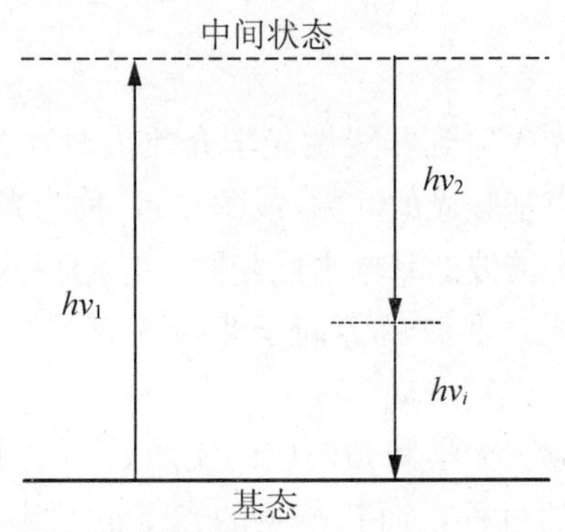

图 6－3　光学差频效应的量子跃迁图示

假设 3 种光波均沿同一传播方向发生耦合作用，则要满足的折射率匹配条件可以写为

$$\omega_3\cdot n(\omega_3)=\omega_1\cdot n(\omega_1)-\omega_2\cdot n(\omega_2) \tag{6.3-8}$$

由于介质中存在的色散效应，公式不容易得到满足，可以利用特定条件来补偿色散效应，使得相位匹配条件得以满足。

光学和频及差频效应的产生，对使用的非线性光学介质的要求有以下 3 点：不具对称中心的压电晶体；能以一定方式满足相位匹配，可分别采用角度匹配和温度匹配，视晶体不同而选择不同；对两种单色光场及产生的相应和频及差频辐射均有较高的透过率。

光学和频及差频对应于非简并三波混频 $\omega_3=\omega_1+\omega_2$ 及 $\omega_3=\omega_1-\omega_2$ 这两种情况。光学和频是相干光频率上转换的一种方法，光学差频是频率下转换的一种方法。这两种相干光频率转换技术所受到的限制有两个因素，一个是晶体的有限透明波段范围，即和频的波长只能延伸到光谱的近紫外区域，差频的波长则受到长波长的限制，另一个因素是相位匹配的要求，并不是在任何条件下都能满足的，因此可以利用角度调谐与温度调谐等方法来实现相位匹配。

3. 光学参量放大(振荡)效应

当一种较低频率的单色光与另一束较高频率的单色光同时入射到非线性介质后，辐射出一种第三种频率的相干光，低频率的弱信号光将得到放大，高频率的强泵浦光会有所减弱，这种非线性光学效应称为光学参量放大效应，其中第三种频率的相干光也称为闲频光

(或称为闲置光)。这是光学和频效应的逆过程，其实质是一个差频产生的三波混频过程。光学参量放大与光学差频的量子跃迁图示相同。

在整个基元过程中介质分子的能量与动量守恒，需要满足的条件为

$$\begin{cases}\omega_p=\omega_s+\omega_i\\ \boldsymbol{k}_p=\boldsymbol{k}_s+\boldsymbol{k}_i\end{cases}\tag{6.3-9}$$

假设3种光波均沿同一传播方向发生耦合作用，则要满足的折射率匹配条件可以写为

$$\omega_p\cdot n(\omega_p)=\omega_s\cdot n(\omega_s)-\omega_i\cdot n(\omega_i)\tag{6.3-10}$$

若信号光、闲频光同泵浦光一同多次通过非线性晶体，它们可以多次得到放大。此时若将非线性晶体放在谐振腔中，并用强的泵浦光照射，当增益超过损耗时，在腔内可以从噪声中建立起相当强的信号光及闲频光。如果采用共振腔这种光学反馈装置，光学参量振荡器的谐振腔如果对其中的一个信号光共振，称为单共振光学参量振荡器，如果对信号光与闲频光同时共振，称为双共振光学参量振荡器。

光学参量振荡系统的几个基本部分包括：非线性晶体、泵浦光源、光学共振腔及相位匹配装置和调谐装置，具体如下。

(1) 非线性晶体。常用于光学参量振荡的非线性晶体必须满足几个条件，即具有较高的非线性系数，折射率随外界条件变化易于控制，有较高的透过率。

(2) 泵浦光源。为产生光学参量振荡泵浦光源必须满足功率高而波长短的要求。

(3) 光学共振腔。组成共振腔的两个反射镜在参量振荡频率范围内的反射率要足够高，对入射泵浦光要有良好的透过率。可分别采用平行平面腔、平凹及双凹或凹凸稳定腔等。

(4) 相位匹配及调谐装置。可采用角度调谐与温度调谐方式来满足相位匹配条件。

6.3.2　三阶非线性光学效应

三阶非线性光学效应(或者称为四波混频效应)，属于三阶非线性电极化过程的光学效应，是由电子云畸变导致的电极化过程产生的。一般情况下，如果参与作用的四波之间频率各不相同，称为非简并四波混频；如果四波中有两种或3种光波的频率相同，称为部分简并四波混频。当三波频率完全相等时，称为光学三次谐波效应；极特殊情况下，参与作用的四波频率完全相同，称为完全简并四波混频。本节对这几种三阶非线性光学效应分别加以介绍。

1. 光学三次谐波

三次谐波是指一定频率 ω 的单色光场入射到非线性介质后，产生新频率 $3\omega=\omega+\omega+\omega$ 的相干辐射的现象。光学三次谐波过程的实质：在非线性介质内3个基频入射光子的湮灭和一个三倍频光子的产生。

图6-4(b)给出了光学三次谐波的量子跃迁图示。整个基元过程可看成由两个阶段组成：第一阶段，在3个基频入射光子湮灭的同时，组成介质的一个分子离开基能级而与光场共处于某种中间状态(用虚能级表示)；第二阶段，介质的分子重新跃迁回到其初始能级

并同时辐射出一个三倍频光子。第一和第二两个阶段实际上几乎是在瞬时发生和同时完成的。

在三次谐波过程中满足的能量守恒方程为

$$\begin{cases}\omega'=\omega+\omega+\omega\\ \boldsymbol{k}'=\boldsymbol{k}+\boldsymbol{k}+\boldsymbol{k}\end{cases} \tag{6.3-11}$$

与三次谐波产生相对应的三阶非线性电极化强度分量表示式为

$$\boldsymbol{P}^{(3)}(3\omega)=\varepsilon_0\chi^{(3)}(\omega,\omega,\omega)\boldsymbol{E}_1(\omega)\boldsymbol{E}_1(\omega)\boldsymbol{E}_1(\omega) \tag{6.3-12}$$

2. 四波混频效应

四波混频(Four-Wave Mixing，FWM)是一种重要的三阶非线性光学效应，从20世纪70年代开始引起人们的关注。四波混频是指多个不同波长的光波相互作用而产生新的辐射光波效应。

四波混频起源于折射率的光子调制的参量过程，需要满足相位匹配条件。以量子力学的角度可描述为：一个或几个光波的光子被湮灭，同时产生几个不同频率的新光子，在此参量过程中，净能量和动量是守恒的，这样的过程称为四波混频效应，如图 6-4 所示。

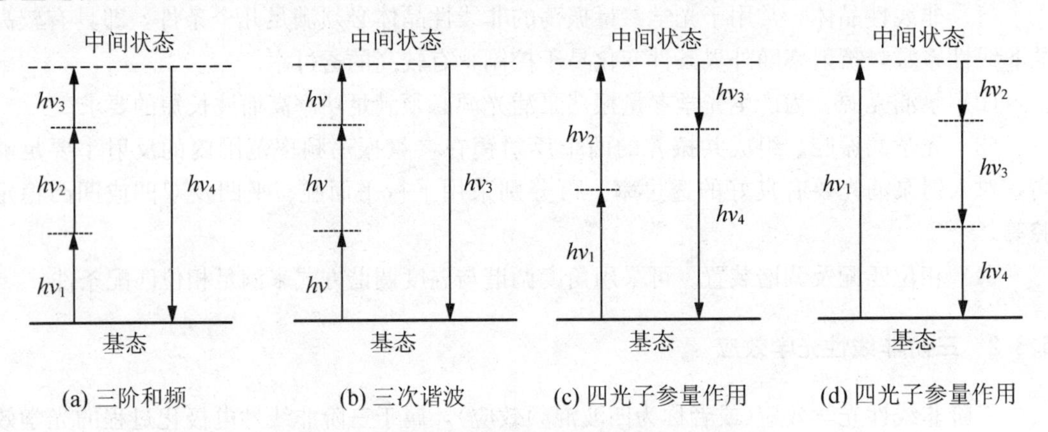

图 6-4　几种典型四波混频效应的量子跃迁图示

四波混频大致可分为两种情况：

(1) 三个光子合成一个光子(或逆过程)的情况，新光子的频率 $\omega_4=\omega_1+\omega_2+\omega_3$，如图 6-4(a)所示，3 个能量不同的光子湮灭，介质分子离开初始能级而跃迁至中间虚能级，介质分子在中间虚能级停留无穷短时间，瞬间回到初始能级并辐射出一个和频光子，且满足以下关系：

$$\begin{cases}\omega_4=\omega_1+\omega_2+\omega_3\\ \boldsymbol{k}_4=\boldsymbol{k}_1+\boldsymbol{k}_2+\boldsymbol{k}_3\end{cases} \tag{6.3-13}$$

图 6-4(d)为三阶和频的逆过程，满足的参量作用方程为

$$\begin{cases}\omega_1+\omega_2+\omega_3=\omega_4\\ \boldsymbol{k}_1+\boldsymbol{k}_2+\boldsymbol{k}_3=\boldsymbol{k}_4\end{cases} \tag{6.3-14}$$

当 $\omega_1=\omega_2=\omega_3$ 时，对应于三次谐波的产生，如图 6-4(b)所示；当 $\omega_1=\omega_2\neq\omega_3$ 时，在对

应频率上转换，相应的辐射光波频率为 $2\omega_2+\omega_3$。对于这种情况，很难满足相位匹配条件，因此这个过程很难实现。

(2) 对应频率为 ω_1 和 ω_2 的两个光子的湮灭，产生频率为 ω_3 和 ω_4 的新光子，此过程中的能量守恒条件为

$$\begin{cases}\omega_1+\omega_2=\omega_3+\omega_4 \\ \boldsymbol{k}_1+\boldsymbol{k}_2=\boldsymbol{k}_3+\boldsymbol{k}_4\end{cases} \tag{6.3-15}$$

相位匹配条件可表示为 $\Delta\boldsymbol{k}=\boldsymbol{k}_3+\boldsymbol{k}_4-\boldsymbol{k}_1-\boldsymbol{k}_2$，在 $\omega_1=\omega_2$ 的特定条件下，相位匹配条件 $\Delta\boldsymbol{k}=0$ 容易满足。

四波混频过程的具体条件不同，有不同的分类方式。

(1) 按照相互作用的4个光波的频率关系分类。如果4个光波的频率相同，则称为简并四波混频(degenerate FWM)；如果4个光波的频率不相同，则称为非简并四波混频(non-degenerate FWM)。

(2) 按照4个光波频率与介质的能级共振频率关系分类。如果光束的频率接近于介质的能级共振频率，称为共振型四波混频(resonant FWM)；如果光束的频率远离介质的能级共振频率，称为非共振型四波混频(non-resonant FWM)。当三束频率不同或相同的激光作用于介质，在一定条件下可以产生频率为入射光频率各种和差组合的激光束。

基于三阶电极化率的非线性介质称为三阶非线性介质。下面讨论三阶非线性介质的种类与特性。

满足光学三阶非线性效应的介质的基本要求：第一，对入射光波和输出光波，有很好的透过率，假设三阶非线性晶体对入射基频光不存在共振吸收；第二个要求是能以一定方式满足相位匹配方式，由于存在色散效应，所以三阶相位匹配条件很难实现；第三个要求是辐射出来的三倍频光与非线性介质的非线性系数有关，为了满足三倍频的效率更高，非线性晶体应该具有较大的非线性系数。

目前用于产生光学三次谐波的非线性介质见表6-2。主要包括：金属蒸气、惰性气体、分子气体、染料溶液及晶体材料等几大类。

表6-2　光学三次谐波的典型数据

三阶非线性介质	λ_0/nm	$\frac{1}{3}\lambda_0$/nm	输入光强/(W/cm^2)	效率/(%)
Rb-Xe	1 064	354.7	10^{10}	10
Rb-Xe	1 064	354.7	10^{11}	2.8
Na-Xe	1 064	354.7	2×10^{11}	2.7
CD_4(气体)	10 200	3 400	7.8×10^{8}	0.68
CO-O_2(液体)	9 360	3 120	3×10^{10}	4
PMC染料(溶液)	1 054	351.3	2.5×10^{11}	1
β-BaB_2O_4(晶体)	1 054	351.3	5×10^{10}	0.8
激光等离子体	1 064	354.7	10^{9}	3

(1) 三阶非线性晶体材料。为了在非线性晶体中实现三倍频效应，一般采用两种方法，其中一种是用二倍频晶体产生光学二次谐波，然后再在同一晶体(或另一晶体)中产生基频光和二次谐波的和频光，即基频光的三倍频光波输出。还有一种常用的方法，即利用给定晶体的三阶非线性效应，直接产生光学三次谐波辐射输出。两种方法相比较而言，第一种方法更容易实现，因为第二种方法产生的三倍频光在紫外区域，而三阶非线性介质在此区域存在共振吸收。

(2) 金属蒸气。这类非线性介质在光谱紫外区有良好的透过性，能实现相位匹配条件和共振增强效应，是用于产生超短波长的相干辐射的最有效材料之一。金属蒸气通常在可见或近红外光谱区存在着单光子吸收和由其引起的折射率色散，这种效应可以通过混合适当的惰性气体(正常色散)而加以补偿。

(3) 惰性气体。是最早观察到光学三次谐波的非线性介质之一。这类气体在整个可见光区到远紫外区有着超良好的透过率，具有高光学击穿阈值、高物化稳定性等特性。作为基础研究，常用的三阶非线性惰性气体有 Xe、Kr 及 Ar，由于相位匹配条件难以满足，并且缺少共振增强机制，光学三次谐波效率较低。

(4) 分子气体。在利用 CO_2 激光器辐射出的 10.6μm 光波作为基频光源的前提下，可采用 CO、SF_6、CD_4、BCl_3 及 DCl-CF_4 等分子气体作非线性介质来实现光学三次谐波输出。此时的效率也较低，一般低于 10^{-2}。

(5) 染料溶液。很多有机染料的溶液在可见光谱区有很强的单光子吸收带，在三倍频与基频间呈现出反常色散效应，这个反常色散效应可以由非吸收的溶剂本身折射率的正常色散效应来补偿，进而实现相位匹配。还可以用染料分子的双光子效应吸收共振增强效应来增强三阶电极化特性，从而满足相位匹配的要求。

6.4 几种重要的非线性光学效应

自激光出现以后，如雨后春笋般的非线性光学效应引起了人们的广泛重视并获得了迅猛的发展。这一节将介绍几种主要的非线性光学效应及其应用。

6.4.1 受激散射效应

光在通过除了真空外的任何介质时，都会有一部分能量偏离原来的传播方向而向空间其他方向弥散开来，这种现象称之为散射。引起光散射的原因，是由于传输介质中的光学不均匀性或折射率不均匀性所导致的，也可以说是由于介质感应电极化特性的时空起伏或周期性变化所引起的。在超短脉冲技术、超高分辨光谱技术以及光传输通信等激光技术领域，在不同程度上均可以用非线性光学受激散射效应来实现。受激散射效应的研究一直是非线性光学研究的一个重要方面之一。以下将主要讨论受激瑞利散射、受激拉曼散射及受激布里渊散射效应及其主要应用。

1. 受激瑞利散射效应

20 世纪 60 年代后期，在研究强光入射到一些透明有机液体介质中所引起的散射现象

过程中，人们发现可以观察到两种新型的散射效应，即受激瑞利翼散射及受激热瑞利散射。它们与普通瑞利散射有所不同，表现在两个方面，一是散射光相对于入射光而言，会产生一定的特征性频移；二是散射光具有一定的定向性，即在入射基频光的前进方向或相反方向。

(1) 受激瑞利翼散射。在强激光入射到由各向同性分子组成的苯或硝基苯这类有机液体中时，介质内分子有一定程度的规则取向趋势，从而导致电极化特性或介质折射率的感应变化，产生相对于入射光而言的频移散射，称为受激瑞利翼散射。

散射光相对于入射光而言向低频方向移动量为 $\Delta\omega$，它取决于介质分子再取向的特征时间 τ_0，关系为

$$\Delta\omega \cdot \tau_0 \approx 1 \tag{6.4-1}$$

在入射光强超过一定阈值时，由于散射光在前向或后向最易于获得超过损耗的净增益，因此受激瑞利翼散射可用定向相干辐射方法检测。

研究受激瑞利翼散射效应，可以间接研究液体介质的分子极化率、德拜弛豫时间、黏滞系数等参数。

(2) 受激热瑞利散射。在一些对入射激光有轻微吸收作用的液体或气体介质中，被吸收的一部分光能转变为介质热能并引起分子密度分布或折射率分布的感应动态变化，导致发生相对于入射光而言的频移散射，称为受激热瑞利散射。

相对于入射光而言的高频方向的频移量为

$$\Delta\omega \approx \frac{1}{2}(\Gamma_0 + \Gamma_0') \tag{6.4-2}$$

式(6.4-2)中 Γ_0 为入射强光的线宽，Γ_0'为普通瑞利散射线宽。受激瑞利散射的特点是频移较小，谱线较宽。

2. 受激拉曼散射效应

1962年 E. J. Woodbury 把硝基苯放入红宝石激光器中的共振克尔盒中进行调Q实验时，首先发现受激拉曼散射效应，观测到除了红宝石波长为694.3nm的激光谱线外，还有一条波长为767nm的谱线。这条未知谱线的位置刚好与用作Q开关的克尔盒中的硝基苯液体的一条最强的拉曼散射谱线重合，因此人们得出结论，发现的新谱线缘于硝基苯的受激拉曼散射谱线。受激拉曼散射属于非弹性散射。

受激拉曼散射(Stimulated Raman Scattering，SRS)是非线性光学中一个很重要的非线性过程，是高强度的激光与非线性介质的振动模式相互作用产生的一种三阶非线性光学效应。受激拉曼散射效应是强光与物质相互作用的结果，即只与散射分子的组成和内部相对运动规律有关，包括与入射光的简并度、光强或频谱结构等有着十分密切的依赖关系。由此可以看出，频移量仅与非线性介质有关，而与入射基频光的频率无关。

(1) 受激拉曼散射的特点

① 受激拉曼散射具有明显的阈值性。与自发拉曼散射不同，只有入射到拉曼介质的激光束光强或其功率密度超过一定阈值之后才能产生受激拉曼散射，阈值强度与拉曼介质的增益和泵浦激活区长度有关。

② 受激拉曼散射光的方向性极好，而且具有特殊的角度依赖性，一般可达到与入射激光的发散角相接近。一阶斯托克斯辐射的发散角约为1°～2°。而且主要发生在前方和后方。在正常拉曼散射中，其散射光的光强和方向性的依赖关系是不明显的。

③ 受激拉曼散射的强度极高。在正常拉曼散射中，其光强要比泵浦光强小几个数量级。但受激拉曼散射斯托克斯光和反斯托克斯光的强度可达到和入射的泵浦光强相比拟的程度。能量转换效率较高。

④ 受激拉曼光谱线宽变窄。受激拉曼散射光具有良好的单色性，当入射光强超过阈值时，受激拉曼光谱线宽变窄，其宽度与泵浦光线宽有关。当利用窄带单模激光泵浦时，甚至能得到比泵浦光谱线更窄的受激拉曼线。

⑤ 受激拉曼散射光的脉冲时间变短。受激拉曼散射的时间变化特性与入射激光的时间变化特性相似，往往小于入射激光持续时间。在受激拉曼散射中特别是后向散射时，散射脉冲时间更短。

⑥ 多重谱线特性。除了可以观察到(ν_s为拉曼光谱频率)$\nu_s=\nu_0$的谱线外，还可以观察到$\nu_s=\nu_0-n\Delta\nu$($n=1$，2，3，…)的多重谱线，称为1、2、3阶或更高阶斯托克斯线。同阶的斯托克斯线和反斯托克斯线也并不同时出现。往往首先出现若干阶斯托克斯线，然后才出现低阶反斯托克斯线，而且一阶斯托克斯线为漫线，二阶以上才为锐线，而各阶反斯托克斯线均为锐线。此外，高阶斯托克斯线及反斯托克斯线均与入射光成某一夹角出射。

⑦ 受激拉曼散射的谱线往往与正常拉曼散射线中最强的谱线相同。

⑧ 在受激拉曼散射中反斯托克斯线容易出现。反斯托克斯线与斯托克斯线的强度可以近似相等。在某些特殊情况下，反斯托克斯线比斯托克斯线更明锐。图6-5给出了分子散射的量子跃迁图解。图6-5(a)对应于瑞利散射过程。图6-5(b)对应于斯托克斯散射光的形成过程；图6-5(c)对应于反斯托克斯散射光的形成过程。

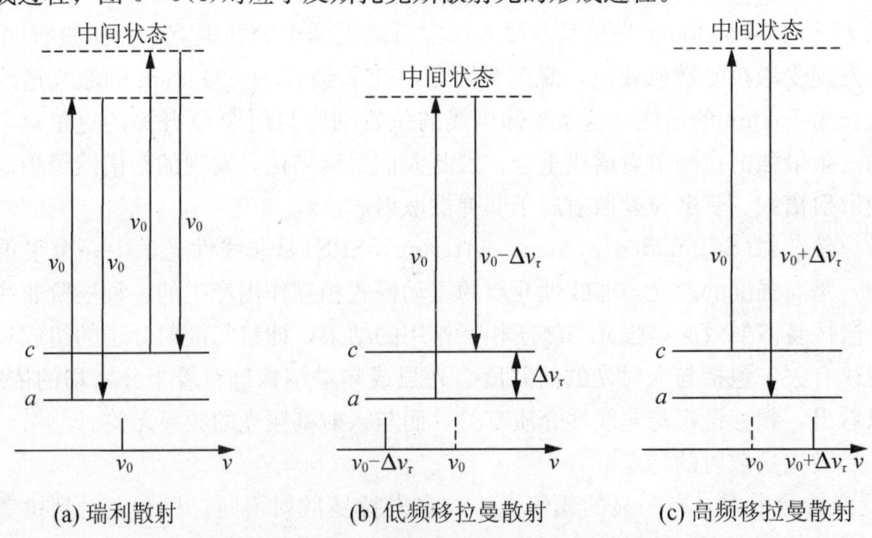

图6-5 分子散射的量子跃迁过程图示

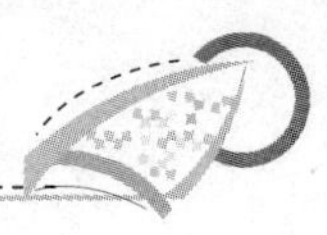

(2) 受激拉曼散射分类

受激拉曼散射在辐射出散射光子的同时，伴随着粒子由初始能级向终止能级的跃迁过程。因此按照受激拉曼散射的跃迁机制分类，主要有振动跃迁、自旋反转、电子跃迁及纯转动跃迁受激拉曼散射等几类，最多的表现为分子不同振动(或转动)能级之间的跃迁，在特殊的半导体介质中，也可表现为自旋反转能级之间的跃迁，下面分别加以介绍。

① 电子跃迁受激拉曼散射。这是一种基于散射介质中的原子在其不同电子能级间跃迁而产生受激散射的方法，可以获得更明显的散射频移。用于产生这种受激散射的介质主要有钾、铯等金属原子蒸气。在利用近紫外、可见及近红外光作用下，可以获得近红外及中红外区的相干光辐射输出。如果同时利用入射光子能量与介质某一电子能级发生共振增强作用，辐射的效率会更高。

② 纯转动跃迁受激拉曼散射。用简单双原子分子的纯转动能级间的跃迁，能获得较小的频移量，这种受激散射称为纯转动跃迁受激拉曼散射。散射介质主要为低温下的仲氢气体，如果同时采用差频共振四波混频激励的方法，可以获得增强的受激拉曼散射效应。

自旋反转跃迁受激拉曼散射：强单色光波半导体相互作用，介质内的可漂移载流子引起的一种特殊形式的受激拉曼散射效应。在施以外加磁场条件下，半导体导带中电子的朗道能级可按两种相反的自旋取向而分裂为两个子能级，能级间隔与散射的频移量关系如下：

$$\Delta\omega=|g^{*}|\mu_b\boldsymbol{B}/\hbar \tag{6.4-3}$$

式(6.4-3)中，g^{*}为电子的有效回磁比，μ_b为玻尔磁子，$\boldsymbol{B}$为外加磁场强度，$\hbar$为普朗克常数。改变磁场强度的大小就可以实现散射光的连续可调谐，实现连续变频。这种散射的介质主要为InSb半导体单晶。

③ 超拉曼散射。超拉曼散射现象是三光子拉曼散射效应，或者二次谐波散射效应。R. W. Terhune等人在1965年第一次在水河熔融石英、四氯化碳中观察到超拉曼散射效应。当入射光足够强，但仍不足以出现受激拉曼散射时，会出现频率为$2\nu_0\pm\nu_R$或$3\nu_0\pm\nu_R$的拉曼散射，称为超拉曼散射，其拉曼散射的谱线强度很弱。

(3) 用于产生受激拉曼散射的三阶非线性工作物质分类

① 液体。主要是苯、硝基苯、甲苯、CS_2等几十种有机液体，它们具有较大的散射截面和一些已知的散射频移谱线，散射频移对应着液体分子的振动拉曼跃迁。

② 固体。主要是以金刚石、方解石、碘酸锂等为代表的晶体，此外还有光学玻璃和光学玻璃纤维等介质，散射频移亦对应着分子或玻璃体网络单元的振动拉曼跃迁。

③ 气体。在气压为几十到几百大气压的H_2、N_2、D_2、CH_2等高压气体中也可产生受激拉曼散射，采用较高的气压，是因为散射增益因子与分子密度成正比。散射频移主要对应分子的振动(或振-转)拉曼跃迁，亦可对应纯转动拉曼跃迁。此外，用某些金属原子蒸气作介质，亦可产生对应于电子跃迁的受激拉曼散射。

④ 半导体。利用某些置于外加直流磁场中半导体介质(如INSb晶体)的导带电子在其塞曼分裂子能级之间的跃迁，可实现一种特殊形式的所谓受激自旋反转拉曼散射，其主要特点是，拉曼散射频移值可通过改变外加磁场强度而连续调谐。

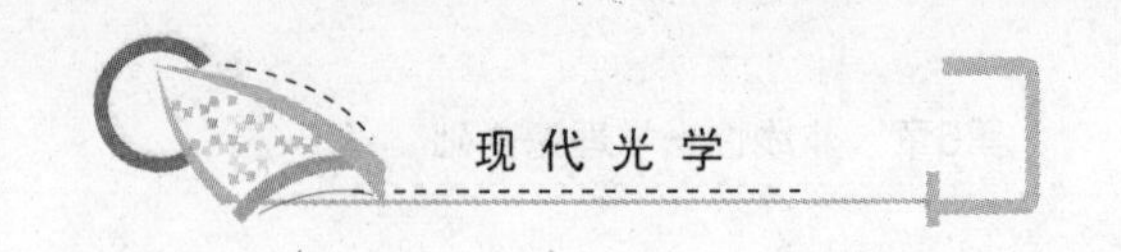

3. 受激布里渊散射

众所周知，当一定频率的单色光入射到衍射光栅上时，将在某一特定方向上产生衍射极大值，而当这种光栅处于运动状态时，则除了在特定方向上产生衍射极大值外，还将由于多普勒效应而引起衍射光频率的变化。如果以一个充有某种介质的超声盒代替光栅，由于超声振动的结果，引起介质密度(从而也是折射率)随时间和空间的周期性起伏，因此超声振动介质本身相当于一个运动着的光栅，当一束单色定向光束通过它时，将在某些确定的方向上产生频率移动了的衍射极大光，衍射光的方向和频移量的大小与介质内的超声波场特性(如运动速度和方向)有关。

在一般情况下，任何光学介质内部均存在着由大量质点统计热运动所形成的自发的弹性力学声波场，这种声波场可分解为无数多单色简谐平面声波之和，每一种单色平面声波场将引起介质密度随时间和空间的周期性变化，因此将引起对入射光波的“衍射”效应，并且“衍射”光的频率将随声波场的速度和传播方向不同而产生变化，这就是普通布里渊散射的经典物理图像。介质内由自发热运动产生的弹性声波场总是十分微弱的，加上在激光技术出现前又缺乏高单色定向亮度的光源，因此使得对普通布里渊散射现象的观测比较困难，从而也限制了布里渊散射技术的发展。

从场的量子理论出发，可以对受激布里渊散射给出更简明的描述。此时可把这种过程看成是光子场与声子场之间的散射过程，亦即入射光子、散射光子、声子三者之间的参量作用过程。在作用过程中，应满足能量守恒与动量守恒，并且以下述两种可能的方式进行。

(1) 斯托克斯散射光的形成。此过程可表示为一个入射光子的湮灭以及一个感应声子(通过电致伸缩机制)和低频光子的同时产生，关系如下：

$$\nu_0=\nu_s+\nu_a;\ \boldsymbol{k}_0=\boldsymbol{k}_s+\boldsymbol{k}_a \tag{6.4-4}$$

式中，ν_0、ν_s、ν_a 分别为入射光子、散射光子、感应声子的频率，$\boldsymbol{k}_0$、$\boldsymbol{k}_s$、$\boldsymbol{k}_a$ 分别为对应的 3 种光波的波矢。可以看出，这种散射过程的特点是一部分入射光能量转变为介质内的感应声波场能量。

为求出散射光频移量的大小，可按图 6-6 所示的波矢耦合条件进行考虑。由式(6.4-4)可看出，由于 $\nu_0\leqslant\nu_s$、$\nu_0\leqslant\nu_a$，故可以认为 $\nu_0\approx\nu_s$ 或 $\boldsymbol{k}_0\approx\boldsymbol{k}_s$。在满足上式的情况下，应近似有

$$\frac{1}{2}\boldsymbol{k}_a=\boldsymbol{k}_0\sin\left(\frac{\theta}{2}\right) \tag{6.4-5}$$

式中，$\boldsymbol{k}_a=2\pi/\lambda_a=2\pi\nu_a/v_a$，$\boldsymbol{k}_0=2\pi n/\lambda_0=2\pi n\nu_0/c$，这里 λ_0、λ_a 分别为入射光子和声子的波长，v_a 和 c/n 分别为介质内声子和光子的速度，n 为介质折射率，θ 为所考察的散射光相对于入射光的夹角。由此可进一步得到

$$\Delta\nu=\nu_0-\nu_s=\nu_a=2\nu_0\frac{nv_a}{c}\sin\left(\frac{\theta}{2}\right) \tag{6.4-6}$$

由上式可以看出，当散射角 $\theta=\pi$ 时(反向散射)，斯托克斯散射光的频移为最大，$\Delta\nu=2\nu_0 nv_a/c$，在实验测量 $\Delta\nu$ 值后，可间接确定介质内的声速 v_a。由图 6-6 还可以看出，对

$\theta=\pi$ 的反向散射来说，波矢是按共线方向实现的，亦即声波场与入射光相同而与散射光相反。

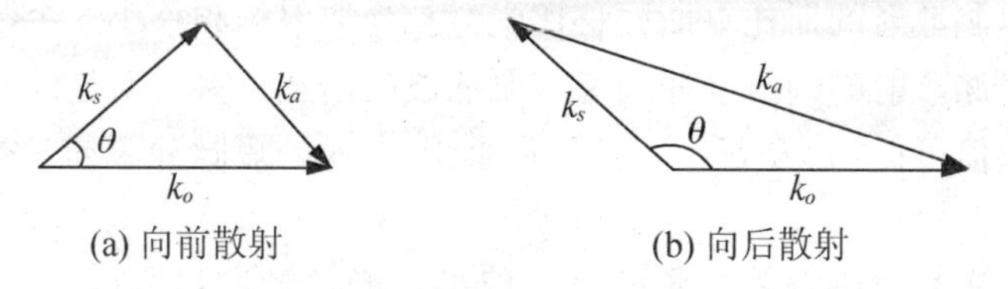

(a) 向前散射　　(b) 向后散射

图 6－6　斯托克斯光的产生

（2）反斯托克斯散射光的形成。此过程可表示为一个入射光子和一个强声波场声子的湮灭以及一个高频散射光子的同时产生，亦即

$$\nu_0+\nu_a=\nu_{as}$$
$$\boldsymbol{k}_0+\boldsymbol{k}_a=\boldsymbol{k}_{as} \tag{6.4-7}$$

式中，ν_{as} 和 $\boldsymbol{k}_{as}$ 分别为高频移散射光的频率和波矢。可以看出散射的特点是介质内已经产生的强声波场将其一部分能量转移到散射光之中。

由图 6－7 可看出，反斯托克斯光相对于入射光的频移值为

$$\nabla\nu=\nu_{as}-\nu_0=2\nu_0\ \frac{n\nu_0}{c}\sin\left(\frac{\theta}{2}\right) \tag{6.4-8}$$

同样由上式可见，当 $\theta=\pi$（反向散射）时，频移数值为最大；此时要求介质内强声波场的方向同入射光相反。

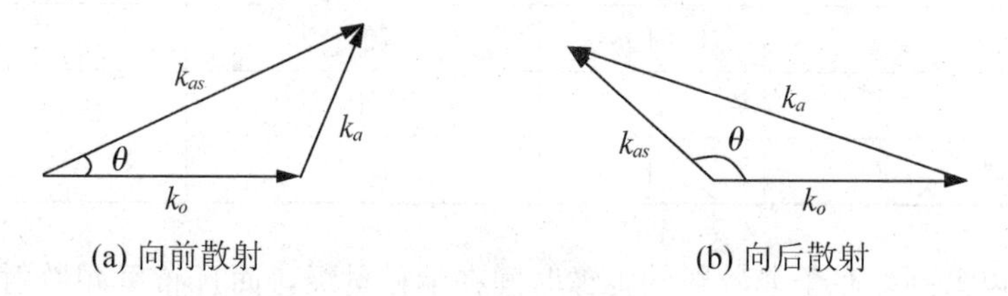

(a) 向前散射　　(b) 向后散射

图 6－7　反斯托克斯光的产生

在实际的受激布里渊散射过程中，第一阶段一般是斯托克斯光的产生过程。入射激光的一部分能量转变为电致伸缩效应感应产生的声波场能量，同时产生向低频方向移动的斯托克斯散射光，当介质内的感应声波场足够强时，便开始第二阶段的反斯托克斯散射光的产生过程。此时介质吸收一部分的入射光子和声波的能量，同时产生向高频方向移动的反斯托克斯散射光。

SBS 过程可经典地描述为泵浦波、斯托克斯波通过声波进行的非线性互作用，泵浦波通过电致伸缩产生声波，然后引起介质折射率的周期性调制。泵浦引起的折射率光栅通过布拉格衍射散射泵浦光，由于多普勒位移散射光产生了频率下移。同样，在量子力学中，这个散射过程可看成是一个泵浦光子的湮灭，同时产生了一个斯托克斯光子和一个声频声子。

布里渊散射与拉曼散射的区别与联系：受激布里渊散射中参与的是声频声子，而受激拉曼散射中参与的是光频声子。二者截然不同。

(1) 光纤中受激拉曼散射产生的斯托克斯波向前后两个方向传输，而由受激布里渊散射产生的斯托克斯波则仅有后向传输波。

(2) 受激布里渊散射的斯托克斯频移比受激拉曼散射的频移小3个数量级。

(3) 受激布里渊散射的阈值泵浦功率与泵浦波的谱宽有关，对连续泵浦或是相对较宽的脉冲泵浦，其阈值可低约1mW，而对脉宽小于10ns的短脉冲泵浦，受激布里渊散射几乎不会发生。

布里渊增益频谱具有洛仑兹频谱轮廓，但是其增益频谱很窄(约10MHz)，所以在计算中可以近似地认为斯托克斯光是单色光，其增益系数即为布里渊增益系数峰值。

假定声波是以 $\exp=(-\Gamma_B t)$ 衰减的，则布里渊增益系数峰值为

$$g_B=\frac{2\pi^2 n^7 p_{12}^2}{c\lambda_P^2\rho_0\nu_A\Gamma_B} \tag{6.4-9}$$

式中，p_{12} 为纵向弹光系数，ρ_0 为材料密度。

在众多的非线性效应中，受激布里渊散射现象最为常见，也是研究最多的一种，其原因可以从表6-3中得到解释。

表6-3 各种散射的有关参数

散射过程	频移 ν/cm^{-1}	线宽 $\delta\nu/\mathrm{cm}^{-1}$	截面 $\frac{d\sigma/d\Omega}{\mathrm{cm}^{-1}\cdot\mathrm{sr}^{-1}}$	增益因子 $g/(\mathrm{cm/MW})$	弛豫时间 r/s
拉曼散射	1 000	5	10^{-2}	5×10^{-3}	10^{-12}
布里渊散射	1	5×10^{-3}	10^{-6}	10^{-2}	10^{-9}
瑞利中心散射	0	5×10^{-4}	5×10^{-7}	10^{-4}	10^{-8}
瑞利翼散射	0	1	10^{-6}	10^{-3}	5×10^{-12}

从上表可以看到，布里渊散射的弛豫时间在纳秒量级，而且布里渊散射的散射截面和增益因子相对于其他几种机制是最大的。由于各种非线性效应之间存在竞争，因此当效率高的受激布里渊散射已经建立起来，其他散射机制就会受到抑制。

用于布里渊散射的三阶非线性工作物质应该满足以下要求：它们应在泵浦波长区域高度透明、具有较大的非线性系数、具有较高的质量密度、具有较高的抗激光阈值。常用的代表性的工作物质主要有以下几类。

(1) 液体。主要是苯、二硫化碳、二甲亚砜、四氯化碳、甘油、水、液态气体等几十种有机液体，它们具有较大的散射截面和一些已知的散射频移谱线，散射频移对应着液体分子的振动拉曼跃迁。

(2) 固体介质。主要是以晶体石英、熔融石英、青玉晶体、有机晶体等晶体为代表，此外还有光学玻璃和光学玻璃纤维及高分子聚合物材料等介质。

(3) 气体。在气压为几十到几百大气压的 H_2、N_2、CH_4、CO_2 等高压气体中也可产生受激布里渊散射，采用较高的气压，是因为散射增益因子与分子密度成正比。

受激布里渊散射的主要应用如下。

（1）受激布里渊散射的低阈值使它可获得广泛应用。

（2）可以制作光纤布里渊激光器。这种激光器有两种基本的配置，其一为环形腔配置，其二为法布里-珀罗腔配置。两种配置各有其优点，并有着不同的用途，其共同点是由腔结构本身提供了反馈而形成稳定振荡，从而使布里渊阈值降低。

（3）可被用来制作光纤陀螺，用作转动测量和飞机、飞船、导弹等的空间定位。

（4）基于布里渊散射频移随应变和温度变化而变化的特性而应用在光纤传感技术中。

（5）可以利用SBS脉冲压缩效应获得高功率窄脉宽的激光输出。当入射光的功率密度超过受激布里渊散射阈值传播的斯托克斯光脉冲与泵浦光脉冲的传播方向相反，所以总是斯托克斯光脉冲的前沿先与未被衰减的泵浦光脉冲相遇，产生耦合放大，前沿获得优先放大，使前沿变陡。因此，在脉冲得到完全放大后，激光脉冲能量转移到了一个较窄的背向脉冲中，从而形成压缩效应。由于能量一定，而脉宽缩短，故光功率得到提高。

（6）可制成高效率的可连续调谐的激光变频器。

（7）是用来产生光学相位共轭波的最有效方法之一。

6.4.2　强光自聚焦、相位自调制和光谱自加宽效应

强光与非线性介质相互作用过程中，非线性介质的折射率会发生感应变化，如果入射光束截面内光强分布不均匀，中心强而边缘弱，介质内会产生非均匀的折射率感应变化，从而引起非线性介质对入射光产生汇聚或发散作用，形成自聚焦或自散焦效应。如果入射基频光为足够短的强激光脉冲，非线性介质内会产生瞬态折射率变化，从而对入射基频产生一种瞬态的相位调制作用，同时入射光脉冲将产生快速移动及明显的加宽效应。本节重点讨论强光自聚焦、自调制及自加宽效应。

1. 强光自聚焦效应

设有一束横向非均匀分布的激光通过非线性介质，其光束分布会造成横向折射率变化，它的变化规律与光束的光强横向分布相关，这种横向折射率的变化将引起光束的聚焦（或散焦）。

假设横向分布为高斯分布，强激光入射到各向同性非线性介质中，介质的感应电极化强度为

$$\boldsymbol{P}=\chi^{(1)}\boldsymbol{E}+\chi^{(3)}\boldsymbol{EEE} \tag{6.4-10}$$

入射单色光束为

$$\boldsymbol{E}=\boldsymbol{a}E=\boldsymbol{a}E_0(x,y,z)\exp[\mathrm{i}(kz-\omega t)] \tag{6.4-11}$$

当入射光束截面光强分布不均匀时，感应的折射率变化为

$$\Delta n(x,y,z)=n_2\,|E_0(x,y,z)|^2 \tag{6.4-12}$$

其中介质的非线性折射率系数 n_2 为

$$n_2=\frac{1}{2n_0}\chi_e^3(\omega,\ -\omega,\omega) \tag{6.4-13}$$

如果光束截面横向光强分布为圆对称性的，相应的折射率的变化量为

$$\Delta n(r,z)=n_2\,|E_0(r,z)|^2 \tag{6.4-14}$$

假设光束横截面内的径向变量为 r。在一般情况下，横向光强随径向半径增加而减小，光束在非线性介质中的传播的几种可能形态如图 6-8 所示。其中图 6-8(a)为弱光入射或在线性介质中传播的情况，光束由于衍射作用而自然发散；图 6-8(b)为强光入射并在非线性介质中传播的情况，非线性介质相当于一个凸透镜的作用，光束聚焦在某一点后再发散；图 6-8(c)为强光束入射到非线性介质中产生自陷的情况，光束在聚焦后不再发散，而以细丝状方式在非线性介质内沿径向继续传播；图 6-8(d)表示强光束在非线性介质内产生自散焦的情况，这时非线性介质相当于一个凹透镜的作用，光束在传播过程中迅速扩散传播。

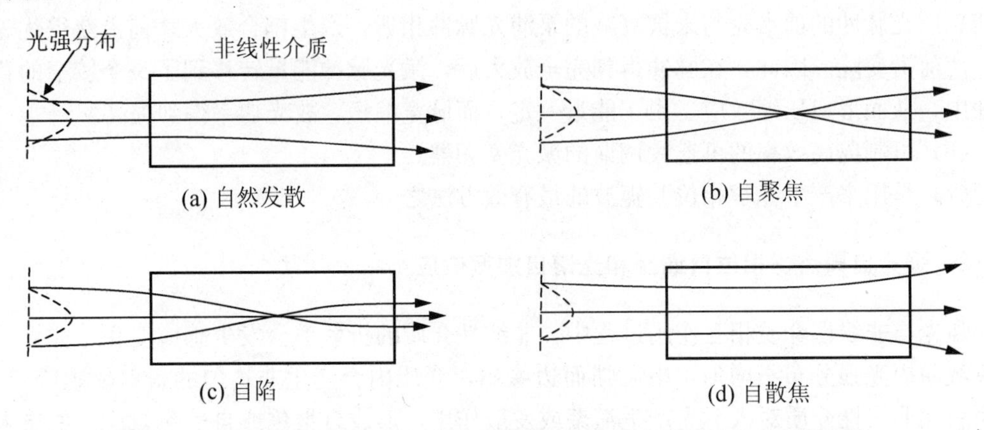

图 6-8　非均匀横向光强分布的准平行光束在介质中传播的几种可能形态

图 6-9 给出了在图 6-8 所示的 4 种情况下，光轴中心光强随介质内传输距离的变化关系，可以看出，当入射光束在非线性介质内产生自聚焦或自陷时中心光强明显增强，此时易发生非线性光学效应，若发生光致击穿效应，光学介质本身受到破坏。从图 6-9 中描绘的 4 种情况下的变化关系中可以看出，产生自聚焦时中心光强明显增强，进而产生一系列非线性光学效应，包括自聚焦、自陷、自然发散及自散焦。大量实验结果表明，图 6-8(b)对应于出现较多的稳态自聚焦现象。

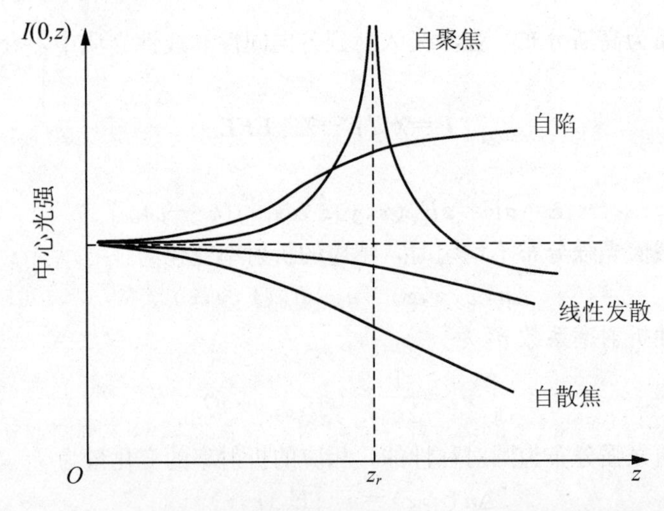

图 6-9　准平行光束在介质内传播时轴上中心光强随距离变化的曲线

图 6-10 给出了不同入射条件下的自聚焦图像，图 6-10(a)为平行光入射时，光束保持不发散地沿介质内传播；图 6-10(b)为入射波为弱汇聚时，此时只有一个焦点；图 6-10(c)为当入射光波为强汇聚时，第一个汇聚点向入射面方向前移，并且在其后还会出现第二个汇聚点；图 6-10(d)为当发散球面波入射时，光束在介质内逐渐由发散而转变为汇聚光。通过以上分析可以得出控制自聚焦的方法有以下几种：使光束截面内的光强尽可能地均匀，扩大入射光束口径，以发散光的形式入射等。

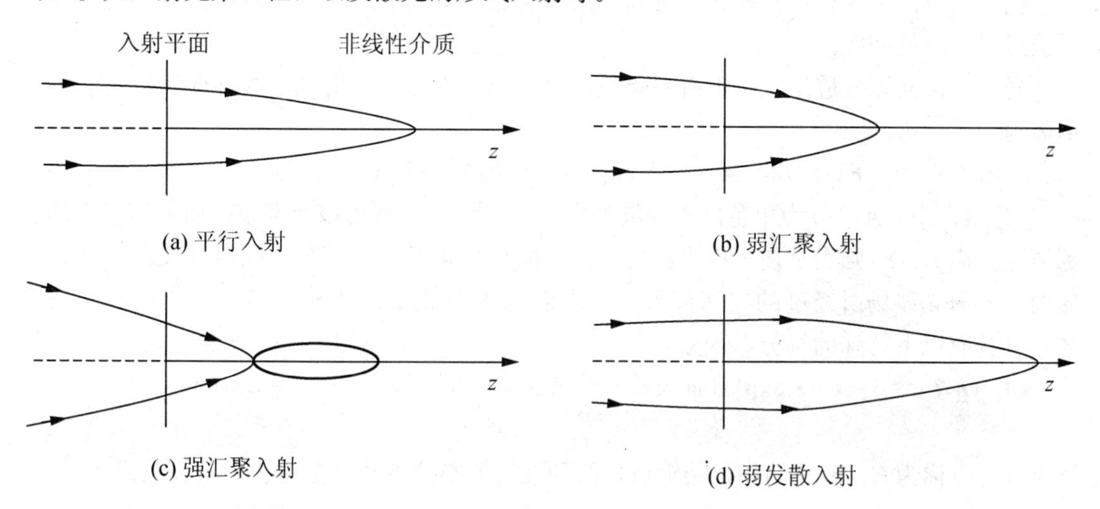

图 6-10　不同入射条件下的自聚焦图像

2. 相位自调制效应

在动态自聚焦过程中，自聚焦焦点位置处将产生瞬时的折射率增量波导，在波导区域内折射率变化的响应时间由导致介质感应折射率变化的物理机制的响应时间决定，与入射光无关。在介质内的感应折射率变化量为 $\Delta n_f(t)$，此时的相位变化量为

$$\Delta\phi(t)=\frac{\omega L}{c}\Delta n_f(t) \tag{6.4-15}$$

式中 L 为介质的长度，ω 为光的圆频率。

3. 光谱自加宽效应

瞬时的相位调制变化引起光束的频谱加宽效应。相应的变化为

$$\Delta\omega(t)=-\frac{\partial}{\partial t}\left[\frac{\omega L}{c}\Delta n_f(t)\right] \tag{6.4-16}$$

实现自调制与自加宽要满足以下两个苛刻的条件：一方面入射光脉冲要足够短，即运动焦点速度略大于等于光速；另一方面要求介质的长度要足够长，使光束本身在传播过程中与运动焦点几乎保持同步，而充分经受感应折射率的相位调制影响。

研究自聚焦、自调制与自加宽效应可以提供克服引起的非线性介质破坏或波面畸变影响的有效途径，还可以解释一系列非线性光学效应以及在实验中利用晶体时要注意的事项等等。

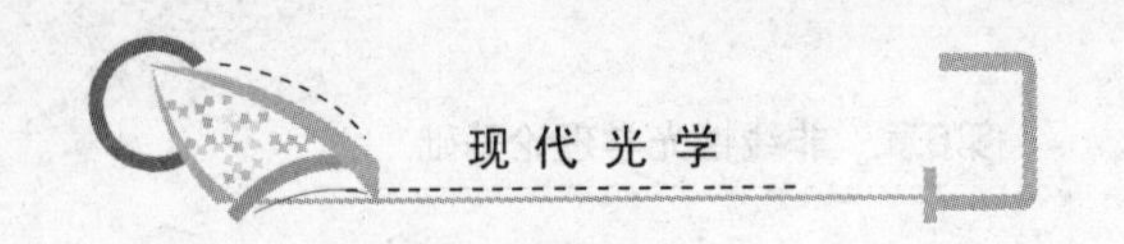

6.4.3 光学相位共轭效应

光学相位共轭效应是 20 世纪 70 年代末期发展起来的一类新型非线性研究课题。光学相位共轭是指利用特殊的四波混频效应等物理过程，来产生对参与多波相互作用的某一光波而言，具有复共轭相位分布的新的光波场，这个新的光波场就被称为某一指定入射光波的相位共轭波。利用相位共轭技术可以解决有关远距离瞄准、实时全息显示等一些用其他方法难以解决的问题。

光学相位共轭效应定义：设有一单色准平面光波沿方向入射到非线性介质中，其场强函数为

$$\boldsymbol{E}_1(\boldsymbol{r},t)=\boldsymbol{A}_1(\boldsymbol{r})\cdot\exp[\mathrm{i}(\omega t-kz)]=\boldsymbol{E}_1(\boldsymbol{r})\exp(\mathrm{i}\omega t) \qquad (6.4-17)$$

式(6.4-17)中，$\boldsymbol{A}_1(r)$为单色准平面波复数振幅函数，体现出该波场波振面偏离平面的实际情况；而$\boldsymbol{E}_1(\boldsymbol{r})$则表示该入射光波场不随时间而变化的函数部分。同时假设在非线性介质内，入射光波场所经过的空间某处，存在着与入射波反向传输的第二个单色准平面波场，它具有以下特殊的场分布函数：

$$\boldsymbol{E}_2(\boldsymbol{r},t)=\boldsymbol{A}_2(\boldsymbol{r})\cdot\exp[\mathrm{i}(\omega t-kz)]=\boldsymbol{A}_1^*(\boldsymbol{r})\exp[\mathrm{i}(\omega t+kz)]=\boldsymbol{E}_2(\boldsymbol{r})\exp(\mathrm{i}\omega t) \qquad (6.4-18)$$

则$\boldsymbol{E}_2(\boldsymbol{r},t)$称为$\boldsymbol{E}_1(\boldsymbol{r},t)$的相位共轭波，两种波场的空间变化函数的复数共轭关系为

$$\boldsymbol{E}_2(\boldsymbol{r})=\boldsymbol{A}_2(\boldsymbol{r})\cdot\exp(-\mathrm{i}kz)=\boldsymbol{A}_1^*(\boldsymbol{r})\cdot\exp(\mathrm{i}kz)=\boldsymbol{E}_1^*(\boldsymbol{r}) \qquad (6.4-19)$$

从以上几个式子可以得出两个光波传输方向相反，而在空间同一点上的场分布具有互为共轭的关系。

可以采用图 6-11 来说明相位共轭波的畸变补偿能力。图 6-11(a)中表示一束理想平面波在介质中传播时波面发生畸变，透射波经一平面镜后反射，再返回来重新通过扰动介质时，出射波面发生的畸变影响成倍增加；图 6-11(b)中表示同样一束理想平面波经过扰动介质后，再经过相位共轭反射镜后，重新通过扰动介质，此时的出射波面畸变已经消除，将恢复为理想的平面波。从这两个图可以看出，相位共轭波具有补偿相位畸变的能力。

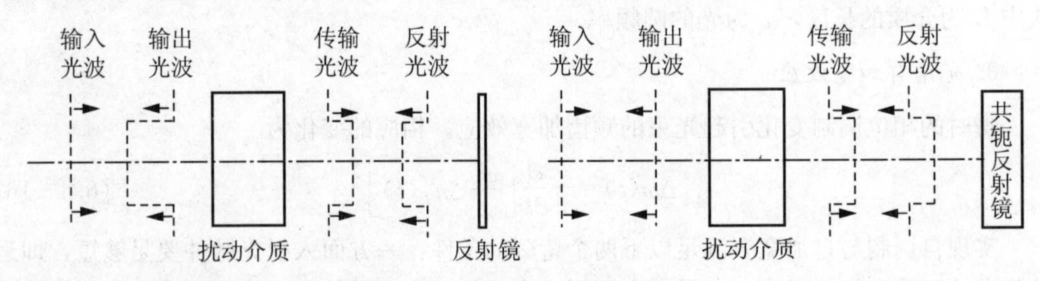

(a) 入射波经镜面反射通过扰动介质后畸变加倍　(b) 相位共轭波反向通过扰动介质后畸变消除

图 6-11 相位共轭波的畸变补偿

在非线性光学领域内，可以有 3 种主要方法来实现光学相位共轭波。

利用简并四波混频效应产生后向共轭波。利用频率相同的两组对撞光束在三阶非线性

介质内进行四波混频，进而产生相对于一个入射光场而言的反向共轭波。

利用四波和三波混频产生前向相位共轭波。在三阶非线性介质内，利用频率相同的三束前向相干光束互相成微小角度重合入射到非线性介质中，可在前向的特定角度上产生新的相干光束。这个新产生的相干光束，可以是其中一束入射光波的相位共轭波。还可以通过在二阶非线性介质内，通过特殊的三波混频产生相对于入射光波中的一束光成共轭关系的相位共轭波。

还可以利用后向受激布里渊散射产生相位共轭波。与利用非线性四波或三波混频的方法相比，通过后向受激散射方法产生的相位共轭波，具有不要求相位匹配、无严格的光学调整要求，以及可获得较高非线性反射率等明显优点，由此而成为产生光学相位共轭波的最有效的技术手段。

光学相位共轭效应在特种激光器系统中的应用如图 6－12 所示，它们分别为：激光振荡器系统、激光放大器、激光自动聚焦击靶系统、激光远程武器系统和激光搜寻与救援系统。

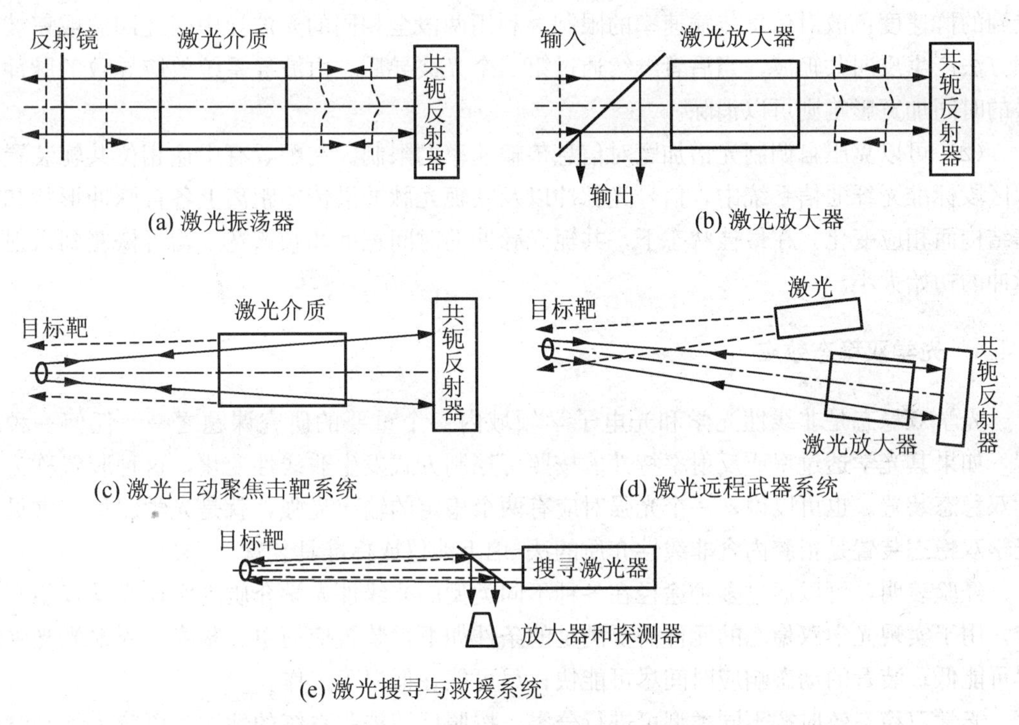

图 6－12　相位共轭反射器在特种激光器系统中的应用

(1) 激光振荡器系统。利用一个共轭反射装置作后腔镜，此时由激光介质静态光学不稳定和动态折射率畸变所造成的影响可以完全得到自动补偿。

(2) 激光放大器。一束高质量的理想波面的激光经过放大介质后，波面将发生畸变，但经共轭装置反射并反向通过放大介质后，引起的畸变可以获得消除，进而获得具有理想波面的激光放大输出。

(3) 激光自动聚焦击靶系统。在高泵浦条件下，同高增益激光介质向前方发射出具有较大发散程度的初始受激发射光束包容了一个特殊的微型物靶，一部分由该物靶反射的光束可反向通过非线性介质获得放大，然后经共轭反射后再次前向通过激光介质获得放大，经过两次放大的激光束将按照原路返回物靶，并将全部所携能量准确无误地馈入微型物靶。

(4) 激光远程武器系统。利用一台辅助激光搜寻器通过放大发射角激光束捕获到目标靶，由后者反射的微弱信号的一部分被一台强大的激光放大器收集和放大后，经共轭反射并再次前向通过放大器后，能携带巨大光能准确无误地击中即使是处于高速运动状态中的物靶。

(5) 激光搜寻与救援系统。在用配置有搜寻激光器的飞行器对目标区域进行同步扫描探测的过程中，一旦搜寻激光束捕获到待救援人员所携带的合作物靶后，由后者反向发射出的相干光辐射信号将全部按原路返回飞行器，从而可获得较高的探测信噪比。

相位共轭技术在高比特速率远距离光纤通信系统中的应用包括以下几个方面。

(1) 利用前向相位共轭波脉冲的频谱反转原理，可以克服光载波在光纤传输系统中经受到的群速度色散对信息传输速率的限制。利用两段全相同的光波导中间经四波或三波混频方法产生反向共轭波，当后者继续通过第二个光波导后，由波导系统效应导致的脉冲信号的时间加宽影响则可以消除。

(2) 可以克服自调制光谱加宽对信息传输速率的限制。在配置有中途相位共轭装置的双区段标准光纤通信系统中，信号光脉冲以及共轭光脉冲沿传输距离上各自脉冲形状和频谱结构而相应变化，在最佳状态下，共轭光脉冲的时间宽度和频谱宽度均可恢复到入射光脉冲的初始大小。

6.4.4 光学双稳态效应

光学双稳态是非线性光学和光电子学领域内一个重要的研究课题之一。任何一种装置，如果其光学透过率或反射率特性能按照可控制方式发生非线性变化，这种装置称为光学双稳态装置。也可以说，一个光强对应有两个稳定的输出光强，就是光学双稳。常见的光学双稳态装置是指腔内含非线性介质的法-珀干涉仪或标准具装置。

经验表明，可以通过多种途径在各种不同类型的非线性光学介质内实现光学双稳态效应。用于实现光学双稳态的元件需要满足的条件如下：装置应简单、紧凑；入射光光强应尽可能低；装置的动态响应时间尽可能快；尽可能在低温下工作。

光学双稳态效应按不同类型可进行分类。按照反馈控制系统的性质，可分为纯光学型和光-电混合型两大类。纯光学型的优点是能获得较快的动态响应时间，不足之处是需要较高的入射光强。光-电混合型的优点是能在较低的入射光强条件下工作，缺点是响应特性受控制线路的限制。

按照光学双稳态的结构特点，可分为多光束干涉仪型、波导型、全内反射型、自聚焦型及双光束干涉仪型。

按照装置中非线性介质对入射光的透过率而言，可分为三大类，有共振型、准共振型、非共振型。共振型是入射光频率与非线性介质的某一吸收谱带的中心位置准确重合；

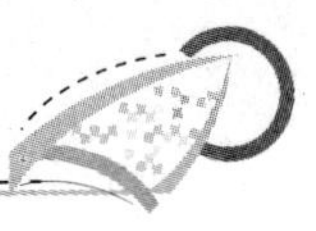

准共振型是入射光频率，与非线性介质的某一吸收谱带的中心位置并不准确重合，二者非常接近；非共振型是入射光频率远离非线性介质的某一吸收谱带。

按照装置中非线性介质在入射光的非线性光学响应特性而言，可分为两类：一类是色散型装置，其工作原理是因为非线性介质的折射率感应变化；另一类是吸收型装置，其工作原理是基于非线性介质的透过率感应变化。

利用光学双稳态装置，可以实现光学微分放大器、光学限幅器、光学快速开关、光学计数与记忆元件、光学三极管放大器、光学削波器等等。

6.4.5　瞬态相干光学效应

瞬态相干光学效应是指比较短的激光脉冲(或快速变化脉冲)与共振非线性介质相互作用过程中所产生的一些特殊的效应，包括自感透明效应、光子回波效应、光学章动效应、拉曼拍频及自由感应衰减现象等等。产生瞬态相干的条件：首先必须是共振介质，其次是入射光的脉冲足够短。下面分别介绍几种主要的瞬态相干光学效应的现象及其各种应用。

1. 自感透明效应

自感透明是指共振吸收介质对入射强激光脉冲的透过率强烈地依赖于入射光场强函数相对于作用时间积分的面积大小，特别是当积分面积等于 2π 时，介质对光脉冲呈现出完全透明的特点，即当单色强激光入射到某共振介质中时，场强的时间变化振幅函数相对于时间的积分面积满足以下条件：

$$\theta_0=\frac{2\pi p_0}{h}\int_{-\infty}^{\infty}E(t)\mathrm{d}t=2\pi \tag{6.4-20}$$

式中，p_0 为单个粒子共振跃迁的平均偶极矩，h 为普朗克常数，当入射光脉冲在共振介质中传播时，它自身的脉冲形状和能量将保持不变，这种效应称为自感透明效应。满足这种条件的脉冲称为 2π 脉冲，此脉冲前半部分被介质吸收的能量，在后半部分以相干辐射的形式被介质重新发射出来，使得脉冲在介质中的能量传播速度远低于光在介质中传播的相速度，因此脉冲的能量和形式在传输过程中可以保持不变。而相对于 $\theta_0<\pi$ 的入射光脉冲，将随光在介质中传播距离的增加而衰减。利用自感透明效应，可实现光脉冲整型、光脉冲延迟、光脉冲加速及光脉冲计数等多种特种技术。

2. 光子回波效应

在满足相干的条件下，如果前后有两个分开的强光短脉冲相继入射到共振吸收介质中，第一个光脉冲满足 $\pi/2$ 面积条件，第二个光脉冲满足 π 面积条件，两个脉冲的时间间隔为 τ_s，则在上述两个分开的强光短脉冲通过共振介质后近似等于 τ_s 的时刻，介质在空间确定方向上发射出第三个相干光脉冲，这就是所谓的光子回波效应。利用光子回波效应，可以实现光脉冲延迟与二进制进位等特种技术。

3. 光学章动效应

当一阶跃式方型光脉冲突然入射到共振介质中时，透过介质后的光脉冲不再是简单的方型脉冲，而在脉冲的前沿和后沿两部分，将分别出现周期性的弛豫振荡，这种由突然开

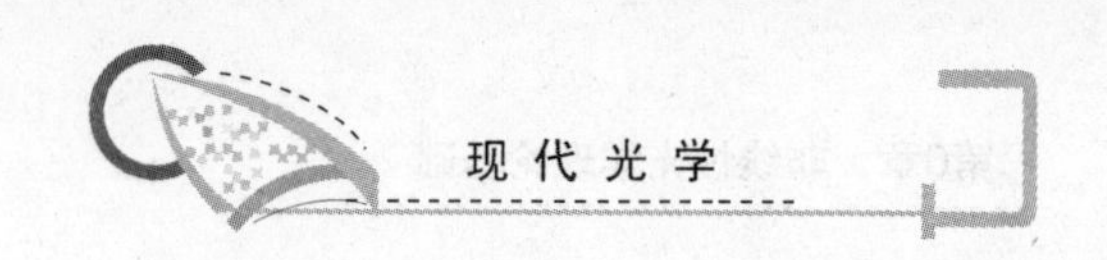

始作用到一定稳定状态之间的弛豫振荡行为，被称为光学章动效应。这种弛豫振荡性质可以利用透射光强的时间变化特性测量得到。

光学章动效应是核磁共振技术中自旋章动效应在光频范围内的一种推广或模拟，是一恒定的强光场在与介质突然发生共振作用时的瞬态相干现象。利用光学章动效应，可以了解共振介质的许多有价值的科学信息，在特种光谱分析等新技术中获得独特的应用。

6.4.6 非线性光谱学效应

激光出现以前，传统的光谱学主要有吸收光谱学、发射光谱学以及荧光光谱学等，这些传统的方法光谱分辨率不高，分析灵敏度也较差，激光出现后，利用不同的非线性光学效应可以获得更具有巧妙特性的全新的光谱技术，被人们称为非线性光谱技术。非线性光谱技术具有分析灵敏度高、光谱选择性好、空间分辨率高等优点。下面分别介绍几种主要的非线性光谱学效应。

(1) 饱和吸收光谱学效应。利用强光引起的饱和吸收原理来测量非线性气体介质的吸收谱线位置和线宽。多用于气体样品，在通常采用双光束反向入射的情况下，可消除多普勒加宽的影响，还可用于气体激光器频率自动稳定控制技术中。

(2) 双光子吸收光谱学效应。可用来研究待测物质的单光子禁戒跃迁能级或高激发态能级，在用于气体样品情况下，通常采用两光束反向重合入射，可消除多普勒加宽的影响，吸收谱线的测定通常是利用双光子吸收导致的荧光信号来间接完成的。双光子吸收光谱技术可有效地应用于选择光化学反应以及激光同位素分离等领域。

(3) 相干反斯托克斯拉曼光谱学。利用两入射光束的频率正好与待测介质的拉曼散射跃迁频率发生共振，而达到增强相干反斯托克斯信号光输出的效果，这是一种特殊形式的拉曼共振增强的四波混频光谱技术。它的特点是两入射单色激光的频率差与待测介质的拉曼跃迁能级间隔产生一束高频移的相干信号波，其频移量正好等于介质拉曼光谱频移值。记录这个信号波光强作为两入射光频差连续调谐变化的函数，能够获得待测量样品的拉曼光谱分布，可以避免强入射光背底和样品可能具有的低频移荧光辐射的影响，光谱分析效率较高。利用相干反斯托克斯方法可用于光化学、燃烧过程、气体放电、等离子体等过程分析，还可用于温度测量、确定粒子数在不同振动能级上的分布和粒子在不同能级上的弛豫时间特性等应用领域中。

(4) 激光光声光谱技术。采用声学方法测量的间接吸收光谱技术。它的机理是吸收介质在入射激光作用下会产生声学振动信号，这种信号的大小取决于介质对一定波长的入射光的吸收程度。通过调谐连续改变入射光的频率，当出现强的共振吸收时，可以观察到强的声信号，因此将声信号强度与激光调谐同时进行同步扫描记录，就可以获得待测介质的吸收光谱分布。这种方法可以省略掉全部光学分光光谱测试设备，用来研究气体、固体及液体或不透明液体等，可以获得较高的灵敏度。

(5) 相干布里渊散射光谱技术。利用两入射光束的频率差正好与待测介质内感应声子场的频率发生共振，是一种特殊形式的四波混频光谱技术。利用这种技术可以研究介质的布里渊光谱结构和相应的感应声波场特性。

（6）拉曼增益光谱技术与反拉曼光谱技术。基于受激拉曼散射过程。拉曼增益光谱技术，侧重点是测量其中一束较强的低频信号光束的增益；反拉曼光谱学侧重于测量其中较弱的高频光束的吸收或衰减。拉曼增益光谱技术可以获得较高的测量灵敏度，当利用超短脉冲入射非线性介质时，可以获得动态光谱信息，这种方法可以研究待测样品单分子层。利用该方法可大幅度提高测量灵敏度，提供更多有价值的测量信息。

（7）激光偏振光谱技术。在共振型非线性光学效应中，导致介质的折射率发生双折射式和感应二向色性式的变化，由探测这种偏振状态的变化来获得有用的光谱学数据或非线性光学信息，这种基本测试方法称为激光偏振光谱技术。

（8）拉曼感应克尔效应光谱学效应。双光束差频拉曼共振情况下，令较弱的探测光束取线偏振状态，而较强的泵浦光束以椭圆偏振状态入射，泵浦光在各向同性拉曼介质内可产生折射率的双折射式，使探测光束的偏振态变为椭圆偏振态，探测这种偏振态的感应变化，进而再测量介质拉曼光谱特性的效应，称为拉曼感应克尔效应光谱学。

非线性光谱学效应的出现，大大提高了光谱分析灵敏度以及光谱分辨率，为跃迁谱线的自然宽度、精细结构和能级分裂等研究工作扫除了障碍。

应用实例

应用实例 6-1：如果两束入射基频光波长分别为 $\lambda_1=908\text{nm}$ 和 $\lambda_2=1030\text{nm}$，试求在非线性介质中产生新的和频光束的输出波长是多少。

解：根据参量作用过程的要求有

$$h\nu_1+h\nu_2=h\nu_3，即\ \nu_1+\nu_2=\nu_3$$

整理得

$$\frac{1}{\lambda_1}+\frac{1}{\lambda_2}=\frac{1}{\lambda_3}$$

将已知条件代入，得

$$\frac{1}{908}+\frac{1}{1\,030}=\frac{1}{\lambda_3}\Rightarrow\lambda_3=482.5\text{nm}$$

因此，新产生的和频光束的波长是 482.5nm。

应用实例 6-2：对用来产生光学二次谐波作用的基波辐射源有哪些基本要求？

答：有以下几个要求，即应具有高峰值功率、窄的光谱线宽和小的光束发散角。

应用实例 6-3：光学参量振荡系统有哪几个组成部分？

答：光学参量振荡系统的基本组成部分有非线性晶体、泵浦光源、光学共振腔及相位匹配装置和调谐装置，具体如下。

（1）非线性晶体。常用于光学参量振荡的非线性晶体必须满足几个条件，即具有较高的非线性系数、折射率随外界条件变化易于控制、有较高的透过率。

（2）泵浦光源。为产生光学参量振荡必须要满足泵浦光源功率高而波长短的要求。

（3）光学共振腔。组成共振腔的两个反射镜在参量振荡频率范围内的反射率要足够高，对入射泵浦光要有良好的透过率。可分别采用平行平面腔、平凹及双凹或凹凸稳定腔等。

(4) 相位匹配及调谐装置。可采用角度调谐与温度调谐方式来满足相位匹配条件。

应用实例6-4：什么是光学三次谐波，其实质是什么？

答：三次谐波是指一定频率ω的单色光场入射到非线性介质后，产生新频率$3\omega=\omega+\omega+\omega$的相干辐射的现象。光学三次谐波过程的实质：在非线性介质内3个基频入射光子的湮灭和一个三倍频光子的产生。

小　结

本章主要描述强相干光辐射与物质相互作用过程中的各种非线性光学效应。主要内容包括：简要介绍了非线性光学的产生与发展，引入了电极化强度这个物理量，解释了强激光与非线性介质相互作用的基本理论，导出了强激光在非线性介质内产生相互耦合作用的非线性耦合波方程，讨论了各阶电极化率决定的二阶及三阶非线性光学效应，二阶非线性包括光学二次谐波、光学和频(差频)、光学参量放大(振荡)效应；三阶非线性包括光学三次谐波、四波和频(差频)等非线性光学效应。最后介绍了受激散射、强光引起的强光自聚焦、相位自调制与光谱自加宽效应、光学相位共轭效应、光学双稳态效应、非线性光谱学效应及瞬态相干光学效应以及它们的广泛应用等。

习题与思考题

6.1　什么是介质的非线性电极化？非线性电极率的性质有哪些？

6.2　电极化强度矢量是表征什么的物理量？

6.3　线性光学和非线性光学的主要区别有哪些？

6.4　非线性光学效应产生的基本条件是什么？

6.5　从物质方程与麦克斯韦方程组出发如何推导出非线性耦合波方程？

6.6　对用来产生光学二次谐波作用的非线性介质有哪些基本要求？

6.7　如果两束入射基频光波长分别为$\lambda_1=106\ 4\text{nm}$和$\lambda_2=131\ 9\text{nm}$，试求在非线性介质中产生新的和频光的输出波长是多少？

6.8　什么是受激拉曼散射与受激布里渊散射？

6.9　三阶非线性电极化效应有哪些，请用中间虚能级来描述量子跃迁图解，如何用能量与动量守恒的条件来表述？

6.10　光学相位共轭效应在特种激光系统中有哪些应用？

参 考 文 献

[1] [德]马科斯·波恩，[美]埃米尔·沃耳夫．光学原理[M]．杨葭荪，等译．北京：电子工业出版社，2006.

[2] 梁柱，等．光学原理教程[M]．北京：北京航空航天大学出版社，2005.

[3] 钟锡华．现代光学基础[M]．北京：北京大学出版社，2003.

[4] 梁铨廷．物理光学[M]．北京：机械工业出版社，1987.

[5] 石顺祥，张海兴，刘劲松．物理光学与应用光学[M]．西安：西安电子科技大学出版社，2000.

[6] 蓝信钜，等．激光技术[M]．北京：科学出版社，2000.

[7] 姚启钧原著，华东师大《光学》教材组改编．光学教程[M]．北京：高等教育出版社，1981.

[8] 刘晨．物理光学[M]．合肥：合肥工业大学出版社，2007.

[9] 赵建林．高等光学[M]．北京：国防工业出版社，2002.

[10] 宋贵才，等．物理光学理论与应用[M]．北京：北京大学出版社，2010.

北京大学出版社本科计算机系列实用规划教材

序号	标准书号	书　名	主　编	定价	序号	标准书号	书　名	主　编	定价
1	7-301-10511-5	离散数学	段禅伦	28	38	7-301-13684-3	单片机原理及应用	王新颖	25
2	7-301-10457-X	线性代数	陈付贵	20	39	7-301-14505-0	Visual C++程序设计案例教程	张荣梅	30
3	7-301-10510-X	概率论与数理统计	陈荣江	26	40	7-301-14259-2	多媒体技术应用案例教程	李　建	30
4	7-301-10503-0	Visual Basic 程序设计	闵联营	22	41	7-301-14503-6	ASP .NET 动态网页设计案例教程(Visual Basic .NET 版)	江　红	35
5	7-301-21752-8	多媒体技术及其应用(第 2 版)	张　明	39	42	7-301-14504-3	C++面向对象与 Visual C++程序设计案例教程	黄贤英	35
6	7-301-10466-8	C++程序设计	刘天印	33	43	7-301-14506-7	Photoshop CS3 案例教程	李建芳	34
7	7-301-10467-5	C++程序设计实验指导与习题解答	李　兰	20	44	7-301-14510-4	C++程序设计基础案例教程	于永彦	33
8	7-301-10505-4	Visual C++程序设计教程与上机指导	高志伟	25	45	7-301-14942-3	ASP .NET 网络应用案例教程(C# .NET 版)	张登辉	33
9	7-301-10462-0	XML 实用教程	丁跃潮	26	46	7-301-12377-5	计算机硬件技术基础	石　磊	26
10	7-301-10463-7	计算机网络系统集成	斯桃枝	22	47	7-301-15208-9	计算机组成原理	娄国焕	24
11	7-301-22437-3	单片机原理及应用教程(第 2 版)	范立南	43	48	7-301-15463-2	网页设计与制作案例教程	房爱莲	36
12	7-5038-4421-3	ASP .NET 网络编程实用教程(C#版)	崔良海	31	49	7-301-04852-8	线性代数	姚喜妍	22
13	7-5038-4427-2	C 语言程序设计	赵建锋	25	50	7-301-15461-8	计算机网络技术	陈代武	33
14	7-5038-4420-5	Delphi 程序设计基础教程	张世明	37	51	7-301-15697-1	计算机辅助设计二次开发案例教程	谢安俊	26
15	7-5038-4417-5	SQL Server 数据库设计与管理	姜　力	31	52	7-301-15740-4	Visual C# 程序开发案例教程	韩朝阳	30
16	7-5038-4424-9	大学计算机基础	贾丽娟	34	53	7-301-16597-3	Visual C++程序设计实用案例教程	于永彦	32
17	7-5038-4430-0	计算机科学与技术导论	王昆仑	30	54	7-301-16850-9	Java 程序设计案例教程	胡巧多	32
18	7-5038-4418-3	计算机网络应用实例教程	魏　峥	25	55	7-301-16842-4	数据库原理与应用(SQL Server 版)	毛一梅	36
19	7-5038-4415-9	面向对象程序设计	冷英男	28	56	7-301-16910-0	计算机网络技术基础与应用	马秀峰	33
20	7-5038-4429-4	软件工程	赵春刚	22	57	7-301-15063-4	计算机网络基础与应用	刘远生	32
21	7-5038-4431-0	数据结构(C++版)	秦　锋	28	58	7-301-15250-8	汇编语言程序设计	张光长	28
22	7-5038-4423-2	微机应用基础	吕晓燕	33	59	7-301-15064-1	网络安全技术	骆耀祖	30
23	7-5038-4426-4	微型计算机原理与接口技术	刘彦文	26	60	7-301-15584-4	数据结构与算法	佟伟光	32
24	7-5038-4425-6	办公自动化教程	钱　俊	30	61	7-301-17087-8	操作系统实用教程	范立南	36
25	7-5038-4419-1	Java 语言程序设计实用教程	董迎红	33	62	7-301-16631-4	Visual Basic 2008 程序设计教程	隋晓红	34
26	7-5038-4428-0	计算机图形技术	龚声蓉	28	63	7-301-17537-8	C 语言基础案例教程	汪新民	31
27	7-301-11501-5	计算机软件技术基础	高　巍	25	64	7-301-17397-8	C++程序设计基础教程	郗亚辉	30
28	7-301-11500-8	计算机组装与维护实用教程	崔明远	33	65	7-301-17578-1	图论算法理论、实现及应用	王桂平	54
29	7-301-12174-0	Visual FoxPro 实用教程	马秀峰	29	66	7-301-17964-2	PHP 动态网页设计与制作案例教程	房爱莲	42
30	7-301-11500-8	管理信息系统实用教程	杨月江	27	67	7-301-18514-8	多媒体开发与编程	于永彦	35
31	7-301-11445-2	Photoshop CS 实用教程	张　瑾	28	68	7-301-18538-4	实用计算方法	徐亚平	24
32	7-301-12378-2	ASP .NET 课程设计指导	潘志红	35	69	7-301-18539-1	Visual FoxPro 数据库设计案例教程	谭红杨	35
33	7-301-12394-2	C# .NET 课程设计指导	龚自霞	32	70	7-301-19313-6	Java 程序设计案例教程与实训	董迎红	45
34	7-301-13259-3	VisualBasic .NET 课程设计指导	潘志红	30	71	7-301-19389-1	Visual FoxPro 实用教程与上机指导（第 2 版）	马秀峰	40
35	7-301-12371-3	网络工程实用教程	汪新民	34	72	7-301-19435-5	计算方法	尹景本	28
36	7-301-14132-8	J2EE 课程设计指导	王立丰	32	73	7-301-19388-4	Java 程序设计教程	张剑飞	35
37	7-301-21088-8	计算机专业英语(第 2 版)	张　勇	42	74	7-301-19386-0	计算机图形技术(第 2 版)	许承东	44

序号	标准书号	书　名	主　编	定价	序号	标准书号	书　名	主　编	定价
75	7-301-15689-6	Photoshop CS5 案例教程(第 2 版)	李建芳	39	85	7-301-20328-6	ASP. NET 动态网页案例教程(C#.NET 版)	江　红	45
76	7-301-18395-3	概率论与数理统计	姚喜妍	29	86	7-301-16528-7	C#程序设计	胡艳菊	40
77	7-301-19980-0	3ds Max 2011 案例教程	李建芳	44	87	7-301-21271-4	C#面向对象程序设计及实践教程	唐　燕	45
78	7-301-20052-0	数据结构与算法应用实践教程	李文书	36	88	7-301-21295-0	计算机专业英语	吴丽君	34
79	7-301-12375-1	汇编语言程序设计	张宝剑	36	89	7-301-21341-4	计算机组成与结构教程	姚玉霞	42
80	7-301-20523-5	Visual C++程序设计教程与上机指导(第 2 版)	牛江川	40	90	7-301-21367-4	计算机组成与结构实验实训教程	姚玉霞	22
81	7-301-20630-0	C#程序开发案例教程	李挥剑	39	91	7-301-22119-8	UML 实用基础教程	赵春刚	36
82	7-301-20898-4	SQL Server 2008 数据库应用案例教程	钱哨	38	92	7-301-22965-1	数据结构(C 语言版)	陈超祥	32
83	7-301-21052-9	ASP.NET 程序设计与开发	张绍兵	39	93	7-301-23122-7	算法分析与设计教程	秦　明	29
84	7-301-16824-0	软件测试案例教程	丁宋涛	28					

北京大学出版社电气信息类教材书目(已出版)

欢迎选订

序号	标准书号	书　　名	主　编	定价	序号	标准书号	书　　名	主　编	定价
1	7-301-10759-1	DSP 技术及应用	吴冬梅	26	38	7-5038-4400-3	工厂供配电	王玉华	34
2	7-301-10760-7	单片机原理与应用技术	魏立峰	25	39	7-5038-4410-2	控制系统仿真	郑恩让	26
3	7-301-10765-2	电工学	蒋　中	29	40	7-5038-4398-3	数字电子技术	李　元	27
4	7-301-19183-5	电工与电子技术(上册)(第2版)	吴舒辞	30	41	7-5038-4412-6	现代控制理论	刘永信	22
5	7-301-19229-0	电工与电子技术(下册)(第2版)	徐卓农	32	42	7-5038-4401-0	自动化仪表	齐志才	27
6	7-301-10699-0	电子工艺实习	周春阳	19	43	7-5038-4408-9	自动化专业英语	李国厚	32
7	7-301-10744-7	电子工艺学教程	张立毅	32	44	7-301-23081-7	集散控制系统(第 2 版)	刘翠玲	36
8	7-301-10915-6	电子线路 CAD	吕建平	34	45	7-301-19174-3	传感器基础(第 2 版)	赵玉刚	32
9	7-301-10764-1	数据通信技术教程	吴延海	29	46	7-5038-4396-9	自动控制原理	潘　丰	32
10	7-301-18784-5	数字信号处理(第 2 版)	阎　毅	32	47	7-301-10512-2	现代控制理论基础(国家级十一五规划教材)	侯媛彬	20
11	7-301-18889-7	现代交换技术(第 2 版)	姚　军	36	48	7-301-11151-2	电路基础学习指导与典型题解	公茂法	32
12	7-301-10761-4	信号与系统	华　容	33	49	7-301-12326-3	过程控制与自动化仪表	张井岗	36
13	7-301-19318-1	信息与通信工程专业英语（第 2 版）	韩定定	32	50	7-301-23271-2	计算机控制系统(第 2 版)	徐文尚	48
14	7-301-10757-7	自动控制原理	袁德成	29	51	7-5038-4414-0	微机原理及接口技术	赵志诚	38
15	7-301-16520-1	高频电子线路(第 2 版)	宋树祥	35	52	7-301-10465-1	单片机原理及应用教程	范立南	30
16	7-301-11507-7	微机原理与接口技术	陈光军	34	53	7-5038-4426-4	微型计算机原理与接口技术	刘彦文	26
17	7-301-11442-1	MATLAB 基础及其应用教程	周开利	24	54	7-301-12562-5	嵌入式基础实践教程	杨　刚	30
18	7-301-11508-4	计算机网络	郭银景	31	55	7-301-12530-4	嵌入式 ARM 系统原理与实例开发	杨宗德	25
19	7-301-12178-8	通信原理	隋晓红	32	56	7-301-13676-8	单片机原理与应用及 C51 程序设计	唐　颖	30
20	7-301-12175-7	电子系统综合设计	郭　勇	25	57	7-301-13577-8	电力电子技术及应用	张润和	38
21	7-301-11503-9	EDA 技术基础	赵明富	22	58	7-301-20508-2	电磁场与电磁波（第 2 版）	邬春明	30
22	7-301-12176-4	数字图像处理	曹茂永	23	59	7-301-12179-5	电路分析	王艳红	38
23	7-301-12177-1	现代通信系统	李白萍	27	60	7-301-12380-5	电子测量与传感技术	杨　雷	35
24	7-301-12340-9	模拟电子技术	陆秀令	28	61	7-301-14461-9	高电压技术	马永翔	28
25	7-301-13121-3	模拟电子技术实验教程	谭海曙	24	62	7-301-14472-5	生物医学数据分析及其 MATLAB 实现	尚志刚	25
26	7-301-11502-2	移动通信	郭俊强	22	63	7-301-14460-2	电力系统分析	曹　娜	35
27	7-301-11504-6	数字电子技术	梅开乡	30	64	7-301-14459-6	DSP 技术与应用基础	俞一彪	34
28	7-301-18860-6	运筹学(第 2 版)	吴亚丽	28	65	7-301-14994-2	综合布线系统基础教程	吴达金	24
29	7-5038-4407-2	传感器与检测技术	祝诗平	30	66	7-301-15168-6	信号处理 MATLAB 实验教程	李　杰	20
30	7-5038-4413-3	单片机原理及应用	刘　刚	24	67	7-301-15440-3	电工电子实验教程	魏　伟	26
31	7-5038-4409-6	电机与拖动	杨天明	27	68	7-301-15445-8	检测与控制实验教程	魏　伟	24
32	7-5038-4411-9	电力电子技术	樊立萍	25	69	7-301-04595-4	电路与模拟电子技术	张绪光	35
33	7-5038-4399-0	电力市场原理与实践	邹　斌	24	70	7-301-15458-8	信号、系统与控制理论(上、下册)	邱德润	70
34	7-5038-4405-8	电力系统继电保护	马永翔	27	71	7-301-15786-2	通信网的信令系统	张云麟	24
35	7-5038-4397-6	电力系统自动化	孟祥忠	25	72	7-301-16493-8	发电厂变电所电气部分	马永翔	35
36	7-5038-4404-1	电气控制技术	韩顺杰	22	73	7-301-16076-3	数字信号处理	王震宇	32
37	7-5038-4403-4	电器与 PLC 控制技术	陈志新	38	74	7-301-16931-5	微机原理及接口技术	肖洪兵	32

序号	标准书号	书　名	主　编	定价	序号	标准书号	书　名	主　编	定价
75	7-301-16932-2	数字电子技术	刘金华	30	114	7-301-20327-9	电工学实验教程	王士军	34
76	7-301-16933-9	自动控制原理	丁　红	32	115	7-301-16367-2	供配电技术	王玉华	49
77	7-301-17540-8	单片机原理及应用教程	周广兴	40	116	7-301-20351-4	电路与模拟电子技术实验指导书	唐　颖	26
78	7-301-17614-6	微机原理及接口技术实验指导书	李干林	22	117	7-301-21247-9	MATLAB 基础与应用教程	王月明	32
79	7-301-12379-9	光纤通信	卢志茂	28	118	7-301-21235-6	集成电路版图设计	陆学斌	36
80	7-301-17382-4	离散信息论基础	范九伦	25	119	7-301-21304-9	数字电子技术	秦长海	49
81	7-301-17677-1	新能源与分布式发电技术	朱永强	32	120	7-301-21366-7	电力系统继电保护(第 2 版)	马永翔	42
82	7-301-17683-2	光纤通信	李丽君	26	121	7-301-21450-3	模拟电子与数字逻辑	邬春明	39
83	7-301-17700-6	模拟电子技术	张绪光	36	122	7-301-21439-8	物联网概论	王金甫	42
84	7-301-17318-3	ARM 嵌入式系统基础与开发教程	丁文龙	36	123	7-301-21849-5	微波技术基础及其应用	李泽民	49
85	7-301-17797-6	PLC 原理及应用	缪志农	26	124	7-301-21688-0	电子信息与通信工程专业英语	孙桂芝	36
86	7-301-17986-4	数字信号处理	王玉德	32	125	7-301-22110-5	传感器技术及应用电路项目化教程	钱裕禄	30
87	7-301-18131-7	集散控制系统	周荣富	36	126	7-301-21672-9	单片机系统设计与实例开发（MSP430）	顾　涛	44
88	7-301-18285-7	电子线路 CAD	周荣富	41	127	7-301-22112-9	自动控制原理	许丽佳	30
89	7-301-16739-7	MATLAB 基础及应用	李国朝	39	128	7-301-22109-9	DSP 技术及应用	董　胜	39
90	7-301-18352-6	信息论与编码	隋晓红	24	129	7-301-21607-1	数字图像处理算法及应用	李文书	48
91	7-301-18260-4	控制电机与特种电机及其控制系统	孙冠群	42	130	7-301-22111-2	平板显示技术基础	王丽娟	52
92	7-301-18493-6	电工技术	张　莉	26	131	7-301-22448-9	自动控制原理	谭功全	44
93	7-301-18496-7	现代电子系统设计教程	宋晓梅	36	132	7-301-22474-8	电子电路基础实验与课程设计	武　林	36
94	7-301-18672-5	太阳能电池原理与应用	靳瑞敏	25	133	7-301-22484-7	电文化——电气信息学科概论	高　心	30
95	7-301-18314-4	通信电子线路及仿真设计	王鲜芳	29	134	7-301-22436-6	物联网技术案例教程	崔逊学	40
96	7-301-19175-0	单片机原理与接口技术	李　升	46	135	7-301-22598-1	实用数字电子技术	钱裕禄	30
97	7-301-19320-4	移动通信	刘维超	39	136	7-301-22529-5	PLC 技术与应用(西门子版)	丁金婷	32
98	7-301-19447-8	电气信息类专业英语	缪志农	40	137	7-301-22386-4	自动控制原理	佟　威	30
99	7-301-19451-5	嵌入式系统设计及应用	邢吉生	44	138	7-301-22528-8	通信原理实验与课程设计	邬春明	34
100	7-301-19452-2	电子信息类专业 MATLAB 实验教程	李明明	42	139	7-301-22582-0	信号与系统	许丽佳	38
101	7-301-16914-8	物理光学理论与应用	宋贵才	32	140	7-301-22447-2	嵌入式系统基础实践教程	韩　磊	35
102	7-301-16598-0	综合布线系统管理教程	吴达金	39	141	7-301-22776-3	信号与线性系统	朱明早	33
103	7-301-20394-1	物联网基础与应用	李蔚田	44	142	7-301-22872-2	电机、拖动与控制	万芳瑛	34
104	7-301-20339-2	数字图像处理	李云红	36	143	7-301-22882-1	MCS-51 单片机原理及应用	黄翠翠	34
105	7-301-20340-8	信号与系统	李云红	29	144	7-301-22936-1	自动控制原理	邢春芳	39
106	7-301-20505-1	电路分析基础	吴舒辞	38	145	7-301-22920-0	电气信息工程专业英语	余兴波	26
107	7-301-22447-2	嵌入式系统基础实践教程	韩　磊	35	146	7-301-22919-4	信号分析与处理	李会容	39
108	7-301-20506-8	编码调制技术	黄　平	26	147	7-301-22385-7	家居物联网技术开发与实践	付　蔚	39
109	7-301-20763-5	网络工程与管理	谢　慧	39	148	7-301-23124-1	模拟电子技术学习指导及习题精选	姚娅川	30
110	7-301-20845-8	单片机原理与接口技术实验与课程设计	徐懂理	26	149	7-301-23022-0	MATLAB 基础及实验教程	杨成慧	36
111	301-20725-3	模拟电子线路	宋树祥	38	150	7-301-23221-7	电工电子基础实验及综合设计指导	盛桂珍	32
112	7-301-21058-1	单片机原理与应用及其实验指导书	邵发森	44	151	7-301-23473-0	物联网概论	王　平	38
113	7-301-20918-9	Mathcad 在信号与系统中的应用	郭仁春	30	152	7-301-23639-0	现代光学	宋贵才	36

相关教学资源如电子课件、电子教材、习题答案等可以登录 www.pup6.com 下载或在线阅读。

扑六知识网(www.pup6.com)有海量的相关教学资源和电子教材供阅读及下载(包括北京大学出版社第六事业部的相关资源)，同时欢迎您将教学课件、视频、教案、素材、习题、试卷、辅导材料、课改成果、设计作品、论文等教学资源上传到 pup6.com，与全国高校师生分享您的教学成就与经验，并可自由设定价格，知识也能创造财富。具体情况请登录网站查询。

如您需要免费纸质样书用于教学，欢迎登陆第六事业部门户网(www.pup6.com)填表申请，并欢迎在线登记选题以到北京大学出版社来出版您的大作，也可下载相关表格填写后发到我们的邮箱，我们将及时与您取得联系并做好全方位的服务。

扑六知识网将打造成全国最大的教育资源共享平台，欢迎您的加入——让知识有价值，让教学无界限，让学习更轻松。

联系方式：010-62750667，pup6_czq@163.com，szheng_pup6@163.com，linzhangbo@126.com，欢迎来电来信咨询。